CQゼミ

# 長谷川先生の日本一わかりやすい「情報Ⅰ」ワークブック

YouTube 動画付き

授業から受験対策まで

長谷川 友彦 著

CQ出版社

# 前書き

私は常々、学校で教科を学ぶ意味は、「ものの見方・考え方」を身につけることだと考えています。「情報」というワードからは、「技術」というキーワードがすぐに結びついてしまいがちで、「情報」という教科が技術を身につけるための教科であるという誤解が大きく広がりました。2003年に高等学校で教科「情報」が始まった当初、多くの先生方が、この教科はパソコンの操作スキルを身につけさせる教科だと勘違いし、多くの学校で教科「情報」と銘打ってパソコン教室が展開されました。

しかし、その後の世の中の情報技術の進展はめざましく、教科「情報」が始まった頃から考えても、SNS、スマートフォン、クラウド、AIなどさまざまな新しい技術が誕生し、私たちの生活は大きく変化してきました。そのような変化の中で主体的に社会に参画していくためには、単なる情報機器の操作スキルを身につけるだけでは不十分です。情報の科学的な「ものの見方・考え方」を身につけることによって、新しい技術が登場しても主体的にそれらに対応し、実際の生活の中で活かしていくことができると考えています。私が教科「情報」の授業を組み立てていく際、生徒たちの声によく耳を傾け、生徒たちが授業を受けたあとにどのように感じたのか、何を獲得できたのかということをていねいに観察しました。そうして少しずつ少しずつ教材をブラッシュアップしていくなかで、現在では概ね次のような考え方で教材を組み立てるようになりました。

- **1章1冊方式**
  →1つの章ごとに1冊の冊子を作成し、1冊の内容がひとまとまりになるようにした
- **1話完結型授業**
  →1回1回の授業がその回で完結するようにすることで、生徒が授業を欠席した場合も遅れを取り戻しやすいようにした
- **「操作の学習」から「情報の学習」へ**
  →どうしても生徒たちはコンピュータを目の前にすると、コンピュータの操作に目が奪われがちになるため、操作をした後に「情報」の内容として何が大切なのかを考えさせるしかけを組み立てた
- **直感や感覚ではなく、考え抜かせる仕掛け**
  →直感や感覚だけで課題に取り組めるようなら、それでは学習にはならないので、直感だけではうまくいかないような仕掛けを実習の中に埋め込んだ
- **考えさせるときはスモールステップで**
  →生徒にあまり高すぎるハードルを課すと、そもそも考えることから逃避しようとするので、少し考えると次のステップにすすめるようなレベル設定をした
- **習得コストを減らし、ゴールイメージをもたせる**
  →情報の実習にはどうしてもコンピュータ操作が必要になる場面が多いが、そこの習得コストをできるだけ減らすため、できるだけUIがわかりやすく、学習させたいポイントに集中できるようにテンプレートを作り込むなどの工夫をした
- **「見てわかる」資料に**
  →多くの大人もそうであるように、長文の説明は読まれないため、できるだけ短文で、図で表すことができそうなところはできるだけ図で表現するよう心がけた

私自身、これまで20年あまり教科「情報」に携わってきて、多くの実践発表等を行ってきました。しかし、私自身は誰にも真似できない最先端の授業実践を目指してきたわけではなく、どこの学校でも取り組めるスタンダードな授業実践の発表を行ってきました。今回出版したこの教材も、どこの学校でも取り組むことができるスタンダードな内容になっていると思います。ぜひ、日本全国の高校生たちが情報の科学的な「ものの見方・考え方」を身につけ、未来の日本の情報社会に主体的に参画していけるような大人に成長してほしいと願っています。本書がその一端を担えれば幸いに思います。

**長谷川　友彦**

# 目次

# はじめに

「情報1」第1章

Contents

# 1. ワークブックについて

本ワークブックは、高等学校の「情報1」の教科書に準拠しています。ワークブックには直接書き込みできるため、自分の理解度に合わせてメモを取ることができます。
本ワークブックでは、イラストや図表を多用し、身近な例を用いてわかりやすい説明になっています。また､「情報1」の履修に必要な実習をふんだんに盛り込んでいますので､実習用のデータやプリントを別途用意する必要がありません。

# 2. ワークブックの使い方

本ワークブックは、1冊にまとまった書店版と章ごとに小冊子に分かれた小冊子版があります。内容はどちらも同じです。また、お使いの教科書によって章の構成が異なるため、「4.教科書対応一覧」の表を参考にしてください。
解答は書店版は巻末に入っていますが、小冊子版場合はPDFになります。PDFは「3.データの利用方法」にあるQRコードからダウンロードできます。
本ワークブックは授業で副教材として使うことができます。定期テストや共通テスト対策としてお使いになる場合は、各章の扉になるQRコードから解説動画を見ることができます。

先生が教科書やスライドにあわせて解説

生徒は端末を使って調べものや実習を行う

授業の確認としてワークを利用

動画を見ながら宿題や家庭学習としてワークを利用

## ■ 動画について

QRコードからYouTubeの専用チャンネルが開きます。
動画はセクションごとにチャプターで分かれていますので、見たいセクションから視聴できます。
例：

【目次】
0:00　はじめに
0:53　1. 情報とコミュニケーション
4:32　2. ネット社会の特質
6:19　3. メディアリテラシー

## ■ Googleアカウントやmicro:bitの使用について

ワークブックでは随所にGoogleアカウントを必要とする記載があります。
Googleアカウントの取得については、学校環境によって可能な範囲で実習を進めてください。
また、micro:bitを使う実習を付録として付けましたが、micro:bit がなくてもMake CodeをWeb上でシミュレーションが可能です。実際に動いている様子は動画にも収録していますので、そちらもご利用ください。

# 3. データの利用方法

ワークブックにはスプレッドシートを使用する実習が含まれています。ワークブックで使用しているファイルはQRコードからダウンロードして使うことができます。
ファイルは無料でダウンロードできます。
パソコン利用の方はこちらからもダウンロードできます。
https://www.cqpub.co.jp/interface/download/cqsemi.htm

## ■ ダウンロード方法

QRコードからGoogleドライブにアクセスします。
ファイルの右側にある…をクリックしてメニューから「ダウンロード」を選択してください。

ファイルを開いている場合は､「ファイル」メニューから「ダウンロード」を選択してください。

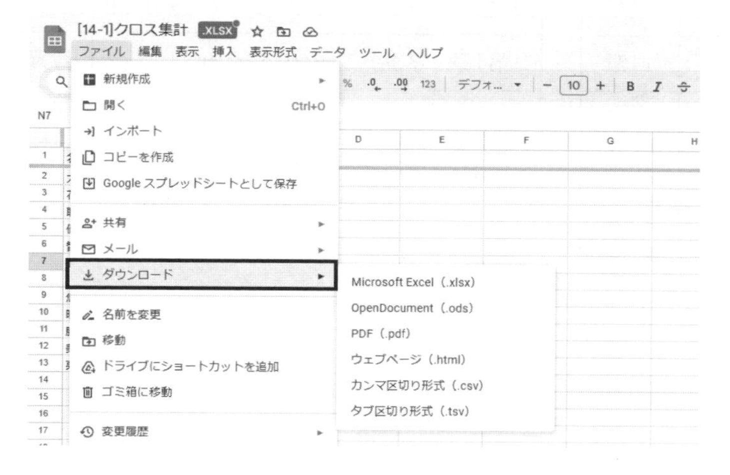

# 4. 教科書対応一覧

| 実教出版 | 本書の章 |
|---|---|
| **第1章　情報社会と私たち** | 2章 |
| 1節　情報社会 | 2章 |
| 2節　情報社会の法規と権利 | 6章 |
| 3節　情報技術が築く新しい社会 | |
| **第2章　メディアとデザイン** | 5章 |
| 1節　メディアとコミュニケーション | 2章 |
| 2節　情報デザイン | 3章 |
| 3節　情報デザインの実践 | 5章 |
| **第3章　システムとデジタル化** | 9章 |
| 1節　情報システムの構成 | 13章 |
| 2節　情報のデジタル化 | 9章 |
| **第4章　ネットワークとセキュリティ** | 7章 |
| 1節　情報通信ネットワーク | 7章 |
| 2節　情報セキュリティ | 7章 |
| **第5章　問題解決とその方法** | 13章 |
| 1節　問題解決 | 8章 |
| 2節　データの活用 | 13章 |
| 3節　モデル化 | 11章 |
| 4節　シミュレーション | 11章 |
| **第6章　アルゴリズムとプログラミング** | 10章 |
| 1節　プログラミングの方法 | 10章 |
| 2節　プログラミングの実践 | 10章 |

| 数研出版 | 本書の章 |
|---|---|
| **第1編　情報社会の問題解決** | |
| 第1章　情報とメディア | 2章 |
| 情報とは何か | 2章 |
| 情報源と情報の検証 | 2章 |
| 情報とメディアの特性 | 2章 |
| 問題解決のプロセス | 8章 |
| 第2章　情報社会における法とセキュリティ | 7章 |
| 第3章　情報技術が社会に及ぼす影響 | |
| **第2編　コミュニケーションと情報デザイン** | |
| 第1章　情報のデジタル表現 | 9章 |
| 第2章　コミュニケーション手段の発展と特徴 | 2章 |
| 第3章　情報デザイン | 3章 |
| 第4章　プレゼンテーション | 8章 |
| **第3編　コンピュータとプログラミング** | |
| 第1章　コンピュータのしくみ | |
| 第2章　プログラミング | 10章 |
| 第3章　モデル化とシミュレーション | 11章 |
| **第4編　情報通信ネットワークとデータの活用** | |
| 第1章　ネットワークのしくみ | 7章 |
| 第2章　データベース | 13章 |
| 第3章　データの分析 | 14章 |

| 第一学習社 | 本書の章 |
|---|---|
| **第1章　情報社会の問題解決** | |
| 第1節　情報の活用 | 2章 |
| 1　情報とメディア | 2章 |
| 2　情報の検索と活用 | 2章 |
| 第2節　個人の責任と情報モラル | |
| 1　情報セキュリティの重要性 | 7章 |
| 2　情報モラル | 2章 |
| 3　情報に関する法規や制度 | 6章 |
| 第3節　情報技術の役割と影響 | |
| 1　情報技術と生活の変化 | 2章 |
| 2　情報技術と未来の生活 | 13章 |
| 3　引用を使った文章を書こう | 6章 |
| **第2章　コミュニケーションと情報デザイン** | 3章 |
| 第1節　コミュニケーション手段の特徴 | 3章 |
| 1　コミュニケーション | 3章 |
| 2　コミュニケーション手段と表現メディア | 3章 |
| 第2節　情報デザイン | 3章 |
| 1　情報デザインとは | 3章 |
| 2　わかりやすい表現 | 3章 |
| 第3節　コミュニケーションと効果的なデザイン | 5章 |
| 1　効果的な表現 | 5章 |
| 2　情報デザインの実践 | 5章 |
| **第3章　コンピュータとプログラミング** | |
| 第1節　コンピュータのしくみと働き | 9章 |
| 1　コンピュータと数 | 9章 |
| 2　コンピュータの働くしくみ | 9章 |
| 3　さまざまなデータをコンピュータで扱う | 9章 |
| 第2節　モデル化とシミュレーション | 11章 |
| 1　モデルとモデル化 | 11章 |
| 2　コンピュータとシミュレーション | 11章 |
| 第3節　プログラムと問題解決 | 10章 |
| 1　アルゴリズム | 10章 |
| 2　アルゴリズムの工夫 | 10章 |
| **第4章　情報通信ネットワークとデータの活用** | 7章 |
| 第1節　情報通信ネットワークのしくみ | 7章 |
| 1　情報を送受信するしくみ | 7章 |
| 2　インターネット上のサービスのしくみ | 7章 |
| 3　情報セキュリティの方法 | 7章 |
| 第2節　情報システムとデータ管理 | |
| 1　情報システム | 13章 |
| 2　データベース | 13章 |
| 3　データの収集と整理 | 13章 |
| 第3節　データの分析と活用 | 14章 |
| 1　データの分析 | 14章 |
| 2　データの活用 | 14章 |

| 日本文教出版 | 本書の章 |
|---|---|
| **第1章：情報社会の問題解決** | |
| 情報の特性、メディアの特性 | 2章 |
| 問題解決の考え方 | 8章 |
| 法の重要性と意義（著作権、個人情報） | 5章 |
| 情報社会と情報セキュリティ | 7章 |
| 情報技術の発展による変化　など | |
| **第2章：コミュニケーションと情報デザイン** | |
| インターネットの発展 | 2章 |
| 情報機器のパーソナル化とソーシャルメディア | 2章 |
| コンピュータとデジタルデータ | 9章 |
| 文字、音、画像、動画のデジタル化 | 9章 |
| 情報デザインのプロセスと問題の発見 | 5章 |
| デザインの要件と設計・試作　など | 5章 |
| **第3章：コンピュータとプログラミング** | |
| コンピュータのしくみ | |
| ２進法による計算 | |
| アルゴリズムの基本と表現方法 | 10章 |
| アプリケーションの開発 | 10章 |
| モデル化とシミュレーション | 11章 |
| コンピュータを利用したシミュレーション　など | 11章 |
| **第4章：情報通信ネットワークとデータの活用** | |
| コンピュータネットワーク | 7章 |
| プロトコル | 7章 |
| 暗号化のしくみ | 7章 |
| データベース管理システムとデータモデル | 13章 |
| 数値データ、テキストデータの分析　など | 14章 |

| 東京書籍 | 本書の章 |
|---|---|
| **第1章　情報社会** | 2章 |
| 情報とその特性 | 2章 |
| メディアとその特性 | 2章 |
| 問題を解決する方法 | 8章 |
| 情報の収集と分析 | |
| 解決方法の考案 | |
| 知的財産 | 6章 |
| 個人情報 | 6章 |
| 情報セキュリティ | 6章 |
| 情報モラルと個人の責任 | 2章 |
| 情報技術の進歩と役割 | |
| 情報技術が社会に与える光と影 | |
| **第2章　情報デザイン** | 5章 |
| コミュニケーションとメディア | 2章 |
| 情報のデジタル化 | 9章 |
| 数値の表現 | |
| ２進法の計算 | |
| 文字のデジタル表現 | 9章 |
| 音のデジタル表現 | |
| 画像のデジタル表現 | 9章 |
| データの圧縮 | 9章 |
| デジタルデータの特徴 | 9章 |
| メディアと文化の発展 | |
| ネットコミュニケーションの特徴 | 2章 |
| 情報デザイン | 5章 |
| 操作性の向上と情報技術 | 5章 |
| 全ての人に伝わるデザイン | 3章 |

| 東京書籍 | 本書の章 |
|---|---|
| コンテンツ設計 | |
| **第3章　プログラミング** | 10章 |
| コンピュータの構成 | |
| ソフトウェア | |
| 処理の仕組み | |
| 論理回路 | |
| アルゴリズムの表現 | 10章 |
| アルゴリズムの効率性 | 10章 |
| プログラムの仕組み | 10章 |
| プログラミング入門 | 10章 |
| プログラムの応用 | 10章 |
| 問題のモデル化 | 11章 |
| モデル化の活用 | 11章 |
| シミュレーション | 11章 |
| シミュレーションの活用 | 11章 |
| **第4章　ネットワークの活用** | 7章 |
| 情報通信ネットワーク | 7章 |
| デジタル通信の仕組み | 7章 |
| インターネットの利用 | 7章 |
| 安心安全を守る仕組み | 7章 |
| 情報システム | 13章 |
| さまざまな情報システム | 13章 |
| 情報システムの信頼性 | |
| データの活用とデータベース | 13章 |
| データの管理 | 13章 |
| データの収集と種類 | 13章 |
| データの分析 | 14章 |

| 東京書籍 | 本書の章 |
|---|---|
| 不確実な事象の解釈 | 11章 |
| 2つのデータの関係 | 14章 |
| **第5章　問題解決** | |
| 検索のコツ | |
| 仕事の研究 | |
| アイデアの大量生産 | |
| 光の三原色体験 | |
| データ量の見積もり | |
| 図解表現 | 3章 |
| ピクトグラム | 3章 |
| 部活紹介CM | |
| Webニュースページ | |
| 作図しよう | 3章 |
| プログラムの動きを再現 | |
| お知らせセンサ | 12章 |
| 気まぐれAI | |
| 左右限定あっち向いてホイ | 10章 |
| プログラムの改善 | 10章 |
| Myお天気キャスター | |
| 災害時帰宅マップ | |
| シミュレーションをしよう | 13章 |
| 誕生日シミュレーション | |
| 高校生の実態調査 | |
| コンビニデータベース | 13章 |

## 5. フィルタリングについて

学校環境によってフィルタリングの設定が異なるため、記載されているURLにアクセスできない場合があります。
各都道府県の教育委員会や各学校が定める手順にしたがってフィルタリングの解除申請を行ってください。

## 6. ワークブックに関する質問・お問合せ

本書に関する質問やお問合せ先は以下になります。
CQゼミWebサイト　https://cqsemi.net/

解答は、書店版は巻末ページ、小冊子版は各章の解答をまとめたPDFを参照してください。
10章、11章のプログラミングの解答例は解答PDFではなく「10-11章プログラミング解答例」のテキストファイルになっています。
解答PDFおよび「10-11章プログラミング解答例」テキストは以下になります。

情報1ワーク解答.pdf
10-11章プログラミング解答例.txt

https://www.cqpub.co.jp/interface/download/cqsemi.htm

# 社会と情報

「情報I」第2章

Contents



この章の動画
「社会と情報」

クラス：　番号：　氏名：

# 情報とコミュニケーション

高校生活が始まり、たくさんの人とLINEやSNSでのコミュニケーションを行ない、交友関係を広げているのではないかと思います。ここでは、そもそもコミュニケーションとは何か、どういう心構えが必要かについて考えます。

## ■ 社会と情報

### 社会で暮らす人びと

社会にはいろんなはたらきをしている人がいて、互いに情報を交換しながら暮らしている

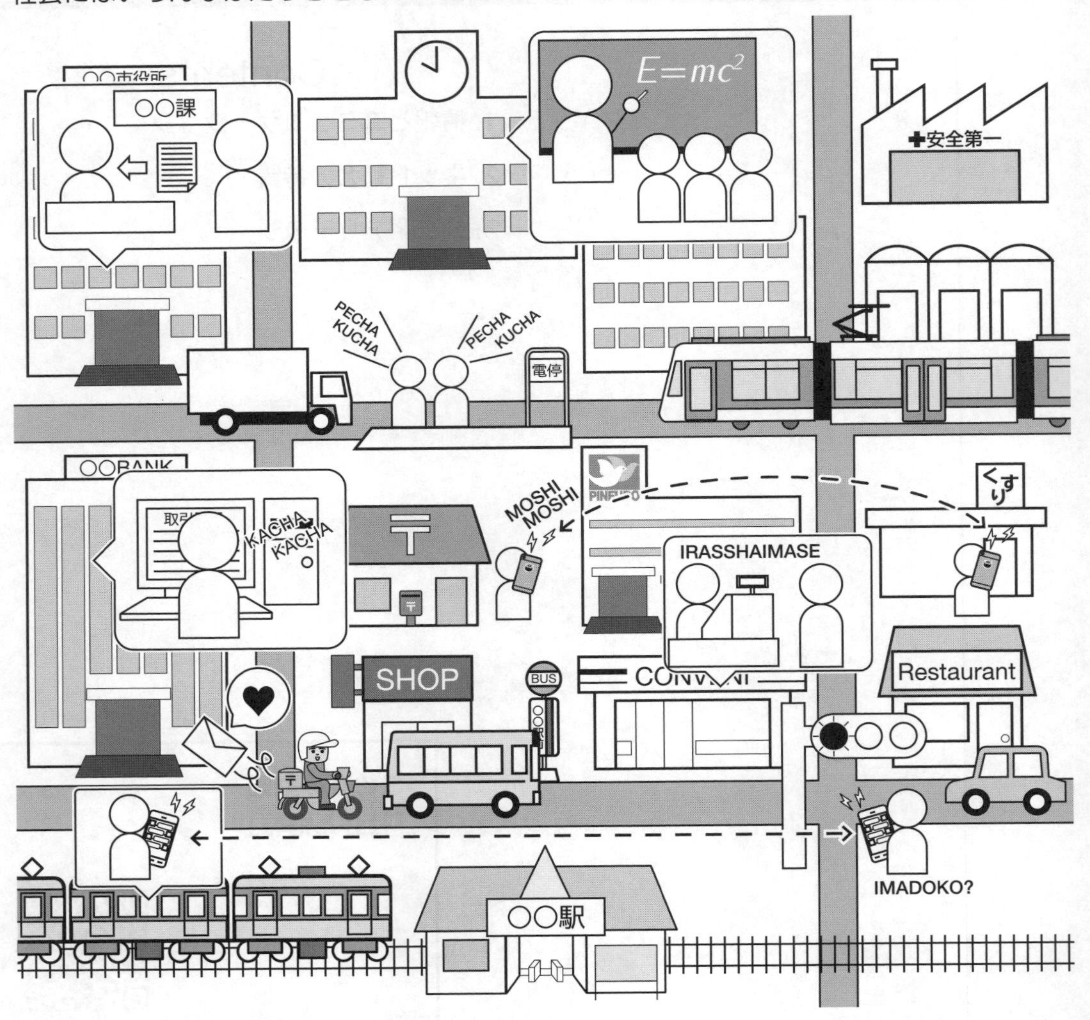


社会の中で暮らす人びとは、互いに情報を交換しながら、つながりの中で生きている
→社会の中で情報の果たしている役割を学んでいこう

第2章

# 情報とは何か

そもそも情報とは何か、言葉の成り立ちから考えてみよう

| 文字 | 使われている熟語の例 | 意味 |
|---|---|---|
| 情 | 友情、感情、愛情、心情、情景　等 | 1 |
| 報 | 報告、報道、予報、会報、訃報　等 | 2 |

**情報**＝ 3

## 情報の本質

上で導かれた結論から、情報の本質について考える

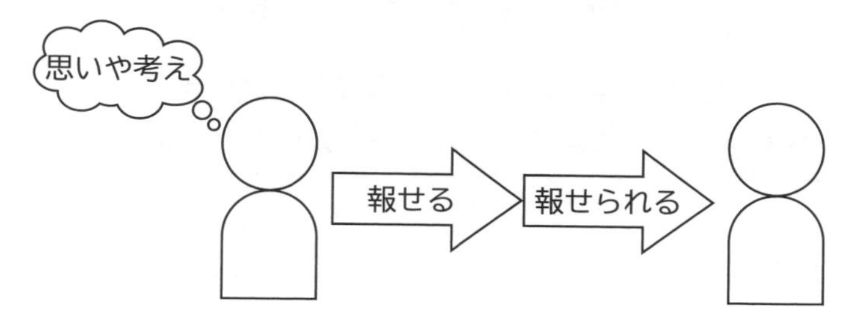


思いや考え＝ 4

人に報せる＝ 5

**情報の本質は〔6　　　　〕にある**

# 情報の成り立ち

**データ**、**情報**、**知識**、**知恵**は、次のような構造をしている

データ：事実や事象を収集し、数値や文字などで表したもの

情報：人に伝達することを目的に加工したもので、意図や主観を含む

知識：情報を一般化し、人の役に立つ形で蓄積されているもの

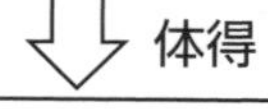


知恵：知識を特定の目的を遂行するために活かされたもの

# ■ コミュニケーションとは

考えてみよう

あなたはあるカフェのケーキが美味しかったので、「このケーキ、ヤバいよね」と伝えました。すると、「え？そうなんだ」と返事がきました。

(1) 相手の「え？そうなんだ」は、どのような意味だと思いますか。
また、このとき相手にはどのように受け取られたのだと思いますか？

6

7

(2) 相手の「え？そうなんだ」は別の解釈もあり得ます。その場合、どういう意味でしょう。
また、このとき相手にはどのように受け取られたのだと思いますか？

8

9

## コミュニケーションとは

**コミュニケーション**＝ 人から人へ情報を伝達して意味を分かち合うこと

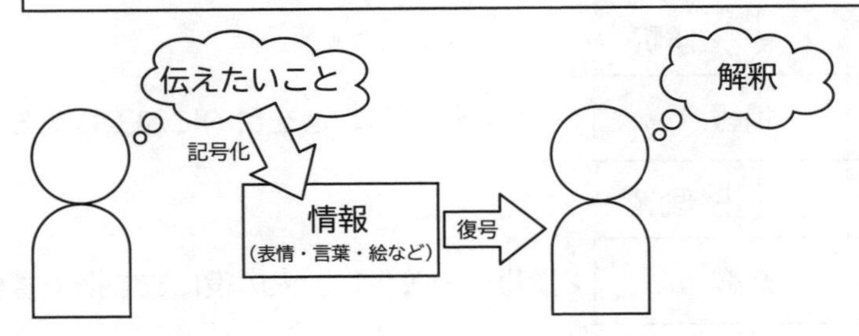


コミュニケーションにおいて最も大切なことは

10

# コミュニケーションの形態

## コミュニケーションの分類

## コミュニケーションの形態

| | 同期的<br>（発信・受信が同時） | 非同期的<br>（発信と受信が同時ではない） |
|---|---|---|
| 1対1 | 13 | 14 |
| 1対多 | 15 | 16 |

**問題1**

次の各コミュニケーション手段が、上の表のどこに入るか、表に記号で書き入れてください。また、これ以外にも表に入るコミュニケーション手段があれば書き入れてください。

ア．電話での会話　イ．ライブ配信　ウ．LINEのメッセージ（1対1）
エ．会議での発言　オ．Xのつぶやき　カ．YouTubeの動画
キ．手紙　ク．新聞記事

## メラビアンの法則

人間のコミュニケーションにおいて、
聴覚・視覚情報が93%を占めている
→言語情報は7%しか影響を与えない

無表情や棒読みでは情報は伝わらない
→情報を伝えるために適切な伝え方がある

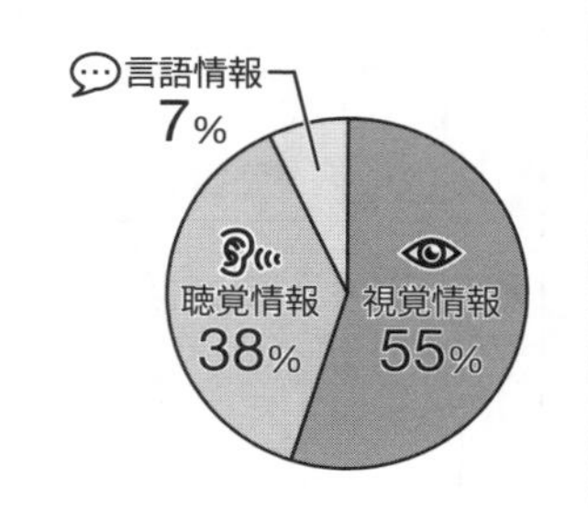


**ノンバーバルコミュニケーションは非常に重要**

## ■「情報Ⅰ」ではどんなことを学ぶのか

### 「情報Ⅰ」を通して身に付けたい力

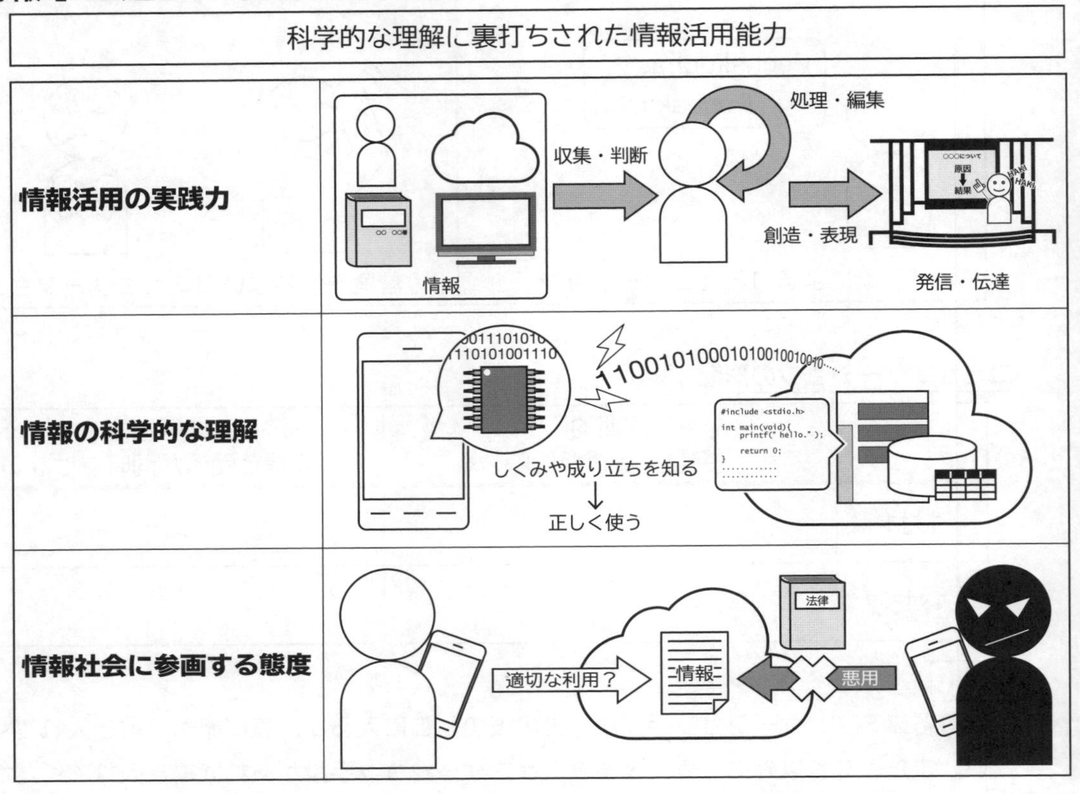


**「情報の科学的な理解」を土台に、この三つの力を身に付ける**

### 教科「情報」の4大テーマ

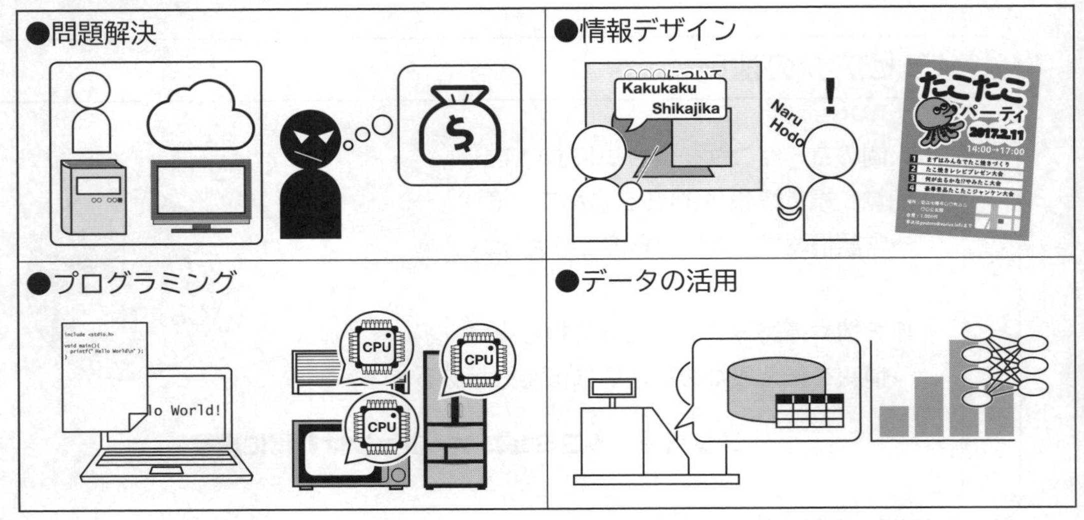

## 「情報」は英語で何という？

information

情報は、英語で **information**

→**inform**（動：知らせる）+ **ation**（接尾語：～すること）

informとは？

**inform** = **in**（接頭語：中に）+ **form**（動：形づくる）

→直訳すると「～を中に形づくる」→ どうして「知らせる」に？

→（相手の頭の）中に形づくる →転じて→（相手に）知らせる

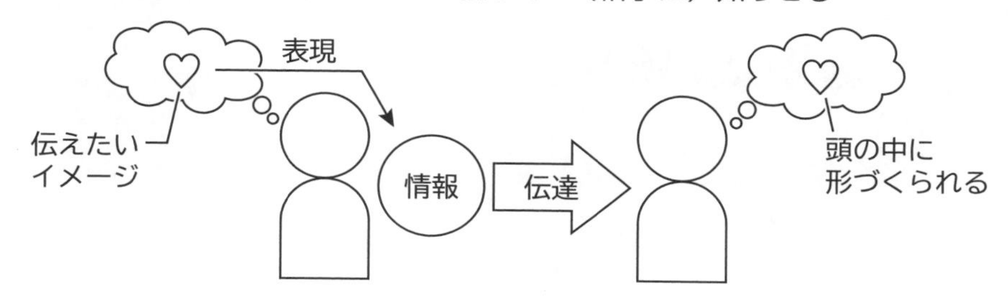


**英語のinformationも日本語の情報と共通した意味を持っていた**

**振り返り**

次の各観点が達成されていれば□を塗りつぶしましょう。

□情報の本質がコミュニケーションにあることを理解した

□コミュニケーションにおいて、伝えたことを理解するのは受け手であることを理解した

今日の授業を受けて思ったこと、感じたこと、新たに学んだことなどを書いてください。

# ネット社会の特質

みなさんの中には、スマートフォンでLINEでのコミュニケーションだけでなく、X、Instagramといった SNSでの情報発信をしている人もいるのではないでしょうか。今日は、そんな情報発信をする上で気をつけるべき点について学びます。

## ■ 情報発信者の責任

### ネット炎上事件より

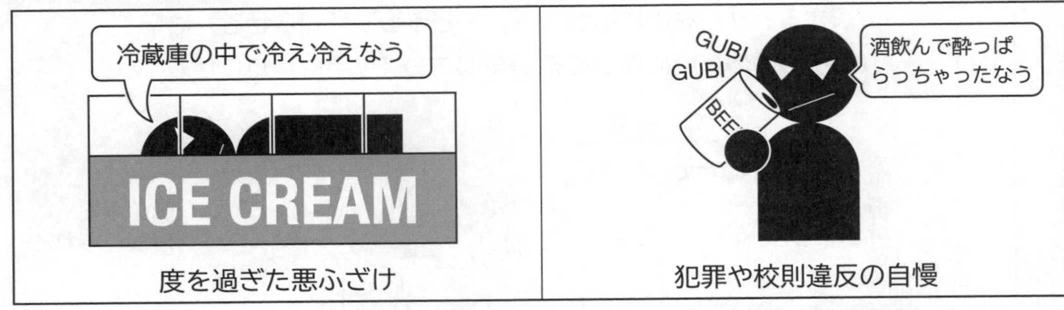


※最悪のケースでは、アルバイト先が閉店に追い込まれ損害賠償、学校は退学処分に

**このようなことを起さないために、ネット社会の特質をしっかり理解しよう**

### ネット社会の特質

ネット社会には次のような特質があることをきちんと理解しよう

**まずは、一人ひとりがネット社会の特質を正しく理解することが大切**

# インターネットにおける情報の伝わり方

## 発信した情報は全世界に公開される

インターネットは基本的に公開の場であることから、

| 4 |
|---|

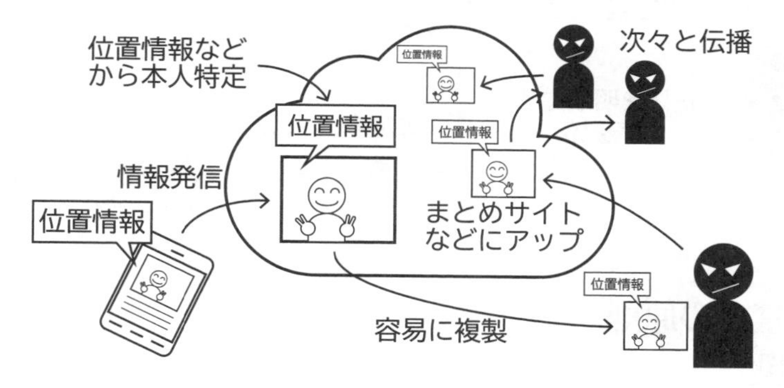


インターネット上の情報は、誰でもが容易に〔5　　　　　　〕することができる

→更に情報は〔6　　　　　　〕 → 消去して取り戻すことは〔7　　　　　　〕

※SNSに投稿した情報を、本人が削除しても**まとめサイト**には残っている場合もある

**情報がいつまでも「残り続ける」ところにインターネットの恐ろしさがある**

## SNSの情報の公開範囲

SNSでは、情報の公開範囲を設定することができる

初期設定では「**全世界公開**」に設定されているので注意 → 設定を見直すようにしよう

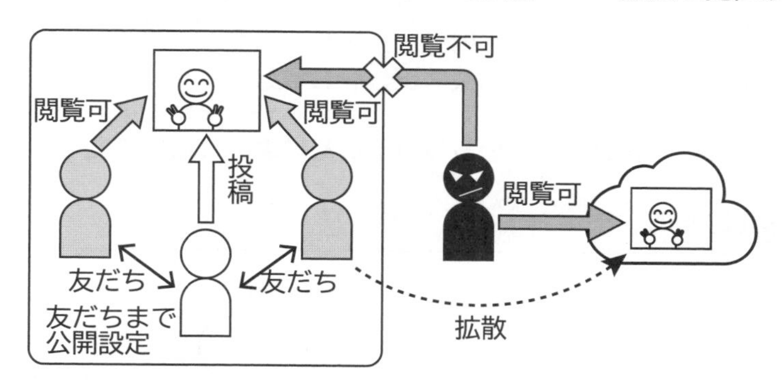


「友だち」による情報の流通の可能性もある → 「友だち」が情報をコピーし拡散

**宿題**

自分の使っているSNSの公開範囲の設定を確認してください。

※確認して把握できればOKです。危険なのは何も把握せずに使うこと。

# インターネットの匿名性

**インターネットの匿名性**＝ インターネットでは、実名を明かさずに情報発信できる

自分の正体を明かす必要が〔[8]　ある　・　ない　〕
＝〔[9]　　　　　　　　〕の観点
→情報発信が〔[10]　　　　　〕に行なえる

面と向かって言いにくいことも言いやすい
→無責任な発言、安易な考えや意見を投稿しやすい
→〔[11]　　　　　〕や〔[12]　　　　　〕につながる

# 自力救済禁止の原則

## 「晒し」問題

**晒し**＝ 対象者の個人を特定する情報をネット上に公開することで対象者を攻撃する行為

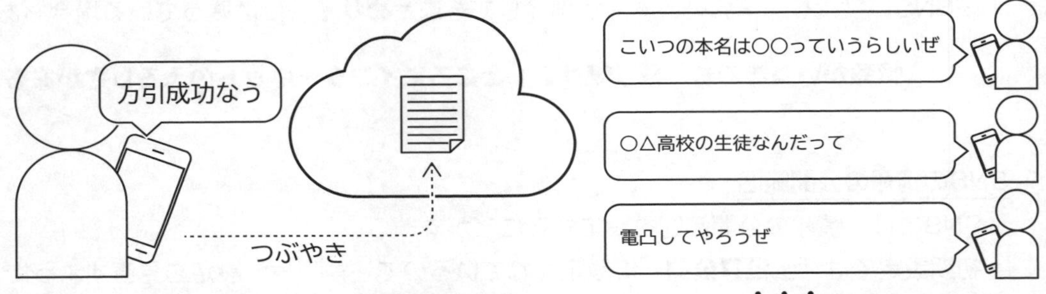


※ネット炎上事件の本質は、不都合な投稿をした人物に対する正義感による制裁
　→このような正義感による制裁は正しいことなのか？

**悪いことを懲らしめることはよいことなのだろうか？**

## 自力救済禁止の原則

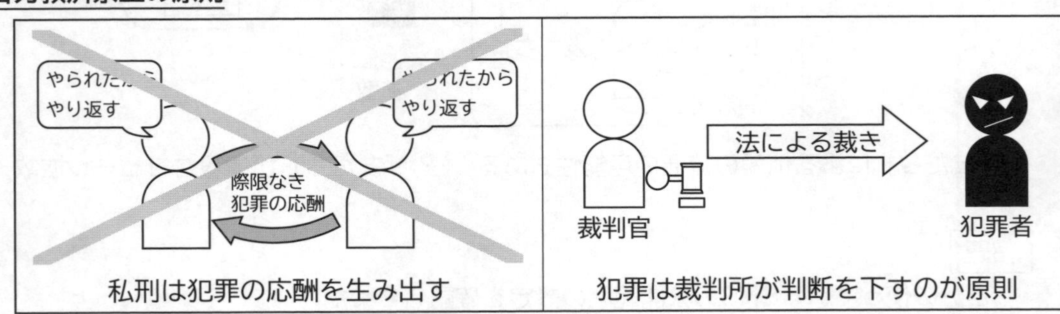


**犯罪というものに対するものの見方を考える必要がある**

# ■ 情報の特徴

## 「もの」と「情報」の違い

| | もの | 情報 |
|---|---|---|
| 形態 | 大きさや形、重さがある<br>物理的な「もの」の世界 | 大きさや形はない<br>抽象的な「13　　　　　」の世界 |
| 価値 | 原価や製作コストなどで決まる | 14 |

## 情報の性質

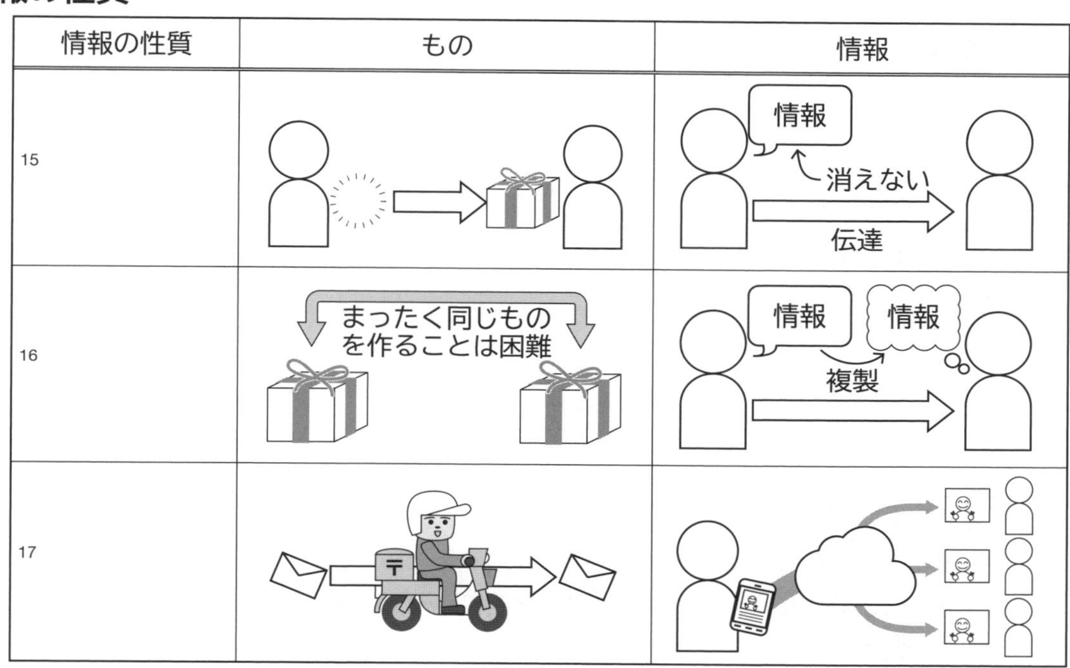

| 情報の性質 | もの | 情報 |
|---|---|---|
| 15 | | |
| 16 | | |
| 17 | | |



**振り返り**

次の各観点が達成されていれば□を塗りつぶしましょう。

□ネット社会の特質について理解し、不用意な情報発信をしない心構えが身に付いた

□情報とは何か、どのような性質があるかについて理解できた

今日の授業を受けて思ったこと、感じたこと、新たに学んだことなどをかいてください。

# メディアリテラシー

私たちは日々、様々なメディアを通して大量の情報を得ています。しかし、時により発信者の都合のよい情報だけが大量に流されたり、悪意ある情報が流されたりする場合もあります。ここでは、受け取った情報の確認方法について学びます。

## ■メディアリテラシー

**考えてみよう1**

写真を2枚お見せします。それぞれどのような場面の写真に見えるかを書いてください。

| 写真①[1] |
|---|
| 写真②[2] |

もう1枚写真をお見せします。これら3枚の写真からどのようなことがいえるでしょうか。

| [3] |
|---|

**考えてみよう2**

米国で広まったある化学物質の汚染に反対するための署名を紹介します。
なお、ここで紹介する事実はすべて科学的に正確で、一切のウソや偽りはありません。
①あなたは、この署名にサインしますか。率直に思ったとおりに答えてください。

〔[4]　署名する　・　署名しない　〕

②①のように答えた理由を書いてください。

| [5] |
|---|

③この署名の問題から思ったこと、考えたことを自由に書いてください。

| [6] |
|---|

## メディアリテラシー

**メディアリテラシー**＝ メディアの特性を理解し、情報を適切に送受信できる〔[7]　　　　〕



## メディアとは

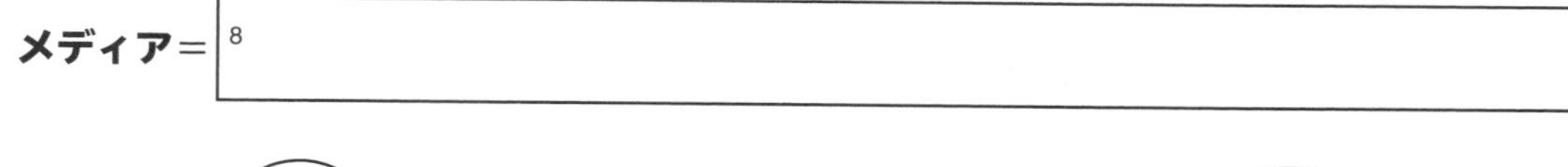

**メディア**＝ [8]

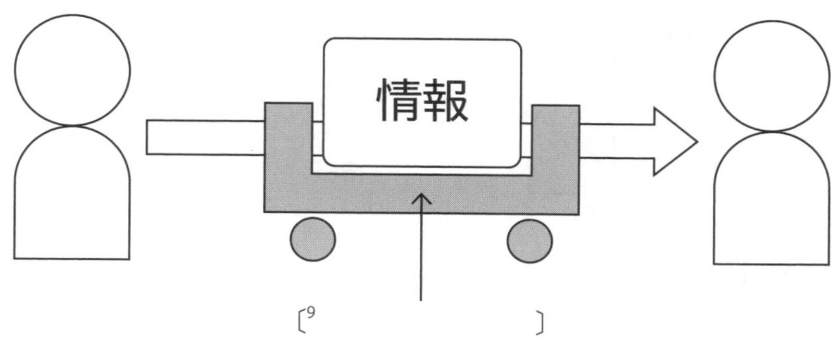


〔[9]　　　　　　　　〕

## メディアによる情報の差

### 伝達メディアの違い

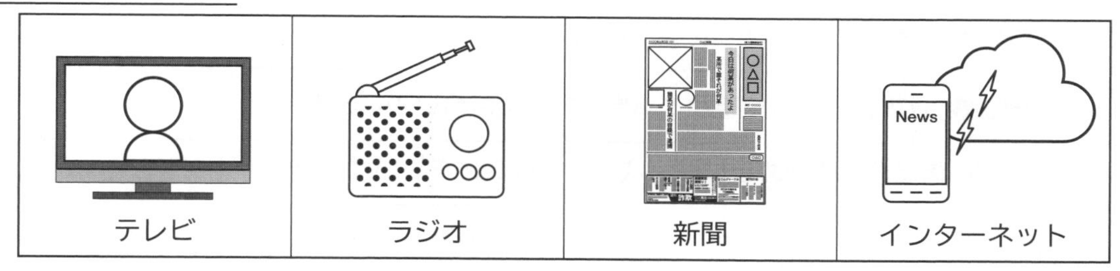


### 表現メディアの違い

**伝達方法**、**表現方法**が変わると、情報の伝わり方は〔[10]　変わる　・　変わらない　〕

**メディアの特性により、情報の伝達に違いが出ることを理解しよう**

第2章

# ■ 情報を読み取る

## 情報の意図を読み取る

情報には必ず [11] が含まれている

→その情報は「[12] 」「[13] 」発信したものかを考えることが大切

→情報を伝える際、情報の〔[14] 〕が行なわれていることにも注意が必要

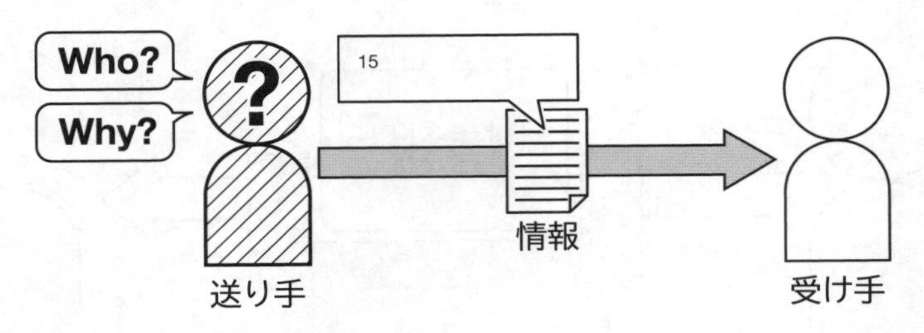


※情報の送り手にも受け手にも、必ず〔[16] 〕がかかっていることに注意

→この世のすべての情報は必ず〔[17] 〕

## 情報の信憑性(しんぴょうせい)を確かめる

特にSNSで、〔[18] 〕や〔[19] 〕が流されることがある

→情報の信憑性を確かめることが重要

**信憑性**＝ 内容が正しく確かで、信用できる度合いのこと

情報の信憑性を確かめるには、次のようなことを心がけよう

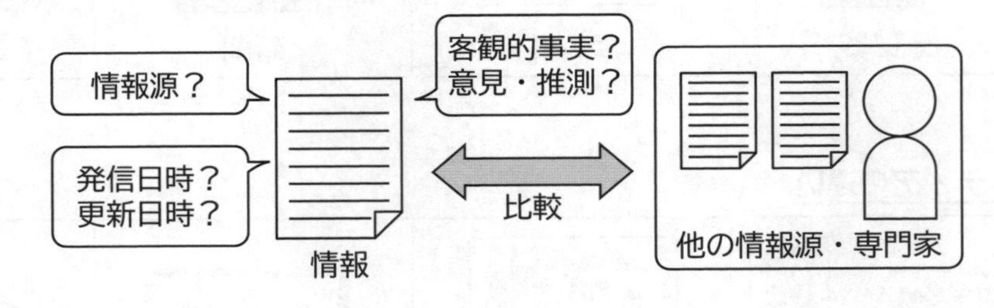


♦その情報の〔[20] 〕は？

♦その情報の〔[21] 〕は？

♦その情報は〔[22] 〕を述べたものか、〔[23] 〕を述べたものか？

♦情報で触れられている〔[24] 〕が正しいかを確かめる＝〔[25] 〕

♦他の情報源や専門家の意見と〔[26] 〕することも大切

**信憑性を確かめながら情報と接するように心がけよう**

## 受け取る情報の偏り

**フィルターバブル**＝ 泡(バブル)に包まれたように、自分の興味のある情報しか見えなくなる現象

**エコーチェンバー**＝ 価値観の似た者同士で共感しあうことで、特定の意見が増幅される

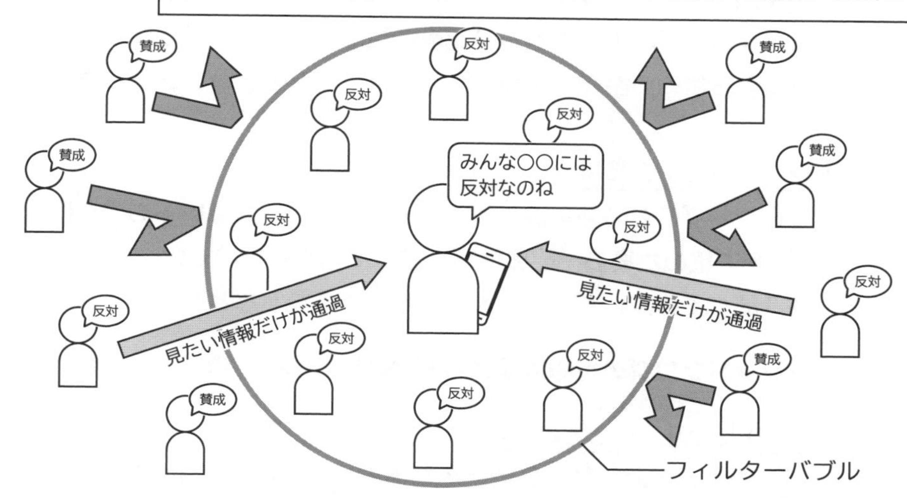


※自分の考えに近い情報にばかり接触することが多く、受け取る情報が〔27　　　　　　〕

→ひどい場合、自分の意見を「正しい」と強固に信じ込む場合も

→異なる意見の〔28　　　　　　〕につながる

※ネットに同じ意見がたくさん溢れているように見えても、発信者は少数の場合が多い

→たくさんいるように感じさせる少数者を〔29　　　　　　〕という

→ほとんどの人はネットへの発信をしない（30　　　　　　という）

**そもそも偏りのない情報は存在しないことを肝に銘じておこう**

**振り返り**

次の各観点が達成されていれば□を塗りつぶしましょう。

□情報には必ず発信者の意図が含まれていることを理解した

□情報を読み解くためには、さまざまな知識を身に付ける必要があることを理解した

□受け取る情報は必ず偏っていることを自覚しながら、情報と向き合う必要性を理解した

今日の授業を受けて思ったこと、感じたこと、新たに学んだことなどを書いてください。

# デマ情報が溢れるトレンドブログに注意

## トレンドブログとは

「○○事件の犯人を特定！」「容疑者の顔画像や経歴は？」
こんな煽(あお)り気味のタイトルの記事を見たことはないだろうか？
→収入を目的に話題の時事ネタを扱うブログを**トレンドブログ**という

## トレンドブログの特徴

トレンドブログの多くは、多くの人が関心を寄せているものを察知
Xなどで集めた真偽不明の情報を並べているだけのもの
→「調べてみましたが、わかりませんでした」などで終わることが多い

**トレンドブログの情報はほとんどが真偽不明のもの　→　信用しないように**

## 「無実の人を犯人」とされた例も

2019年8月常磐自動車道で起きたあおり運転傷害事件が話題に
→この事件もこぞってトレンドブログで多く取り上げられた
→事件とは無関係の無実の人物がこの事件の関係者とするデマが拡散された

**トレンドブログがときにとんでもないデマを流す可能性もある**

## トレンドブログがなぜ蔓延するのか

トレンドブログは、手軽に高額の収入を狙うことができることから流行

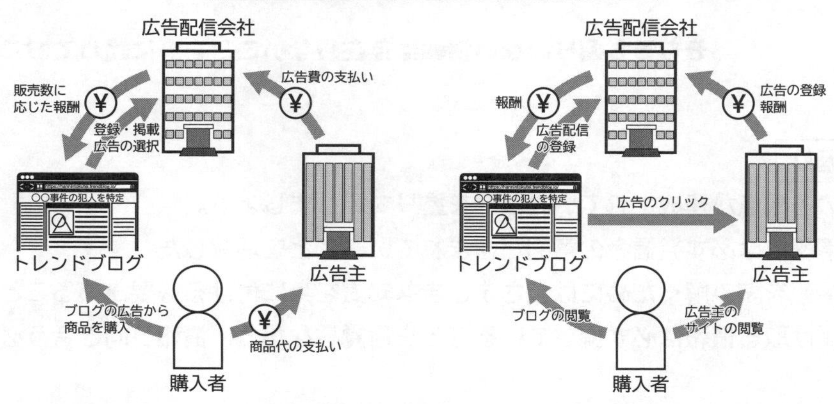


ブログに貼られた広告から商品が購入された　→　代金の一部が報酬
ブログに貼られた広告をクリックして閲覧しただけで報酬の入るものもある

**トレンドブログのねらいは、たくさんの人にアクセスしてもらうこと**

## うわさが本当になる恐怖—予言の自己成就

### デマによるトイレットペーパー買い占め騒動

2020年2月、日本中のドラッグストアのトイレットペーパーが品切れに
→きっかけは「トイレットペーパーが入手困難になる」という噂
→噂はデマであったが、トイレットペーパーを買い求める客が各地で殺到
ネットフリマサイトでは、12ロール入り2000円で売られた例も

### 多くの人はデマを信じたのか？

トイレットペーパー買い占め騒動では、情報元がデマだったことはすぐ判明
→多くの人はデマだと知りながらトイレットペーパーを購入していた
→多くの人が"デマを信じた"というのは違うようだ
デマだと知りながらトイレットペーパーを購入した理由は「念のため」

### 予言の自己成就

**予言の自己成就**＝ 予言を信じて行動した結果、予言通りの結果となる現象

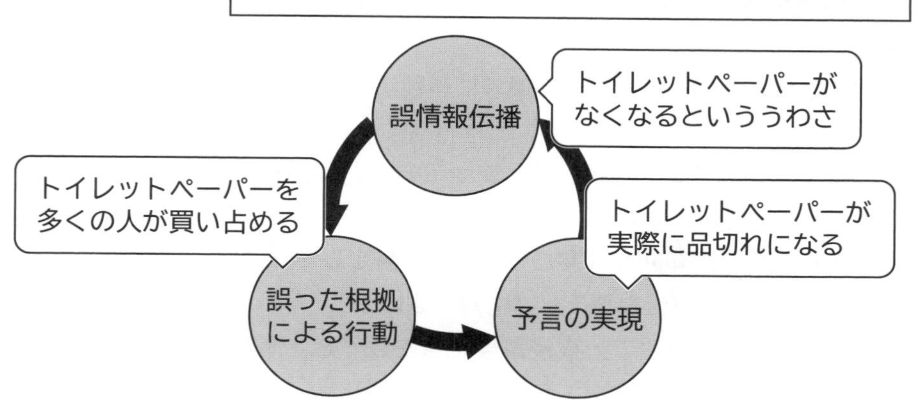


### 問題は情報発信の方法

「トイレットペーパーは在庫十分、心配しないで」と言われても、
→実際に目の前にトイレットペーパーがない状況の説明にはなっていない
「供給までに少し時間がかかる」「しばらくすると解消される」など、
→現在の状況と見通しに対する理解を求めることが唯一の解決策

**問題は、不安を煽るような報道や情報発信にある**

# 章末問題

**[問題1]**

情報には、残存性、複製性、伝播性の3つの性質があります。次の各文が情報のどの性質の説明であるかを書いてください。

(1) 1992年に公開された日本で最初のWebページを今でも閲覧することができる。

(2) Xに投稿された写真が次々と拡散されることがある。

(3) SNSにあった気に入った投稿を、スクリーンショットを撮って保存した。

**[問題2]**

SNSでの情報発信については、次の各文が適切な記述であれば○を、不適切な記述であれば×と答えてください。

(1) SNSに投稿した内容は、誰もが簡単に複製することができる。

(2) SNSに不適切な情報を投稿してしまっても、元の投稿を削除すればまったく問題にはならない。

(3) SNSの情報の公開範囲を「友だちまで」に設定しておけば、「友だち」以外に情報が伝わることは絶対にない。

(4) 匿名で発信された情報で人権侵害等が発生しても、情報の発信者を特定が不可能なのでどうすることもできない。

(5) SNSの公開の設定によっては、全く知らない第三者が連絡をしてくることがある。

**[問題3]**

メディアとは何かを簡単に説明してください。

# コラム～ジャーゴンとスラング



## ■ ジャーゴンとスラング

### 「コーテルイーナーホ」の意味は？

突然ですが、「コーテルイーナーホ」という言葉を知っていますか？

京都を中心に全国展開する中華料理チェーン店「餃子の王将」の店員の間で通用し、

「餃子(コーテル)一人(イー)前お持ち帰り(ナーホ)」という意味

「餃子の王将」でメニューを注文すると、オーダーを受けた店員が調理場に向かって

マイクで暗号のような言葉でオーダーを伝える（他には、炒飯(ソーハン)、唐揚げ(エンジャーキー)、酢豚(クールーロー)など）

### ジャーゴンとは

ジャーゴン＝ 特定の職業の間だけで通用し、素人にはわからない業界用語のこと

一般人にはちんぷんかんぷんなことが多い

同業者の間ではコミュニケーションが短縮化され、仕事が効率化されることがある

**一般の人に説明する際にジャーゴンを使用するのは避けよう**

### スラングとは

スラング＝ 同じ趣味や嗜好を共通する集団の中でのみ通用する隠語で、閉鎖性が強い

「ザギン(銀座)でシースー(寿司)」のような単語の文字を入れ換えたものや、

「KY(空気が読めない（最近では「恋の予感」や「今夜が山」だそうですね）)」のような言葉をローマ字化した頭文字をつないだものなどが有名

ジャーゴン同様、仲間内ではない人には何のことか分からないことが多い

**閉鎖的な性質があるため、多用すると人に疎外感を与えることがあるので注意しよう**

## ■ 円滑なコミュニケーションのために

### コミュニケーションの性質を理解しよう

この章で学んだ通り、伝えたことを解釈するのはあくまでも相手であることを忘れずに

ジャーゴンやスラングなどは、特定の人の間でしか通用しない言葉である

→伝えようとしている言葉が、相手にきちんと伝わる言葉であるかをよく考えよう

→コミュニケーションは、自分と相手との間で共通して理解する部分を増やす営みである

**コミュニケーションの性質を理解することで情報をよりよく伝えられるようになる**

[illegible]

# 情報の可視化・構造化

「情報I」第3章



Contents



**3章で使用するデータはQRコードからダウンロードしてください。**

[03-3] 例題 1
[03-3] 例題 2-A
[03-3] 例題 2-B
[03-5] 課題

**この章の動画**
**「情報の可視化・構造化」**

クラス：　番号：　氏名：

# コミュニケーションと情報デザイン

前章では、情報の本質がコミュニケーションにあるということを学びました。コミュニケーションにおいては、伝えたことを解釈するのはあくまでも「受け手」です。「受け手」に情報を理解してもらうために、「情報デザイン」の考え方がたいへん重要になってきます。

## ■コミュニケーションと情報デザイン

### コミュニケーションとは

**コミュニケーション**＝ 人から人へ情報を伝達して意味を分かち合うこと

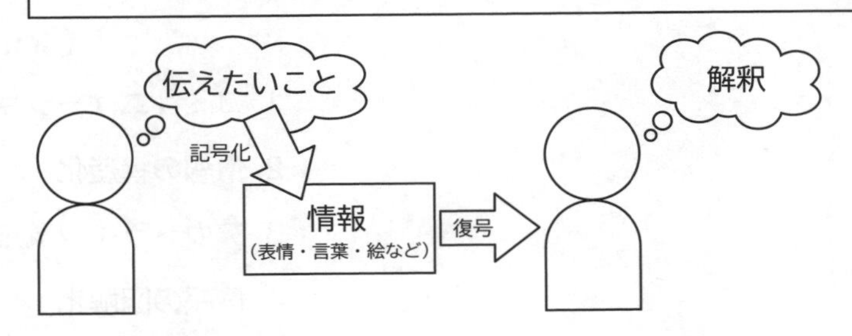


コミュニケーションにおいて最も大切なことは

1

コミュニケーション手段と情報の伝わり方

コミュニケーションの手段によって情報の伝わり方は変わる

→それぞれの特徴をよく理解して使い分けることが大切

| | |
|---|---|
| **●レイアウト紙面（ポスター・チラシ）**<br>一目で関心を引き、ある程度の情報を伝えられるが、情報量は少ない。 |  |
| **●Webページ**<br>扱える情報量が多く、様々な表現が可能。見にきてもらう工夫が必要。 |  |
| **●プレゼンテーション・動画**<br>視覚と聴覚の両方を使って情報を伝達できる。 |  |
| **●文章（レポート・論文）**<br>文章で表現し、情報を整理しながら詳細な記述ができる。 |  |

# 情報デザインとは

## アートとデザインのちがい

〔2　　　　　　〕＝

〔3　　　　　　〕＝

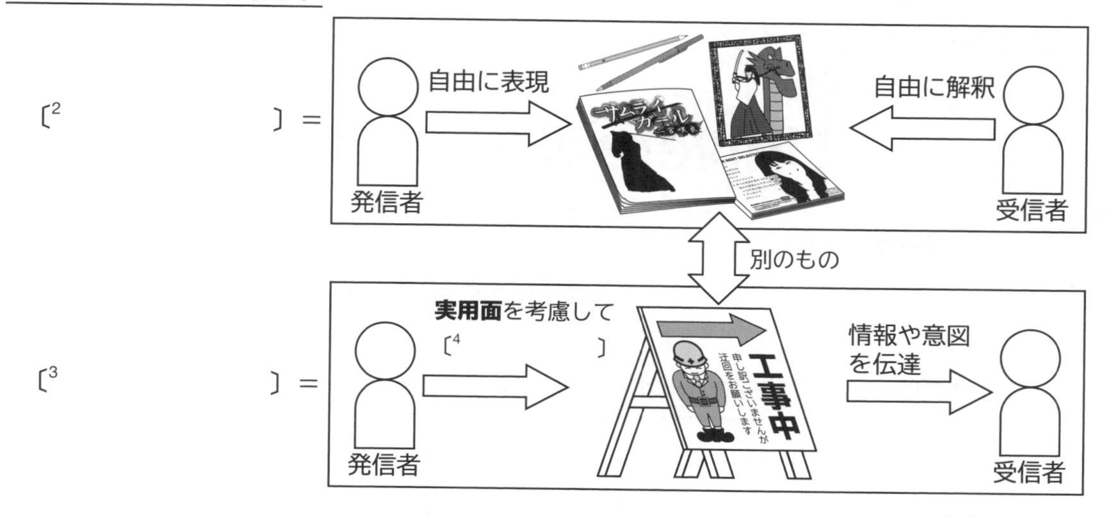


**アートは〔5　　　　　〕の視点で発信、デザインは〔6　　　　　〕の立場で設計**



## 情報デザインの考え方

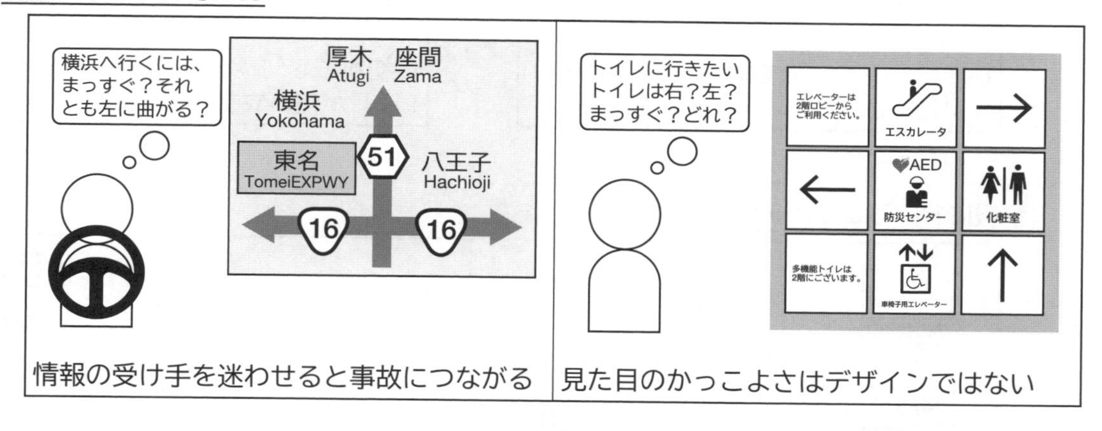


**デザインは、情報の受け手に確実に情報が伝達しなければ意味がない**

### 問題

次の各例がアートの例であるなら**A**、デザインの例であるなら**D**で答えてください。

(1) 小説「羅生門」（作：芥川龍之介）　〔7　　　〕
(2) ショッピングモールのフロアマップ　〔8　　　〕
(3) ファストフード店のメニュー表　〔9　　　〕
(4) 駅前に置かれている平和を願うために設置されたモニュメント　〔10　　　〕
(5) イベントの開催を知らせるためのチラシ　〔11　　　〕

## ■ 誰にとってもわかりやすい情報のデザインの工夫

### ユニバーサルデザイン

〔12　　　　　　〕　　　デザイン

**Universal ＋ Design**

**ユニバーサルデザイン**＝〔13　　　　　　　　〕使いやすいデザイン

※〔14　　　　　　〕が等しく安全・快適に利用できるようなデザインの工夫や考え方

#### バリアフリーとユニバーサルデザインのちがい

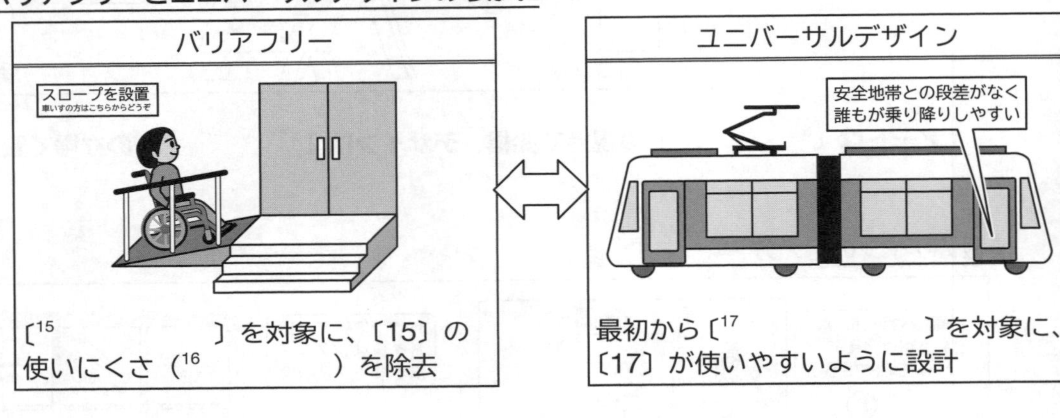


| バリアフリー | ユニバーサルデザイン |
|---|---|
| 〔15　　　　〕を対象に、〔15〕の使いにくさ（16　　　　　）を除去 | 最初から〔17　　　　〕を対象に、〔17〕が使いやすいように設計 |

#### 情報におけるユニバーサルデザイン

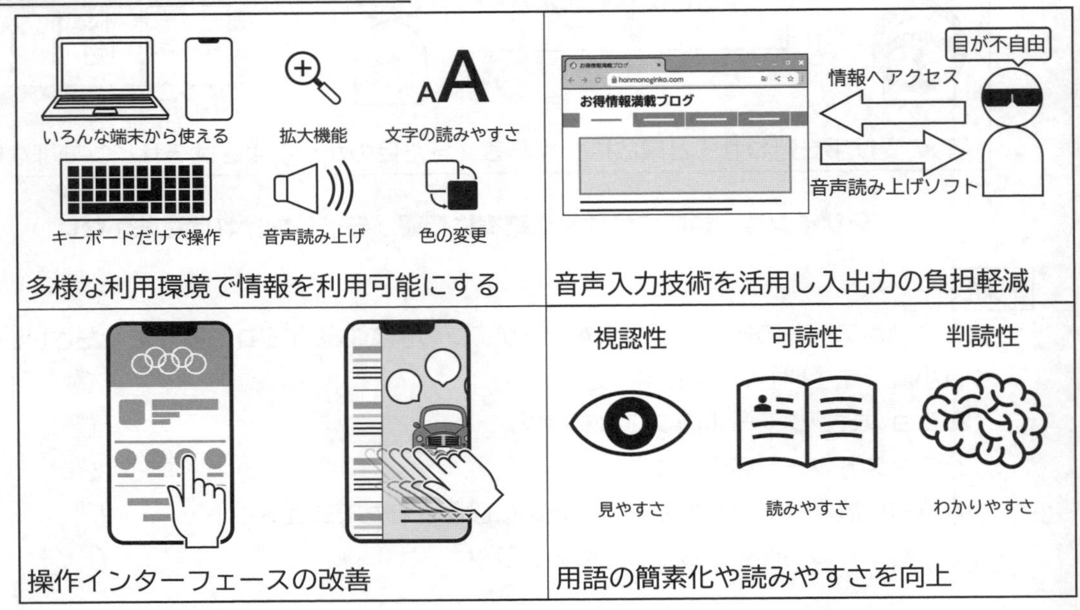


多様な利用環境で情報を利用可能にする

音声入力技術を活用し入出力の負担軽減

操作インターフェースの改善

用語の簡素化や読みやすさを向上

# ユーザビリティ

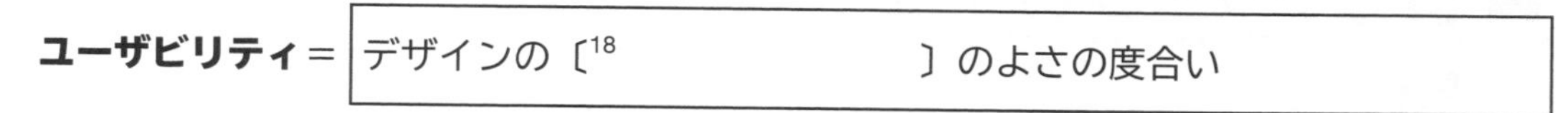

**ユーザビリティ**＝ デザインの〔[18]　　　　　　　　〕のよさの度合い

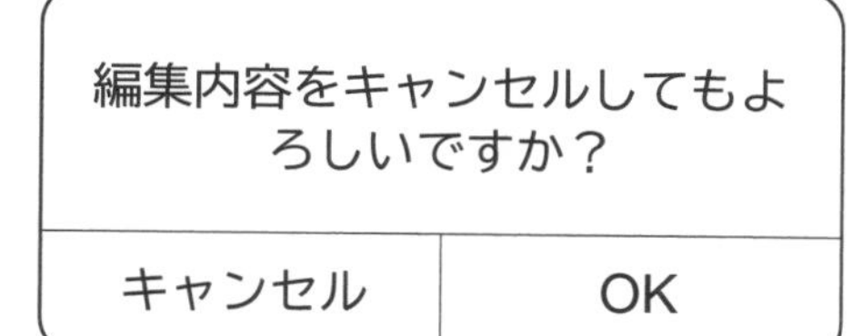

左の図でキャンセルしたい場合、どちらを押せばよい？
右の図の電子レンジはボタンが多すぎて、お弁当を温めるためにはどれを押せばよい？

**使っていてストレスを感じないように工夫することが求められる**

# アクセシビリティ

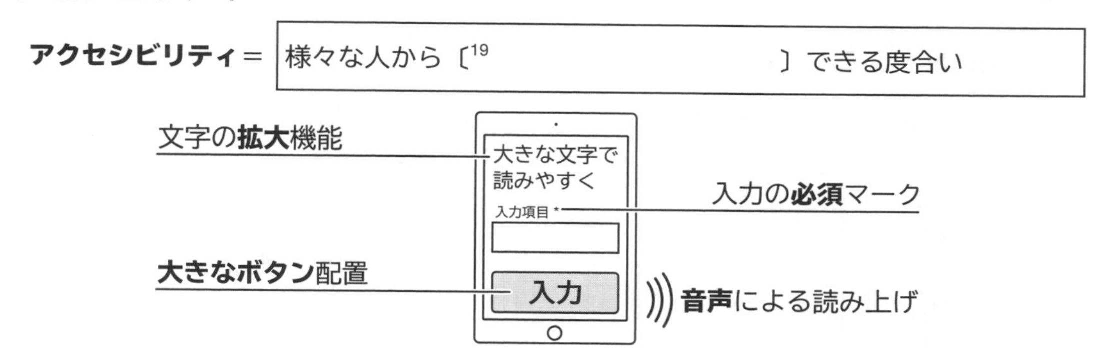

**アクセシビリティ**＝ 様々な人から〔[19]　　　　　　　　〕できる度合い



**誰もが公平に情報にアクセスでき、サービスを簡単に受けられる環境を整える必要がある**

# シグニファイア

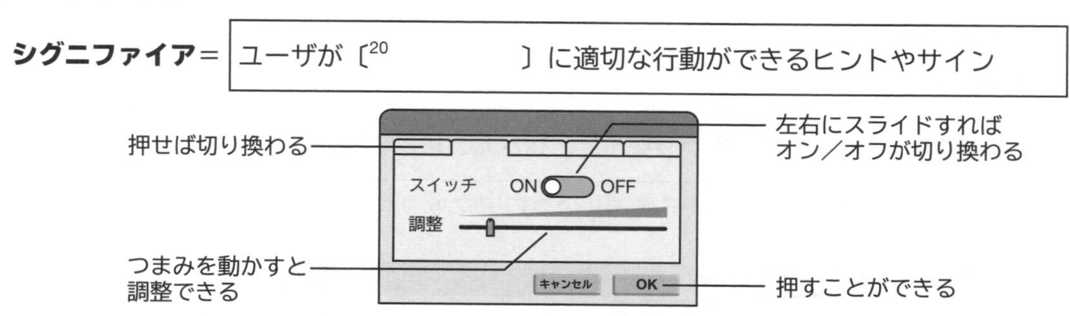

**シグニファイア**＝ ユーザが〔[20]　　　　　　〕に適切な行動ができるヒントやサイン



説明されなくても、かたちなどから直感的に操作方法がわかる

**あまり説明しなくても直感的に利用できるようにする工夫が必要**

# ■ 情報デザインの手法

## 抽象化

**抽象化**＝ 余分な情報をできるだけ除いて要点をシンプルに表現すること

※〔[21]　　　　　　　　〕や〔[22]　　　　　　　　〕などがある

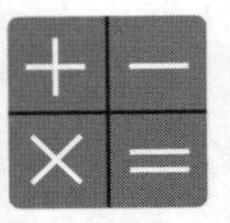

## 可視化

**可視化**＝ 必要な情報を取り出して視覚的に表現し、わかりやすくすること

※表やグラフ、鉄道の〔[23]　　　　　　　　〕などが可視化の例

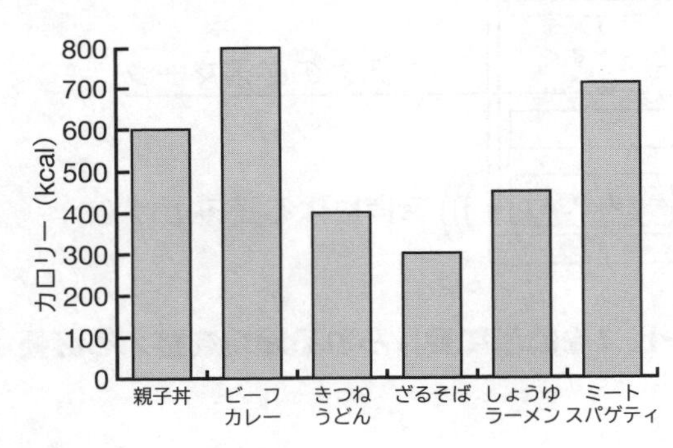


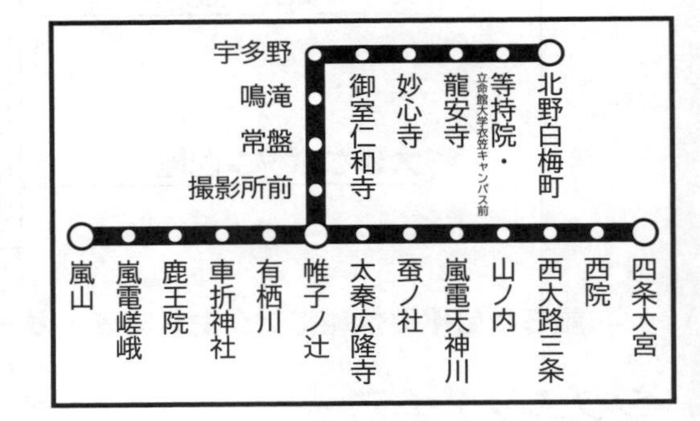


## 構造化

**構造化**＝ 情報の関係性やつながり、レベル、段階、順序などを整理して表現

※Webの階層メニューやデパートのフロアマップなどに使われている

HOME　ニュース　製品・技術　会社情報　お問い合わせ

- ハードウェア ▶
- ソフトウェア ▶
  - ▶画像編集
  - ▶動画編集
  - ▶アニメーション
  - ▶コンテンツ管理
- ウェブサー…

| | |
|---|---|
| 5F | レストラン街と専門店 |
| 4F | こどもと専門店 |
| 3F | ファッションとリビング |
| 2F | ファッション・雑貨と専門店 |
| 1F | 食品 |

**課題**

日常生活の中で見つけたピクトグラムを写真に撮り、紹介してください。
そのピクトグラムが掲示されていた場所と、誰に何を伝えるものかを考えてください。
(特にこれは面白い！と思ったものを紹介してください)

**例**

| ピクトグラム | 表示場所（どこに） | 対象（誰に） | 意味（何を） |
| --- | --- | --- | --- |
|  | 駅の天井に吊るされた案内看板 | 駅を利用している人 | バス停へはどちらの出口へ行けばよいか |

**取り組みのヒント**

課題はスマートフォンで取り組むのがオススメ

**振り返り**

次の各観点が達成されていれば□を塗りつぶしましょう。
□アートとデザインの違いから、デザインとは何かについて理解した
□ユニバーサルデザインとは何かについて、バリアフリーとの違いから理解できた
□誰にとってもわかりやすい情報デザインの工夫の考え方を理解した
□情報デザインの手法としての抽象化・可視化・構造化とはどのような手法かを理解した

今日の授業を受けて思ったこと、感じたこと、新たに学んだことなどを書いてください。

# 情報の構造化

人は、情報を大きな枠から小さな枠に整理しながら理解していきます。私たちが情報を提示する際にも、情報の全体像がわかりやすいように構造に整理する方がわかりやすくなります。ここでは特に文書に関しての情報の構造化の考え方を身に付けます。



## ■ 情報の分類方法

### 5つの帽子掛け

情報を組織的に整理するときには、以下の5つのいずれかを基準にするとよい

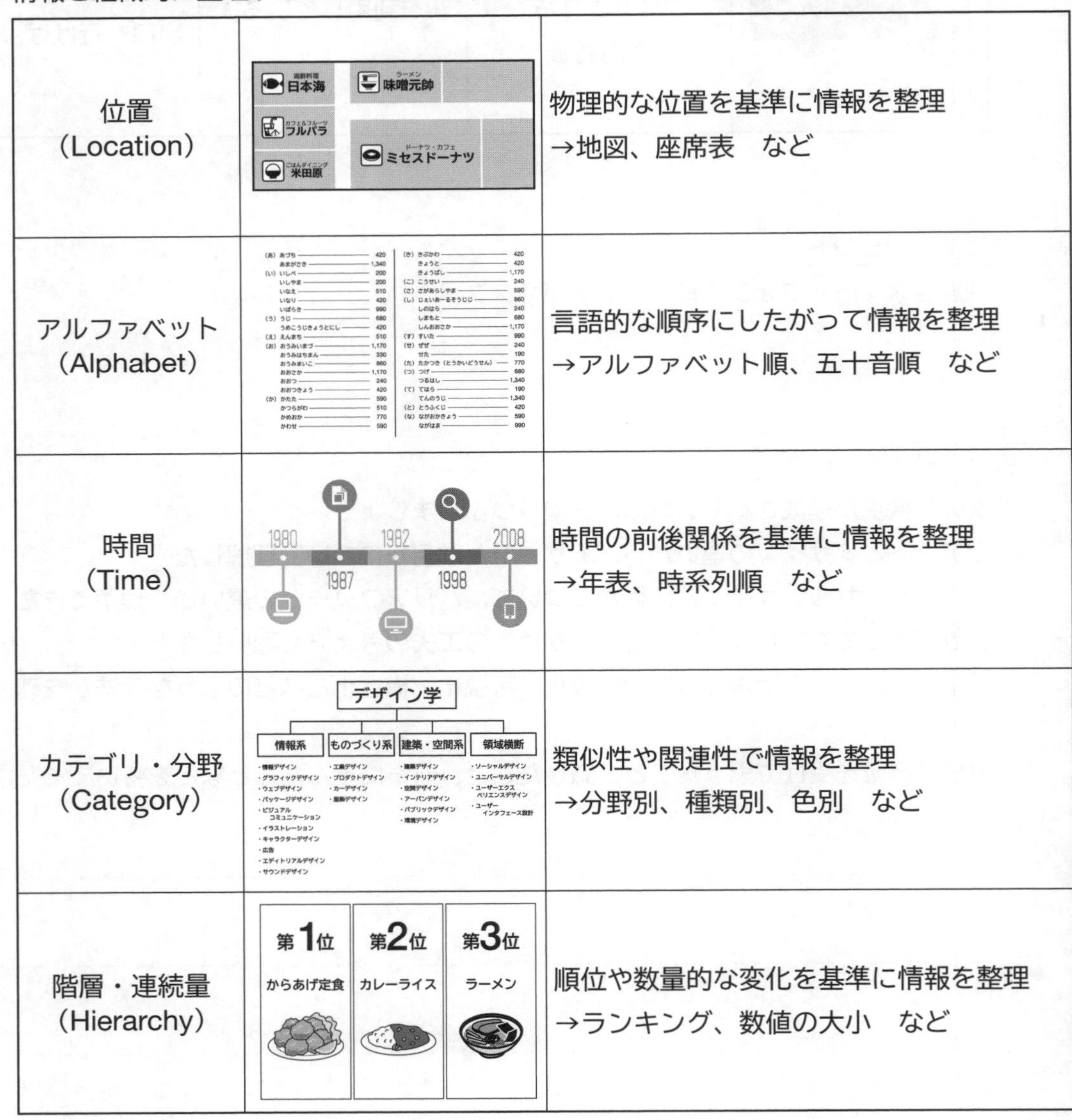


|  |  |
| --- | --- |
| 位置<br>（Location） | 物理的な位置を基準に情報を整理<br>→地図、座席表　など |
| アルファベット<br>（Alphabet） | 言語的な順序にしたがって情報を整理<br>→アルファベット順、五十音順　など |
| 時間<br>（Time） | 時間の前後関係を基準に情報を整理<br>→年表、時系列順　など |
| カテゴリ・分野<br>（Category） | 類似性や関連性で情報を整理<br>→分野別、種類別、色別　など |
| 階層・連続量<br>（Hierarchy） | 順位や数量的な変化を基準に情報を整理<br>→ランキング、数値の大小　など |

# ■ 文章の基本構造

## 文章の基本構造

### 書籍全体の構成

### 各章中の構成

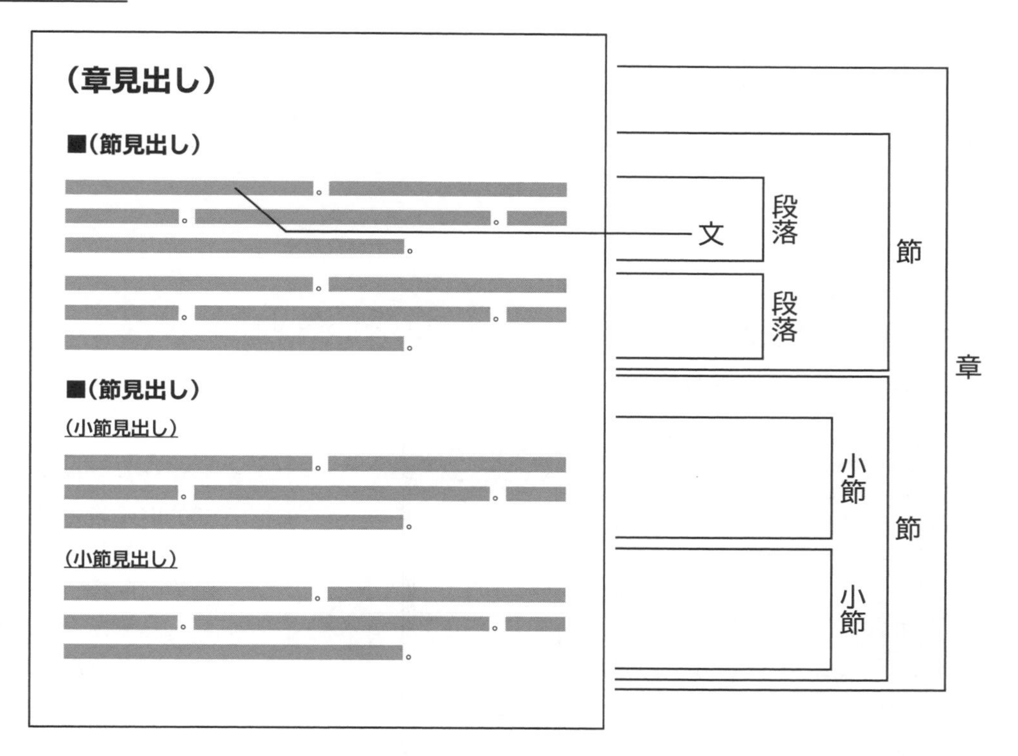


※文章は、大きな枠から小さな枠に整理してまとめられている

# ■ 見出しマップ

## 見出しの階層性

### 見出しとは

**見出し**＝ 本文の内容がひと目でわかるようにつけた表題



### 見出しマップ

見出しの階層性がわかるように見出しだけを抜き出して並べた図を**見出しマップ**という

第3章1節「コミュニケーションと情報デザイン」の見出しマップ

コミュニケーションと情報デザイン
　　コミュニケーションと情報デザイン
　　　　コミュニケーションとは
　　　　　　コミュニケーション手段と情報の伝わり方
　　　　情報デザインとは
　　　　　　アートとデザインのちがい
　　　　　　情報デザインの考え方
　　誰にとってもわかりやすい情報デザインの工夫
　　　　ユニバーサルデザイン
　　　　　　バリアフリーとユニバーサルデザインのちがい
　　　　　　情報におけるユニバーサルデザイン

### 見出しのレベル

文書の中で最も大きなまとまりを示す見出しのレベルを1とし、
それより小さなまとまりになる毎にレベルを1つずつ上げていく

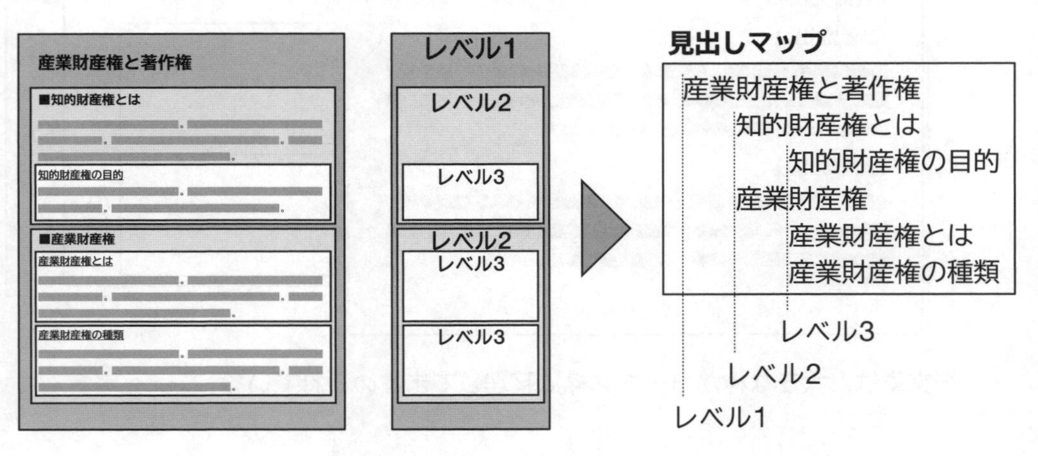


**見出しとレベルの考え方、理解できましたか？**

**例題**

次の例題文から、見出しマップを作成してください。文書のもっとも大きな見出しのアウトラインレベルをレベル1とします。

いろいろな公害

■人間活動がもたらした健康や環境への被害

新しく会社や工場を建て、物を作り、作った物を運んでお店に届け、売れ残った物を処分する——。こうした活動によって、私たち人間の健康や生活環境、動植物の生態系や自然環境などに大きな被害をもたらす現象のことを「公害」といいます。おもな公害には、大気汚染、水質汚染、土壌汚染、地盤沈下、悪臭などがあげられますが、交通渋滞や近所のそう音、ゴミのポイ捨てなども、より広い意味で公害の一種ととらえる場合もあります。

公害への取り組み

いったん公害が発生すれば、多くの人や動植物の生活を破かいしてしまいます。そのため国や地方自治体では、法律や条令によって、公害の発生を防ぐ対策を企業などに義務づけています。

求められる国際協力

これまでさまざまな公害を経験してきた日本では、公害への問題意識や取り組み、公害を防ぐ技術を大きく向上させてきました。ところが、世界に目を向けると、発展するなかで環境対策にまで手がまわらない国や、経済を優先させる国で公害は起きていて、深刻化するケースが増えています。日本の技術と経験は、国の枠をこえた公害問題を解決する手段としても期待されています。

■おもな公害

大気汚染

工場や自動車の排気ガスなどによって、空気がよごされてしまう現象です。

水質汚染

工場やゴミ焼きゃく場などから有害な物質が排出され、近くの川や湖、あるいは地下水に染みこんで水の性質をよごしてしまうことを指します。

土壌汚染

ダイオキシン、ヒ素などの化学物質が地面に染みこむことによって起きます。

地盤沈下

地下水のくみ上げすぎなどによって地面がしずんでしまうことです。

レベル1　レベル2　レベル3　レベル4

## 問題

### 国会のしくみと仕事

#### 国会の地位

国会は、国の最高の意思決定機関で、国の政治の中心に位置づけられています。その地位は、日本国憲法により、以下のように位置づけられています。

**国権の最高機関(日本国憲法第41条)**

国会は、国の最高の意思決定機関である。

**国の唯一の立法機関(日本国憲法第41条)**

法律を制定するのは、国会のみ。

**国民の代表機関(日本国憲法第43条)**

国会は、国民の選挙で選ばれた代表者である議員で構成されている。

#### 国会の仕事

国会の仕事は日本国憲法で定められており、国会はたくさんの重要な仕事をしています。おもなものを見てみましょう。

**法律の制定**

国会の一番重要な仕事は、法律の制定です。法律をつくることを**立法**といい、国会が**立法権**をもっています。

**予算の議決**

内閣（政府）が、税金などの収入にもとづいて、１年間の支出の見積もりを立てます。それを**予算**といい、国会は、内閣の作成した**予算案**を審議し、議決します。

**内閣総理大臣の指名**

国会は、国会議員の中から、内閣総理大臣を指名します。

**その他の仕事**

- 条約の承認
- 弾劾裁判所の設置
- 憲法改正の発議
- 国政調査権の発動　など

#### 二院制（両院制）の意義と両院の特色

日本の国会には、**衆議院**と**参議院**があります。議会が二つの議院から成り立っているしくみを**二院制(両院制)**といいます。

二院制（両院制）では、審議を慎重におこない、一方の院の行き過ぎをおさえることができます。

**衆議院の特色**

任期が短く、**解散**があるので、**国民の意思をより強く反映しやすい**と言えます。そのために、衆議院に強い権限があたえれています。これを、**衆議院の優越**と言います。

**参議院の特色**

任期が衆議院より長く**解散もない**ため、長期的な視野で、審議ができます。衆議院の行き過ぎを防ぎ、「良識の府」としての役割が期待されます。

**両院協議会**

衆議院と参議院の議決が異なった場合、両院協議会が開かれて、妥協案が議論されることがあります。

#### 国会の種類

日本の国会には、次の種類があります。

**通常国会**

毎年1回、1月中に召集され、次年度の予算の議決を主な議題として150日間開かれます。

**臨時国会**

臨時の議題を議決するために、内閣が必要と認めたときまたは、いずれかの議院の**総議員の4分の1以上**の要求があった場合に開かれます。

**特別国会**

衆議院解散後の総選挙の日から**30日以内**に召集され、内閣総理大臣の指名を目的として開かれます。

**参議院の緊急集会**

衆議院の解散中、国会の緊急の議決を必要とする場合に、内閣が召集します。

#### 法律ができるまで

法律案は衆議院と参議院のどちらの議院に先に提出してもよいことになっています。国会での審議は、衆議院と参議院のそれぞれの議員全員が参加する**本会議** と、議員が分かれて所属する**委員会**で行われます。また、専門家や国民の意見を聞く公聴会が設けられることもあります。

レベル1　レベル2　レベル3　レベル4

※枠内に納まるところまでで構いません

**課題**

どの科目でもよいので、教科書の一つの章について、見出しマップを作ってみよう

| 科目名 | |
|---|---|
| 章見出し | |

節　小節　小小節　小小小節

**振り返り**

次の各観点が達成されていれば□を塗りつぶしましょう。

□情報を整理するための5つの帽子掛けを使えるようになった

□情報における見出しの役割を理解した

□見出しマップを作ることで、情報の全体像を把握できることがわかった

今日の授業を受けて、思ったこと、感じたこと、新たに学んだことなどを書いてください。

# アウトライン編集

前節では、文章の構造について学びました。文書処理ソフトウェアのアウトライン編集という機能を使うと、文書の構造を考えながら文章全体を構成することができ、見出しに統一感を持たせることができるようになります。



## ■ アウトライン編集

### アウトライン編集

文章の構造を考えながら文書全体の構造を編集することを**アウトライン編集**という
ここでは、Google Documentでの方法を説明する

#### 見出しスタイルの適用

①見出しスタイルを適用したい段落にカーソルを合わせる（範囲選択は不要）
②「**スタイル**」（見た目は［標準テキス...］となっている）をクリック
③適用したい**見出しレベル**をクリック

いろいろな公害 ←①行の中にカーソルを置く

人間活動がもたらした健康や環境への被害

新しく会社や工場を建て、物を作り、作った物を運んでお店に届け、売れ残った物を処分する――。こうした活動によって、私たち人間の健康や生活環境、動植物の生態系や自然環境などに大きな被害をもたらす現象のことを「公害」といいます。おもな公害には、大気汚染、水質汚染、土壌汚染、地盤沈下、悪臭などがあげられますが、交通渋滞や近所のそう音、ゴミのポイ捨てなども、より広い意味で公害の一種ととらえる場合もあります。

▼

**いろいろな公害**

人間活動がもたらした健康や環境への被害

新しく会社や工場を建て、物を作り、作った物を運んでお店に届け、売れ残った物を処分する――。こうした活動によって、私たち人間の健康や生活環境、動植物の生態系や自然環境などに大きな被害をもたらす現象のことを「公害」といいます。おもな

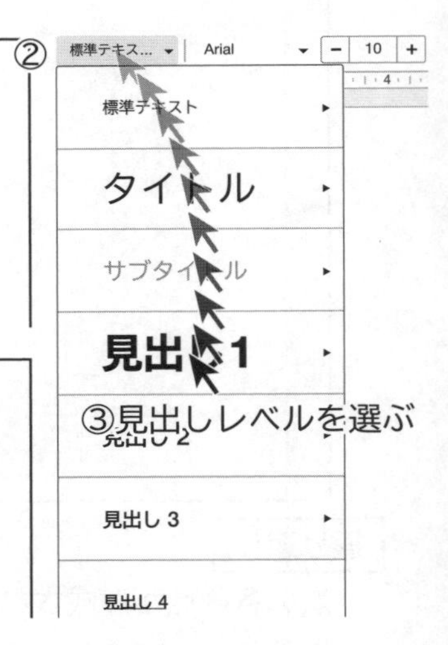


#### 見出しマップの表示

画面左上にある▤（ドキュメントの概要を表示）をクリック
→見出しマップが表示される

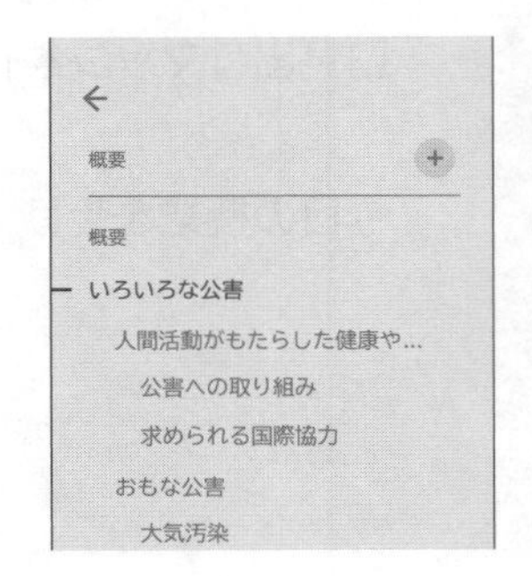


**例題1** [03-3]例題1.docx

例題ファイルを開き、アウトライン編集をしてみよう
p.3-9の見出しマップと一致していることを確かめよう

## アウトライン編集をしなかった場合

アウトライン編集をした場合としなかった場合、「**ドキュメントの概要**」を比較すると

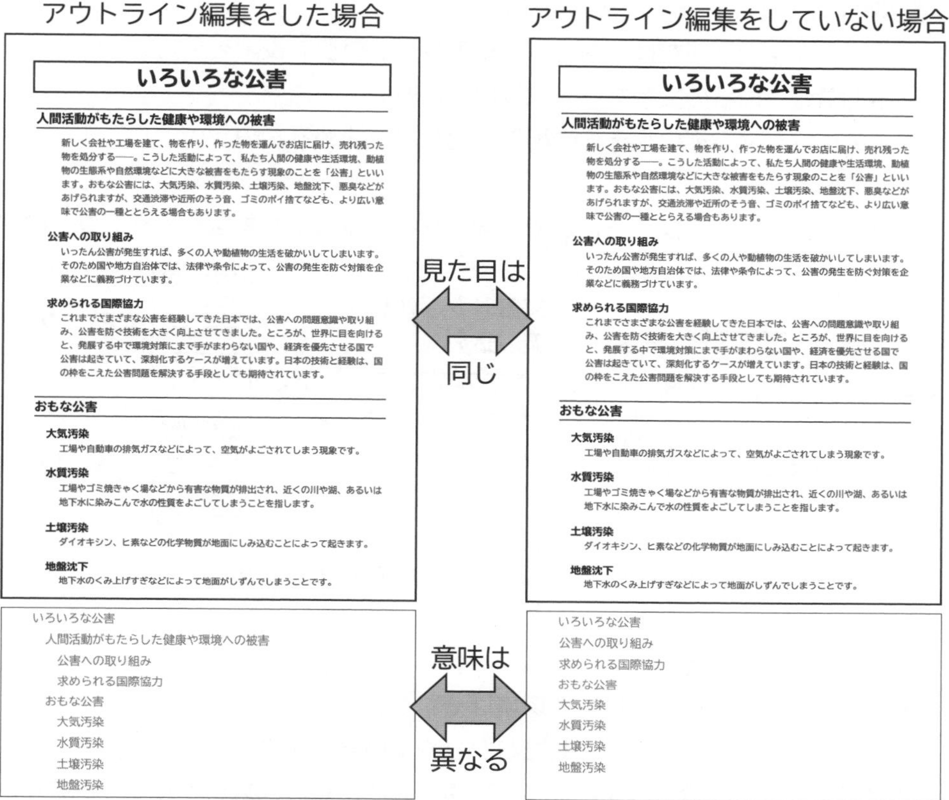


※AIが自動的に見出しだと思われる箇所を見出しとして取り出してはくれるが、
レベル分けまではしてくれない

**例題2**　[03-3]例題2-A

アウトライン編集されたファイルと、アウトライン編集されていないファイルを開こう
見た目は全く同じであるが、見出しマップが異なることを確認しよう

# ■ データとデザインの分離

## 文字列情報とレイアウトの分離

文書は、文字列情報だけでなく、レイアウトも重要な役割を果たしている
文字列情報＝原稿の文字だけを取り出したもの
レイアウト＝文字列の大きさや配置、色などを決めるもの



文書スタイルを切り換えることで、同じ文字列情報でも異なるレイアウトの文書を作れる

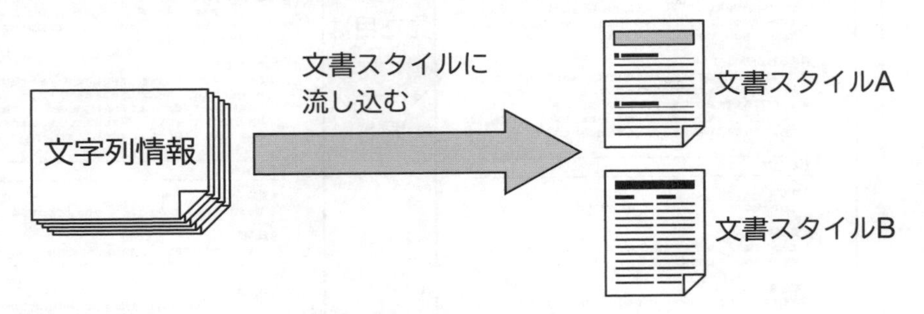


※見た目は変わるが、そもそもの情報自体は変わることがない

### スタイルシートの考え方

情報の受け手が情報を受け取る環境はそれぞれに異なる
→それぞれの環境に最適化されたわかりやすい表現が求められる
→文書には**文書構造**のみを記述し、環境ごとに用意した**スタイルシート**を組み合わせる

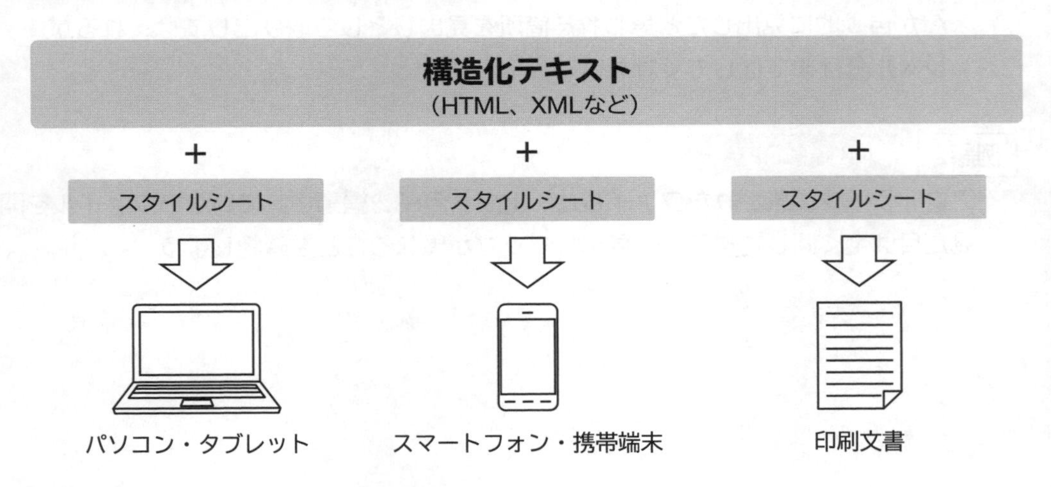


※構造化テキストには、HTML、XMLなどの形式がある

**文書を作成する際は、見た目ではなく構造を意識するようにしよう**

**例題3**

[03-3]例題1の例文をコピーし、2つのファイルにペーストし、アウトラインレベルを設定してみよう
それぞれ、文書の見た目がどのように変化するかを見てみよう

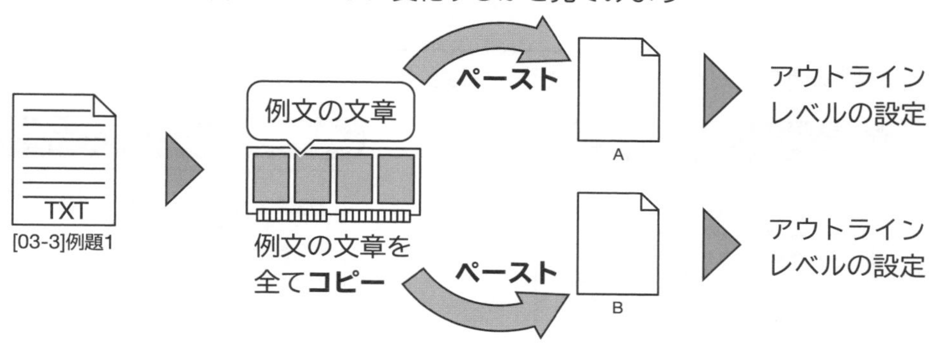

## コピー・アンド・ペースト

### コピー・アンド・ペーストとは

**コピー**＝ 端末のメインメモリ内に**一時的に記憶**すること

**ペースト**＝ 一時的に記憶された情報を貼り付けること

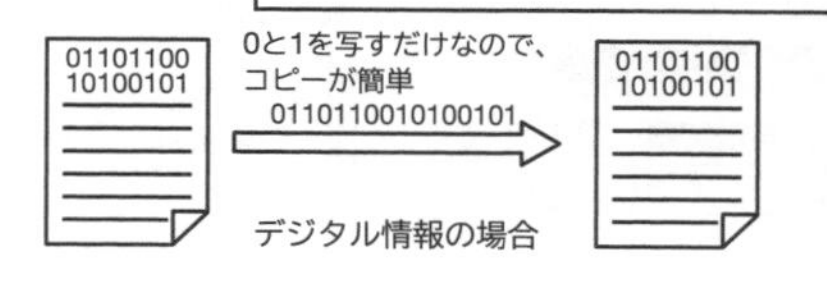


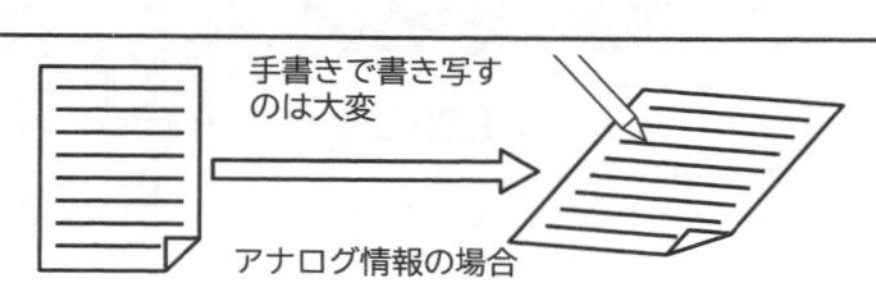


### コピー・ペーストの方法

**コピー**　：コピーしたい文字列を選択し、**ctrl**(コントロール)キーを押しながら**c**を押す
**ペースト**：貼り付けたいところで、**ctrl**(コントロール)キーを押しながら**v**を押す

新しく会社や工場を建て、物を作り、作った物運んでお店に届け、売れ残った物を処分する——。こうした活動によって、私たち人間の健康や生活環境、動植物の生態系や自然環境などに大きな被害をもたらす現象のことを「公害」といいます。おもな公害には、大気汚染、水質汚

文字列を選択

動植物の生態系

ctrl ＋ c そ

「動植物の生態系」が貼り付けられる

ctrl ＋ v ひ

※コピー・アンド・ペーストは、画像等でも同じように操作できる

**コピー・アンド・ペーストは最重要項目なので、確実に習得しよう**

# ■マークダウン記法

## テキストデータの利用

**テキストデータ**＝ 文字列情報のみを記録したデータ

※文書処理アプリケーションのデータは、レイアウト情報が組み込まれている



●テキストデータ

いろいろな公害↩人間活動がもたらした健康や環境への被害↩新しく会社や工場を建て、物を作り、作った物を運んでお店に届け、売れ残った物を処分する――。こうした活動によって、私たち人間の健康や生活環境、動植物の生態系や自然環境などに大きな被害をもたらす現象のことを「公害」といいます。おもな公害には、大気汚染、水質汚染、土壌汚染、地盤沈下、悪臭などがあげられますが、交通渋滞や近所の騒音、ゴミのポイ捨てなども、より広い意味で公害の一種ととらえるばあいもあります。↩公害への取り組み↩いったん公

文字列のデータのみ（改行含む）

●文書処理アプリのデータ

<段落 中央揃え 罫線="囲みスタイル" 罫線太さ="太め"><フォント変更開始 ID="1" フォント="太ゴシック体" 大きさ="24pt" /><段落罫線 >いろいろな公害<フォント変更終了 ID="1" /></段落><段落 左揃え 罫線="下線のみ" 罫線太さ="細め"><フォント変更開始 ID="2" フォント＝"中ゴシック" 大きさ="18pt" /><箇条書き 行頭文字="■">人間活動がもたらした健康や環境への被害</箇条書き><フォント変更終了 ID="2" /></段落><段落 左揃え>新しく会社や工場を建て、物を作り、

実際に表示されているのは「いろいろな公害」だけだが、データ内部には、書式やレイアウト情報が含まれている

※書式のないテキストデータを**プレーンテキスト**ということもある

※テキストデータに簡単な書式情報を付加したものを**リッチテキスト**という

## テキストデータのコピー・アンド・ペースト

テキストデータだと、ペーストしたときに、ペースト先の書式に揃うため便利

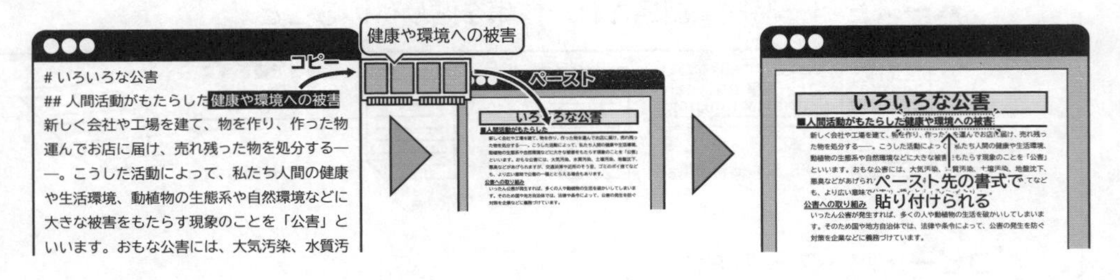


文書処理アプリのデータをコピー・アンド・ペーストすると、書式まで一緒に貼り付く

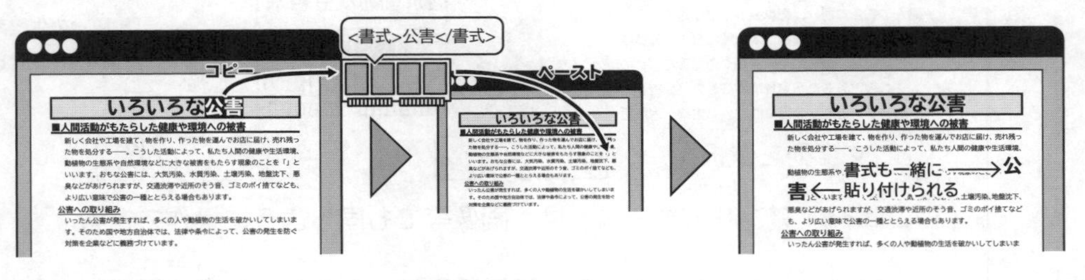

# マークダウン記法とは

**マークダウン記法**＝ 手軽に文章構造を明示でき、簡単に記述できる記述方法

マークダウン記法は、基本的には**プレーンテキスト** → データの再利用がしやすい
→Markdown記法に対応したアプリを通すと、CSSの変更で見た目が一気に変わる

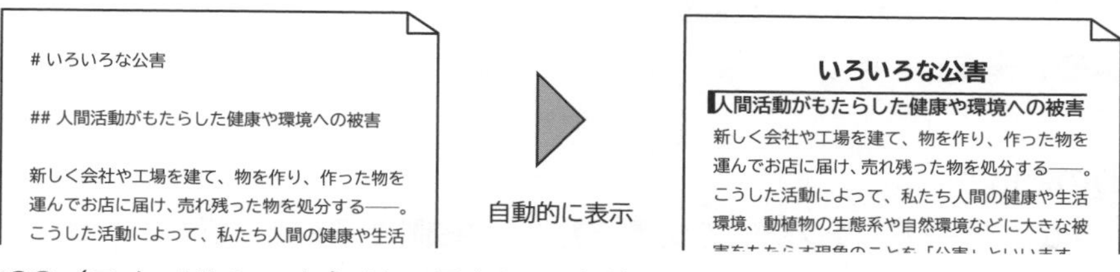


※CSS（スタイルシート）は、見た目を定義するもの

# 文章構造の記述

## 見出し

1個から6個の#で見出しを記述する　※#と見出し文字の間は**半角スペース**を入れること

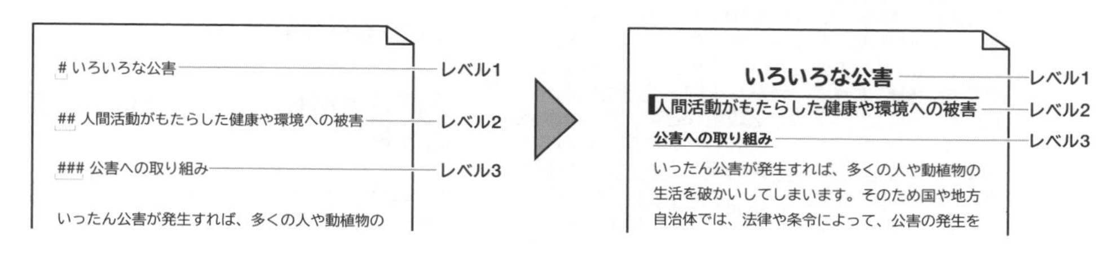


## 段落

行の途中で改行しても、改行としては扱われない → **空白行**を開けると、段落が変わる

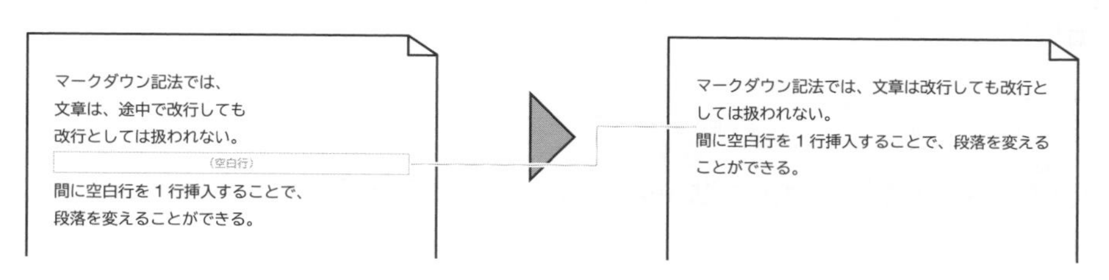


## 箇条書き

行頭に「*」（アスタリスク）を付けることで箇条書きにすることができる

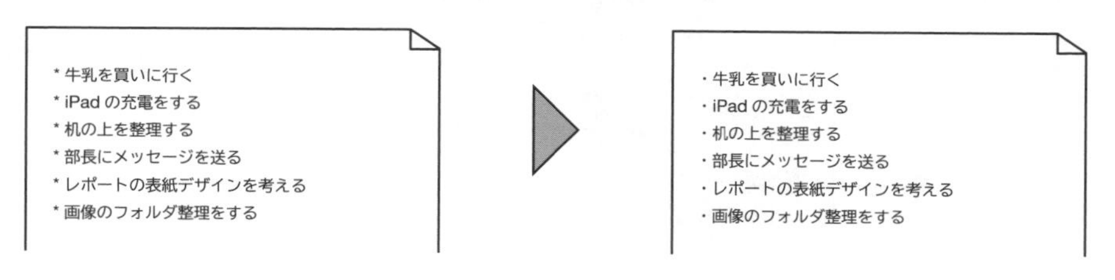

# マークダウンエディタを使ってみよう

## オンラインマークダウンエディタ（HackMD）の利用

①次のURLにアクセスする

```
https://hackmd.io
```

②画面右上の☰内にある**［最近閲覧］**をクリック

③**［＋メモを作成］**を押すと新規のエディタが起動



## HackMDの使い方

左側カラムにマークダウン記法で文書を書く → 右側カラムに文書がプレビュー

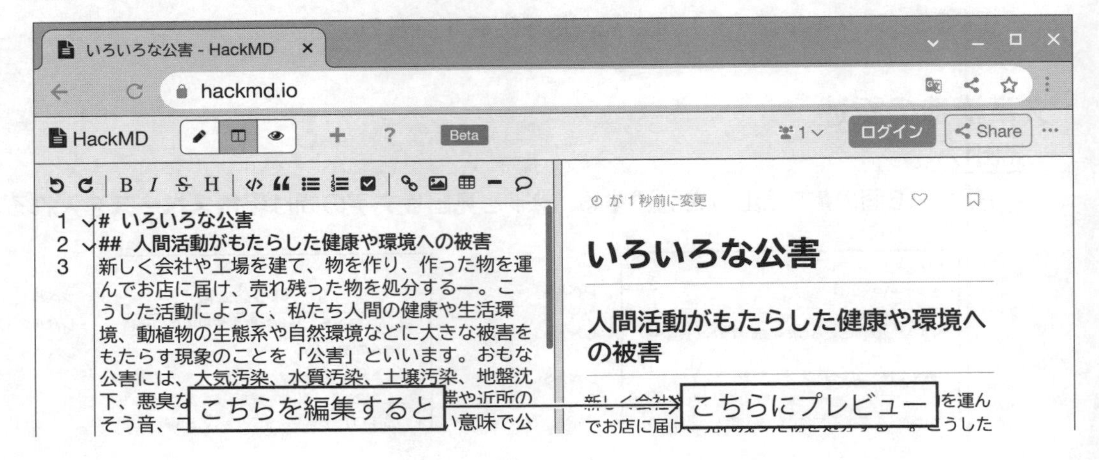


## 見出しの設定

行の先頭で見出しレベルの数だけ「#」を追加し、後ろに**スペース**を入れる

# 見出しレベル1

## 見出しレベル2

### 見出しレベル3

※#および**スペース**などの記号は、必ず**半角**で入力すること

## 見出しマップの表示

プレビューカラム下方にある「目次☰」をクリックすると、見出しマップが表示される

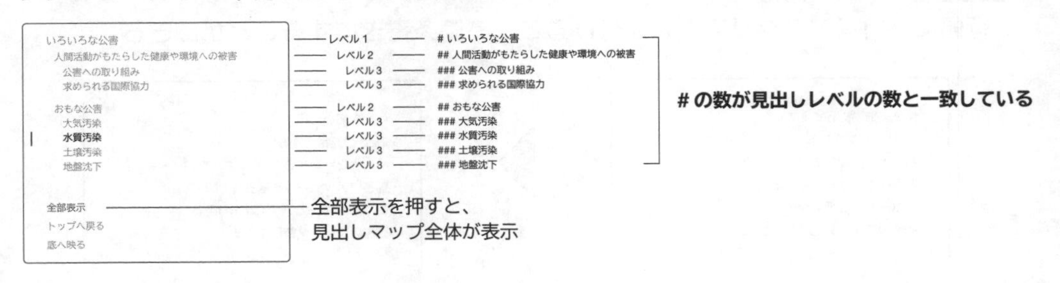

# CSS（スタイルシート）

マークダウン記法は、文章の構造を記述した文書

→これをもとに文書の見た目を表したものを**CSS**（Cascading Style Sheet）（**スタイルシート**）という

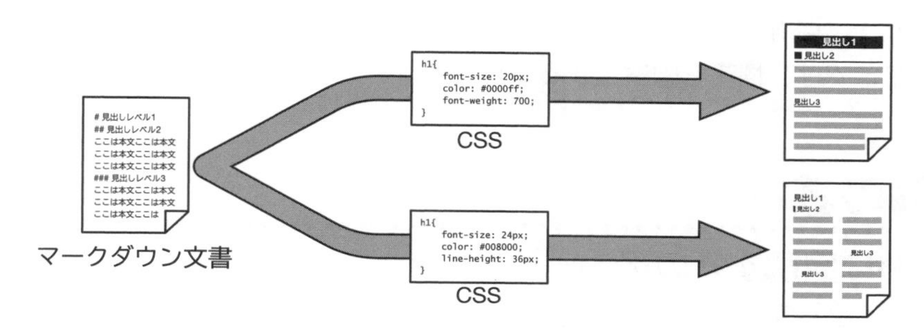


## CSSの設定

HackMDでは、文書内に<style> ～ </style>を追加することでCSSを追加できる

| | |
|---|---|
| <style> | |
| h1{ | h1は見出し1、h2は見出し2…… |
| color: black; | 文字色をblackにする |
| background: lightgray; | 背景色をlightgrayにする |
| } | {を閉じるための} |
| ...... | |
| </style> | |

※いろいろな色に変更し、どのように変化するかを観察してみよう

※「CSS」で検索すると、CSSの使い方が見つかるのでいろいろと試してみよう

→HackMDでは適用されないものもあるので注意

## 振り返り

次の各観点が達成されていれば□を塗りつぶしましょう。

□前回の授業で学んだ情報を整理して提示する考え方を理解できた

□アウトライン編集で見出しを設定していくことができた

□文字列データとレイアウト情報は別であるという考え方を理解できた

□マークダウン記法で文書の構造を記述することができるようになった

今日の授業を受けて思ったこと、感じたこと、新たに学んだことなどを書いてください。

# 情報の図解化

文章による情報は、情報が伝わりにくいことがあります。図解で表現すると、情報を整理することができ、理解しやすくなります。人に説明する際にも、自分の考えを説明しやすくなります。ここでは、情報を図解化するコツを学びます。



## ■ 図解の基本

### 何のために図解するの？

◆情報を整理することができる
◆自分の考えをまとめることができる
◆人に伝えるときに理解しやすくなる

以上のことを図解で説明すると・・・

情報を整理　　考えのまとめ　　理解しやすい

### 基本的な図解技法

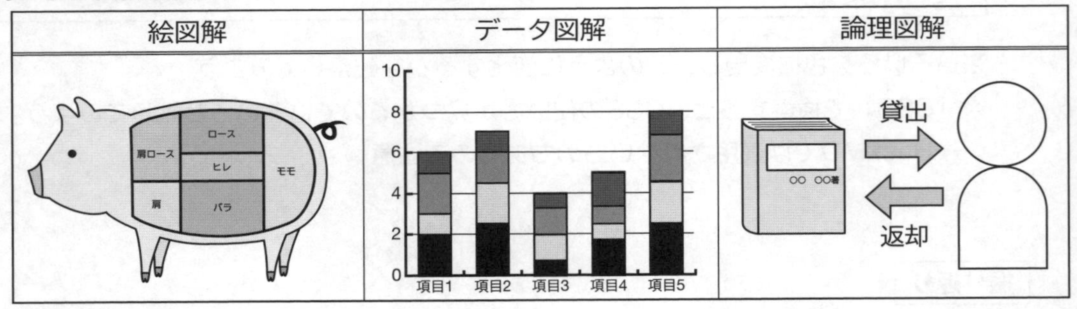


### 図解化の基本

①最も伝えるべきキーワード（**要素**という）を抜き出し、枠で囲む
②要素同士の関係を矢印で表現する
③必要に応じて矢印の上にどのような関係なのかを書く
（順序、原因と結果、移動などを表わす場合には書かない）

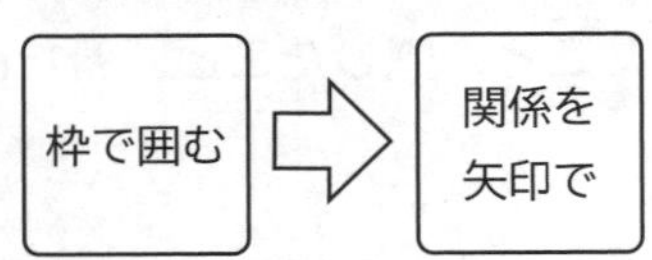


**ぜひ図解を使いこなせるようになろう**

# ■ 論理図解の種類

## 構成図解

| 構成分類図解 | | |
|---|---|---|
| 対比 | 因果 | 相互 |
| A ⇔ B | A ⇒ B | A ⇄ B |
| 階層 | 系統 | 分類・集合 |
| A / B / C / D | A → B, C, D | A B |
| 表図解 | | |
| テーブル表 | マトリックス表 | 時系列表 |

## フロー図解

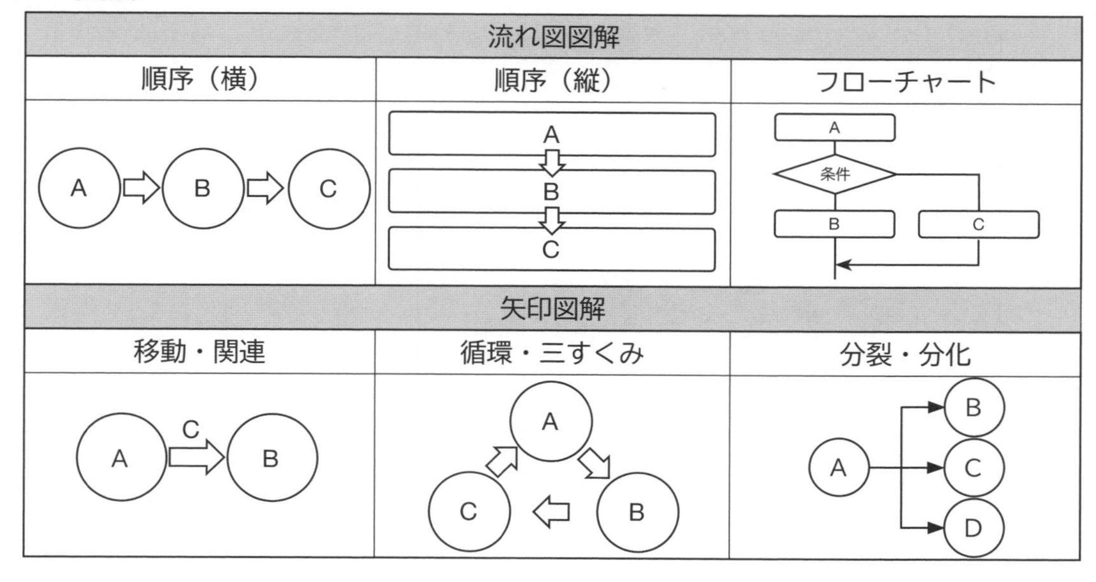

# ■ 図解化練習

**例題1**

近江牛太郎くんは、課題が未提出であったため、不合格となった。

**例題2**

西日本では丸餅、東日本では四角い餅を食べる文化がある。

**例題3**

パーはグーに勝ち、グーはチョキに勝ち、チョキはパーに勝つ。

**例題4**

私は会社に情報を提供し、会社は私にサービスを提供した。

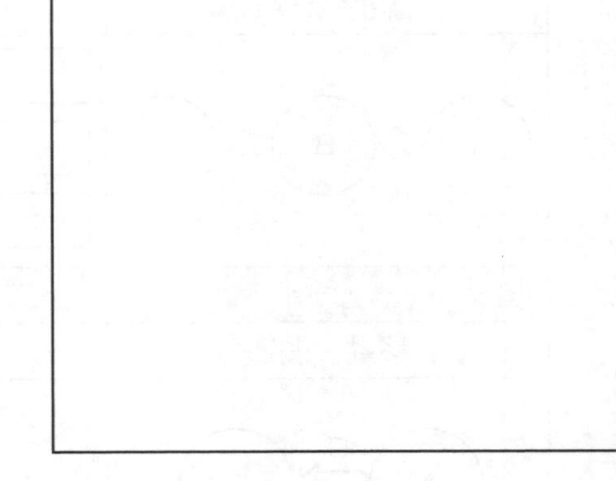

**問題**

昔話「桃太郎」を図解で表現してください。下の囲みをいくつかのシーンに分割して使ってください。ざっくりしたあらすじは下の通りです。

川を流れてきた桃から桃太郎が誕生。おじいさんとおばあさんの元ですくすくと育った桃太郎は鬼ケ島へ鬼退治に行くことに。犬、猿、キジにきび団子を渡して仲間に。桃太郎は鬼との戦いに勝利し、宝物をゲットした。

**振り返り**

次の各観点が達成されていれば□を塗りつぶしましょう。

□情報を図解化することの利点を理解できた

□情報を図解で表すことができるようになった

今日の授業を受けて思ったこと、感じたこと、新たに学んだことなどを書いてください。

# 色彩と視認性

色は、それ自体で情報の受け手に印象を与えるものであり、情報を伝達する性質があります。ここでは、色の見え方の仕組みと、色を使う上で注意すべき点を学習し、情報のデザインに生かしていく術を身に付けます。



## ■ 色彩

### 色と情報

色の塗り分け＝情報を素早く見分けたり、互いの関連を判断するのに便利

**色から受ける印象（一例）**

| 色 | プラスの心理的影響 | マイナスの心理的影響 |
|---|---|---|
| 赤 | 情熱的　活動的　暖かい　元気の良い | 安っぽい　派手　危険　暴力 |
| 青 | さわやか　清らか　清涼感　クール | 憂鬱　寂しい　冷淡　未熟　無機質 |
| 黄 | 若々しい　陽気　明るい　楽しい | うるさい　目立つ　幼稚　警戒 |
| 緑 | ナチュラル　新鮮　穏やか　清々(すがすが)しい | 毒　田舎　疲れ　未熟 |
| 紫 | 高貴　優雅　神秘的　個性的　神聖 | 不安　嫉妬　不健康　不満 |
| 橙 | 親しみ　健康的　開放的　食欲増進 | 安っぽい　混雑　公的　わがまま |
| 桃 | 女性的　ロマンチック　かわいい | 幼稚　甘え　媚(こび)　非現実 |
| 茶 | 落ち着いた　堅実　古風　丈夫　地味 | けち |
| 黒 | フォーマル　格調高い　洗練された | 不吉　暗い　悪　絶望　劣等感　負け |
| 白 | すっきり　クリア　清涼　上品 | 厳しい　空虚　孤独　冷たい　別れ |

※使い方によってイメージは変化→常に上記のようなイメージが当てはまるわけではない

### 色の見え方

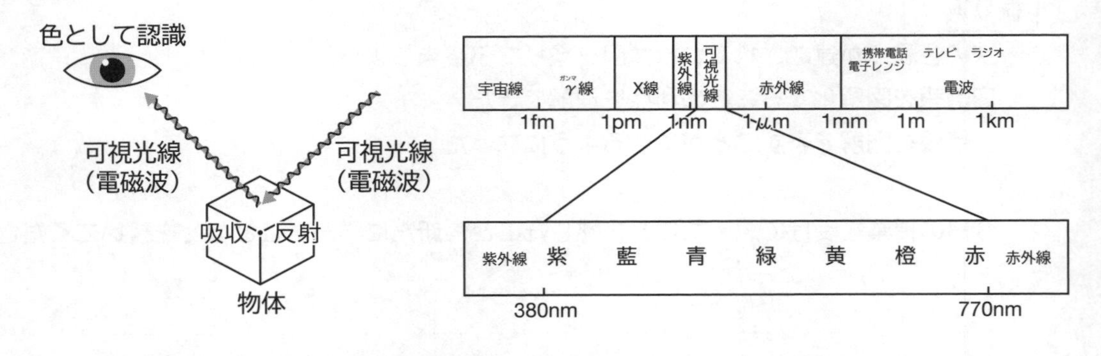


**色の正体は携帯電話の電波や放射線の一種であるガンマ線などと同じ電磁波**

## 三原色

| | 光の三原色 | 色の三原色 |
|---|---|---|
| カラーモデル | 1 | 5<br>† |
| 三原色 | 赤（Red） | シアン（Cyan） |
| | 緑（Green） | マゼンタ（Magenta） |
| | 青（Blue） | イエロー（Yellow） |
| 重ね合わせ | 明るさ〔2　　　〕→〔3　　　〕 | 明るさ〔6　　　〕→〔7　　　〕 |
| 混色法 | 4 | 8 |
| 利用例 | テレビ、ディスプレイ　など | 絵の具、プリンタ、印刷物　など |

†実際の印刷物では、黒（blacK）を加え、CMYKと表現することもある

**光の三原色と色の三原色は別のもの！**

## 色の三属性（HSB表現）

| | |
|---|---|
| 9　　　（Hue） | 赤・黄・緑といった**色合い**のこと |
| 10　　　（Saturation） | **鮮やかさ**の度合い（無彩色：小←彩度→大：鮮やかな色） |
| 11　　　（Brightness） | **明るさ**の度合い（黒：小←明度→大：白） |

**すべての色はこの三つの属性で決めることができる**

## 色の膨張と収縮

赤、橙、黄のような暖色系の色はこちらに進出してくるように見える
緑、青緑、青のような寒色系の色は遠ざかっていくように見える

同じ大きさの箱でも、白の方が大きく見える
明るい色も進出（膨張）して見える
暗い色も後退（収縮）して見える

配色を考える際には、このような
色の特性を考えることが大切

# ■ 視認性

## 視認性

**視認性**＝ 視対象を正しく確認・理解できるかどうかの度合い

| | 視認性 | 視認性 | 視認性 |
|---|---|---|---|
| 地の明度（%） | 30% | 20% | 70% |
| 図の明度（%） | 40% | 90% | 80% |
| 明度差 | 10ポイント | 70ポイント | 10ポイント |

**視認性を上げるには、特に〔[12] 〕を意識するとよい**

## 写真と文字の重ね合わせ

写真に色を重ねると、どのような色でも視認性は落ちる

文字の周囲に反対明度の枠を追加すると、視認性が向上しつつ見た目を損なわない

**写真と文字を重ねる場合、特に〔[13] 〕に気をつかおう**

# ■ カラーユニバーサルデザイン

## 多様な色覚の存在

人間の色の感じ方は一様ではない

→一般色覚者（C型色覚）とは異なる、多様な色覚を持った人の存在を知ろう

### 色の識別の難しさの体験

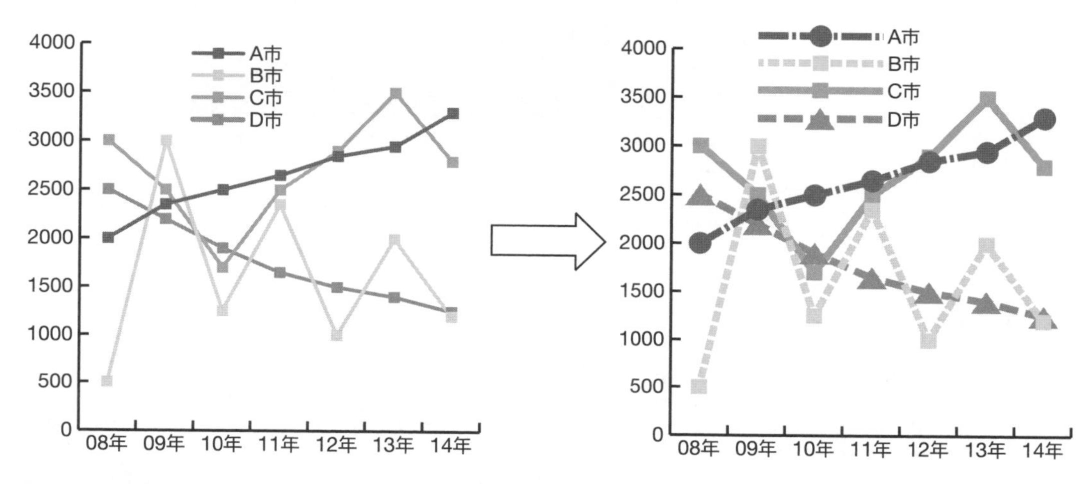


カラーのグラフを白黒にすると読みづらさを体験できる（※白黒に見えるわけではない）

## カラーユニバーサルデザイン（CUD）

- ♦できるだけ多くの人に見分けやすい配色を選ぶ
- ♦色を見分けにくい人にも情報が伝わるようにする
- ♦色の名前を用いたコミュニケーションを可能にする

**カラーユニバーサルデザインを意識するようにしよう**

# ■ 色の表し方についての実習

## カラー選択ツール

Googleで「カラー選択ツール」と検索すると、カラー選択ツールを起動できる

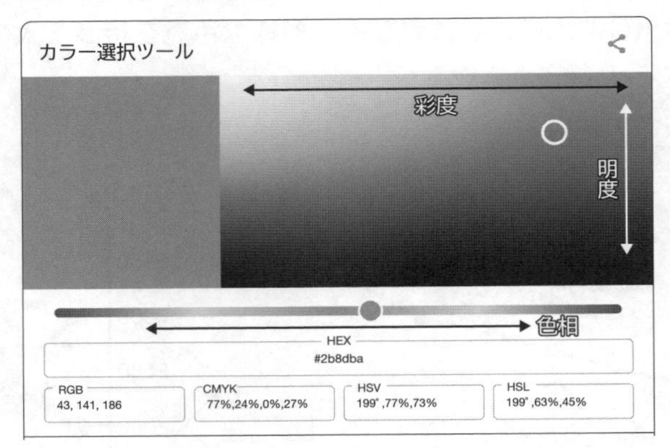


**実習1**

好きな色を選択し、光の三原色、色の三原色、色の三属性を記録してください。

| 色名 | 光の三原色 | | 色の三原色 | | 色の三属性 | |
|---|---|---|---|---|---|---|
| | R（赤） | | C（シアン） | % | H（色相） | ° |
| | G（緑） | | M（マゼンタ） | % | S（彩度） | % |
| | B（青） | | Y（イエロー） | % | V（明度） | % |
| HEX | | | K（ブラック） | % | | |

| 色名 | 光の三原色 | | 色の三原色 | | 色の三属性 | |
|---|---|---|---|---|---|---|
| | R（赤） | | C（シアン） | % | H（色相） | ° |
| | G（緑） | | M（マゼンタ） | % | S（彩度） | % |
| | B（青） | | Y（イエロー） | % | V（明度） | % |
| HEX | | | K（ブラック） | % | | |

| 色名 | 光の三原色 | | 色の三原色 | | 色の三属性 | |
|---|---|---|---|---|---|---|
| | R（赤） | | C（シアン） | % | H（色相） | ° |
| | G（緑） | | M（マゼンタ） | % | S（彩度） | % |
| | B（青） | | Y（イエロー） | % | V（明度） | % |
| HEX | | | K（ブラック） | % | | |

※色名は自分で色の名前を名付けてください。

## ■ 視認性を理解するための実習

実習2

ColorableというWebアプリを使って、視認性に関する理解を深めましょう。
ブラウザで下記URLにアクセスし、Colorableにアクセスします。

https://colorable.jxnblk.com



①まずは、いろいろと触って動作を確かめてみよう。コントラスト比がどのように変化するかを観察してみよう。
コントラストレベルは**Fail**（最低）から**AAA**（最高）までのレベルがあります。

②TextとBackgroundを次のように設定し、**Hue（色相）**の値をいろいろと変化させると、コントラストレベルがどのようになるかを観察してみよう。

| Text | | Background | |
|---|---|---|---|
| Hue（色相） | 変化させる | Hue（色相） | 変化させる |
| Saturation（彩度） | 0.5 | Saturation（彩度） | 0.5 |
| Lightness（明度） | 0.5 | Lightness（明度） | 0.5 |

③TextとBackgroundを次のように設定し、**Saturation（彩度）**の値をいろいろと変化させると、コントラストレベルがどのようになるかを観察してみよう。

| Text | | Background | |
|---|---|---|---|
| Hue（色相） | 任意* | Hue（色相） | 任意* |
| Saturation（彩度） | 変化させる | Saturation（彩度） | 変化させる |
| Lightness（明度） | 0.5 | Lightness（明度） | 0.5 |

*TextとBackgroundのHue（色相）の値は同じ値にすること

④TextとBackgroundを次のように設定し、**Lightness（明度）**の値をいろいろと変化させると、コントラストレベルがどのようになるかを観察してみよう。

| Text | | Background | |
|---|---|---|---|
| Hue（色相） | 任意* | Hue（色相） | 任意* |
| Saturation（彩度） | 0.5 | Saturation（彩度） | 0.5 |
| Lightness（明度） | 変化させる | Lightness（明度） | 変化させる |

*TextとBackgroundのHue（色相）の値は同じ値にすること

⑤②～④から、視認性がもっともよくなる（コントラストレベルが高くなる）のは、**色相**、**彩度**、**明度**のどの属性の差が大きいときだとわかりますか。

# ■ 配色の考え方

## 配色の考え方

配色の基本は、次の3つの色を考えること

| ベースカラー | 背景など広い面積に使用する色 | 70% |
|---|---|---|
| メインカラー | デザインのテーマとなる色、主張したい色 | 25% |
| アクセントカラー | ちょっとしたところに使うことでメインカラーを引き立てる | 5% |

### 配色を決める手順

①まず、メインカラーを決める（原色はできるだけ選ばない）

②ベースカラーを決める（メインカラーやアクセントカラーを邪魔しない色を選ぼう）

③アクセントカラーを決める（メインカラーの**色相**のみを変えた色にするとよい）

**課題**　[03-5]課題

次のレイアウトに、適切な配色を行ないましょう。

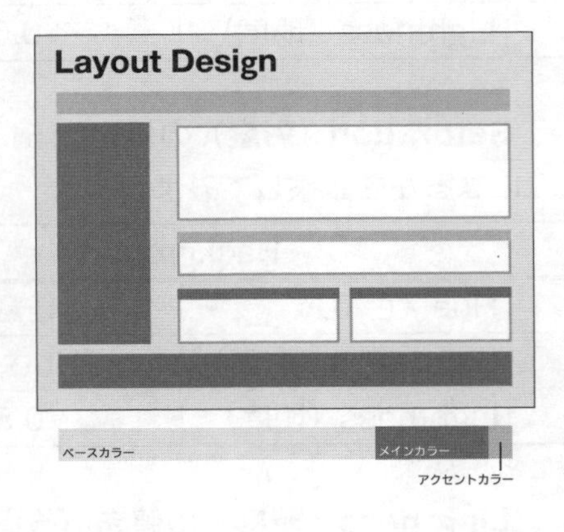


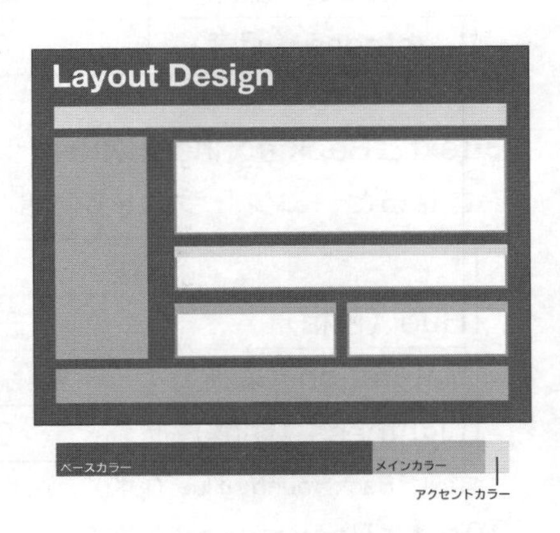


### 色の作り方

オブジェクトを選択して、塗りつぶしの色 → カスタムの⊕を選ぶ

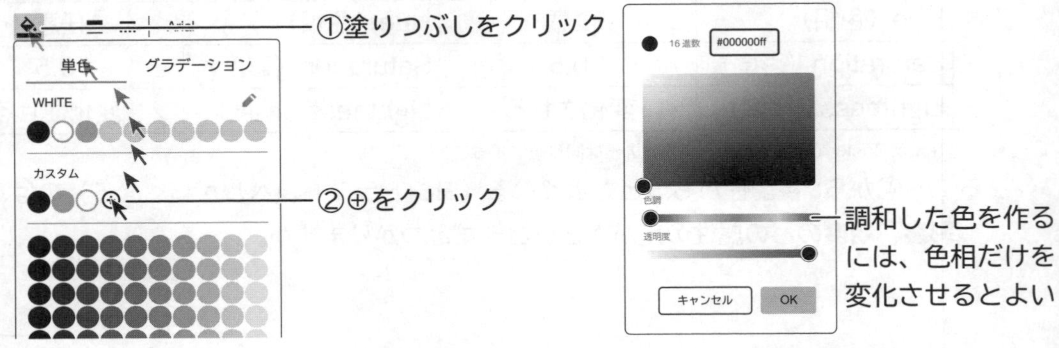


※メインカラーは好きに設定し、アクセントカラーはそこから色相だけを変化させる

## ルーブリック

課題を下の表のように評価

| | 合格 | 不合格A | 不合格B | 不合格C |
|---|---|---|---|---|
| 1枚目 | 理論通りに配色 | ベースカラーが**暗い**<br>または<br>メインカラーとアクセントカラーの色相差がない<br>（同系色でまとめようとした） | ベースカラーが**暗い**<br>かつ<br>メインカラーとアクセントカラーの色相差がない<br>（同系色でまとめようとした） | 未完成 |
| 2枚目 | 理論通りに配色 | ベースカラーが**明るい**<br>または<br>メインカラーとアクセントカラーの**色相差がない**<br>（同系色でまとめようとした） | ベースカラーが**明るい**<br>かつ<br>メインカラーとアクセントカラーの**色相差がない**<br>（同系色でまとめようとした） | 未完成 |

※同系統でまとめたくなってしまいがちではあるが、
　今回の課題に関してはアクセントカラーに色相を大きくすること

**振り返り**

次の各観点が達成されていれば☐を塗りつぶしましょう。

☐色には、光の三原色、色の三原色、色の三属性の三つの表し方があることを理解した
☐情報を伝える際、視認性を高める必要があることを理解した
☐色の三属性で色を表現することに慣れた
☐配色の際、色の三属性を基本に考えていくことの重要性を理解した
☐視認性や色の三属性を学べば、「配色にはセンスは関係ない」ことを納得できた

今日の授業を受けて思ったこと、感じたこと、新たに学んだことなどを書いてください。

# 章末問題

**[問題1]**

p.3-12で取り組んだものとは別の科目および章について、見出しマップを作成してください。

| 科目名 | |
|---|---|
| 章見出し | |

節　小節　小小節　小小小節

**[問題2]**

[問題1] で取り組んだ教科書の内容で図解にできそうなところをみつけ、文章と図解を書いてください。

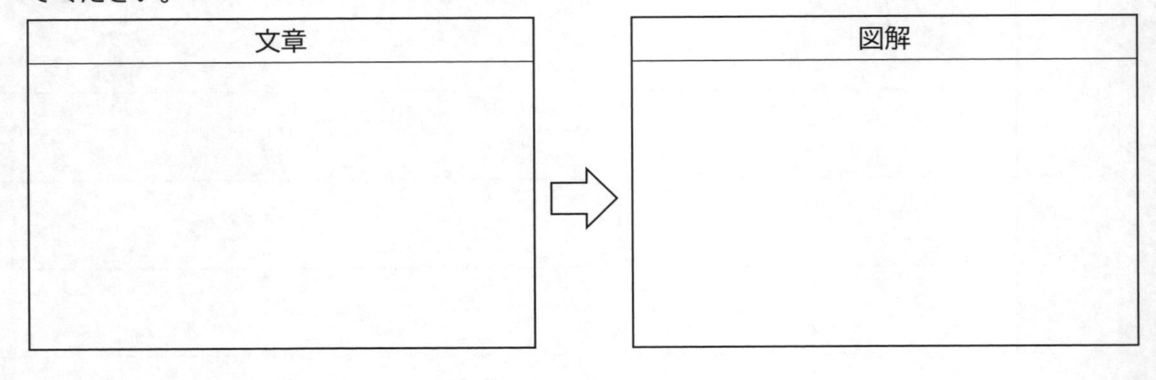

# コラム～試験勉強を効率的にするコツ

## ■「木を見て森を見ず」から脱却しよう

### 太字・重要語句が重要なの!?

定期試験前などで、次のような勉強をしていないだろうか？

♦とりあえず「暗記」で詰め込んで対応している

♦一問一答の問題集をひたすら眺めている

一問一答で語句を暗記しただけでは、個々のつながりが見えず、頭に入らない

→無理に覚え込もうとすると、余計に苦手意識を持つだけで、苦手意識も克服できない

**「木を見て森を見ず」になっていないか？自分の学習方法を見直してみよう**

### 流れを把握する学習法を

特に日本史・世界史などは、歴史の流れを把握することが大切

理科においても、知識よりも理解力が問われることが多い

→大きく全体像をつかみながら、流れを理解することが試験勉強において大事なこと

まずは教科書等の「**見出し**」を整理し、何を学んだのかという流れをつかむようにしよう

→この章で学んだことを活用しよう

**「見出し」から流れを把握する学習をしていくことで、「森を見る」学習を**

## ■ 思考力を鍛えることで覚えることは減らせる

### 暗記に頼らず基本原則から出発しよう

一問一答の事柄は、実例として現実に現れてくるもの

→膨大な量のことを暗記しなければならない→**無理！**

実例は、基本原則を応用して導かれたもの

→基本原則にさかのぼって応用して導くことができる

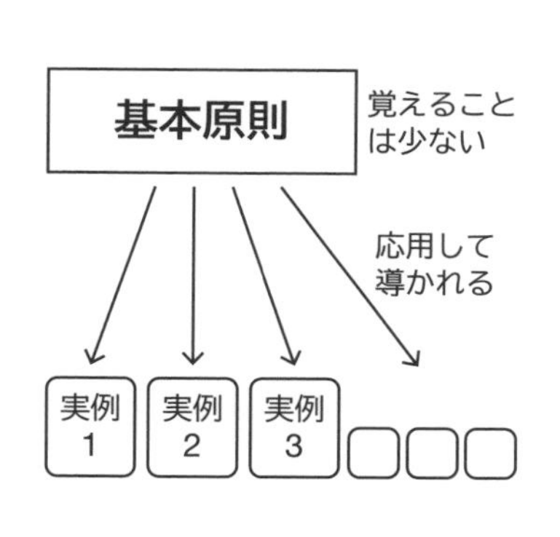


**基本原則から応用して導けるように思考力を鍛えよう**

### 授業を中心とした日々の学習こそ大事！

「暗記」に頼る学習法から、流れを把握し基本原則を出発点にするには、

日々の授業のあとに、流れをまとめる学習を意識的にしていくことが大切

**日々の授業をいかに大切にできるかが最も大事なこと**

# 数値情報のグラフによる可視化

「情報Ⅰ」第4章

Contents



**この章ではスプレッドシートを使った実習があります。**
**該当ページにある QR コードからファイルをダウンロードしてください。**

**4 章で使用するデータは QR コードからダウンロードしてください。**
[04-1] 問題 .xlsx
[04-2] 問題 .xlsx

**この章の動画**
**「数値情報のグラフによる可視化」**

クラス：　　番号：　　氏名：

# 数値情報のグラフによる可視化

数値による情報は、グラフという形式にすると、一目で内容を把握できるようになります。ここでは、グラフの種類により、見る人に与える印象が変化することを学び、伝えたいことを正しく伝えられるグラフを作れるようにしましょう。

## ■ グラフとは



体験してみよう

①次の文章から何が読み取れますか？

各食品のカロリーは親子丼が600kcal、ビーフカレーが800kcal、きつねうどんが400kcal、ざるそばが300kcal、しょうゆラーメンが450kcal、ミートスパゲティが710kcalです。

②次の表から何が読み取れますか？

| 食品 | カロリー（kcal） |
|---|---|
| 親子丼 | 600 |
| ビーフカレー | 800 |
| きつねうどん | 400 |
| ざるそば | 300 |
| しょうゆラーメン | 450 |
| ミートスパゲティ | 710 |

③次のグラフから何が読み取れますか？

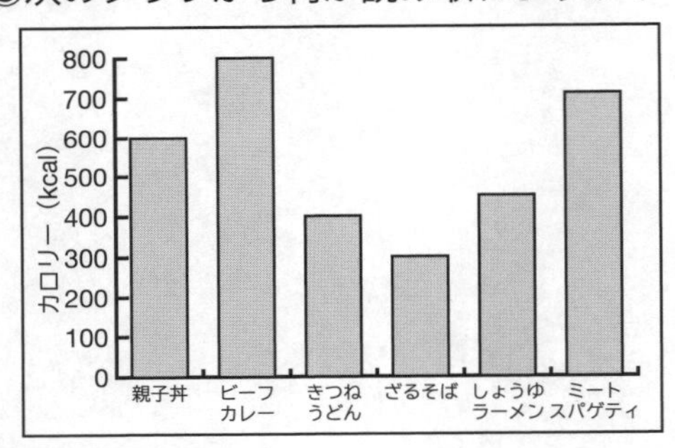


④次の各質問にこたえてください。

（1）もっともカロリーの高い食品

1

（2）もっともカロリーの低い食品

2

### グラフとは

**グラフ**＝ 数値による情報を図形を用いて視覚的に表現したもの

**グラフの用いられる場面**

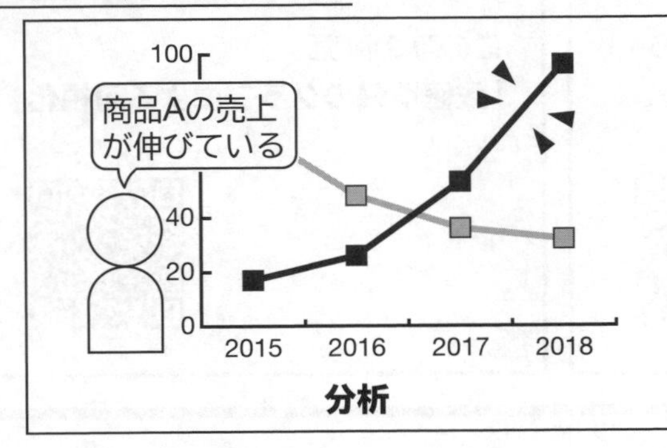


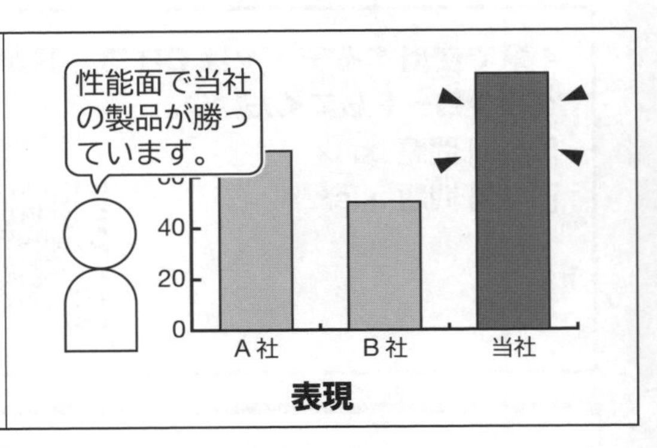

## グラフの種類

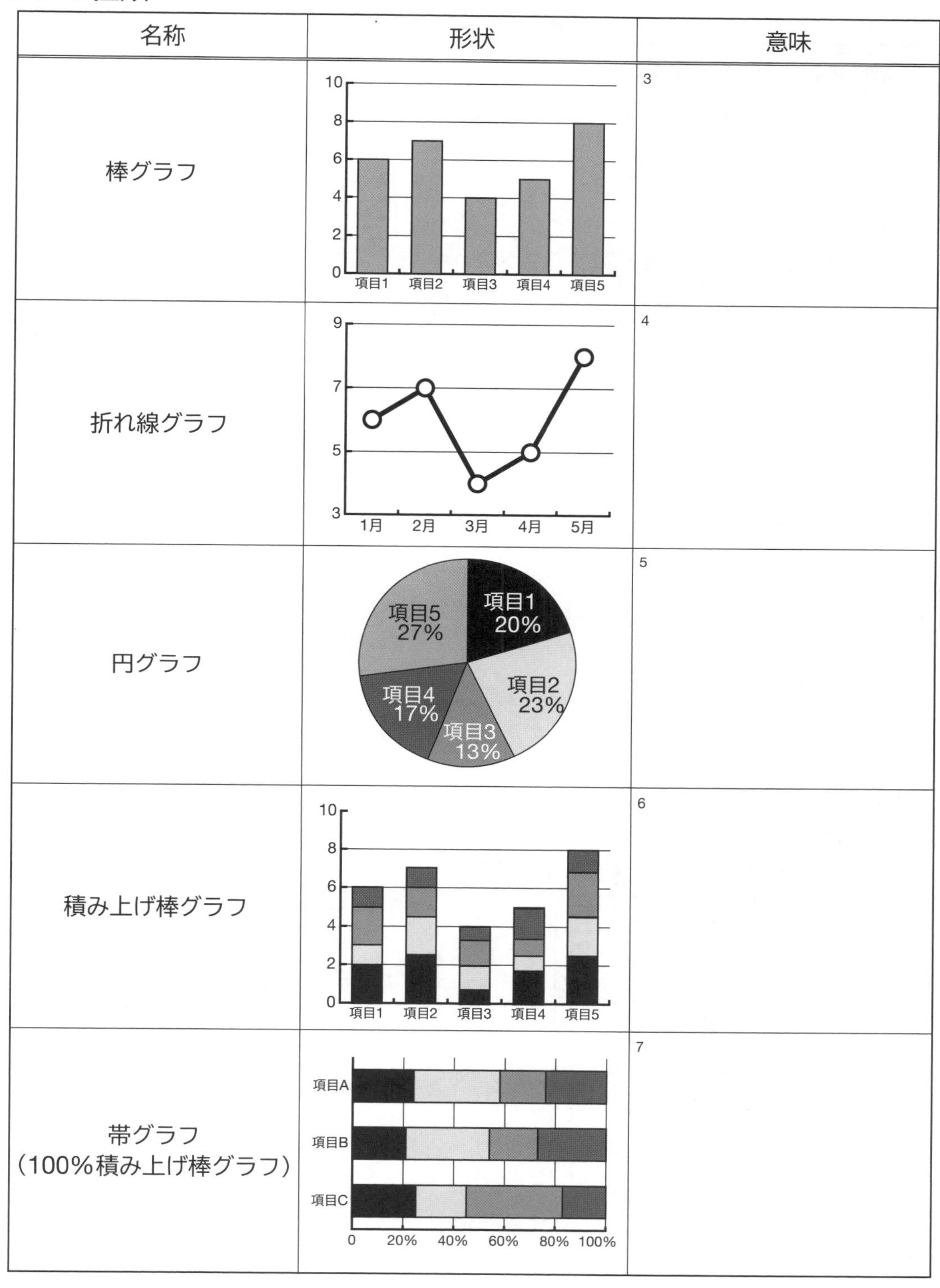
名称
形状
意味
棒グラフ
3
折れ線グラフ
4
円グラフ
項目1 20%
項目2 23%
項目3 13%
項目4 17%
項目5 27%
5
積み上げ棒グラフ
6
帯グラフ
(100%積み上げ棒グラフ)
7
項目1
項目2
項目3
項目4
項目5
1月
2月
3月
4月
5月
項目A
項目B
項目C
0
20%
40%
60%
80%
100%

# ワークシート

**課題内容** [04-1]問題

次の各問の条件を満たすグラフを作成してください。

**問1**

国語のテストの得点を**比較**するグラフ

| | 国語テスト得点 |
|---|---|
| たろう | 74 |
| じろう | 71 |
| さぶろう | 98 |
| しろう | 82 |
| ごろう | 78 |
| ろくろう | 88 |

**問2**

試験得点が定期試験のたびにどのように変化したか、**時間的な変化**を示すグラフ

| | 第1回 | 第2回 | 第3回 | 第4回 |
|---|---|---|---|---|
| 近江牛太郎 | 55 | 65 | 70 | 88 |

**問3**

好きな動物に関するアンケート結果から、各項目の人数の**割合**を示すグラフ

| 項目 | 回答 |
|---|---|
| イヌ | 92 |
| ネコ | 48 |
| ウサギ | 24 |
| パンダ | 15 |
| その他 | 6 |

**問4**

商品別の売上の**推移**を示すグラフ

| | 1月 | 2月 | 3月 |
|---|---|---|---|
| 日本茶 | ¥15,000 | ¥10,000 | ¥7,500 |
| 海苔 | ¥11,000 | ¥8,500 | ¥16,500 |
| 調味料 | ¥24,000 | ¥12,100 | ¥7,800 |
| 果物 | ¥18,900 | ¥20,000 | ¥12,500 |

※後述するp.4-6のデータ系列の入れ替えが必要

**問5**

下の表から、右の各設問の問いを満たすグラフを作成してください。

| | 大満足 | 満足 | 普通 | 不満 |
|---|---|---|---|---|
| 第1回 | 22 | 10 | 10 | 8 |
| 第2回 | 22 | 16 | 12 | 2 |
| 第3回 | 22 | 22 | 10 | 2 |

①アンケート結果の実数も**比較しつつ**、**内訳の構成も表現**したグラフ
②全体を100%とした**内訳の構成だけを比較**するグラフ



**問6**

下の表から①②③の各設問の問いを満たすグラフを作ってください。

電力発電量の割合　(2015年)

| | 火力 | 水力 | 原子力 | その他 |
|---|---|---|---|---|
| フランス | 7% | 10% | 77% | 5% |
| アメリカ | 69% | 6% | 19% | 6% |
| ブラジル | 32% | 62% | 3% | 4% |
| 中国 | 74% | 19% | 3% | 4% |
| 日本 | 86% | 9% | 1% | 4% |

①原子力の割合を国別に**比較**するグラフ
②この5カ国の発電方法の**割合を比較**するグラフ
③日本の各発電方法の**割合**を示すグラフ

**振り返り**

次の各観点が達成されていれば□を塗りつぶしましょう。
□目的に応じて必要なグラフの種類を選択できるようになった
□グラフから情報を読みとることができるようになった

今日の授業を受けて、思ったこと、感じたこと、新たに学んだことなどを書いてください。

# 表計算ソフトでのグラフ作成方法

## ①表現したいことを決める

ここでは、Google Spreadsheetで説明します。
右のような表から、得点を比較するための
グラフを作成したい

|  | A | B | C |
|---|---|---|---|
| 1 |  | 得点 |  |
| 2 | 花子 | 40 |  |
| 3 | 太郎 | 59 |  |
| 4 | 一郎 | 87 |  |
| 5 | 聡美 | 67 |  |
| 6 | 智子 | 74 |  |
| 7 |  |  |  |

作成すべきグラフ **棒グラフ**



## ②グラフを作成する表の範囲を選択する

**表全体を選択する方法**

表全体をマウスでドラッグして選択する

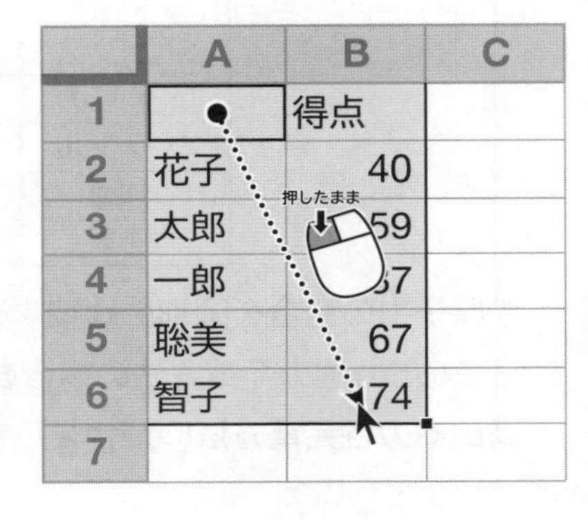

|  | A | B | C |
|---|---|---|---|
| 1 |  | 得点 |  |
| 2 | 花子 | 40 |  |
| 3 | 太郎 | 59 |  |
| 4 | 一郎 | 87 |  |
| 5 | 聡美 | 67 |  |
| 6 | 智子 | 74 |  |
| 7 |  |  |  |



選択する範囲 **A1:B6**

**表の離れた範囲を選択する方法**

キーボードの「**ctrl**（コントロール）」キーを使うと、選択範囲を追加できる

|  | A | B | C | D | E | F | G |
|---|---|---|---|---|---|---|---|
| 1 |  | 国語 | 社会 | 数学 | 理科 | 英語 |  |
| 2 | 花子 | 99 | 66 | 66 | 72 | 90 |  |
| 3 | 太郎 | 87 | 87 | 84 | 84 | 46 |  |
| 4 | 一郎 | 70 | 70 | 40 | 7[illegible] | 80 |  |
| 5 | 聡美 | 77 | 77 | 70 | 74 | 42 |  |
| 6 | 智子 | 75 | 66 | 67 | 67 | 56 |  |
| 7 |  |  |  |  |  |  |  |

押したまま ctrl + 押したまま

## ③グラフの挿入

メニューの**「挿入 → ◙グラフ」**を選ぶ

画面右の「**◙グラフエディタ**」でグラフの種類を変更

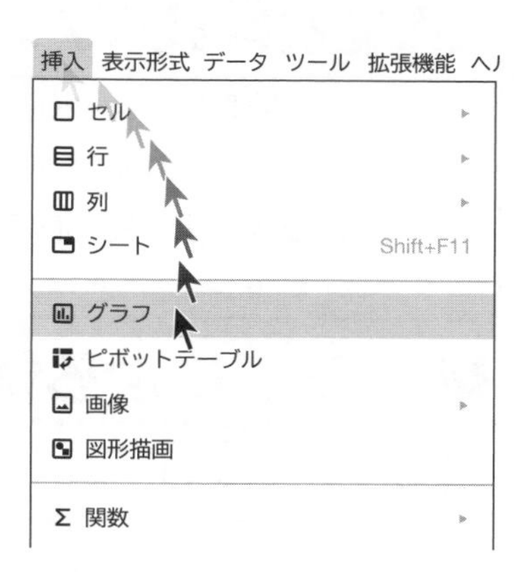


グラフの種類

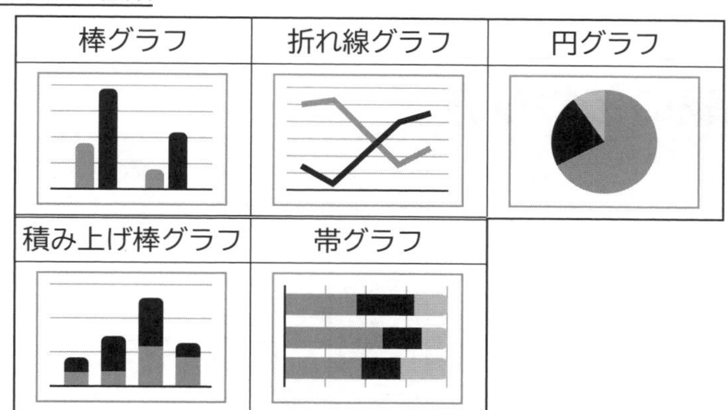


※ここで、3Dグラフだけは絶対に使わないように（理由は次節にて）

## ④データの行と列の切り替え

画面右の「**◙グラフエディタ**」内の「行と列を切り替える」で切り替え

→データを行方向（横方向）に見るか、列方向（縦方向）に見るかの切り替え

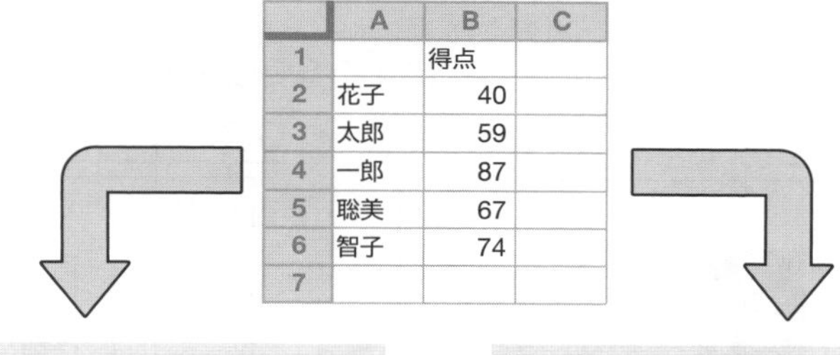

| | A | B | C |
|---|---|---|---|
| 1 | | 得点 | |
| 2 | 花子 | 40 | |
| 3 | 太郎 | 59 | |
| 4 | 一郎 | 87 | |
| 5 | 聡美 | 67 | |
| 6 | 智子 | 74 | |
| 7 | | | |

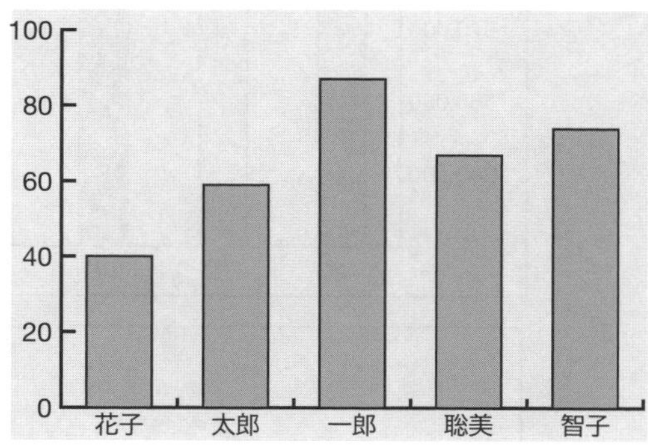


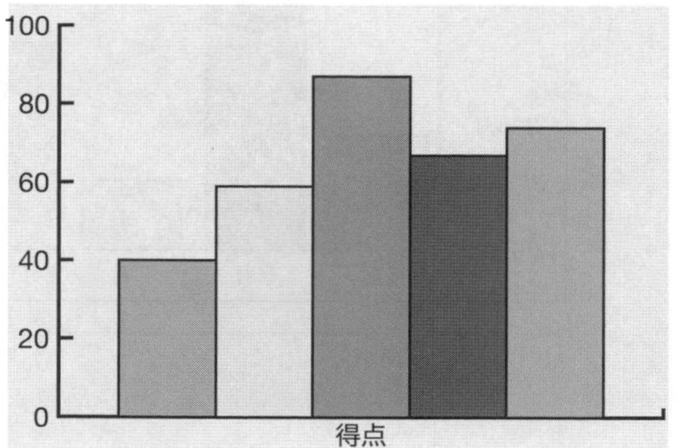


**◙グラフエディタ**を再表示するには、⋮から「**グラフを編集**」を選ぶ

第4章

# 数値情報のグラフによる伝達

グラフは、数値による情報を受け手に対して伝達するための手段です。したがって、単に作ればよいものではなく、作り方によって、受け手に与える印象が大きく異なるものになります。ここでは、伝えたい内容に合わせたグラフ表現を行なう術を学びます。

## ■ グラフによる情報の伝わり方



考えてみよう1

次のグラフから何が読み取れるでしょうか

| 名前 | 売り上げ |
|---|---|
| A君 | ¥1,223,000 |
| B君 | ¥1,267,000 |
| C君 | ¥1,214,000 |
| D君 | ¥1,241,000 |

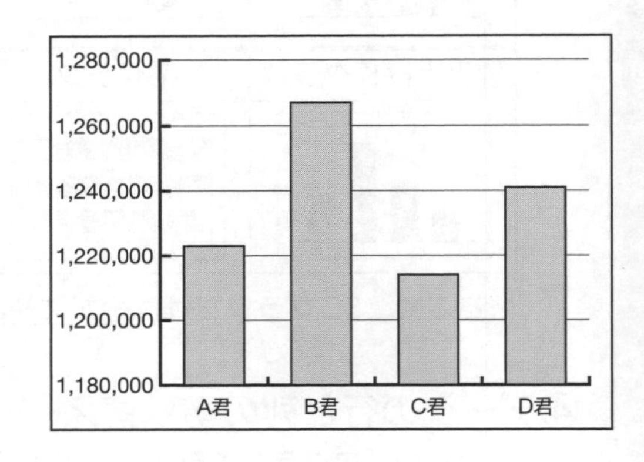


①もっとも売上の高い人＝〔[1] 〕

②もっとも売上の低い人＝〔[2] 〕

二人の作ったグラフから、それぞれどのような印象を受けるかを、下の□に書きましょう

**B君の作ったグラフ**

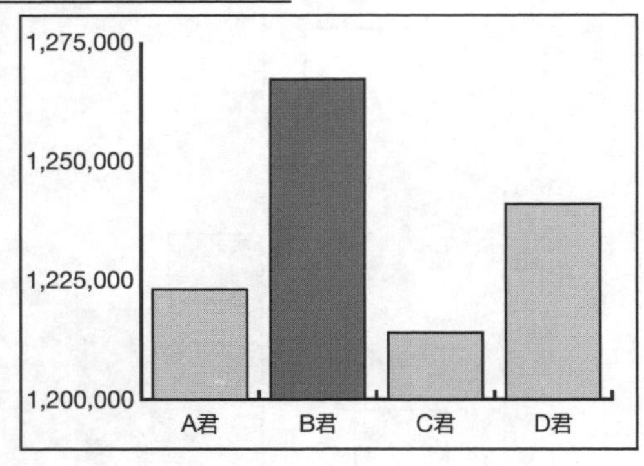


**C君の作ったグラフ**

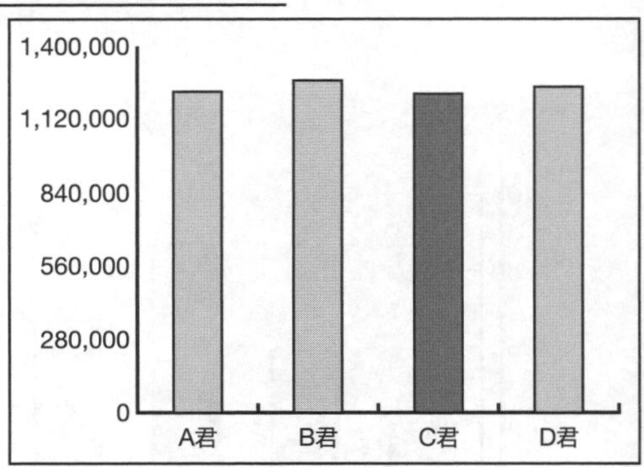


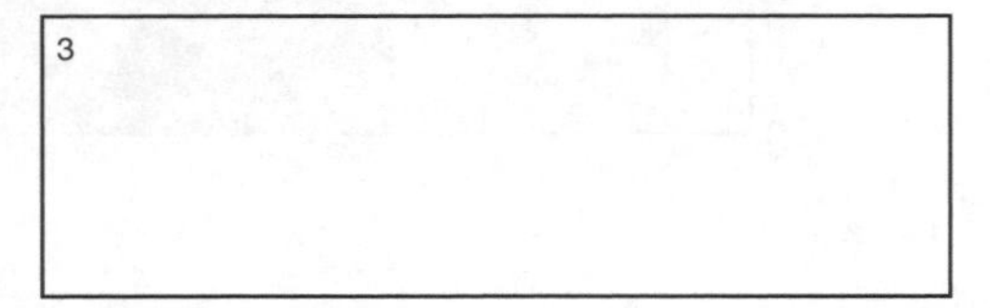


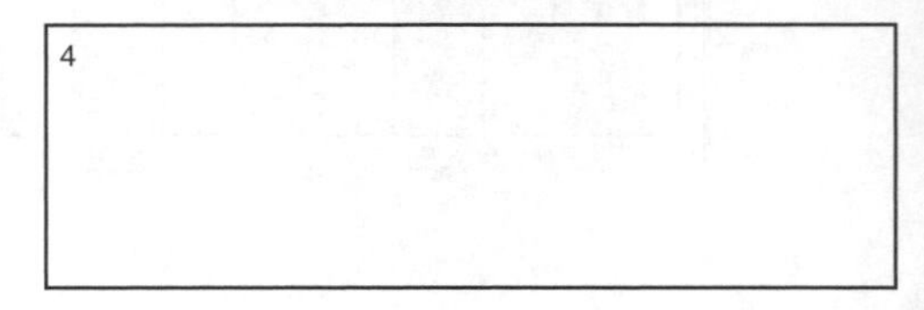


**同じ数値を元にグラフを作ったのに、これだけ印象が異なるのはどうしてだろうか？**

**考えてみよう2**

二人の作ったグラフは、どこが違うのかを考えてみよう

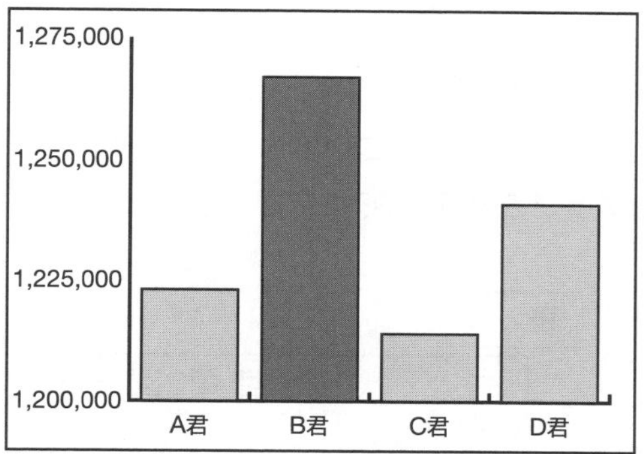


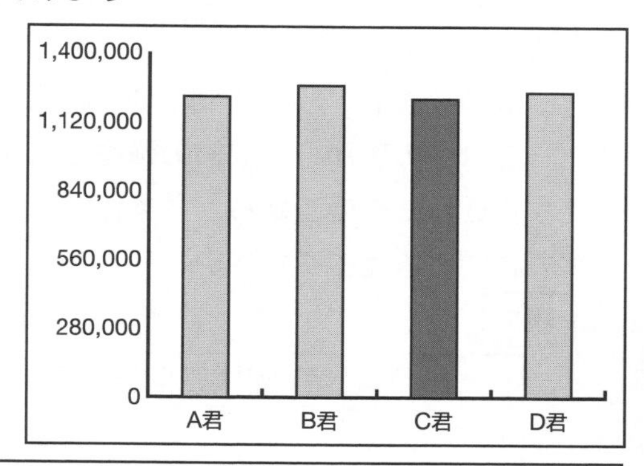


5

## グラフによる情報の伝わり方

グラフの数値軸を操作することで、差を大きく見せたり、小さく見せたりできる
また、グラフがどのあたりにあるかによっても、見え方が変化する

例えば、70→80に数値が変化する折れ線グラフでも、次の3つのグラフでは印象が異なる

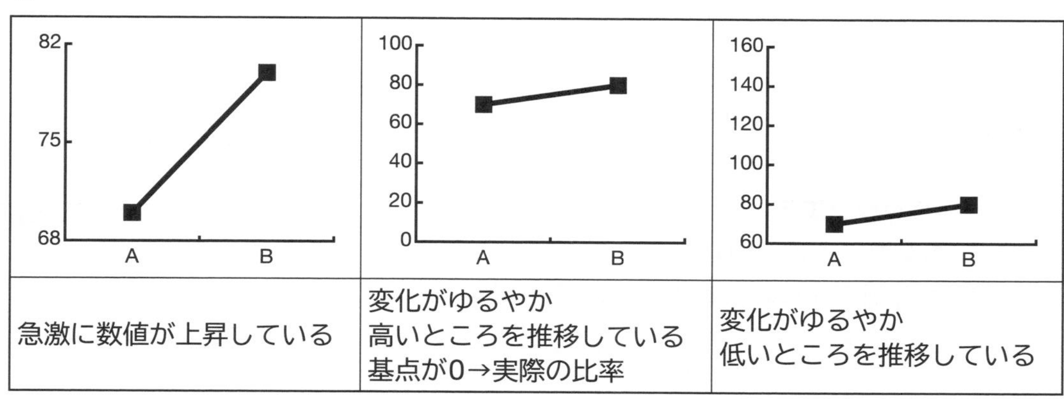


| 急激に数値が上昇している | 変化がゆるやか<br>高いところを推移している<br>基点が0→実際の比率 | 変化がゆるやか<br>低いところを推移している |
|---|---|---|

**数値軸を操作することで、グラフの印象が大きく変わる**

# ワークシート

**問1** [04-2]問題

次の［表1］、［表2］は、ある試験科目の成績の記録です。
これらの表から、成績の**推移**を示すグラフを作成してください。
作成したグラフから、各条件に合うようにグラフを加工してください。
各問に答えてください。



**表1**

| | 第1回 | 第2回 | 第3回 | 第4回 |
|---|---|---|---|---|
| 近江牛太郎 | 48 | 47 | 43 | 36 |

**表2**

| | 第1回 | 第2回 | 第3回 | 第4回 |
|---|---|---|---|---|
| 近江牛太郎 | 52 | 57 | 60 | 61 |

**グラフ1**
- ◆最大値：50
- ◆最小値：0

**グラフ2**
- ◆最大値：50
- ◆最小値：35

**グラフ3**
- ◆最大値：100
- ◆最小値：35

**グラフ1**
- ◆最大値：100
- ◆最小値：0

**グラフ2**
- ◆最大値：64
- ◆最小値：0

**グラフ3**
- ◆最大値：63
- ◆最小値：51

## グラフの数値軸の変更方法

グラフ右上の⋮から、「**グラフを編集**」
→「**グラフエディタ**」を開く
①「**カスタマイズ**」を開く
②「**> 縦軸**」から最小値および最大値を設定

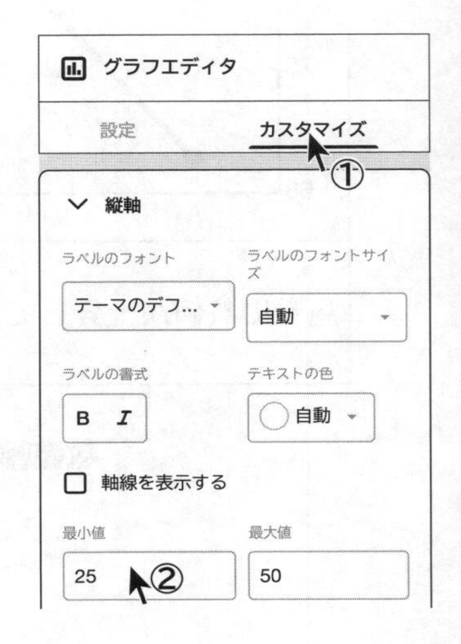

**問2**

下の表は、ある業界の会社別のシェア率を示しています。下に示されたグラフを作成してください。

| | シェア率 |
|---|---|
| A社 | 20% |
| B社 | 20% |
| C社 | 20% |
| D社 | 10% |
| その他 | 30% |

**グラフ1**
**円グラフ**を作成してください。

**グラフ2**
**3D円グラフ**を作成してください。

**問3**

| $x$ | $y$ |
|---|---|
| 0 | 0 |
| 1 | 1 |
| 2 | 4 |
| 3 | 9 |
| 4 | 16 |
| 5 | 25 |
| 6 | 36 |
| 7 | 49 |
| 8 | 64 |
| 9 | 81 |
| 10 | 100 |
| 11 | 121 |
| 12 | 144 |
| 13 | 169 |
| 14 | 196 |
| 15 | 225 |
| 16 | 256 |

左の表は、$y=x^2$の値をとったものです。
「**平滑線グラフ**」を作成してください。

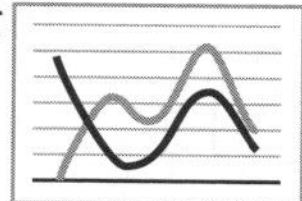

**グラフ1**
何も設定せず

**グラフ2**
**縦軸**を**対数目盛**に

**グラフ3**
**横軸**、**縦軸**ともに**対数目盛**に



## 対数目盛の作成方法

「**グラフエディタ**」→「**カスタマイズ**」内の「> **縦軸**」「> **横軸**」
→「□ **対数目盛**」にチェックを入れる

**振り返り**

次の各観点が達成されていれば□を塗りつぶしましょう。
□グラフは作り方によって、情報の伝わり方が変わることを理解した
□グラフを通して情報発信者の意図を汲み取ることができるようになった

今日の授業を受けて思ったこと、感じたこと、新たに学んだことなどを書いてください。

## グラフをデザインするコツ（1）

### 円グラフを避ける

円グラフは、以下の理由によりあまり使用は推奨されない

①大きさを比較するのに適していない

②データが隣接していて多くの色を必要とする

③ラベルが多くなって煩雑になる

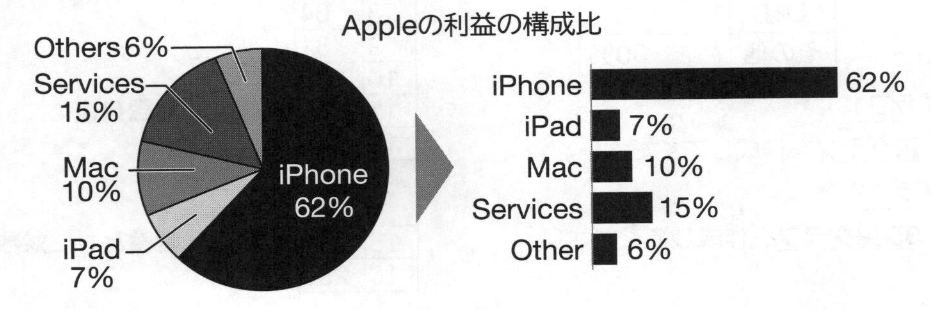


**円グラフを使うのは、"全体のうち○○を占めている"ことを表したいとき**

### データをハイライトする

見せたいデータをハイライトすると、メッセージが伝わりやすくなる

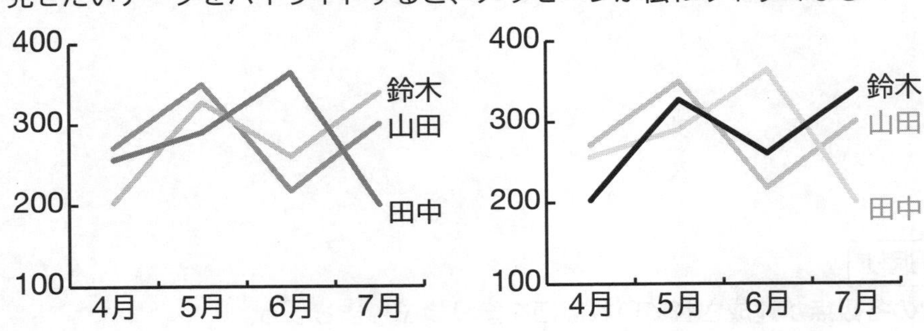


### 要素を最低限に減らす

目盛りや補助線も情報を受け取る側には邪魔になることもある

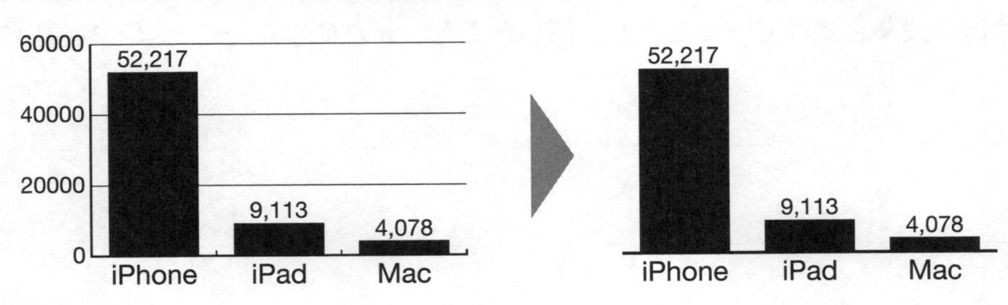

## グラフをデザインするコツ（2）

**グラフの標題をメッセージにする**

グラフはデータを視覚化するのが目的ではない

→グラフを見る人にメッセージを伝えるための手段

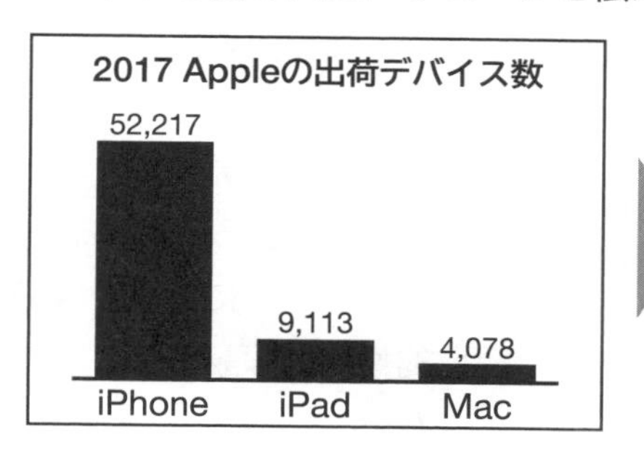


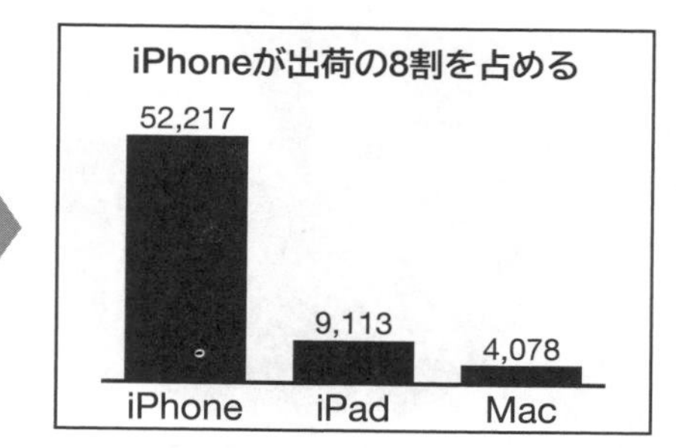


**相手に最も伝えたいメッセージは何なのかということをまずは明確にしよう**

## 対数目盛りとは何か

普通の目盛りは、一定距離ごとに同じ数だけ増えていく（＋10）目盛り

対数目盛りは、一定距離ごとに倍々に増えていく（×10）目盛り

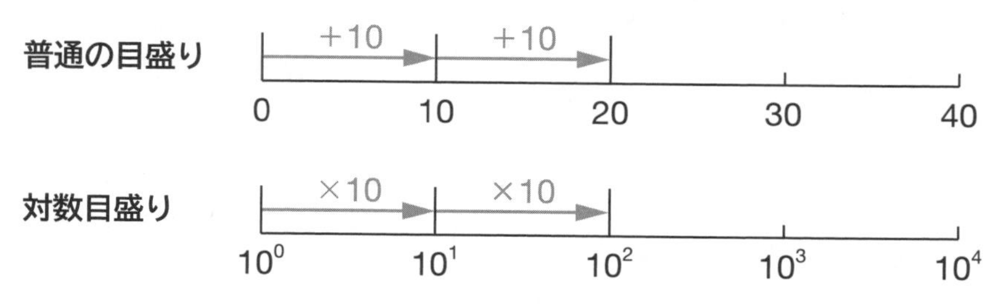


※対数目盛りは、一、十、百、千、万……と読んでいくような目盛り

※対数目盛りは、数値の桁数を比較したいような場合に使用する

→桁数が異なるデータをざっくりと確認・比較するのに便利

**こういう目盛りもあるということを知っておこう**

# 章末問題



**[問題1]**

次のグラフから読み取れることとして最も適当なものを選択肢から選んでください。

アンケート結果を集計したグラフ

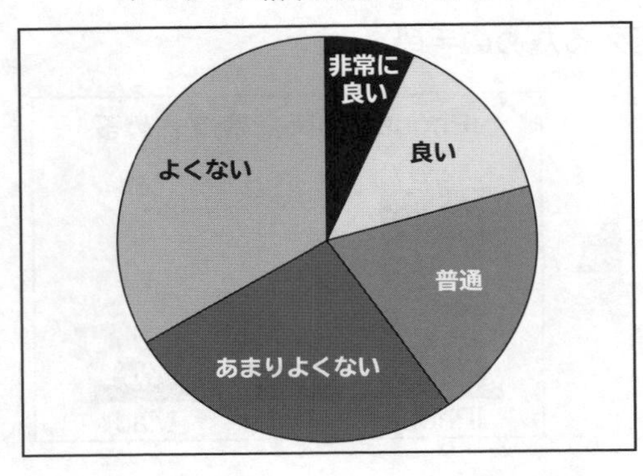


ア.このアンケートからは、肯定的な評価と否定的な評価の間に大きな差はなく、賛否両論に分かれていることが読み取れる。

イ.否定的な意見が多く、改善が求められることが読み取れる。

ウ.アンケートに応えた人の中では、比較的肯定的な評価をしている声が多かった。

エ.良い、非常に良いという評価をする人が減ってきていることがわかる。

**[問題2]**

次のグラフから読み取れることとして最も適当なものを選択肢から選んでください。

女性の年齢階級別の※労働力率の移り変わり

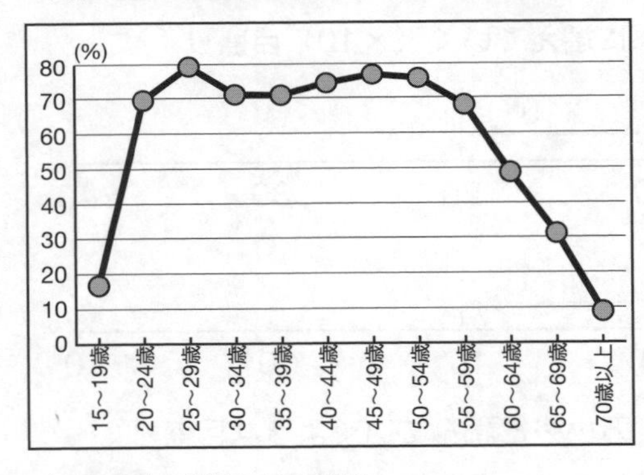


※人口に占める労働力人口の割合

ア.20歳～ 29際の年齢階級では、働いていない女性はごくわずかである。

イ.30代の女性の労働力率は他のどの年齢層よりも労働力率が低い。

ウ.30代で働く人が減少するが、40代で再び働く人が増加する傾向にある。

エ.30代で女性の労働力率は増加し、40代で再び減少する傾向にある。

# コラム～日常に潜む詐欺グラフに注意！

## ■ 日常に潜む詐欺グラフに注意

### 詐欺グラフとは

事実誤認を誘い、制作者に都合のよい印象を与える詐欺グラフが蔓延している

### 比率や間隔が歪められている場合がある

下のように、軸の単位を変えたり、軸の間隔を意図的に歪めたりしたグラフがある

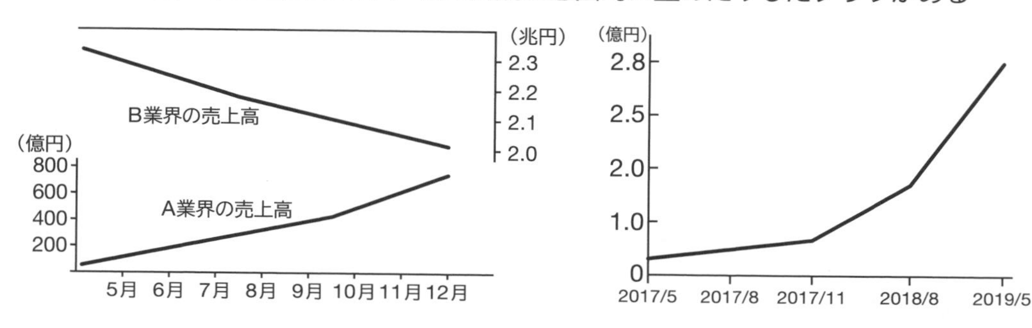


### 0から始まらない棒グラフに要注意

棒グラフが0から始まっていないと、実際以上に比較の差が大きく見える

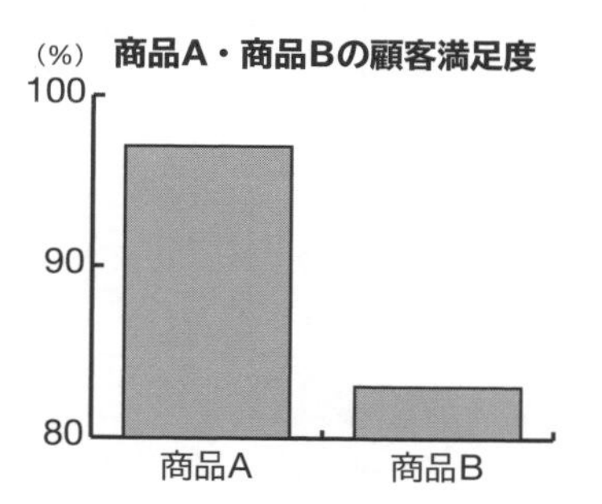


特にパーセンテージを表すグラフ
→正しく実態を表さない
※左下の起点が0であるかの確認が必要

### 3Dグラフは必ず歪んで見える

3Dグラフは遠近感があるため、手前を大きく見せられる
→3Dグラフは必ず何か作為があると考えてよい　→　特に注意深くチェックしよう！

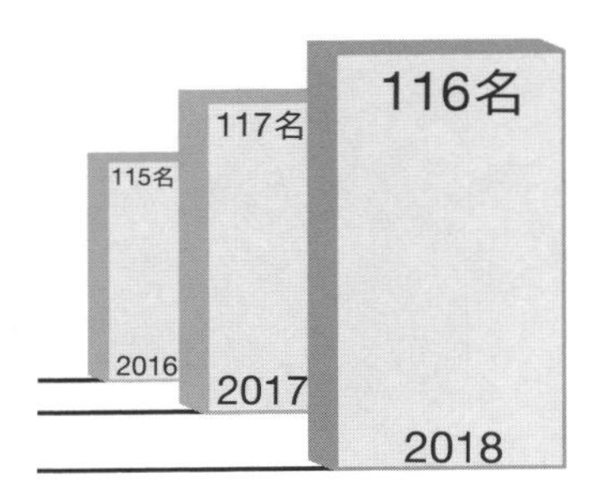


3Dの遠近感により、
人数が増加し続けているように演出
実際には昨年より1名減っている
※しっかり数字を見るようにしよう

# レイアウトデザイン

「情報I」第5章



Contents



**この章の動画**
**「レイアウトデザイン」**

クラス： 番号： 氏名：

# 問題解決と情報デザイン

情報デザインは、問題を解決する手段です。ここでは、そもそも問題解決とは何かということを学び、本章の課題である企画内容を考えることに活かします。この活動を通して、情報デザインのものの見方・考え方を身に付けます。



## ■ 問題解決とは

### 問題解決とは

**問題**＝ あるべき**理想**の姿と**現実**とのギャップ

**問題解決**＝ 現実を理想に近づけていくプロセス

※最善の解決策を考えて実行することが求められる

問題解決
問題
理想
現実

問題解決をしていくためにもっとも大事な心がけは

♦自分の力で**考え抜く**こと

♦自分自身で行動すること

### 問題解決と情報デザインの作業手順

#### 問題解決の流れ

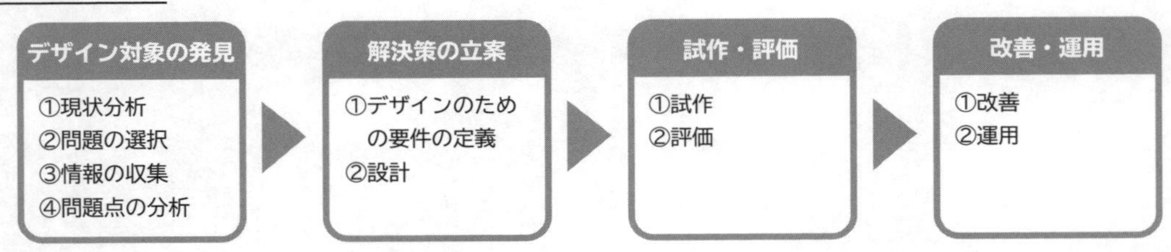


#### 情報デザインの流れ

| ① | 要件定義・立案 | 誰に何を伝えるのか、情報を整理し、デザインの目的を考える |
|---|---|---|
| ② | ラフスケッチの作成 | 情報デザインの大まかなプランを作成する |
| ③ | 制作・発表・評価 | ラフスケッチをもとに最終的な仕上げをし、発表する |

# ■ 情報デザイン実習

## 要件定義・立案

④そのデザインは**誰に**対して情報を伝えようとしているのか？

→デザインの受け手が**どのような人**たちであるかを分析することも大切

⑤そのデザインで受信者に**何を知ってもらいたい**と思っているのか？

→受信者に**どうなって欲しい**かを考えることも大切

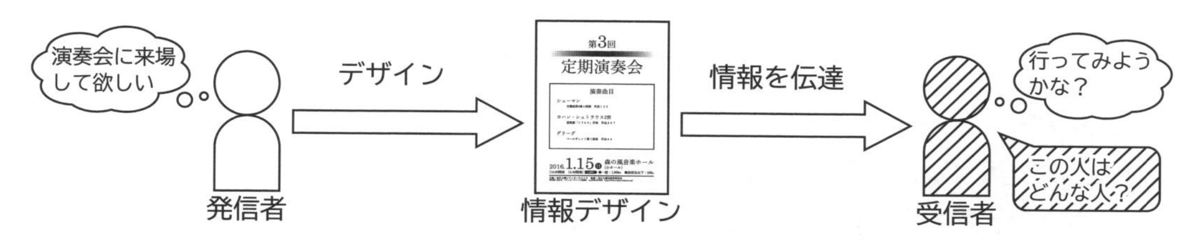




## ラフスケッチの作成

実際に情報を紙面の上に配置し、どのような順序でどこに配置するかを検討する

通常、紙の上に手描きで描いていくものだが、手描きノートアプリで行なうのが効率的

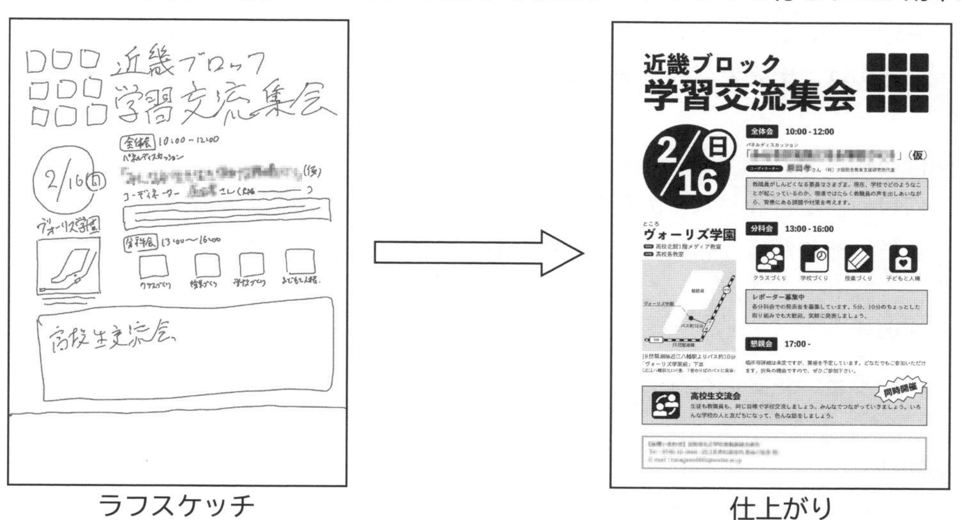


ラフスケッチ　　　　仕上がり

### ラフスケッチの重要性

手描きでラフスケッチを描く時点で、いろいろな仮説を検証しながら制作する

いきなり仕上げを作ろうとすると、仮説の検証に時間がかかってしまう

また、時間をかけて作ったものはもったいないと感じ、よくないアイデアを捨てられない

**いきなり清書に入るのではなく、必ずラフスケッチを描いてから清書に入るようにしよう**

## 要件定義・企画立案

### 企画の種類

企画には、次のようなものがある

| 公演 | 演劇、演芸、ショー　など | 演奏 | コンサート、音楽ライブ　など |
|---|---|---|---|
| 上映 | 映画上映会　など | 講演 | 製品発表会、講演会　など |
| 販売 | 即売会、フリマ、コミケ　など | 参加型 | ゲーム大会、スポーツ大会　など |
| 展示会 | 展示会、展覧会　など | 祭り | お祭り、花火大会　など |
| 旅行 | 旅行ツアー　など | その他 | その他 |



### 企画内容

上の種類が決まったら、具体的にどのようなものかを考えよう
演劇の講演であれば演目は？スポーツ大会をするならどの競技？などを考えよう
ゲストは呼ぶのか？出演者はどういう人たち？

### 企画の対象者

この企画にはどういう人たちに参加して欲しいのか？子ども？大人？高校生？
共通の趣味を持った人たちや、同じスポーツに取り組んでいる人というのでもよいだろう
あるいは、出演者募集のチラシでもよい→どういう人たちに出演して欲しい？

### 開催日程

何月何日に行なわれるのか？ 1日だけなのか？開催期間があるのか？
また、それが行なわれる時間帯は？何時から何時まで？開場・開演時刻は？

### 開催場所

どこでその企画は行なわれるのか？屋内？屋外？学校？公共施設？商業施設？

### 参加費

その企画に参加するための費用は？有料？無料？有料ならいくら？

### 配布方法

このチラシはどのように配布するのか？新聞折り込み？街頭で配布？

**これらは、すべて考えてはおくが、チラシに必ずしもすべてを盛り込む必要はない**

## 要件定義・企画書

| 企画の名称 | | |
| --- | --- | --- |
| 企画の種類 | 公演・演奏・上映・講演・販売・参加型・展示会・祭り・旅行・その他 | |
| 企画内容 | 可能な限り具体的にどのような企画なのかを考えよう | |
| 対象者 | | |
| 開催日程 | | |
| 開催場所 | | |
| 参加費 | | |
| 配布方法 | | |
| 配色 | ベースカラー | |
| | メインカラー | |
| | アクセントカラー | |
| アピールポイント | チラシでもっとも伝えるべきポイントは何か | |

# ■ ツールの紹介

## 手描きノートアプリ（MetaMoJi Note）

手描きノートアプリでラフスケッチを描くとラフスケッチ作業が大変効率的

ここでは「MetaMoJi Note」を紹介する

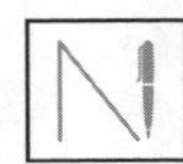

### 新規ノート作成

ツールバーの➕から「**ノート** >」から「**新規ノート作成**」を選び新しいノートを作成

### MetaMoJi Noteの各種機能

ツールバーの書く機能は下記の通り

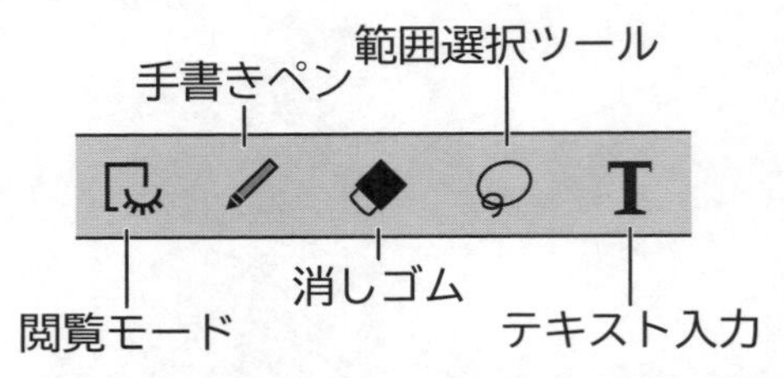


基本的には、手書きペンで描いて、消しゴムで消すという使い方

### オブジェクトのグループ化

手書きで描いた図形や文字は**グループ化**して使おう

→グループ化されたオブジェクトは、一つの図形として扱われる　→　まとめて動かせる

グループ化するには、**範囲選択ツール**を使い、オブジェクトを囲む

→出てきたメニューの［**操作＞グループ化**］と選ぶ

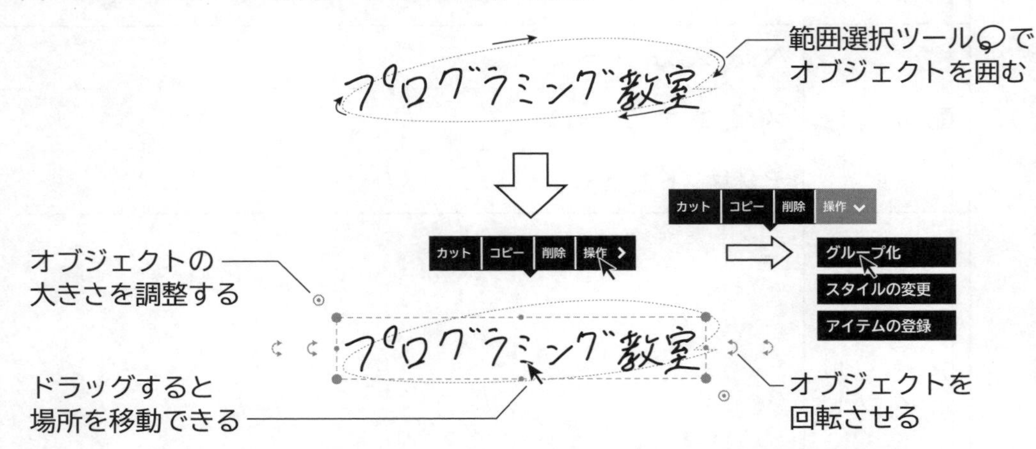


オブジェクトをグループ化すると、一つの図形として移動・回転・拡大縮小ができる

## デザイン作成アプリ（Canva）

**Canva**（キャンヴァ）= オーステラリア発のクラウドベースのデザイン作成ツール

C

※他の端末のWebブラウザでも使えるし、スマホのアプリからでも使える
※ポスターから文書デザイン、プレゼンテーション、動画編集まで何でもできる

Canvaの登録方法

1. canva.comにアクセスし、[登録] を選択する
2. サインアップページから、[メールアドレスで続行] または [仕事用メールアドレスで続行] を選択する
3. Canvaを利用するメールアドレスを入力する
4. 登録したメールアドレスに送信される認証コードを入力する

※「まずはCookieの設定をしてください」は［すべてのCookieを許可する］を押す

「Canva for Education」について

Canva for Educationは学校の先生と生徒が無料で使うことができるプランです
使うには学校からの申請が必要です
Canvaの有料素材や有料機能等がすべて無料で使えるようになる！

**せっかくの機会なので、存分に使い倒そう！**

スマートフォン等での利用

自分のスマホやパソコン等でも利用可能　※アプリ版もあり
→［Googleで続行］を選び、学校のGoogleアカウントでログインするだけでOK

**Canvaをいろんなところでぜひ使いこなそう！**

# レイアウトデザインの考え方

ここまでで、情報デザインの基本的な考え方について学んできました。この章では、チラシやポスターなどのデザインの考え方について学び、実際に制作していただこうと思っています。

## ■ 本章の課題

### 課題の概要

自身で何らかの企画を考え、企画を知らせるための**チラシ**を制作する



### 課題

次の3つすべてを期限内に提出

| | |
|---|---|
| ①企画書 | p.5-4のワークシートを参考にしながら要件定義を行う<br>Google DocumentやWordなどに入力したワークシートをPDF形式で書き出し |
| ②ラフ | MetaMoJiNoteその他手描きアプリを使い、デザインのラフを作成<br>PDFまたは画像ファイルにして提出<br>※白紙の紙に手描きで書いて写真で撮って提出しても構わない |
| ③最終作品 | Canvaその他のデザインツールを使い、デザインを制作<br>完成品はPDF形式で書き出しをして提出<br>紙面サイズ：210mm×297mm |

提出期限：

# ■ レイアウトデザインの基本的な考え方

## 情報デザインの目的

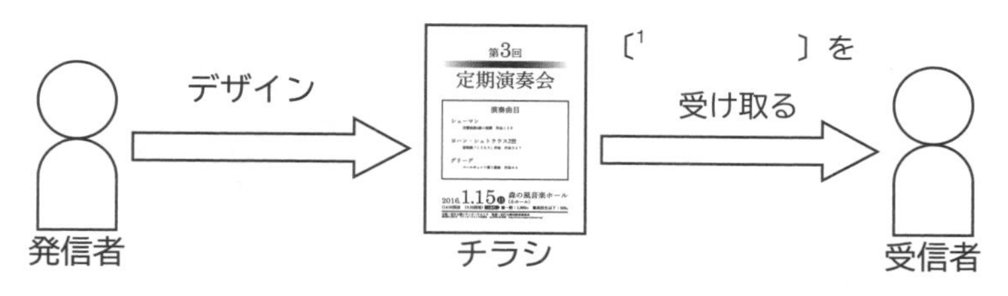


※**最重要**：そのデザインが〔2 〕〔3 〕伝えるものかを明確に
※どのような〔4 〕で見られるデザインなのかということにも注意しよう

**情報デザインとは、あくまでも〔5 〕を伝えるもの**



## 情報の〔6 〕

何を伝えるべきかを洗い出し、優先順位を考え、〔7 〕の順に配置していく

(1)どのような情報を伝えるかを洗い出す
(2)情報の**優先順位**をつける　→　何を一番に伝えるべきか？
(3)**文字**で伝える？写真やイラストなどの**視覚的要素**で伝える？

**たこたこパーティ**

①たこ焼きづくり
②レシピプレゼン大会
③やみたこ大会
④じゃんけん大会

日時：2017年2月11日
　　　14:00～17:00
場所：近江七幡市〇〇町△△
　　　〇〇公民館
会費：1,000円
申込はgyutaro@vories.infoまで

**伝えるべき優先順位**
①イベント名
②日時
③内容
④その他情報

**視覚的要素で伝える情報**
①楽しい雰囲気
②たこのイメージ
③地図

受け手の視線の移動方向

**まずは何よりも、〔8 〕をハッキリと明らかにしよう**

## 視線誘導

人間は紙面や画面を見るとき、〔9　　　〕型または〔10　　　〕型に視線を動かす

→視線の動きに添って重要な情報を順番に配置するとよい

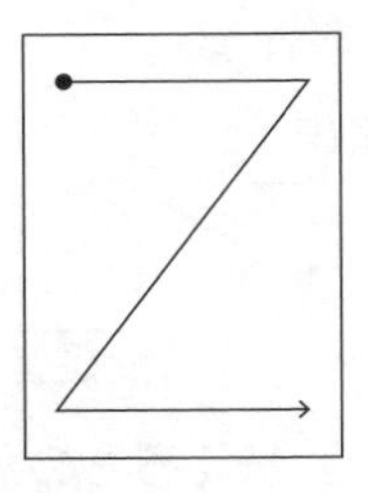

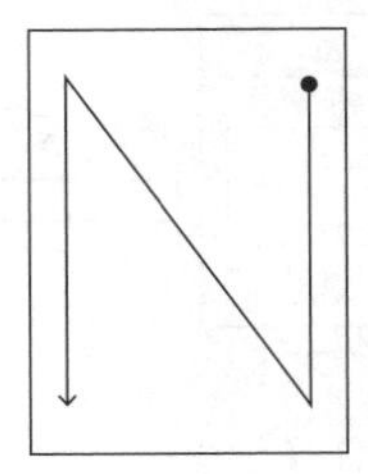

人の視線の動きを
意識したレイアウト

⇩

優先順位の高い順に配置

※SNSや読み物、リスト形式のページなどでは、F型に視線を動かすといわれる

→下の方へいくにつれ、内容が読み飛ばされる可能性が高い

全体の情報を見渡すことができるが、
下部にいくにつれ情報が読み飛ばされやすい

重要な情報を上部に配置することが重要

## 適したフォントの選定

伝えるべきメッセージによって、使用するフォントは変わってくる

→伝えたい内容にふさわしいフォントを選定するようにしよう

俳句の会　参加者募集　　俳句の会　参加者募集

⇧　　⇧

俳句をしっかりやりたい人の集まりはこちら　　俳句をちょっとたしなみたい人の集まりはこちら

※どちらがふさわしいかは、状況や伝達意図によって異なる

| 幼稚園だより | 幼稚園だより | 幼稚園だより |
|---|---|---|
| 法律事務所 | 法律事務所 | 法律事務所 |
| マグロの握り | マグロの握り | マグロの握り |
| 東海道本線 | 東海道本線 | 東海道本線 |

# ■ レイアウトデザイン基本4原則

## レイアウトデザイン基本4原則

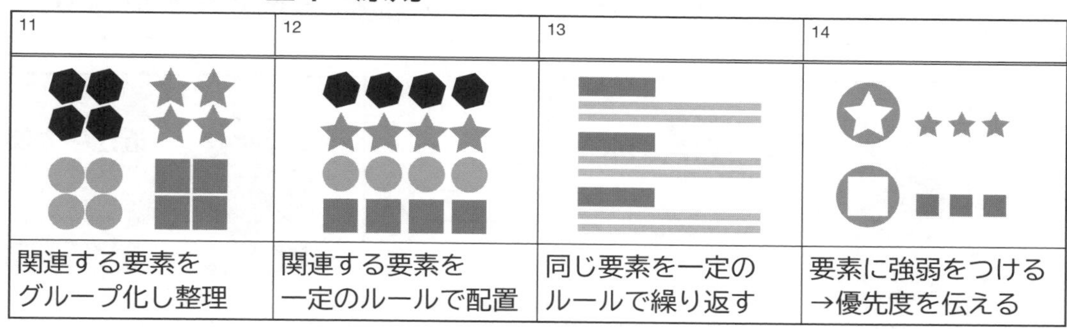

| 11 | 12 | 13 | 14 |
|---|---|---|---|
| 関連する要素を<br>グループ化し整理 | 関連する要素を<br>一定のルールで配置 | 同じ要素を一定の<br>ルールで繰り返す | 要素に強弱をつける<br>→優先度を伝える |



## 近接

**情報を〔15　　　　　　　　〕する**

ひとまとまりの情報は分散させず、ひとまとまりの情報がわかるようにグループ化する

**日本国憲法の特色**

**国民主権**
日本国憲法は、主権が国民にあることを定めています。国民は、具体的には選挙で代表者を選び、その代表者を通じて政治的な意思決定を行ないます。

**基本的人権の尊重**
人間が人間らしい生活をするうえで、生まれながらにしてもっている権利を、基本的人権といいます。

**平和主義**
憲法第９条で、戦争を放棄し、戦力をもたず、交戦権を認めないことを定めています。

余白が小さくグループがわかりにくい

**日本国憲法の特色**

**国民主権**
日本国憲法は、主権が国民にあることを定めています。国民は、具体的には選挙で代表者を選び、その代表者を通じて政治的な意思決定を行ないます。

**基本的人権の尊重**
人間が人間らしい生活をするうえで、生まれながらにしてもっている権利を、基本的人権といいます。

**平和主義**
憲法第９条で、戦争を放棄し、戦力をもたず、交戦権を認めないことを定めています。

余白が大きくグループがわかりやすい

**〔16　　　　　〕を意識する**

※要素間に〔16　　　　　　　〕をしっかりとることでグループが明確になる

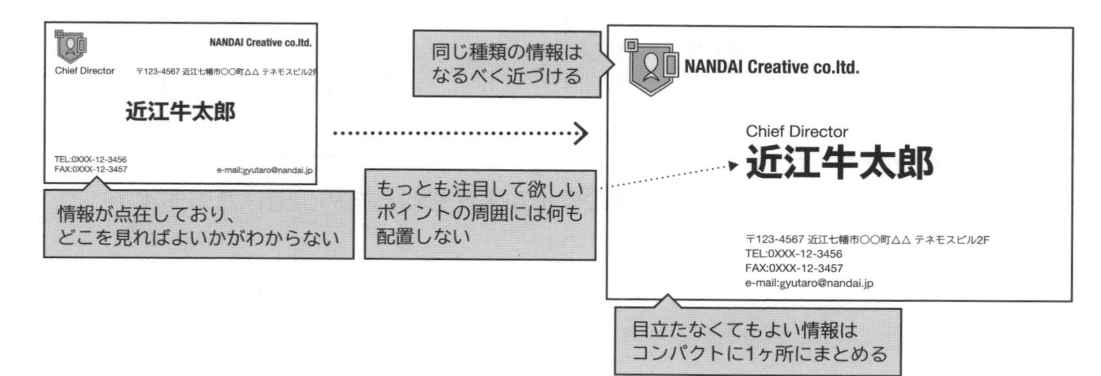

## 整列

### 要素同士を〔17　　　　　　　　〕

見えない線や矩形を意識し、要素同士の揃えられるところを揃えるようにする

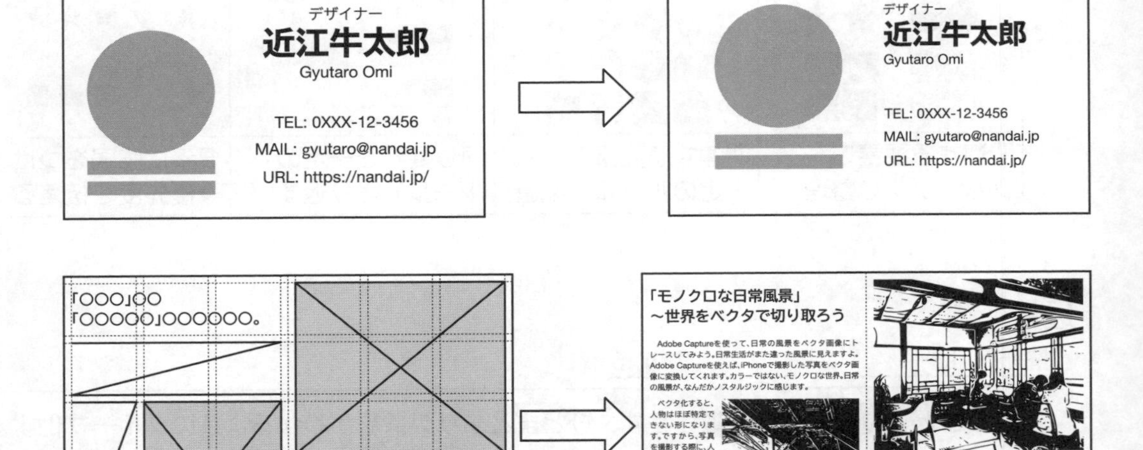


※グリッド状に紙面を分割し、そこに情報を載せていくことで簡単にレイアウトできる
※揃える際に、余白も意識していくようにしよう

### 安易な中央揃えはしない

日時：7月18日（日）
会場：ビースクエア広場
対象：中学生以上
参加費：500円
持ち物：体操着、シューズ

⇒

日　時：7月18日（日）
会　場：ビースクエア広場
対　象：中学生以上
参加費：500円
持ち物：体操着、シューズ

※中央揃えは、読み手の視線移動の負担が大きくなるため、避けた方がよい

# 反復

## 同じ要素を〔[18]　　　　　　〕使用する

同じ要素を繰り返し使うことで、統一感と一貫性を出してくようにする

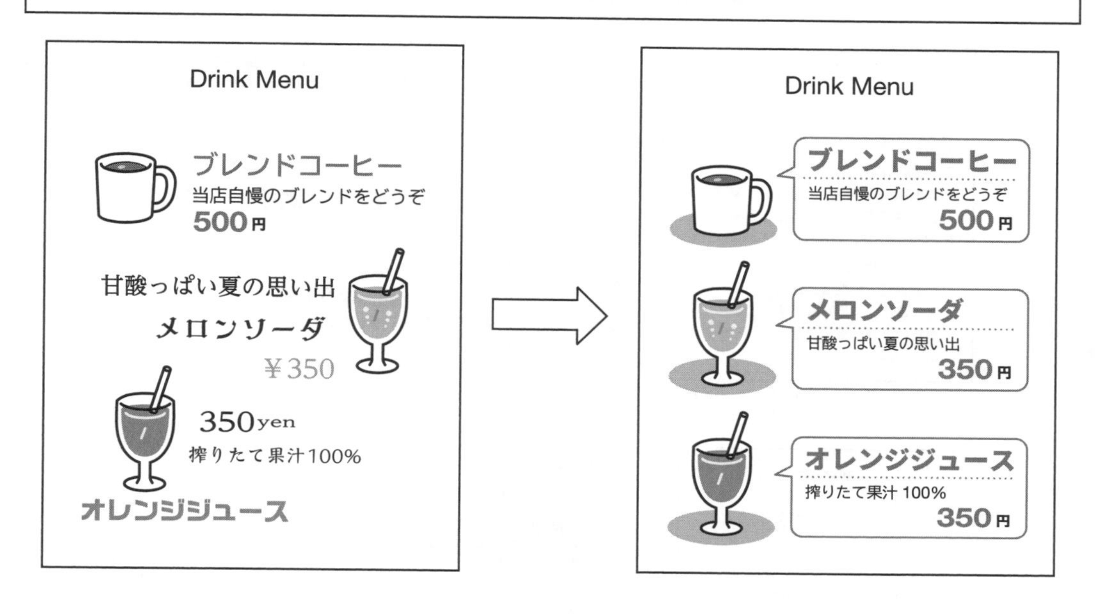


## 使用するフォントは原則〔[19]　　　〕種類まで

フォントの種類は原則として〔[20]　　　〕種類しか使わないようにしよう
→どんなに多くても、見出し用と本文用の**2種類**まで

金閣寺と銀閣寺

正式名称は鹿苑寺
1224年西園寺公経が建立
建物の内外に金箔が貼られているのが特徴

正式名称は東山慈照寺
1490年足利義政が造営
観音殿は金閣寺の舎利殿を模して造営された

金閣寺と銀閣寺

正式名称は鹿苑寺
1224年西園寺公経が建立
建物の内外に金箔が貼られているのが特徴

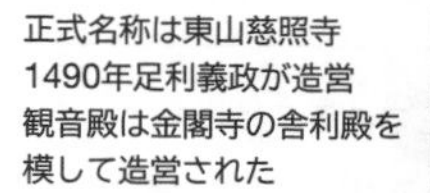

正式名称は東山慈照寺
1490年足利義政が造営
観音殿は金閣寺の舎利殿を模して造営された

※多くのフォントが混在していると、落ち着かない印象を与える

| | |
|---|---|
| 源ノ角ゴシック Extra Light | ヒラギノ角ゴシック W0 |
| 源ノ角ゴシック Normal | ヒラギノ角ゴシック W2 |
| **源ノ角ゴシックMedium** | **ヒラギノ角ゴシック W4** |
| **源ノ角ゴシックBold** | **ヒラギノ角ゴシック W6** |
| **源ノ角ゴシックHeavy** | **ヒラギノ角ゴシック W8** |

※太さ（**ウェイト**）の異なるものは**同じフォント**（1種類）として扱ってもよい

## 対比

情報の〔21　　　　　　　　〕を意識する

**ジャンプ率**＝ 要素と要素の間の大きさの比率　→　大きいほど情報に強弱をつけられる



ジャンプ率低い



ジャンプ率高い







※中央の例は、どれもこれも強調してしまい、何を最も伝えたいかが不明確に

※右側の例は、最も伝えたい内容が一目でわかるようになっている

→日付も、年・曜日と月日の間でジャンプ率をつけることで期間がわかりやすく

### コントラストを意識する



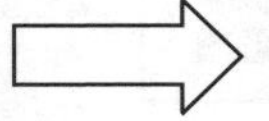



※文字の大きさは変わらなくても、色を反転させたり、文字にウェイトを付けたり、少しの飾りをつけたりするなど、**他の要素と差別化**することでハッキリ対比できる

**問題**

次のチラシを見て、情報デザインの4つの基本原則がどのようなところに使われているかを考えてみてください。

| 近接 | |
|---|---|
| 整列 | |
| 反復 | |
| 対比 | |

**振り返り**

次の各観点が達成されていれば□を塗りつぶしましょう。

□レイアウトデザインの基本4原則（近接 / 整列 / 反復 / 対比）の考え方を理解できた

□どのような考え方でレイアウトデザインをしていけばよいかがわかるようになった

今日の授業を受けて思ったこと、感じたこと、新たに学んだことなどを書いてください。

# デザイン作成ツールの利用

実践的に情報デザインの学習をすすめるため、クラウドベースのデザイン作成ツール「Canva」を使ってみよう。無料で始められる割に高機能で、学校のGoogleアカウントのままユーザー登録ができるのでたいへん便利です、是非使いこなしていきましょう。

## ■ Canvaの基本操作

### デザインの作成

Canvaのホーム画面から目的のサイズのものを選ぶ



練習1

試しに、[**印刷製品**] > [**チラシ（縦）**] を選択し、新しいデザインを作成してみよう
※「アプリケーションで開く」というアラートが出るが、「Canvaで開く」にしておく

### 写真素材の挿入

#### 提供されている素材から選ぶ

Canvaには数百万点の写真やグラフィック素材が提供されている
サイドバーの「素材」から、さまざまな素材を選ぶことができる
任意の素材をタップすると、キャンバス上に素材が挿入される
※写真に プロ マークのある素材は有料なので使えない（透かしが入る）

#### 写真素材の置き換え

写真をドラッグし、すでに配置されている写真と重ねると、写真が置き換わる

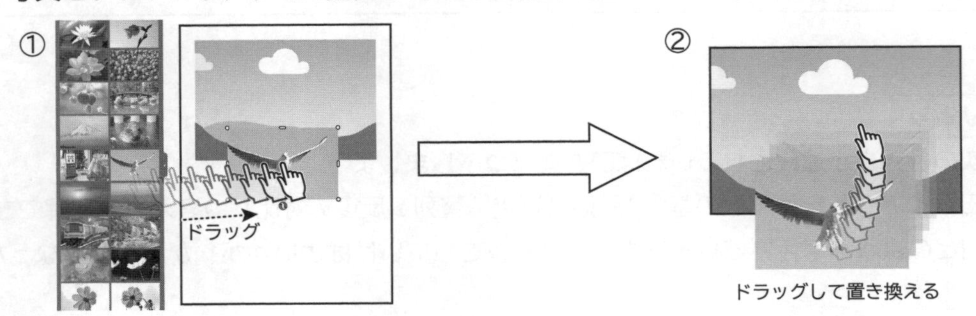

ドラッグして置き換える

練習2

写真を1つ挿入してみよう
その上から別の写真をドラッグして、最初に挿入した写真と置き換えてみよう

# 写真の調整

## 写真の切り抜き

写真をダブルタップし、四隅のハンドルをドラッグすることで、写真の切り抜きが可能

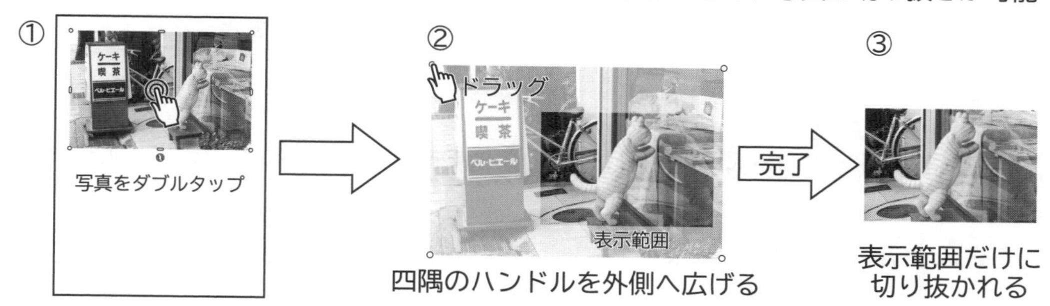




## 写真の調整／フィルター

写真をタップして選択し、ツールメニューの「**フィルター**」「**調整**」を選ぶ
→写真の明るさや明暗、彩度、色合い（色相）などを調整することができる

**練習3**

［練習2］で挿入した写真を切り抜いたり、色の調整をしたりしてみよう

# 写真のレイアウト調整

## 写真の位置を変更する

写真をタップし、選択してからドラッグすると、位置を移動させることができる
動かしている際に、他の写真の辺や中央がそろったとき、点線のガイドが表示される
→ガイドをたよりにレイアウトを合わせるようにしよう

## 写真のサイズを変更する

写真をタップした際に出てくるハンドルで写真のサイズを変更できる

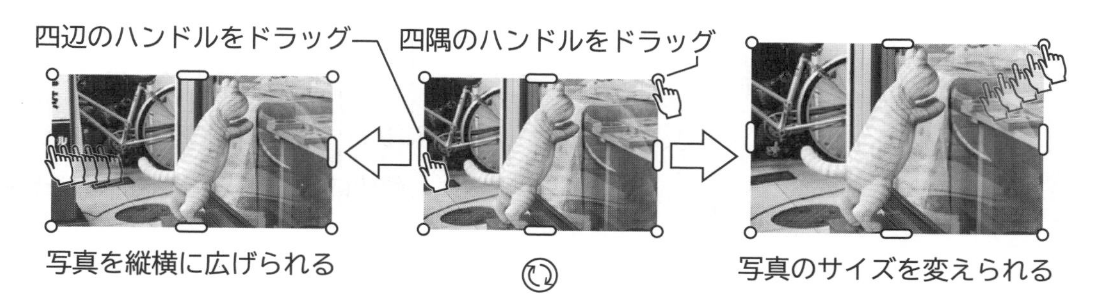


**練習4**

さらに別の写真を挿入し、［練習3］と同じ大きさになるように揃えてみよう
同じ大きさの写真4枚を、田の字状に並べてみよう

## テキストの挿入

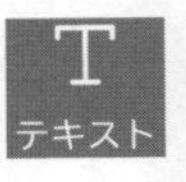


サイドバーの「**テキスト**」から「**本文を追加**」を選ぶ

→テキストボックスが挿入される

テキストボックスをタップして選択し、再度タップすると文字を書き換えられる

**練習5**

テキストボックスを挿入し、「はじめての情報デザイン」と書き換えてみよう

## テキストボックスの編集

### テキストボックスの操作

テキストボックスのそれぞれのハンドルは次のような操作ができる

ドラッグすることで文字のサイズを変えられる

ドラッグすることでテキストボックスの幅を変えられる

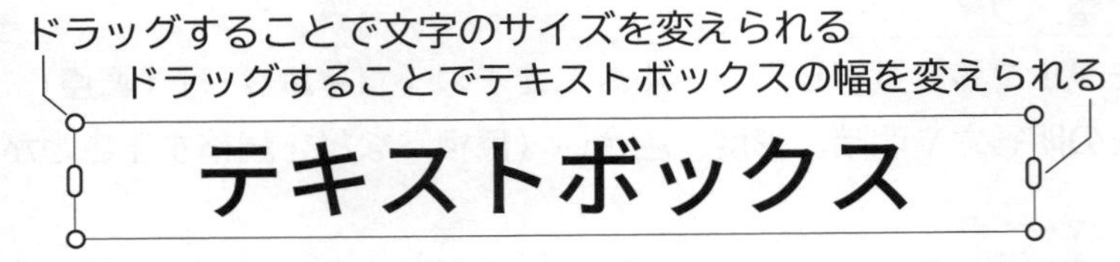


ドラッグすることでテキストボックスの角度を変えられる

ドラッグすることでテキストボックスを移動できる

### 文字の書き換え

テキストボックスの選択状態から、再度テキストボックスをタップする

→文字を書き換えられるようになる

### 文字の書式設定

テキストボックスを選択すると、キャンバス上部に書式設定バーが表示される

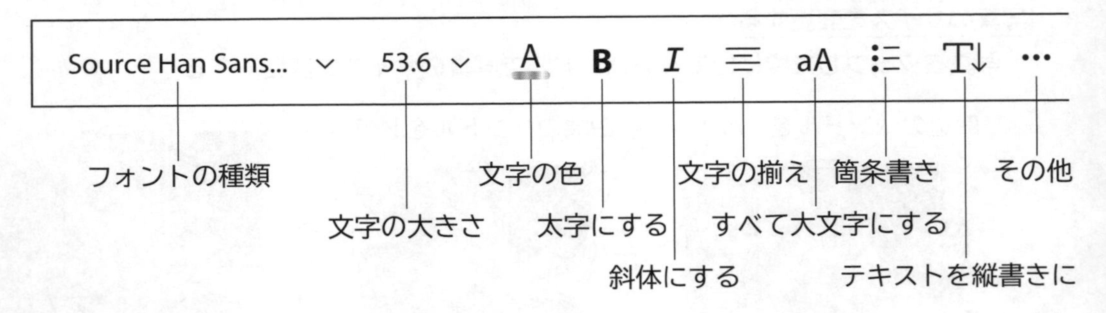


**練習6**

テキストを好きなフォント、文字の色に設定してみよう

テキストの両端を［練習4］で作った写真の横幅とピッタリ合わせてみよう

※ポイントは、テキストボックスを中央に合わせてから大きさを調整すること

## 文字列の縁取り

写真の上に文字を重ねたい場合など、文字列に縁取りを作りたい場合がある

①文字列を選択し、［**エフェクト**］を選ぶ

②「**袋文字**」を選ぶ

③太さを調節する

### カラージェネレーター

色を作成する際、カラージェネレーターが表示される

→色相、彩度、明度をそれぞれ設定する

スポイトツールで、キャンバス上にある色も選択可能

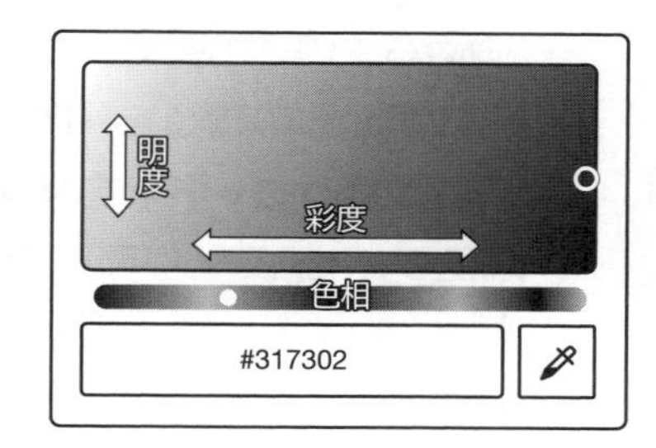


**練習7**

文字に縁取りを付けてみよう

## 図形・背景の色の変更

図形または背景をタップして選択した後、上部の書式設定バーの□をタップする

→色を変更できるようになる（自分で**新しい色**を作ることもできる）

**練習8**

キャンバスの背景色を変更してみよう

## 写真や素材の削除

写真や素材を選択し、マークをタップすることで削除することができる

# PDF形式での書き出し

## PDFファイルとは

Portable Document Formatの頭文字をとってPDFという

情報の配布・交換・蓄積を電子的に行なうために用いられるフォーマット

文字や図形、画像などを印刷レイアウトを保ったまま保持→PDFは閲覧専用で編集不可

**PDFファイルはどんな端末でも閲覧できるため、情報の交換に便利**

## PDF形式での書き出し方法

画面右上の［**共有**］から［**ダウンロード　>**］を選ぶ

→ファイルの種類を「**PDF（標準）**」にする

→［**ダウンロード**］を押す



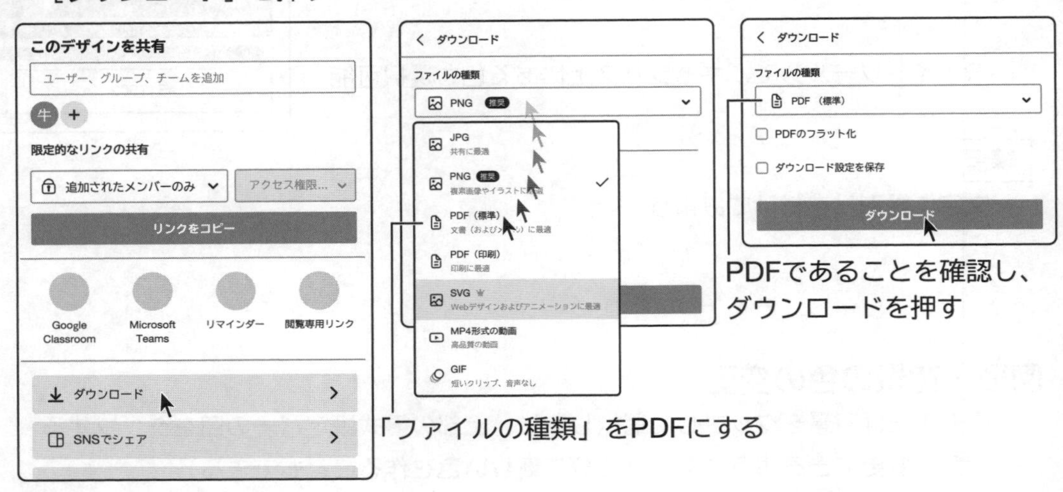


## 課題

［練習1］～［練習8］で制作した作品をPDF形式で提出してください。

※完成例は右図のようになる

　写真と写真の間隔は空け、周囲に余白を付けること

## 自分の所有する画像を素材として使う

自分の端末に入っているファイル

サイドバーの「**アップロード**」から「**ファイルをアップロード**」を選ぶ
→必要なファイルを探し出し、最後に［**開く**］を押す

**自身のスマートフォンで撮った写真を使いたい場合**（Googleドライブの場合）

次のいずれかの方法でアップロードしよう
①自身のスマートフォンにGoogle Driveアプリを入れておく
→スマートフォンからGoogle Driveに画像をアップロードする
→Canvaで「**ファイルをアップロード**」横の「…」から、
「Google Drive」を選ぶことで、Google Driveから直接素材を使える
※必ずGoogleのアカウントでログインすること

②自身のスマートフォンにCanvaのアプリを入れておく
→左下の＋から「**アップロード**」を選ぶと素材をアップできる
※必ず「Googleで続行」でログインしてCanvaを使用すること



**振り返り**

次の各観点が達成されていれば□を塗りつぶしましょう。
□Canvaで写真素材を挿入することができるようになった
□Canvaで写真や素材の大きさや位置を"揃える"ことができるようになった
□Canvaでテキストを挿入し、テキストの編集ができるようになった
□Canvaで作品をPDFに書き出して提出することができるようになった

今日の授業を受けて思ったこと、感じたこと、新たに学んだことなどを書いてください。

# 情報をレイアウトしてデザインする

本章で立てた企画のチラシをデザイン作成ツールを使って実際に制作し、発表していただきます。互いに作品を評価しあうことによって、より情報デザインのものの見方や考え方を深めていきましょう。

## ■ 評価について

### 評価基準

p.5-7 ～ p.5-13のレイアウトデザインの基本的な考え方を使えているかどうかが評価の基準

要件定義・企画立案が**具体的に**組み立てられているか



#### 評価の観点

| 観点 | A | B | C | D |
|---|---|---|---|---|
| 企画 | 企画に具体性がある | | 企画に具体性が欠けている | 取り組めていない |
| 近接 | 情報が整理され、余白をうまく使って配置されている | 情報は整理されているが、余白が少なく情報がやや分散している | 余白がなく、情報が全体に散らばっている | 取り組めていない |
| 整列 | 要素同士がきちんと揃えられて配置されている<br>見えない線が見える | 部分的に揃っている箇所もあるが、グループ同士が揃っていないなど中途半端 | 安易な中央揃えをしてしまった | 取り組めていない |
| 反復 | 同じ要素の繰り返しを用いている | 統一感を出そうとするも中途半端 | 全体に統一感がなくごちゃごちゃ | 取り組めていない |
| 対比 | 小さなところまで情報の強弱をつけ、何を強調したいかがハッキリしている | 強弱をつけようとしているが、ジャンプ率が小さい | ほとんど強弱がつけられていない | 取り組めていない |
| 視認性 | 視認性がよく、調和のとれた配色ができている | 視認性はよいが、配色の調和がとれていない | 色数が多く、ごちゃごちゃしている<br>視認性が悪い | 取り組めていない |

※不要な素材を配置するなどの「**工夫**」はやめましょう

→　情報デザインは理論に忠実に！

## 相互評価

人の発表を聴き、相互評価シートに評価を記入しよう
→情報デザインについて、参考になったことは積極的にメモしよう

**「人から学ぶ」ことほど学べることはない！**

### 振り返り

他の人の作品を見て、あるいは発表を聴いて、自分の作品／発表を振り返りましょう。

| 自分の作品について、改善した方がよいと思った点 |
| --- |
| これから心がけていきたいと思った点 |

次の各観点が達成されていれば□を塗りつぶしましょう。
□この課題を通して、情報デザインはアートとは違うということを理解できた
□この課題を通して、情報デザインの理論を身に付けることができた

今日の授業を受けて思ったこと、感じたこと、新たに学んだことなどを書いてください。

# 作例

<table>
<tr><td>企画の名称</td><td colspan="2">情報高校プログラミング講座</td></tr>
<tr><td>企画の種類</td><td colspan="2">公演・演奏・上映・講演・販売・参加型・展示会・祭り・旅行・その他</td></tr>
<tr><td>企画内容</td><td colspan="2">可能な限り具体的にどのような企画なのかを考えよう<br>・プログラミングの入門<br>・地域の人たちに自分達が学んだことを還元したい<br>・Processingで、画面表示からアルゴリズムの基本的な考え方まで<br>・可能なら、プログラミングでPDF文書を作れるようになるところまでやりたい</td></tr>
<tr><td>対象者</td><td colspan="2">地域住民でプログラミングを入門からやってみたい人</td></tr>
<tr><td>開催日程</td><td colspan="2">7月27日（土）</td></tr>
<tr><td>開催場所</td><td colspan="2">情報高校東館2階情報演習室</td></tr>
<tr><td>参加費</td><td colspan="2">無料</td></tr>
<tr><td>配布方法</td><td colspan="2">新聞折り込み、地域の町内会の回覧</td></tr>
<tr><td rowspan="3">配色</td><td>ベースカラー</td><td>濃いめの青</td></tr>
<tr><td>メインカラー</td><td>白</td></tr>
<tr><td>アクセントカラー</td><td>黄</td></tr>
<tr><td>アピールポイント</td><td colspan="2">チラシでもっとも伝えるべきポイントは何か<br>・高校生が教えるという点<br>・プログラミングってよく聞くけど、何ができるの？<br>・プログラミングってやってみたいけど難しそう<br>・1から勉強したい人でも大丈夫</td></tr>
</table>

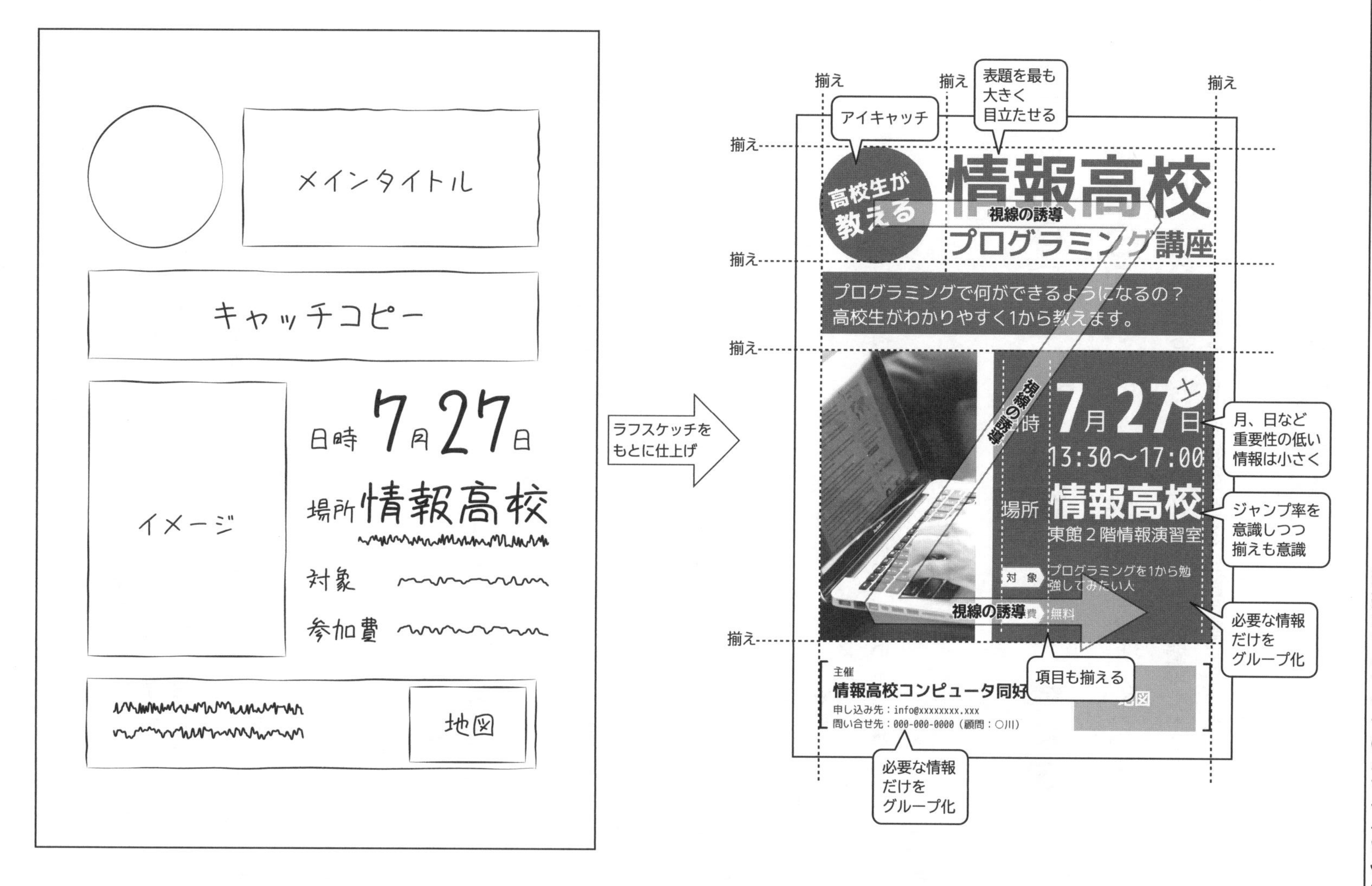

メインタイトル
キャッチコピー
イメージ
日時 7月27日
場所 情報高校
対象
参加費
地図
ラフスケッチをもとに仕上げ
揃え
アイキャッチ
表題を最も大きく目立たせる
高校生が教える
情報高校
視線の誘導
プログラミング講座
プログラミングで何ができるようになるの？
高校生がわかりやすく1から教えます。
日時
7月27日（土）
13:30～17:00
場所
情報高校
東館２階情報演習室
対象
プログラミングを1から勉強してみたい人
費
無料
月、日など重要性の低い情報は小さく
ジャンプ率を意識しつつ揃えも意識
必要な情報だけをグループ化
項目も揃える
主催
情報高校コンピュータ同好
申し込み先：info@xxxxxxxx.xxx
問い合せ先：000-000-0000（顧問：○川）
地図
必要な情報だけをグループ化

# 章末問題

**［問題1］**

主婦の方々が集まって気楽な感じで俳句の会を行っています。この俳句の会の参加者を募集するためのチラシを作る際に、表題のフォントとして適切なものを選んでください。

**ア** 俳句の会 参加者募集　**イ** 俳句の会 参加者募集

**ウ** 俳句の会 参加者募集　**エ** 俳句の会 参加者募集



**［問題2］**

縦書きレイアウトのチラシにおいて、人間の視線の動きとして正しいものを選んでください。

**ア**　**イ**　**ウ**　**エ**

**［問題3］**

イベントへの動員を目的とするチラシで、次の項目のうち、優先順位が最も低い掲載項目はどれですか。

**ア**　運営団体のPR　**イ**　参加者の声

**ウ**　ゲストの写真　**エ**　問い合わせ先

**［問題4］**

「明るく楽しい職場です！」のフレーズに添える写真として適切なのはどれですか。

**ア**　爽やかな空　**イ**　自社ビル

**ウ**　笑顔の従業員　**エ**　パソコン

**［問題5］**

見出しより説明文をしっかりと読ませたい場合、どちらのレイアウトにする方が適切ですか。

**ア**

銀閣寺

正式名称は東山慈照寺
1490年足利義政が造営
観音殿は金閣寺の舎利殿を
模して造営された

**イ**

銀閣寺

正式名称は東山慈照寺
1490年足利義政が造営
観音殿は金閣寺の舎利殿を
模して造営された

# コラム～長さの単位いろいろ

## ■ コンピュータの世界はinchがお好み？

### inchとmm

日本で馴染みのある単位：mm（ミリメートル）（1mm=1/1000m（メートル））

欧米で馴染みのある単位：inch（インチ）（1inch=1/12feet（フィート）≒25.4mm）

**日本ではメートルを基準としたmmが、欧米ではフィートを基準としたinchが使われる**

### 文字の大きさpt

pt（ポイント）= コンピュータでよく用いられる文字の大きさで、1pt=1/72inchと定義されている

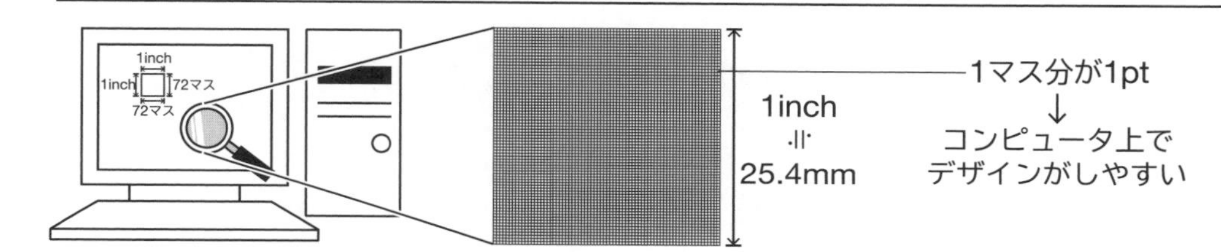


## ■ mmを使う？ inchを使う？

### mmとinchの混在

よく使われるワープロソフト等では、文字の大きさはpt（つまりinch）を使うが、
表や図形・画像の大きさ、文字間隔などにはmmを使うことが多い

**mmとinchが混在していて、レイアウトがしにくい**

### Q〔級（きゅう）〕とH〔歯（は）〕

コンピュータ組版以前（写真植字時代）、1Q〔級〕=0.25mmという単位が使われた
文字送りは歯車を使って行われていた→1H〔歯〕=0.25mmという単位が使われた
一部のアプリケーションではQやHが利用可能（iPadにはないかな……）

**QとHを利用すれば、すべてmmを基準としてレイアウトが可能となる**

ちなみにこの授業冊子はすべてQとHを単位として作られている
基本となる文字の大きさを14Q、行送りを24Hに設定している

文字：14Q=3.5mm
行送り：24H=6mm

# 知的財産権

「情報I」第6章

Contents



この章の動画
「知的財産権」

クラス：　番号：　氏名：

# 産業財産権と著作権

情報社会では、日々無数の知的創造物が生み出されています。新しい文化や産業を創造し、発展させていくためには、日々無数に創造される知的財産を保護するしくみが必要です。ここでは、どのような考え方でどのようなものが守られるのかを見ていきましょう。

## ■ 知的財産権とは

### 知的財産権とは

**知的財産権**＝ 人間の知的創造によって生み出された財産を保護するための権利

### 知的財産権の目的

情報社会の進展がもたらしたもの

情報社会では、多くの情報がデジタル化→大量に情報がコピー・拡散が可能
→知的財産が劣化なくコピーされることから、知的財産権がますます重要に

知的財産権の目的

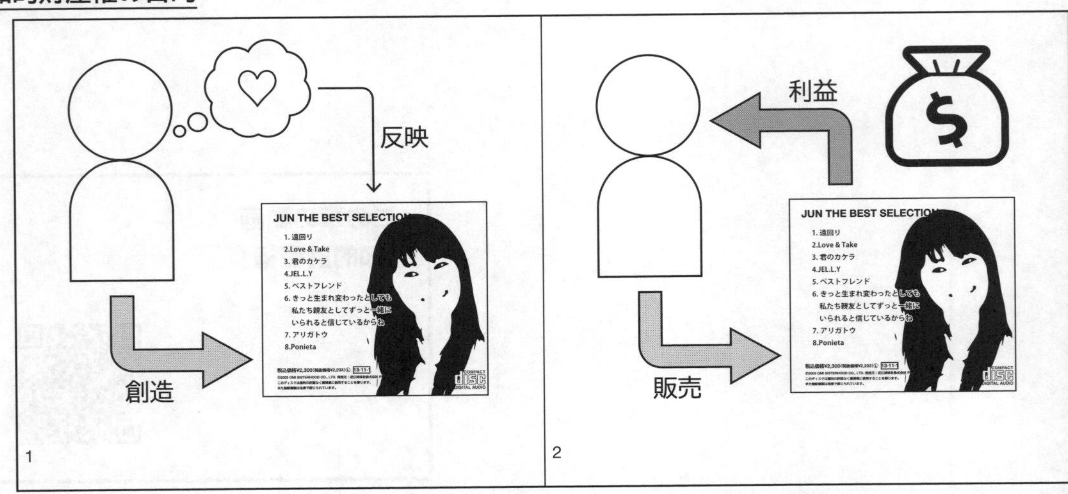


**大切なことは文化や産業の** 3 ＿＿＿＿ **すること**

## 知的財産権の種類

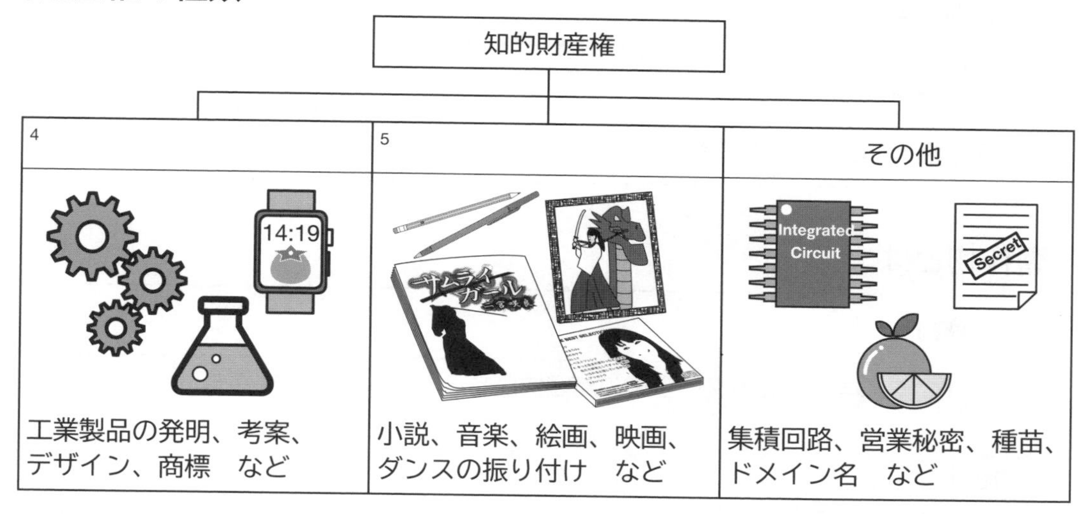


# ■ 産業財産権

## 産業財産権とは

**産業財産権**＝ 発明や考案など、産業の発達に関わる知的財産を保護する権利

## 産業財産権の種類

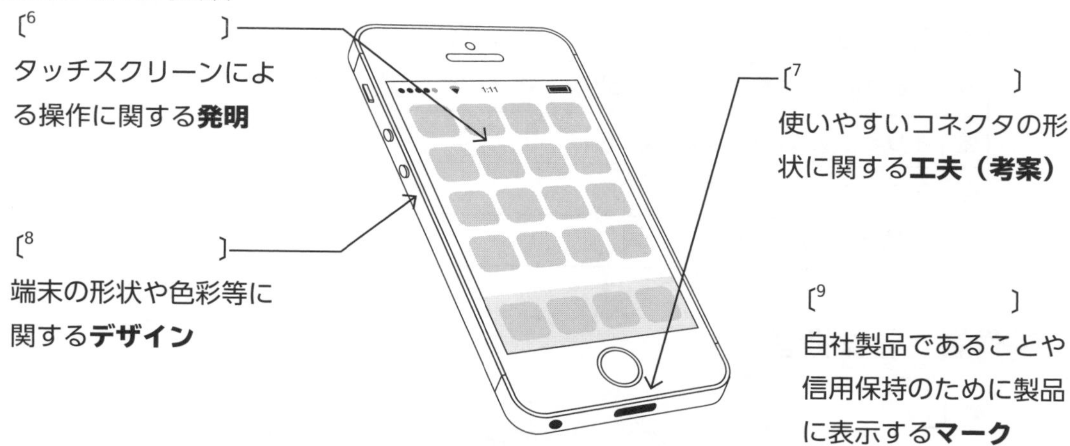


| | |
|---|---|
| 6 | 高度な技術的アイディアによる**発明**に対する権利 |
| 7 | ものの形や構造の**工夫（考案）**に対する権利 |
| 8 | 工業製品などの**デザイン**に対する権利 |
| 9 | 企業や製品の**マーク**などに対する権利 |

# ■ 著作権

## 著作権とは

**著作権**＝ 文化的な創造物について、創作者の人格や財産を保護するための権利

## 著作物とは

**著作物**＝ 10

※「文芸、学術、美術又は音楽の範囲に属するもの」という条件も付く

問題

次のそれぞれのものが著作権法で保護される著作物であれば○を、そうでなければ×を書いてください。

| | | |
|---|---|---|
| ① | SNSに投稿したつぶやき | 11 |
| ② | メッセージアプリのスタンプ（作った人がいるという意味で） | 12 |
| ③ | 医療機器に関する課題を解決する新しい製品に関するアイデア | 13 |
| ④ | 3歳の子どもが描いた父親の似顔絵 | 14 |
| ⑤ | 社会科の授業で書いた「税の作文」 | 15 |
| ⑥ | 買ってきて組み立てたシャア専用ゲルググのプラモデル | 16 |
| ⑦ | 美術の授業で制作した葛飾北斎「神奈川沖浪裏」の模写 | 17 |
| ⑧ | オリジナルのバレエの振り付け | 18 |
| ⑨ | スマートフォンのアプリ | 19 |
| ⑩ | 国勢調査のデータ | 20 |



## 著作者と著作権者

**著作者と著作権者は異なる場合がある**

# ■ 産業財産権と著作権の違い

## 産業財産権と著作権の違い

| | 産業財産権 | 著作権 |
|---|---|---|
| 保護対象 | **発明**や**アイディア**を保護<br>〔23　　　　　　〕の発達にかかわる | **文化的**な**創造物**を保護<br>〔24　　　　　　〕の発達にかかわる |
| 権利の発生 | 〔25　　　　　　〕への<br>〔26　　　　　　〕が必要 | 〔27　　　　　　〕<br>〔28　　　　　　〕で<br>自動的に権利が発生 |
| 保護期間 | 権利により異なるが、<br>出願・登録から10 ～ 20年 | 著作者の死後または公表後<br>〔29　　　　〕年間 |

## 知的財産権に関連する権利

| 肖像権 | パブリシティ権 | キャラクター権 | 商品化権 |
|---|---|---|---|
| 勝手に写真撮られたり使われたりしない | タレントなど有名人の顔や姿を保護 | 有名な人形や動物の姿を保護 | キャラクターの商品化に必要な権利 |

**振り返り**

次の各観点が達成されていれば□を塗りつぶしましょう。

□知的財産権には大きく分けて産業財産権と著作権があり、その違いを理解した

□どのようなものが著作権法で守られる著作物であるかを理解した

今日の授業を受けて思ったこと、感じたこと、新たに学んだことなどを書いてください。

# 著作者の権利

著作物は、創作した時点で法律で保護されます。ここでは、著作者の立場に立って、著作者にはどのような権利が認められているかについて学びます。また、著作権を行使することでどのようにして利益が得られるかについても学びます。

## ■ 著作者の権利

### 著作権の分類

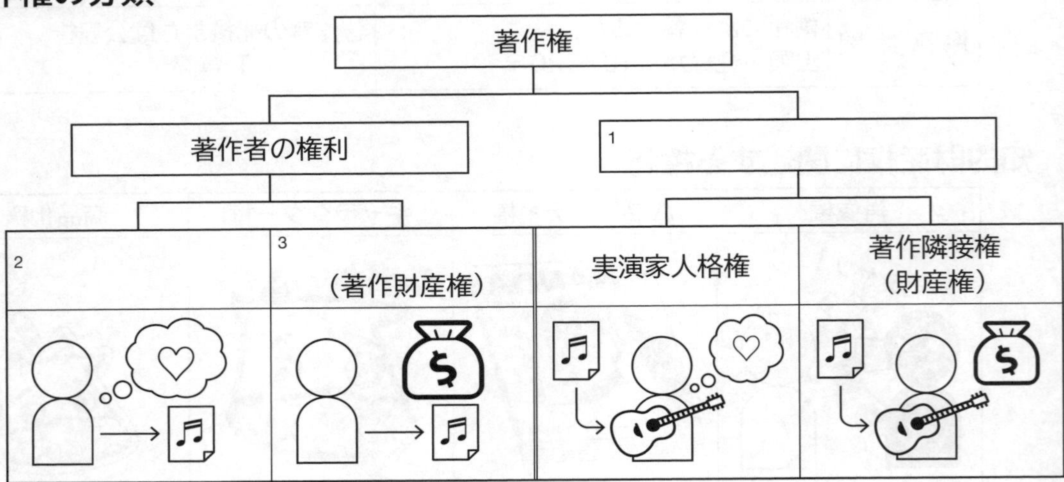


### 著作者人格権

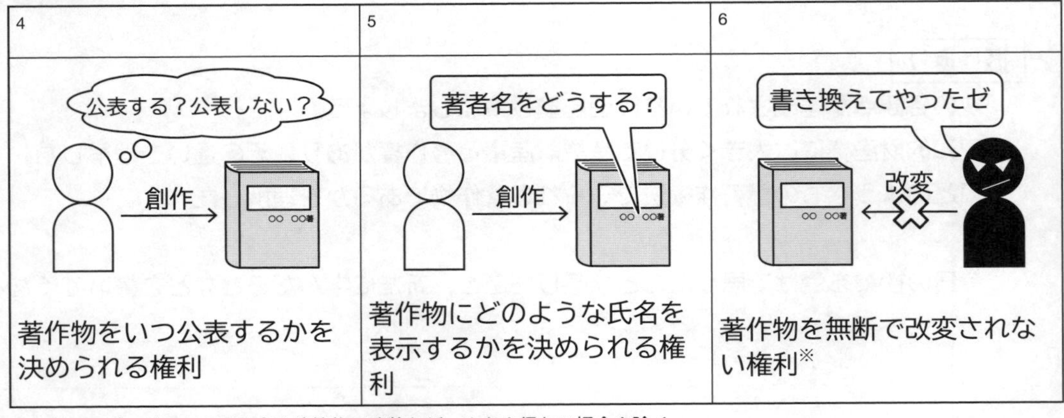


※ただし、プログラムの不具合や建築物の改装など、やむを得ない場合を除く

## 著作権（著作財産権）

**著作権**＝ 複製、展示、上映、公衆送信等を行なうことを許諾する権利

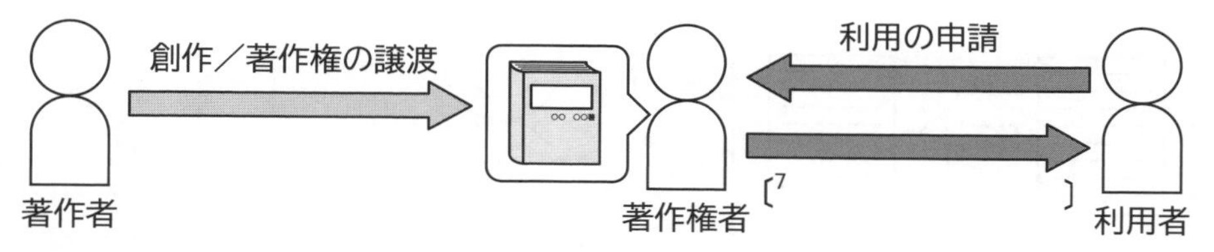


※利用者の**利用範囲**と**利用料金**を決められる

### 著作権の行使により利益を得るしくみ（例）

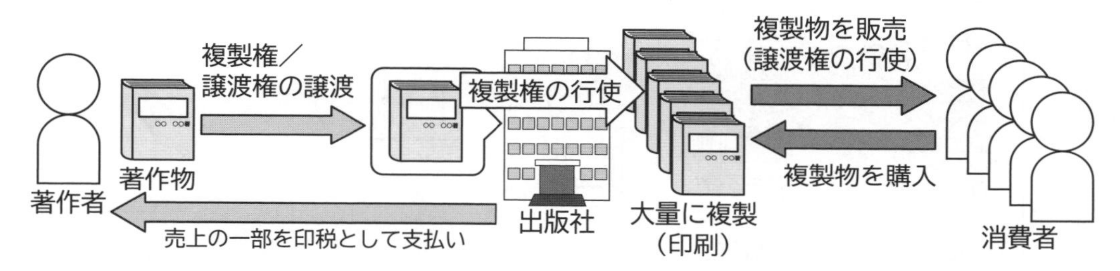


出版社に**複製権**と**譲渡権**を譲渡することにより、出版社が販売できるようになる
→著作権（財産権）は出版社が持つことになる

**他にもさまざまな権利を行使することで利益を得ることができる**

## 著作者人格権と著作権（著作財産権）

| | 著作者人格権 | 著作権（著作財産権） |
|---|---|---|
| 目　的 | **人格（こころ）**を守る | **財産（生活）**を守る |
| 権利の主体 | 〔8　　　　　　〕だけが権利を持つ | 〔9　　　　　　　　〕が権利を持つ |
| 譲渡・相続 | 〔10　　　　　　　　〕 | 〔11　　　　　　　　〕 |
| 保 護 期 間 | 著作者の死亡により消滅 | 著作者の死後/公表後〔12　　　〕年※ |

※　個人の場合は死後、法人の場合は公表後

## 著作権（著作財産権）の主な支分権

著作権（著作財産権）に含まれる権利には次のようなものがある

| 13 | 上演権／演奏権 | 上映権 |
|---|---|---|
| コピー<br>著作物の複製を許諾する権利<br>個人の行なうコピーも対象 | 著作物が公に上演／演奏されることを許諾する権利 | 自分の著作物が何らかの画面に表示されることを許諾 |
| 14 | 15 | 口述権 |
| テレビ・ラジオ等の放送、有線放送等で公衆に伝達 | アップロード<br>インターネットへのアップロードする権利 | 演説や朗読など、著作物を口頭で述べる権利 |
| 展示権 | 16 | 17 |
| 展覧会<br>竜と少女<br>美術品や写真などを展示する権利 | 提供<br>映画の著作物の複製を公衆に提供する権利 | ○○ ○○著<br>販売<br>著作物やその複製物を販売されるのを許諾（映画除く） |
| 貸与権 | 18 | 二次的著作物の利用権 |
| ○○ ○○著<br>貸出<br>返却<br>著作物やその複製物を貸与されるのを許諾（映画除く） | 焼肉入門<br>翻訳<br>불고기 소개<br>著作物を翻訳・翻案し二次的著作物を作成する権利 | 映画化<br>二次的著作物の利用を許諾する権利 |

# ■ 著作権者を保護するその他の制度

## 著作隣接権

〔[20]　　　　　　　　〕＝ 著作物を普及させる役割を果たす伝達者に与えられる権利

### 著作隣接権の例

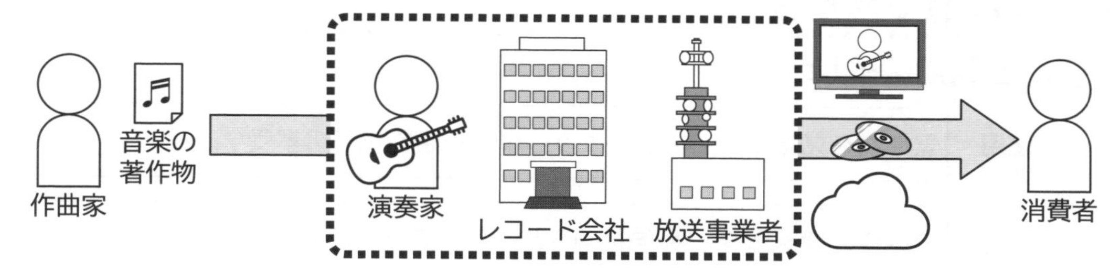


### 著作隣接権を持つ人

| 権利を持つ人 | 持っている権利 |
|---|---|
| [21]<br>（俳優、歌手、演奏家等） | 録音・録画権、放送・有線放送権、公衆送信権（送信可能化を含む）、譲渡権、貸与権、氏名表示権、同一性保持権（実演家人格権）などを持つ |
| [22] | 複製権、公衆送信権（送信可能化を含む）、譲渡権、貸与権などを持つ |
| （有線）放送事業者 | 複製権、再送信権、送信可能化権、テレビジョン放送の伝達権（放送を超大型テレビなどで公に伝達する権利）などを持つ |

**振り返り**

次の各観点が達成されていれば□を塗りつぶしましょう。

□著作権のうち、著作権（財産権）と著作者人格権の違いについて理解した

□著作隣接権について理解した

今日の授業を受けて思ったこと、感じたこと、新たに学んだことなどを書いてください。

# 著作物の利用

著作権は、保護ばかりが優先されると、著作物の利用が制限され、文化の発展に支障が出ます。著作権が制限されることにより、他人の著作物でも自由に利用できる場合があります。ここでは、著作物を正しく利用する方法について学びます。

## ■ 著作物の利用

### 使用と利用の違い

**使用**(use)＝ 著作物を見る、聞くなどのような単なる著作物等の享受

**利用**(exploit)＝ 複製や公衆送信等、著作権等の支分権に基づく行為

第6章

| | 使用 | 利用 | | |
|---|---|---|---|---|
| 支分権／著作物 | − | 複製権 | 公衆送信権 | 翻案権 |
| 書籍 | 本を読む | 複写する | 出版する | 映画化する |
| 音楽 | 聞く、鼻歌を歌う | CDを製作する | テレビ番組で流す | 編曲する |
| プログラム | 実行する | 複製する | ネット上へアップ | 改造する |

**問題1**

次の各行為は、著作物の使用といえますか、利用といえますか。

| | | |
|---|---|---|
| ① | 演劇脚本を読む | 1 |
| ② | 演劇脚本をもとに演劇を上演する | 2 |
| ③ | 原作の小説をもとに演劇の脚本を制作する | 3 |
| ④ | 音楽の演奏を披露する | 4 |
| ⑤ | ゲームを遊ぶ | 5 |
| ⑥ | ゲームのプレイの様子を動画にしてインターネットにアップロードする | 6 |
| ⑦ | 展示されている絵画を見る | 7 |
| ⑧ | 絵画を展示する | 8 |
| ⑨ | プログラムをインターネットにアップロードする | 9 |
| ⑩ | 映画のDVDを貸出する | 10 |

## 著作権の許諾

他人の著作物の利用には、〔11　　　　　　　〕から〔12　　　　　　〕を得る必要がある

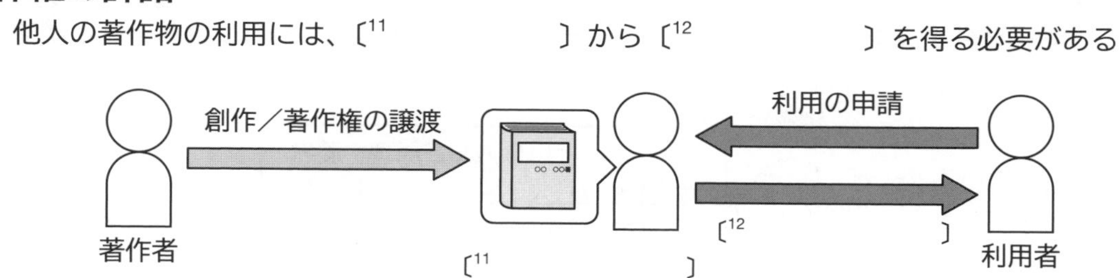


## 著作権の制限

著作権の保護ばかりを優先させると、著作物の利用が阻害され、文化の発展に支障

→著作権に制限を設け、一定の条件下で利用者が自由に利用できる

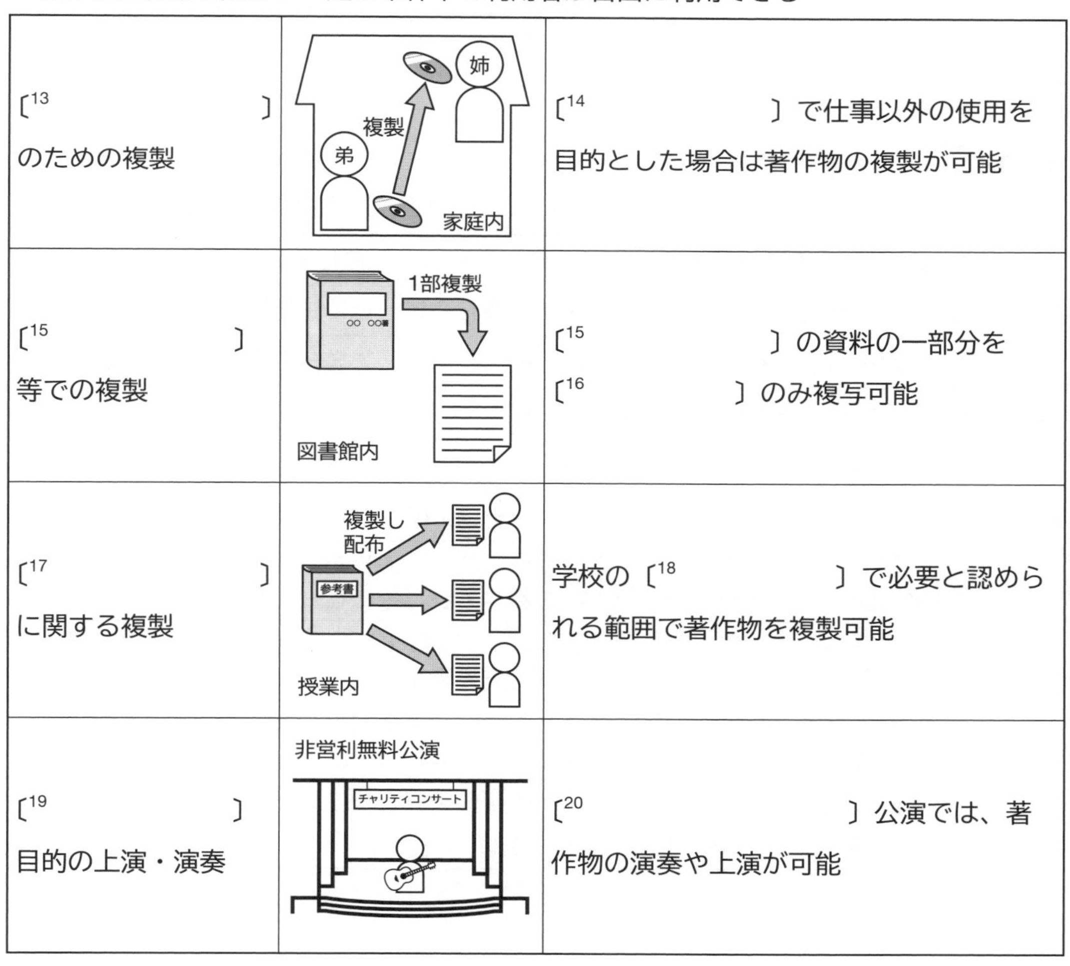


| | | |
|---|---|---|
| 〔13　　　　　　〕<br>のための複製 | | 〔14　　　　　　〕で仕事以外の使用を目的とした場合は著作物の複製が可能 |
| 〔15　　　　　　〕<br>等での複製 | | 〔15　　　　　　〕の資料の一部分を〔16　　　　　　〕のみ複写可能 |
| 〔17　　　　　　〕<br>に関する複製 | | 学校の〔18　　　　　　〕で必要と認められる範囲で著作物を複製可能 |
| 〔19　　　　　　〕<br>目的の上演・演奏 | | 〔20　　　　　　〕公演では、著作物の演奏や上演が可能 |

## 引用

次の要件を満たせば、他人の著作物の一部を自分の著作物の一部に含めることができる

→引用に利用許諾は〔21　　　　　　〕

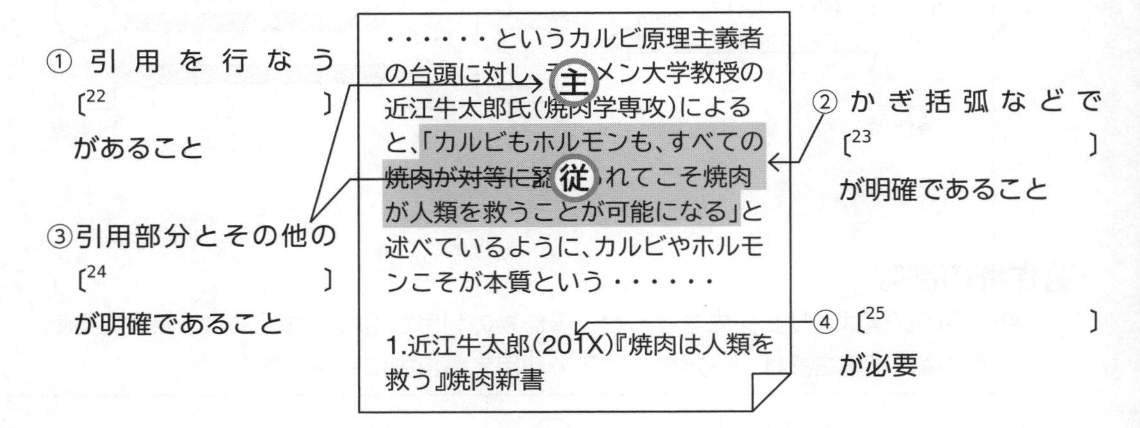


### 問題2

著作物の利用方法で、適切な利用方法には○、不適切な利用方法には×で答えてください。

| | | |
|---|---|---|
| ① | 公開後60年経った映画を使って有料上映会を開催した。 | 26 |
| ② | 授業で利用するために先生が新聞記事をコピーして生徒に配布した。 | 27 |
| ③ | レポートを書くために、本の内容を一部引用して自分の主張を補った。 | 28 |
| ④ | 自分が買った音楽CDから自分のスマートフォンに曲を複製して聴いた。 | 29 |
| ⑤ | 友人のためにテレビ番組を録画して、友人にあげた。 | 30 |
| ⑥ | レポートを作成するために、Webページ上の統計データの一部を引用した。 | 31 |
| ⑦ | 図書館で調べものをした際に、手元に残しておきたい資料があったので、図書館のコピー機で図書館の本を数ページだけコピーした。 | 32 |
| ⑧ | 学園祭のために作ったクラスTシャツに有名なアニメのキャラクターを描き、それを学園祭が終わっても外出先で着用した。 | 33 |
| ⑨ | 駅前の路上で有名なアーティストの楽曲を弾き語りした。その際、観客からお金をもらわず、物品の販売も行なわなかった。 | 34 |
| ⑩ | 駅前の路上で有名なアーティストの楽曲を弾き語りした模様を録画し、その動画をSNSにアップロードして公開した。 | 35 |

# 著作権補償金制度

## 私的録音録画補償金制度（sarah）

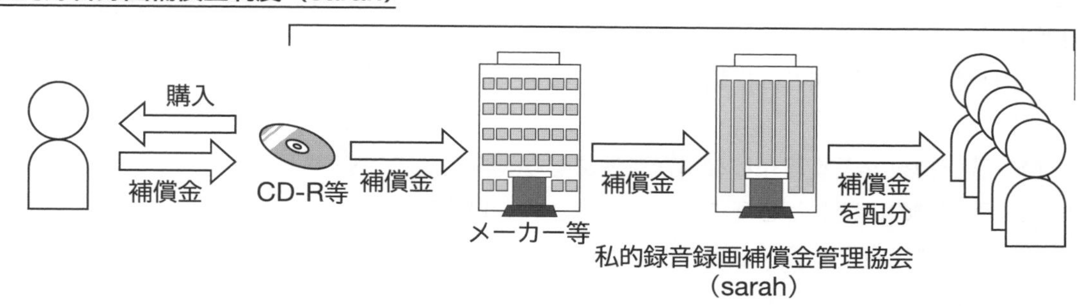


## 授業目的公衆送信補償金制度

**授業目的公衆送信補償金制度**＝ 教育機関が補償金を支払うことで個別の許諾が不要に

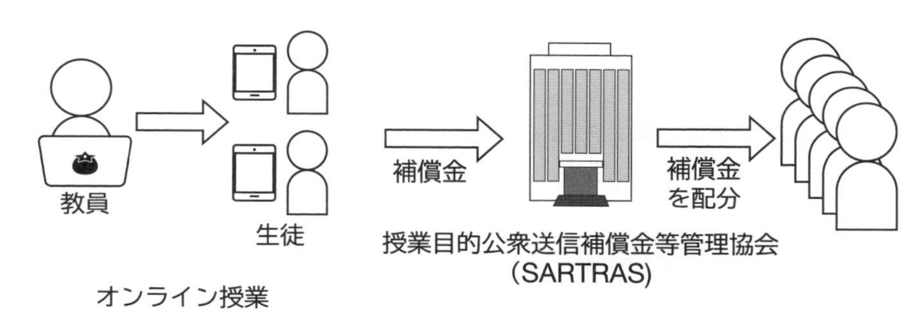


※個別の許諾を得る必要がなくなり、著作物を簡便に利用できるようになる
※補償金は、利用実態に応じて包括的に支払う

**振り返り**

次の各観点が達成されていれば□を塗りつぶしましょう。
□著作物の使用と利用の違いを理解することができた
□どのような場合に、著作物を自由に利用できるかについて理解した

今日の授業を受けて思ったこと、感じたこと、新たに学んだことなどを書いてください。

# 章末問題

**[問題1]**

次のそれぞれの著作者の権利について、権利の名称を下の選択肢から選び、記号で書いてください。

(1) 著作物を公表するかしないかを決める権利 〔　　〕
(2) 著作物の内容などを意に反して改変されない権利 〔　　〕
(3) 著作物に表示する氏名を自由に決められる権利 〔　　〕
(4) 著作物を複製する権利 〔　　〕
(5) インターネットにアップロードすることで利用者に著作物を送信する権利 〔　　〕
(6) 映画の著作物の複製を公衆に提供する権利 〔　　〕
(7) 著作物やその複製物を販売する権利 〔　　〕
(8) 他人が二次的著作物を利用するのを許諾する権利 〔　　〕



ア　複製権　イ　頒布権　ウ　公表権　エ　譲渡権
オ　同一性保持権　カ　公衆送信権　キ　氏名表示権
ク　二次的著作物の利用権

**[問題2]**

次の各事例のうち、著作物を利用するにあたり、適切な利用方法には○、不適切なものには×を書いてください。

(1) 公開後60年経った映画を使って有料上映会を開催した。 〔　　〕
(2) 授業で利用するために先生が新聞記事をコピーして生徒に配布した。 〔　　〕
(3) 宿題の「情報システムの例」のレポートを提出するために、Webページの情報を画面そのまま印刷して自分の名前を書いて提出した。 〔　　〕
(4) 吹奏楽部が最新映画のテーマ曲を無料コンサートで演奏した。 〔　　〕
(5) レポートを書くために、本の内容の一部分を無断で引用して自分の主張を補った。 〔　　〕
(6) 自分の所有している音楽CDから自分のスマートフォンに楽曲を複製して聴いた。 〔　　〕
(7) 有料ライブで、著作権管理団体に利用申請せず有名バンドの曲の演奏を行なった。 〔　　〕
(8) 死後70年未満の著者の文学作品をWebページで全文を公開した。 〔　　〕

# コラム～著作権違反したら即逮捕に!?

## ■ 著作権侵害の一部非親告罪化

### 親告罪と非親告罪

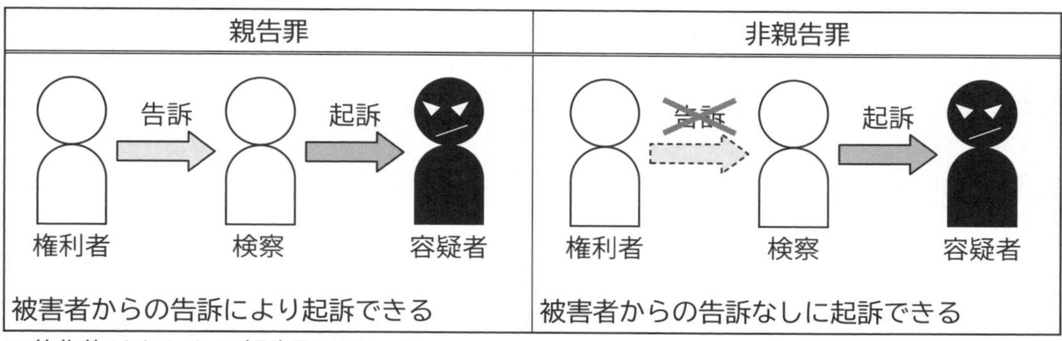


※著作権はもともと親告罪であった



### 著作権侵害が親告罪である理由

自身の著作物を自由に利用されてもよいと思っている人もいる

著作権や著作者人格権、著作隣接権などは私権である

→権利侵害に刑事責任を追及するかどうかは権利者の判断に委ねるのが適当

**あくまでも著作権者本人の意思が尊重される**

### 著作権侵害の一部親告罪化

2018年12月30日、環太平洋パートナーシップ協定（TPP）発行

→TPPの協定内に著作権侵害の一部非親告罪化が盛り込まれていた

以下の要件を**すべて**満たす場合に、非親告罪となる

※漫画等の同人誌をコミケで販売する行為

→原作のままではなく、権利者の利益が不当に害されない　→　親告罪

※漫画のパロディをブログに投稿　→　原作のままではない　→　親告罪

# インターネットとセキュリティ

「情報I」第7章

Contents





**この章の動画**
**「インターネットとセキュリティ」**

クラス：　　番号：　　氏名：

# インターネットのしくみ

複数のコンピュータやさまざまな機器がつながりあって、コンピュータネットワークがかたちづくられています。コンピュータネットワーク同士が互いにつながりあい、世界的規模に広がることでインターネットが誕生しました。

## ■インターネット

### インターネットとは（the Internet）

**インターネット**＝ コンピュータネットワーク同士が互いにつながりあったネットワーク

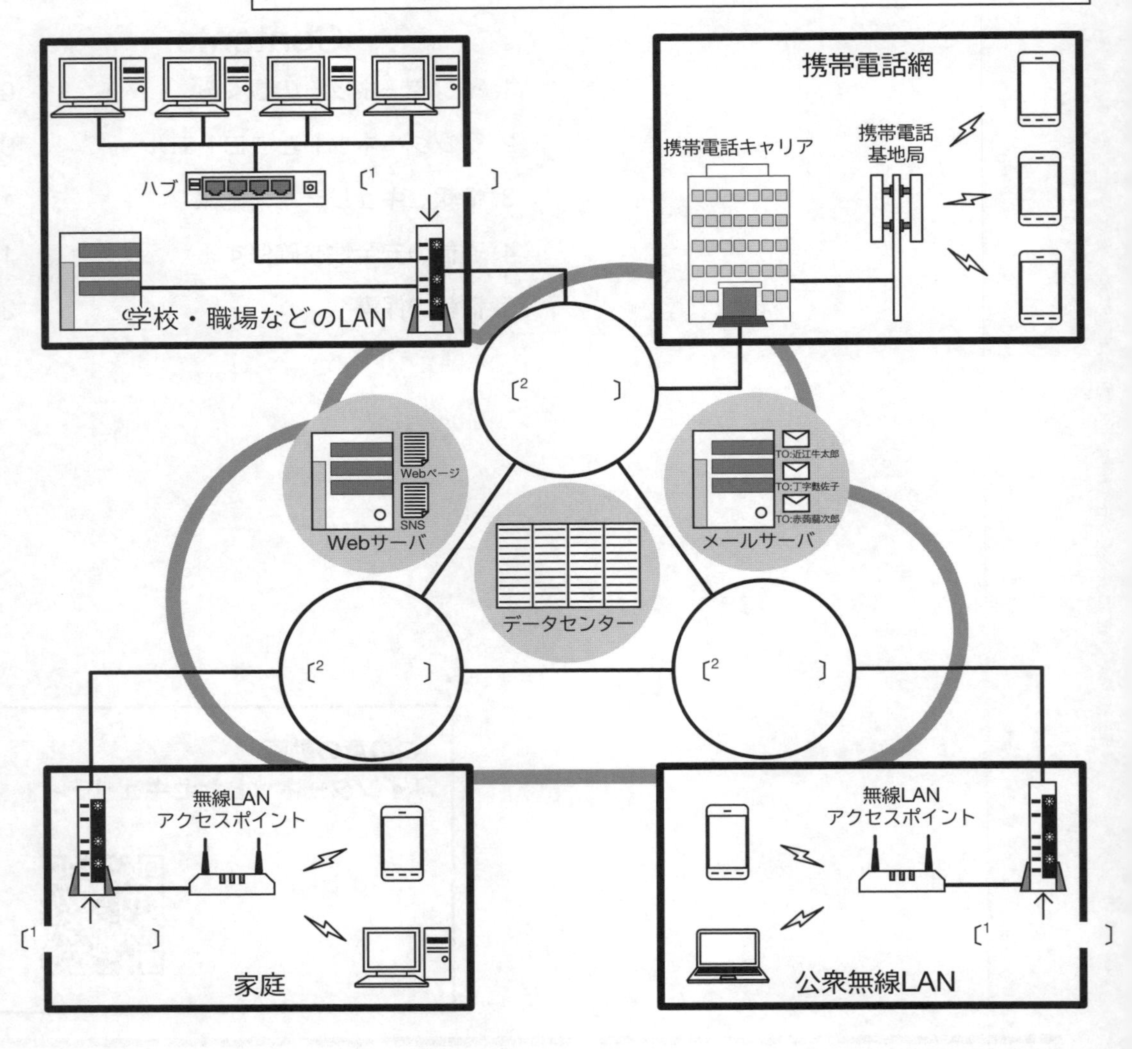


**インターネットは、〔3　　　　　　〕とも呼ばれる**

## インターネットへの接続

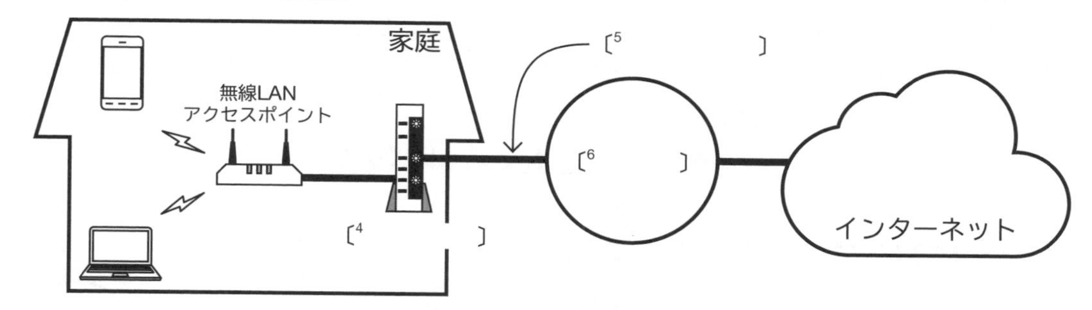


| | |
|---|---|
| 4 | 異なるネットワーク同士を接続する機器 |
| 5 | 電話会社や電力会社などと契約し、ISPまで接続する |
| 6 | インターネットへ接続するための業者、**プロバイダ**とも呼ばれる |

### 携帯電話網とWi-Fi

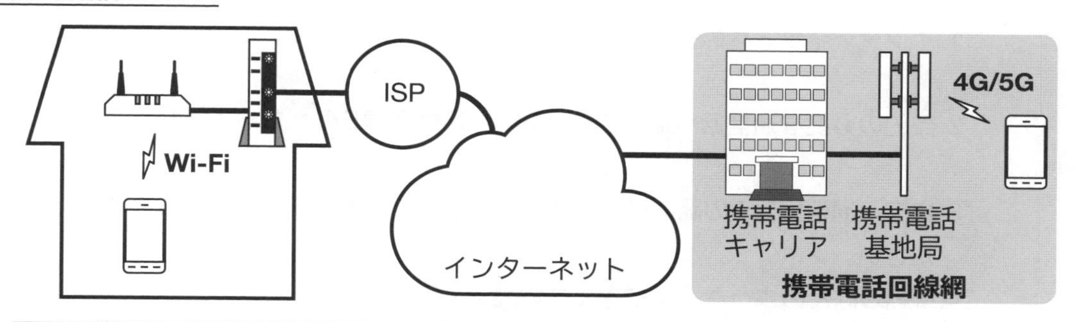


| | |
|---|---|
| **携帯電話回線網** | 携帯電話会社の提供する携帯電話回線で4G、5Gなどの規格がある |
| **Wi-Fi** | 無線LANで他の機器との相互接続が認められたことを示す名称 |

## Wi-FiとSSID

Wi-Fi接続の際のネットワークの名前をSSIDという

SSIDをステルス化すると、SSIDの一覧に表示されなくなる

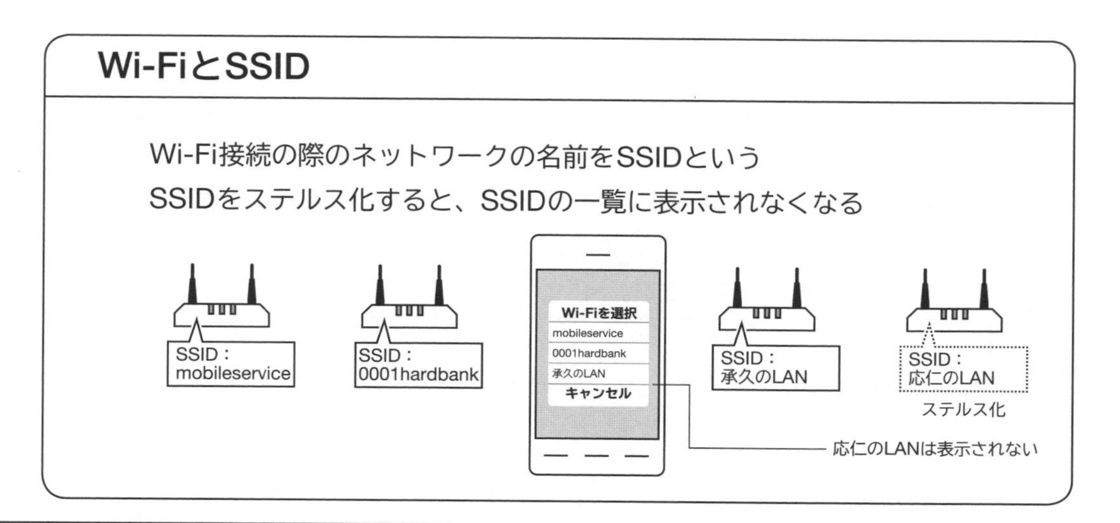

**問題1**

次の文章及び図を読み、下記の各問に答えてください。

近江牛太郎君は高校を卒業し大学へ進学すると同時に、親元を離れ一人暮しすることになりました。近江牛太郎君は、下宿先でも①インターネットへ接続したいと考えています。できれば②LANケーブルをつなぐことなくノートパソコンや③スマートフォンなどを接続できるようにしたいと考えています。

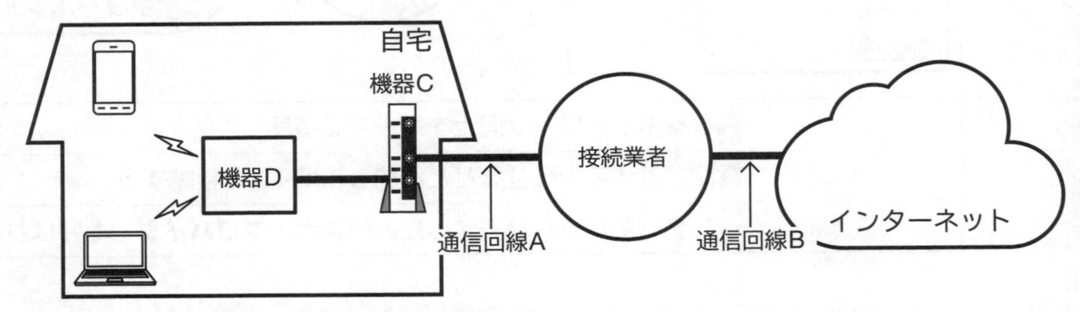


(1) 下線部①に関して、接続業者と通信回線の2種類の契約が必要となります。

1. インターネットへの接続業者はアルファベット3文字で何と呼ばれていますか。

〔7　　　　　〕

2. 契約の必要な通信回線は、通信回線A、通信回線Bのどちらですか。

〔8　　　　　〕

3. 自宅と通信回線Aの間に機器Cを導入する必要があります。機器C の名称を答えてください。

〔9　　　　　〕

4. 機器Cはどのような役割を果たす機器ですか。

| 10 |
|---|

(2) 下線部②に関して、機器Cに無線での接続機能が付いていなかった場合、別途無線で接続するための機器が必要となります。

1. この機器の名称を答えてください。

〔11　　　　　〕

2. この機器が、他の機器と相互接続が認められたことを示す名称を何と言いますか。

〔12　　　　　〕

(3) 下線部③に関して、スマートフォンを図の自宅ではない場所（機器Dの電波の届かない場所）でインターネットへの接続を行う場合、どのような接続方法が考えられるか、2通りの方法を書いてください。

| 13 |
|---|
| 14 |

第7章

# ■ パケット通信

## 回線の方式

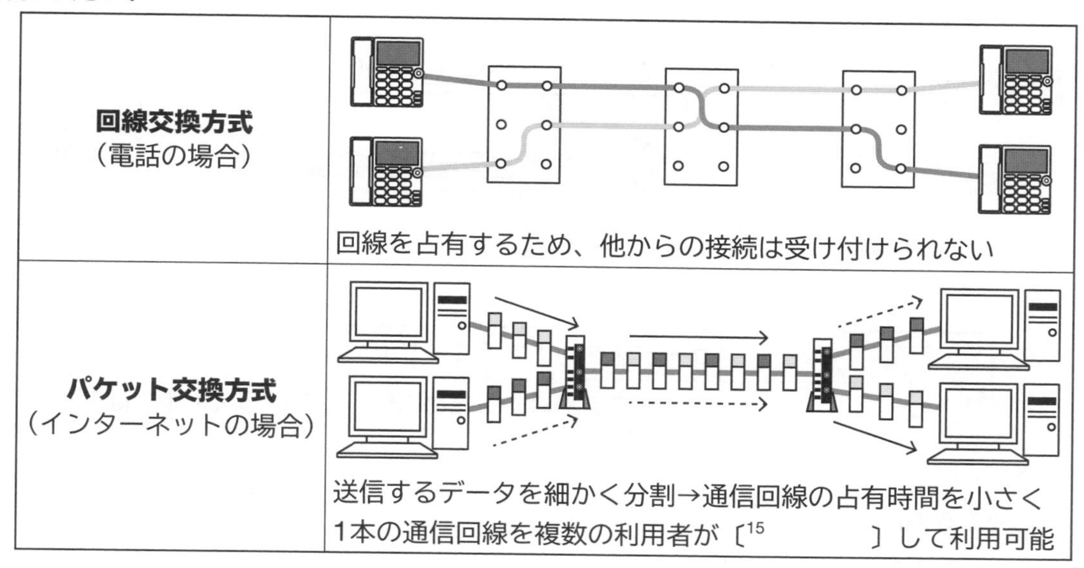




## パケット通信

**パケット**＝ データを〔16　　　　　　　　〕て、送り先などの情報を付加したもの

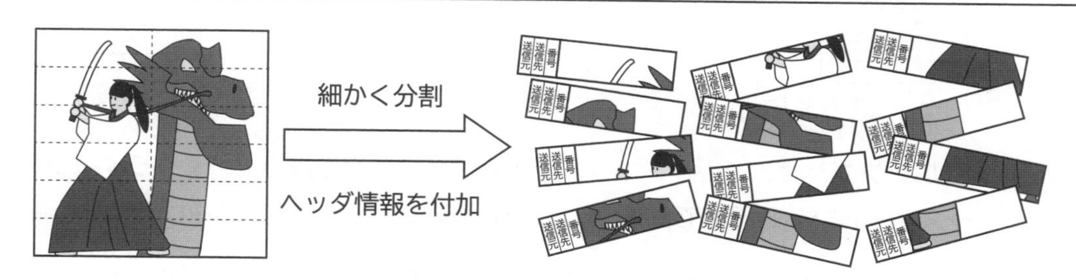


※スマートフォンの場合、パケット1つあたりの情報量＝**128バイト**

※携帯電話、スマートフォンでは、パケット1つあたりに料金を課している

### パケットの構造

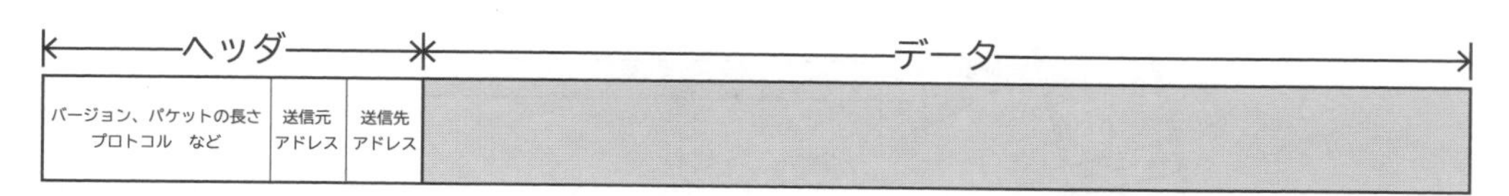

# ■ クライアントとサーバ

## クライアントサーバシステム（Client Server System）

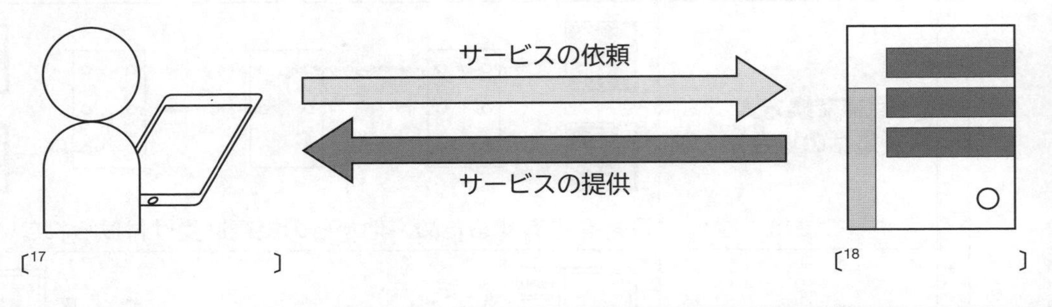


| | |
|---|---|
| 17 | サービスを利用するユーザ側の端末またはプログラム |
| 18 | サービスを提供するために動作している端末またはプログラム |

### SNSを例に

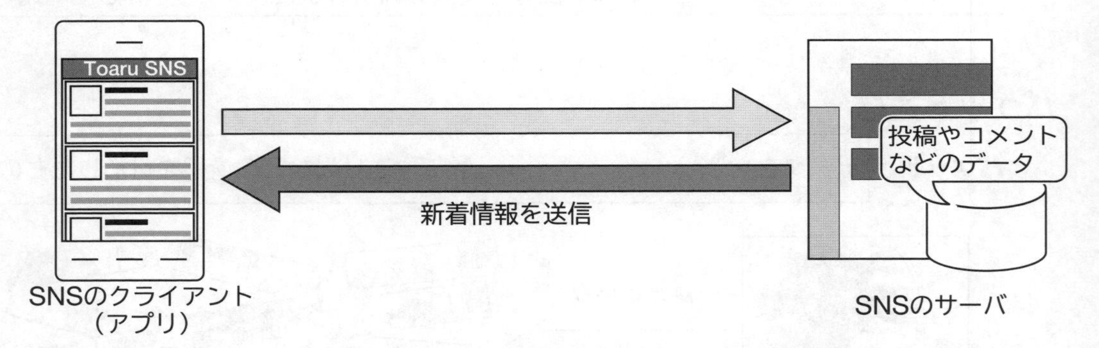




※SNSの**アプリ**は、インターネット上のサーバに情報を読みに行く**クライアント**である
→スマートフォン同士で直接コミュニケーションをとっているわけではないことに注意

**クライアントとサーバ、アプリとの関係など、きちんと整理しておこう**

## ピアツーピア（Peer-to-Peer：P2P）

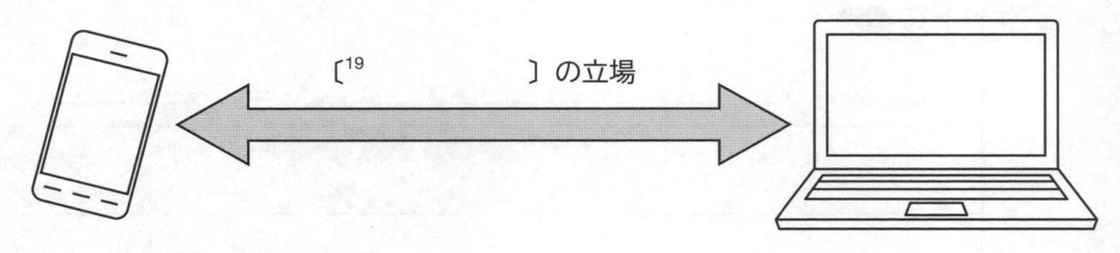


※音声通話アプリやビデオ通話アプリなどがこれに相当する

## サーバの種類

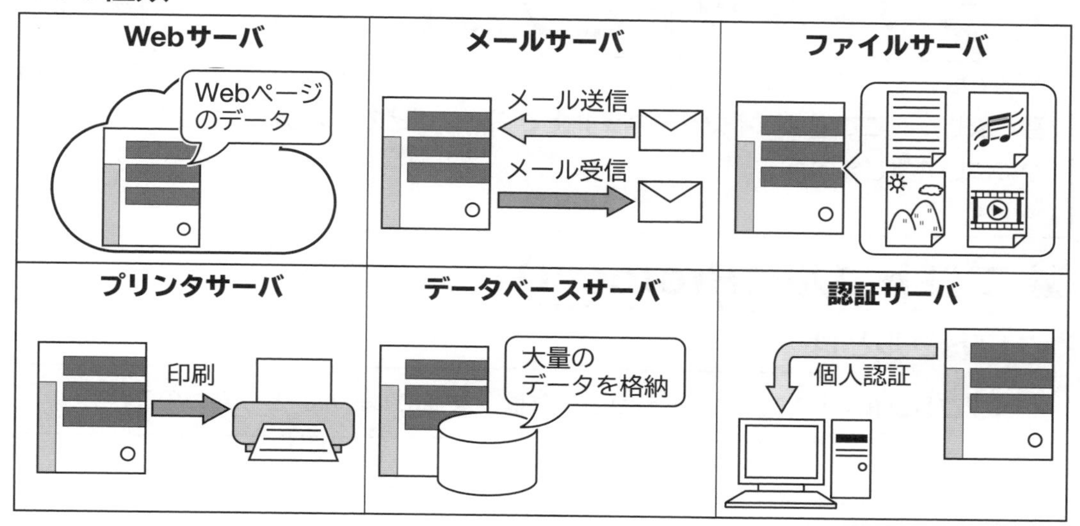


### 問題2

次の各説明文が、クライアントの説明である場合にはC、サーバの説明である場合はS、ピアツーピアの説明である場合はPと書いてください。

1.Webページのデータが格納され、要求に応じてWebページのデータを送信 〔20 〕
2.SNSのサーバに接続し、新着情報があれば表示させるアプリケーション 〔21 〕
3.ネットワーク上で利用者の個人認証を行う 〔22 〕
4.インターネット上で1対1に接続し、音声通話を行うことができる 〔23 〕
5.LANの中で、一般のユーザが使用するコンピュータ 〔24 〕

### 振り返り

次の各観点が達成されていれば□を塗りつぶしましょう。
□自分の力でインターネットに接続するために何が必要かについて理解できた。
□サーバとクライアントのちがいについて理解できた。

今日の授業を受けて、思ったこと、感じたこと、新たに学んだことなどを書いてください。

# インターネットとプロトコル

前項では、インターネット上でコンピュータ同士がどのようにつながっているかについて学習しました。ここでは、インターネット上でデータがどのような取り決めで転送されているかについて学びます。

## ■ プロトコル（Protocol）

### プロトコルとは

**プロトコル**＝ コミュニケーションの基盤、共通のルール、とりきめのこと

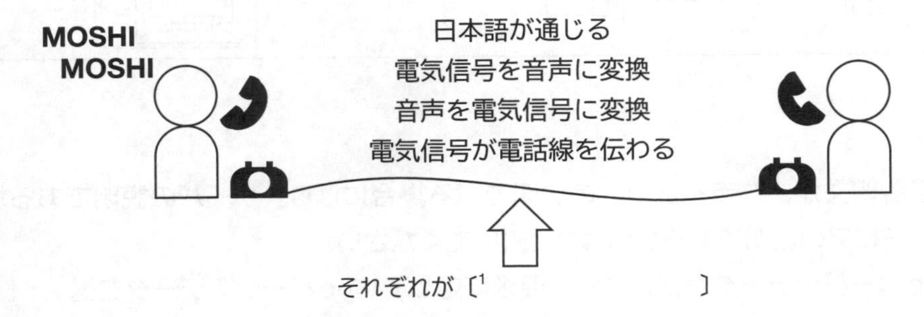


それぞれが〔1　　　　　　　〕

**どの要素が欠けても会話（通信）できない！**

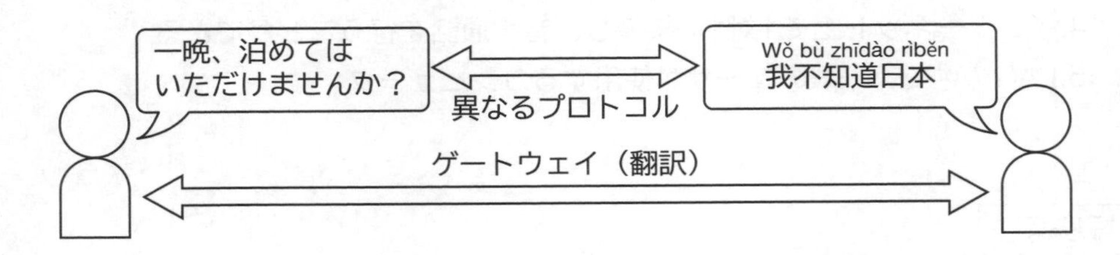


**問題1**

次の各文のうち、プロトコルの例として誤っているものを1つ選んでください。

①モールス信号
②野球の投手と捕手の間で行われるサイン
③フリスビーの投げ方
④狼煙（のろし）による通信
⑤手話

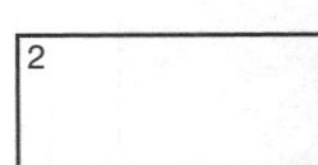

# ■ TCP/IP

## インターネットにおけるプロトコルの必要性

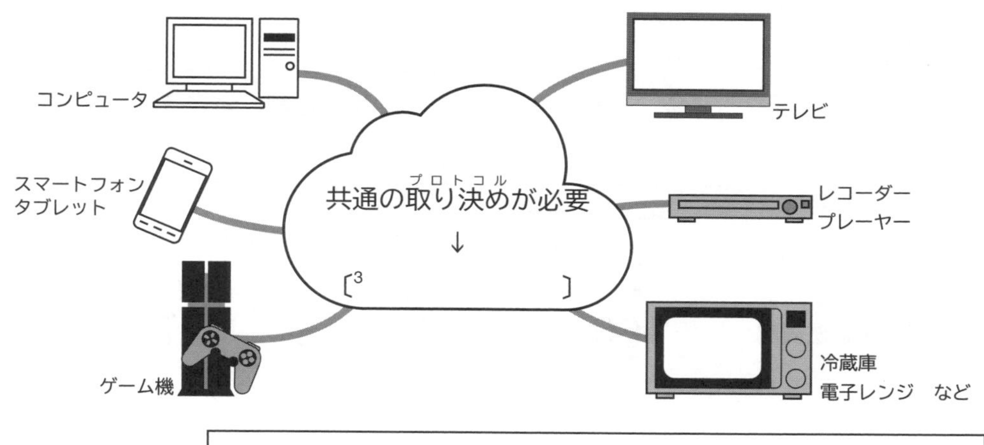


〔3　　　　　　〕＝ インターネットで利用されている基本的なプロトコル

## TCP（Transmission Control Protocol）

**TCP**＝ データをパケットに分割し、通信途中で欠落したパケットがあれば再送信する

**TCPはデータを確実に届けるためのプロトコル**

## UDP（User Datagram Protocol）

TCPと違い、再送信を要求しない→信頼性は低いが処理速度は速くなる

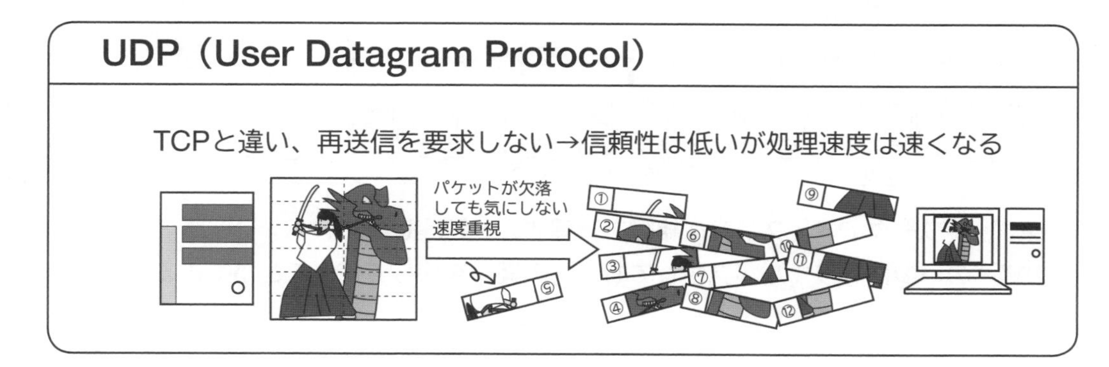

## IP（Internet Protocol）

IP＝ パケットを正しい送り先に届けるために、〔4 〕を定める

### IPアドレス

〔4 〕＝ ネットワーク上の機器に割り当てられた住所に相当する番号

←32ビット→
←8ビット→

2進法表記 10100000 00010000 01111111 11010111

10進法表記 160 . 16 . 127 . 215

各桁は、それぞれ〔5 〕～〔6 〕の数値が入る

**問題2**

次のうち、IPアドレスとして正しいものには○、誤っているものには×を書いてください。

| | | | | | |
|---|---|---|---|---|---|
| （1） 10.73.87.3.1 | 7 | （2） 192.168.2.251 | 8 | （3） 192.168.78.263 | 9 |
| （4） 10.98.-25.126 | 10 | （5） 19.58.3 | 11 | （6） 10.240.58.3 | 12 |

### ルーティング

ルーティング＝ パケットを送り先に届けるための経路の制御

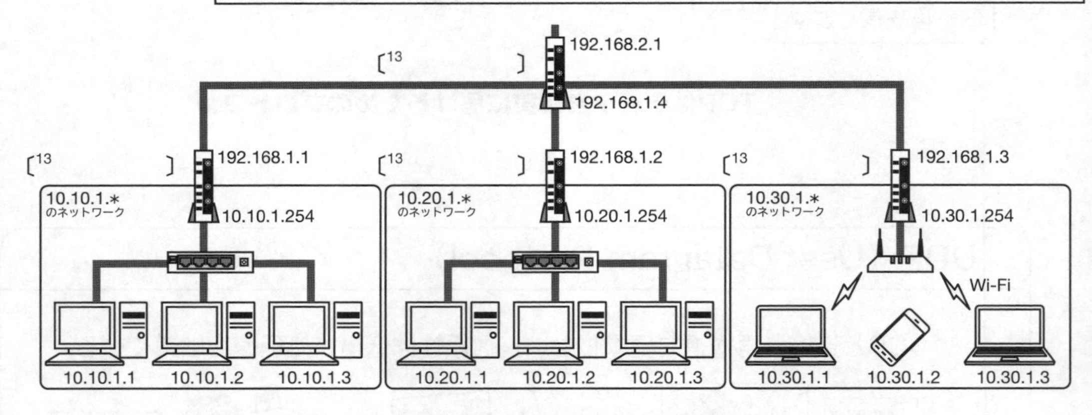


※ネットワークアドレスごとに組織を管理すると管理しやすい

※経路の一つにトラブルが発生しても、別の経路を探して使うことができる

# ■ DNS

## DNS（Domain Name System）

**DNS**＝〔[14]　　　　　　〕を〔[15]　　　　　　〕に変換するしくみ

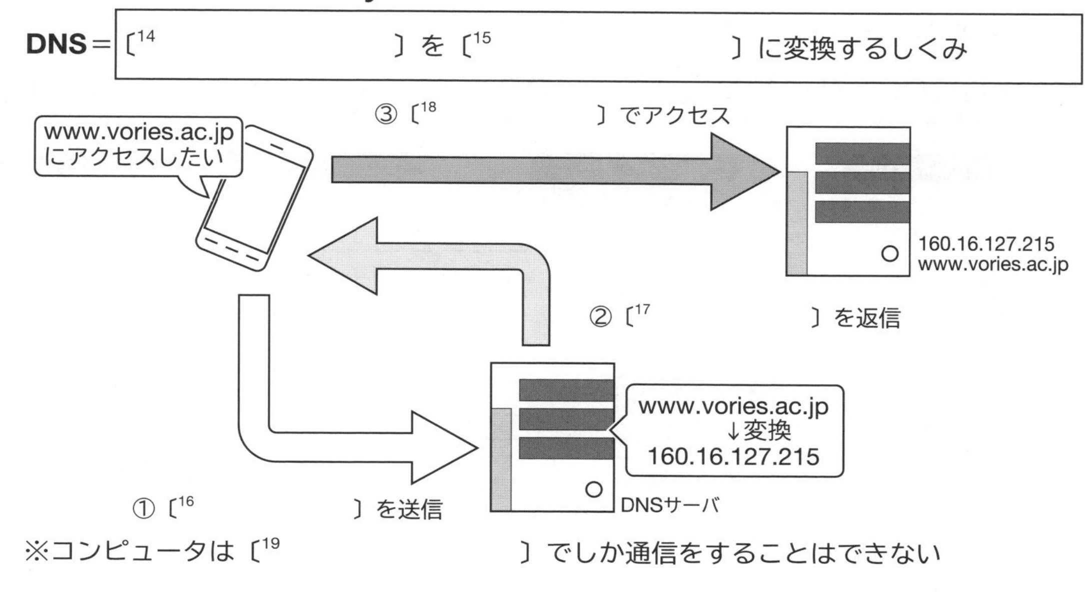


※コンピュータは〔[19]　　　　　　〕でしか通信をすることはできない

ドメイン名

**ドメイン名**＝ IPアドレスの代わりに人間にとってわかりやすいように付けた名前

### IPv4からIPv6に移行しつつある

32ビットで表現するIPアドレスは、地球上の人口より少なく枯渇している
→128ビットで表現する**IPv6**が登場

IPv4アドレス　32ビット→約43億通り　　約340澗（かん）通り

IPv6アドレス　128ビット

IPv6は約340澗（かん）通り（340兆×1兆×1兆）→ 地球上の砂粒の数より多い！
→地球上のありとあらゆるモノにIPアドレスを割り当てることが可能に
→これにより、**モノのインターネット**（**IoT** = Internet of Things）が進展

# ■インターネットのサービスとプロトコル

## WWW（World Wide Web）

Webページの所在を〔[20]　　　　〕といい、そのしくみは下のようになっている

〔[21]　　　　〕＝ Webページのデータを転送するのに使われるプロトコル

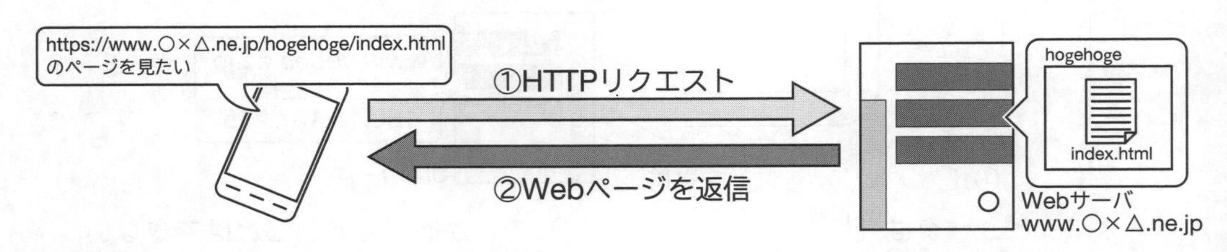


※SNSも基本的にはWWWのサービスの一種→アプリ上でも同じように動作している
※HTTPSはHTTPによる通信をより安全に行うためのプロトコル

## 電子メール

電子メールで宛先として使われるメールアドレスは下のようなしくみになっている

hogehoge@○×△.ne.jp

ユーザID　ドメイン名

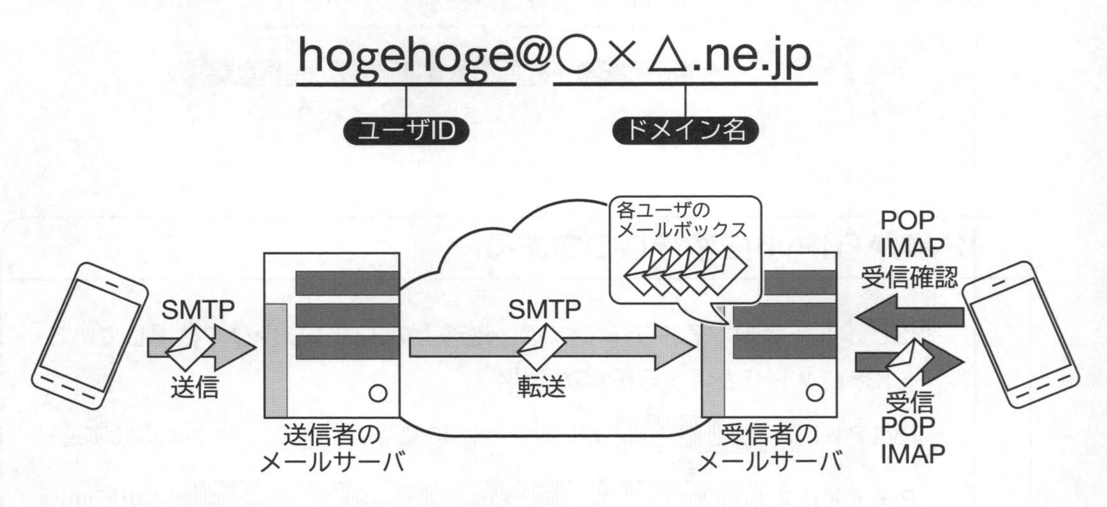


| SMTP | メールを転送するためのプロトコル |
|---|---|
| POP | メールサーバからメールをダウンロードするプロトコル |
| IMAP | メールサーバにあるメールを読みに行くプロトコル |

## 携帯電話回線網とIPアドレス

携帯電話回線網でインターネットに接続する際も、IPアドレスが使われる
→携帯電話キャリアのゲートウェイサーバでIPアドレスが割り振られる

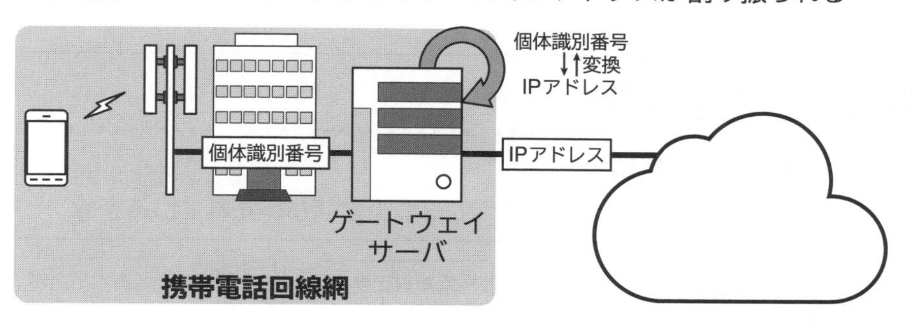


## 電子メールとSMS（Short Message Service）の違い

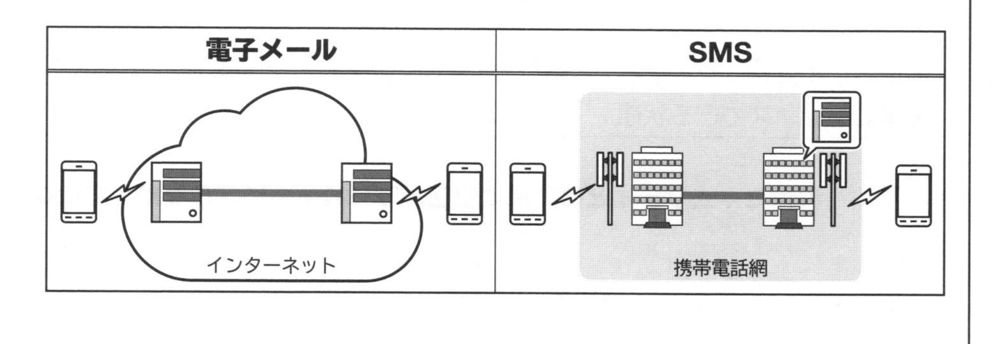


**振り返り**

次の各観点が達成されていれば□を塗りつぶしましょう。
□通信するのにIPアドレスが使われており、IPアドレスがどのようなものかを理解した。
□DNSのしくみを理解した。

今日の授業を受けて、思ったこと、感じたこと、新たに学んだことなどを書いてください。

# 情報セキュリティの確保

私たちは、クラウドサービスやSNSなど、インターネット上のサービスを、毎日当たり前のように使っています。ここでは、インターネット上で情報を守るために、さまざまなWebサービスにおけるユーザアカウントの取り扱い方について学びます。

## ■ 情報セキュリティ

### 情報セキュリティとは

情報セキュリティとは、一般に以下の3つの事柄が保たれている状態

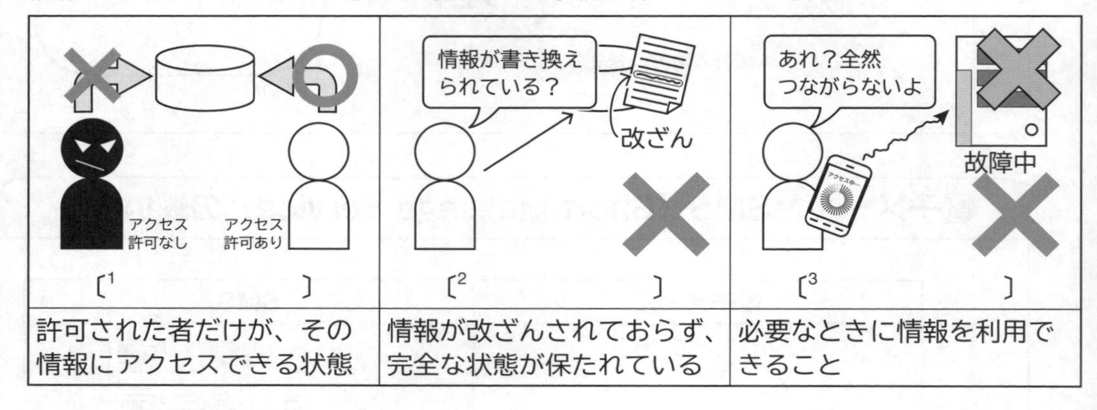


| 〔1　　〕 | 〔2　　〕 | 〔3　　〕 |
|---|---|---|
| 許可された者だけが、その情報にアクセスできる状態 | 情報が改ざんされておらず、完全な状態が保たれている | 必要なときに情報を利用できること |

**情報セキュリティとは、単に秘密が守られるということだけではない**

**問題1**

次の各説明のうち、機密性の説明にはC、完全性の説明にはI、可用性の説明にはAを書いてください。

①社員が誤ってデータベースのデータを書き換えてしまった。〔4　　〕
②通信内容が盗み見られた。〔5　　〕
③サーバのハードディスクが壊れ、読み出し不能になった。〔6　　〕
④携帯電話を紛失し、携帯電話の中の個人情報が漏洩する危険が高まった。〔7　　〕
⑤サーバに多量にアクセスを集中させる攻撃を受け（DDoS攻撃という）、サーバが使用できない状態になってしまった。〔8　　〕

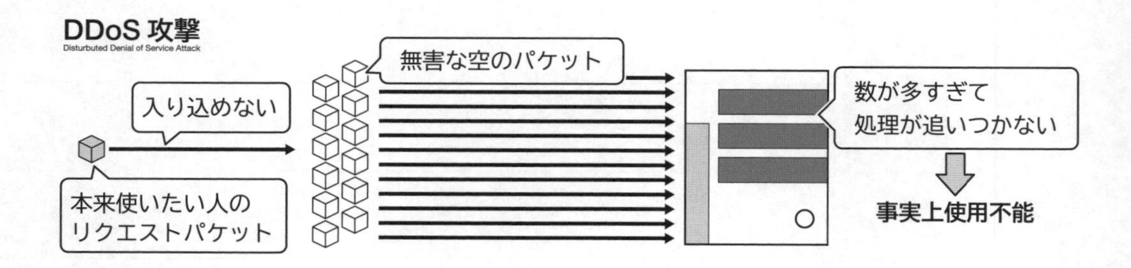

# ■ 個人認証とアクセス制御

## 個人認証

〔9 〕＝ サービスやコンピュータの利用者が誰であるかを確認すること

利用者個人を特定するために用いられるのが〔10 〕

→一般に〔11 〕と〔12 〕で構成されることが多い

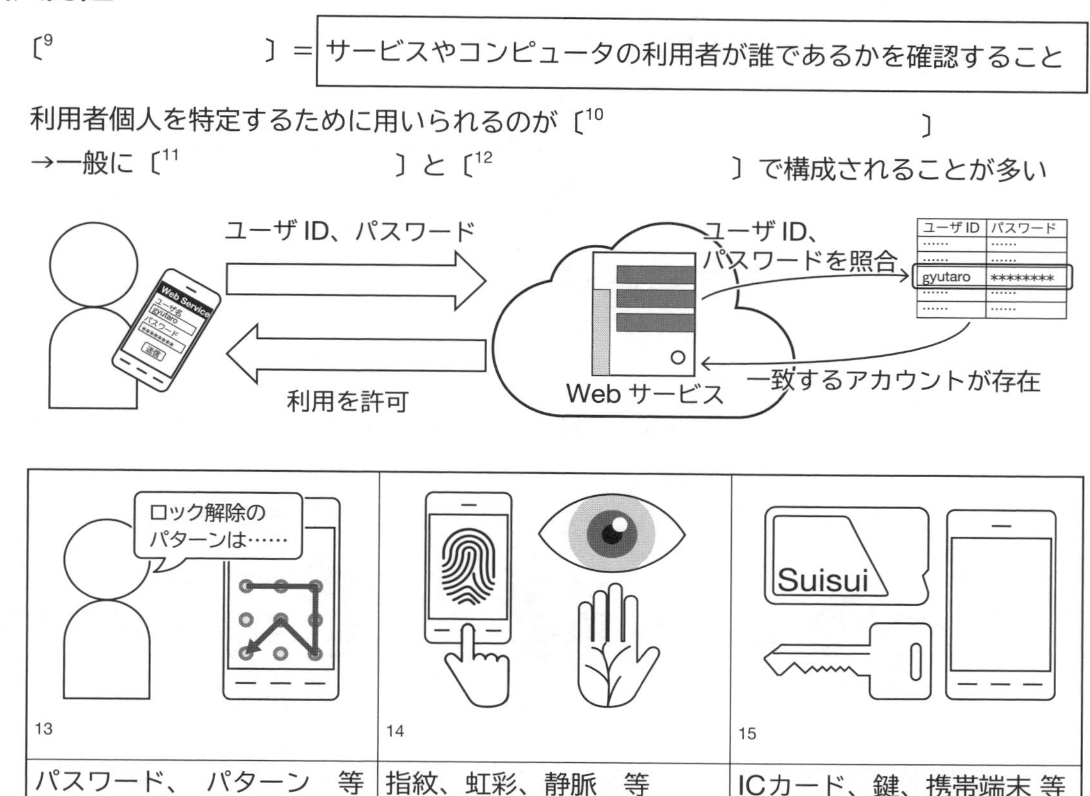


### パスワードの取り扱い

※覚えやすく複雑なパスワードの作り方

●簡単な英文やローマ字の文からパスワードを作る

I live in Omi Hachiman City with my parents.
1 03 8

↓

1li038Cwmp

●サービスごとに連想する文字列を挿入する

Google → GGL ⇒ 1li038CGGLwmp
iCloud → iCl ⇒ 1li038CiClwmp
X（旧Twitter）→ TWT ⇒ 1li038CTWTwmp
Yahoo! → YHO ⇒ 1li038CYHOwmp

# さまざまなアカウント管理法

## 二要素認証（2ファクタ認証）

本人にしか持ち得ない携帯端末にコードを送り、パスワードとともにコードを入力

→〔[16]　　　　　　〕と〔[17]　　　　　　〕でより安全に

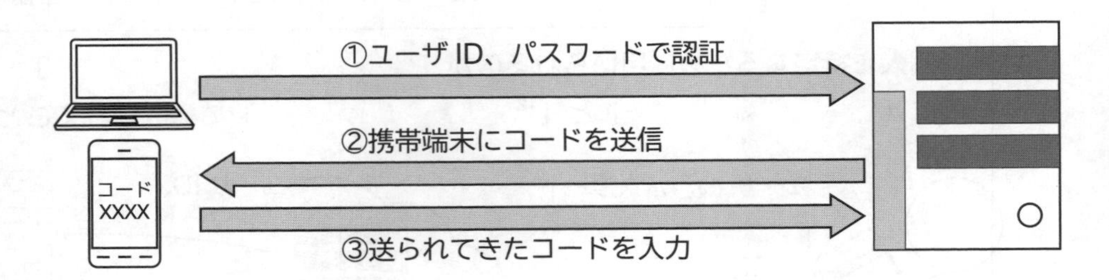


## パスワードマネージャ

〔[18]　　　　　　〕やOSが、登録しているサイトのユーザID/パスワードを管理

→サインイン/ログインする際に〔[19]　　　　　　〕してくれる

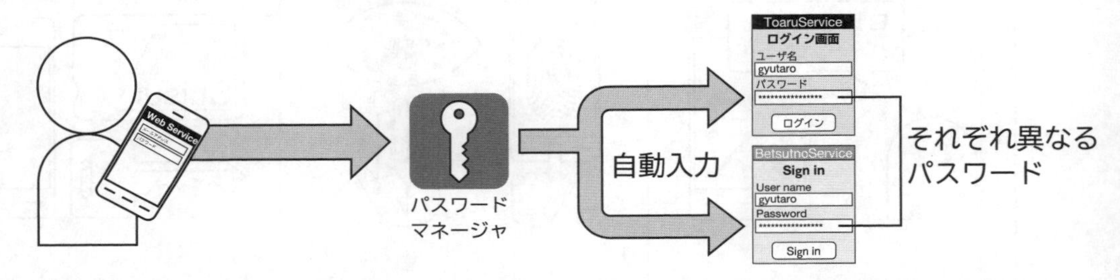


※最初にパスワード設定する際も、パスワードを自動的に生成してくれるものもある

**パスワードマネージャに任せてしまうのも一つの方法**

## シングルサインオン（SSO）

Webサービスに、クラウドサービスやSNS等のアカウントで登録、ログイン/サインイン

→〔[20]　　　　　　〕をWebサービス自体ではなくそれらに代行してもらう

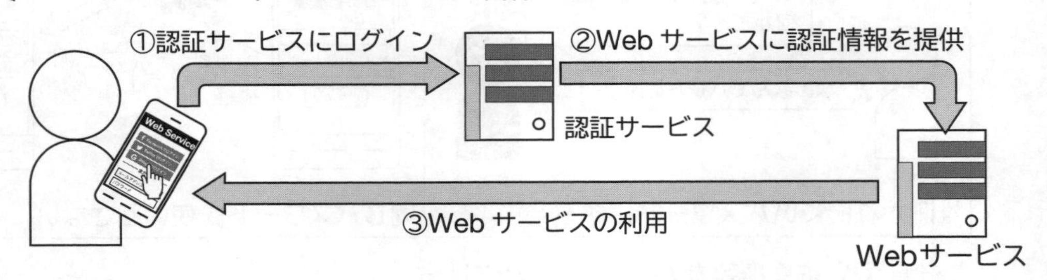


※GoogleアカウントやSNSのアカウントなどでWebサービスが利用可能

※ログインが一度だけで済み、新たなWebサービスのアカウントの登録作業が不要

**安全で便利な方法でもあるので、ぜひ積極的に使うようにしよう**

## SNSのアカウントのしくみとセキュリティ

### ほとんどのSNSの場合

XやFacebookなど、ほとんどのSNSの場合、メールアドレスとパスワードを登録する
アカウントの登録をすると、他の端末からも同じメールアドレス（ユーザ名でも可）、パスワードでログインすることができる

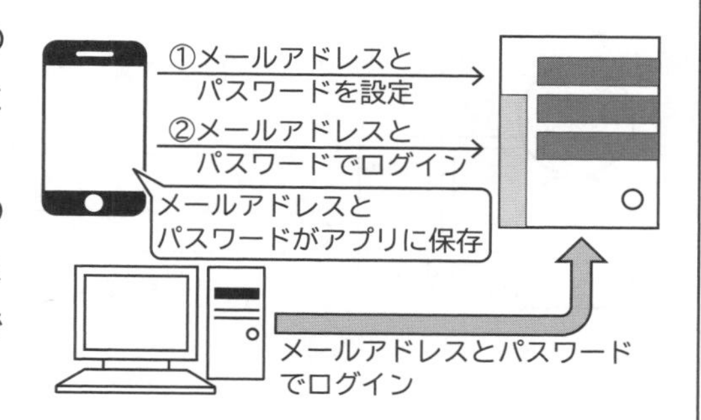


スマートフォンのアプリでは、メールアドレスとパスワードが保存される
→普段はアカウントのことをあまり意識しない

**登録をしたメールアドレスとパスワードは絶対に忘れないように！**

### LINEの場合

LINEは、右図のように、アプリの利用を開始した際に端末に送られてくるコードを入力するだけで利用が開始する
→アカウントが端末にひもづく

アカウントが端末にひもづくため、他の端末では利用できない
機種変更した場合など、他端末で使いたい場合、あらかじめメールアドレスを登録しておき、メールアドレスで認証することで利用できるようになる

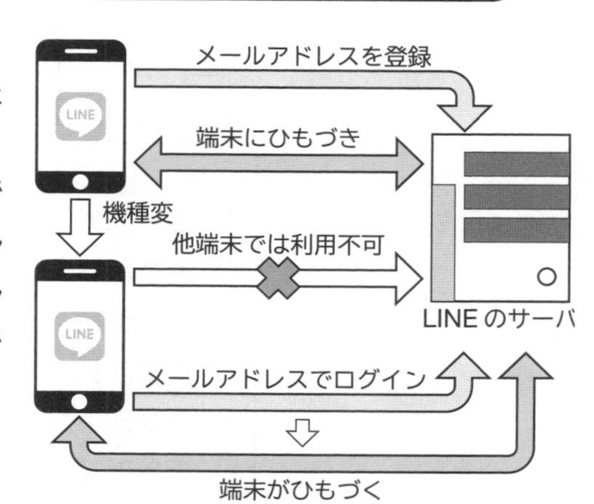


**基本は端末にひもづく点に注意**

LINEのアカウントは端末ひもづきのため、乗っ取られると回収不可能
アカウント乗っ取り手口が横行している→乗っ取られないように注意しよう

第7章

## アクセス制御

**アクセス制御**＝ 利用者に与えられた、データなどを利用する権限を管理すること

〔21 〕により個人を確認し、**アクセス許可**（**権限**ともいう）を与える

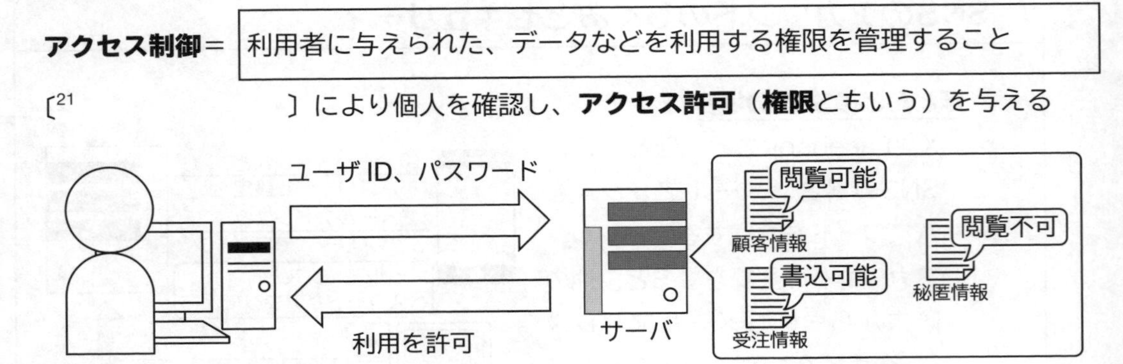


**問題2**

ネットワーク上のある情報について、次の表のようなアクセス制御が設定されています。次の各場合で、読取、書込が可能であれば○を、不可であれば×を書いてください。設定が「許可」である場合のみその動作が許可され、「許可」と「拒否」の両方が設定される場合は「拒否」設定が優先されるものとします。

| | 読取 | | 書込 | |
|---|---|---|---|---|
| | 許可 | 拒否 | 許可 | 拒否 |
| 総務部 | ○ | | | |
| 事業部 | ○ | | ○ | |
| 営業部 | | | | ○ |
| 部長 | ○ | | ○ | |
| 契約社員 | | | | ○ |
| アルバイト | | ○ | | ○ |

| | | 読取 | 書込 |
|---|---|---|---|
| ① | 総務部員 | 22 | 23 |
| ② | 事業部員 | 24 | 25 |
| ③ | 総務部長 | 26 | 27 |
| ④ | 営業部長 | 28 | 29 |
| ⑤ | 事業部アルバイト | 30 | 31 |
| ⑥ | 事業部契約社員 | 32 | 33 |

第7章

**考えてみよう**

いま、みなさんが登録して使っている（あるいは登録はしているものの解約せずに放置している）サービスがどのくらいあり、それらのアカウントをどの程度把握できているかを確かめてみよう。アカウント（ID・パスワード）を自身で把握できている場合は［アカウント］欄の「把握」に、把握できていない場合は「忘却」に○をしてください。

| サービス名 | アカウント | サービス名 | アカウント |
|---|---|---|---|
| Google（学校） | 把握 ・ 忘却 | Google（個人） | 把握 ・ 忘却 |
| Classi | 把握 ・ 忘却 | Monoxer | 把握 ・ 忘却 |
| Canva | 把握 ・ 忘却 | iCloud | 把握 ・ 忘却 |
| Instagram | 把握 ・ 忘却 | X | 把握 ・ 忘却 |
| Facebook | 把握 ・ 忘却 | Teams | 把握 ・ 忘却 |
| | 把握 ・ 忘却 | | 把握 ・ 忘却 |
| | 把握 ・ 忘却 | | 把握 ・ 忘却 |
| | 把握 ・ 忘却 | | 把握 ・ 忘却 |
| | 把握 ・ 忘却 | | 把握 ・ 忘却 |
| | 把握 ・ 忘却 | | 把握 ・ 忘却 |
| | 把握 ・ 忘却 | | 把握 ・ 忘却 |
| | 把握 ・ 忘却 | | 把握 ・ 忘却 |

※既に入っているサービスを使っていない場合は二重線を引いておいてください

**振り返り**

次の各観点が達成されていれば□を塗りつぶしましょう。

□ユーザアカウントの大切さを理解し、適切に管理しようとする心構えが身に付いた

□さまざまなアカウント管理法について、それぞれの仕組みを理解できた

□自身が使っているサービスのアカウントを把握できている

今日の授業を受けて思ったこと、感じたこと、新たに学んだことなどを書いてください。

# 通信の安全性を確保する

ネットワーク上では、情報が盗聴されたり改ざんされたりといったサイバー犯罪が存在します。サイバー犯罪は、単に個人に被害をもたらすだけでなく、社会全体を混乱に招き入れる恐れもあります。ここでは、このような脅威からネットワークを守る対策について学びます。

## ■サイバー犯罪

### サイバー犯罪

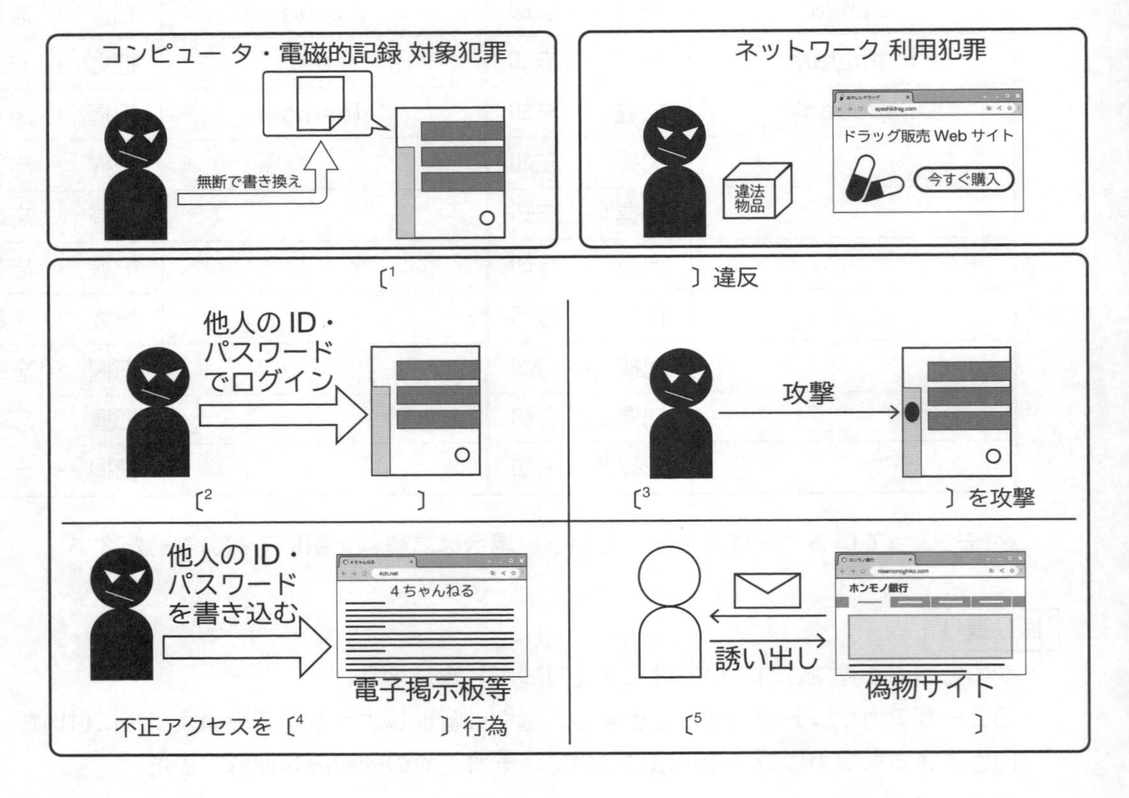


**問題1**

次の各文が、不正アクセス禁止法で禁止されている不正アクセス行為の説明として正しいものには○、誤っているものには×を書いてください。

①他人のID、パスワードを使い、その人になりすましてブログを書く行為　〔6　　〕
②自分のブログに嘘の情報を掲載する行為　〔7　　〕
③セキュリティホールを利用してコンピュータに不正侵入する行為　〔8　　〕
④電子掲示板などに他人のID、パスワードを書き込む行為　〔9　　〕
⑤他人の動画作品を無断で動画共有サイトにアップロードする行為　〔10　　〕

## フィッシング詐欺

**フィッシング詐欺**＝ 偽のWebページに誘導することで、ID、パスワードなどを盗む行為

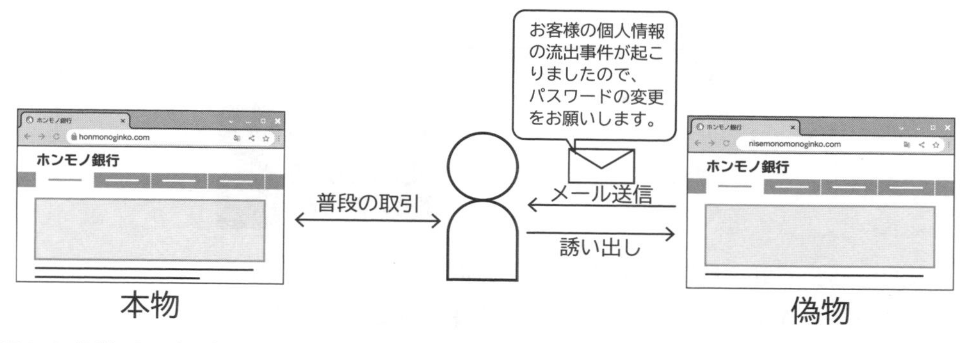


※URLを偽装する場合もあり、気づきにくいこともあるので注意が必要

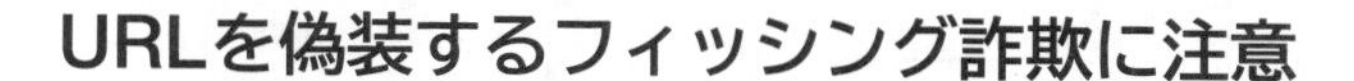

フィッシング詐欺への対策

♦「企業がメールから重要な個人情報の入力を促すことはない」ことを心に留めておく
♦URLが本物であるかどうかを確かめる
♦**電子証明書**を確かめる



### URLを偽装するフィッシング詐欺に注意

フィッシング詐欺への対策の一つにURLを確かめることがある
→最近ではURLを偽装するフィッシング詐欺が横行しているので注意

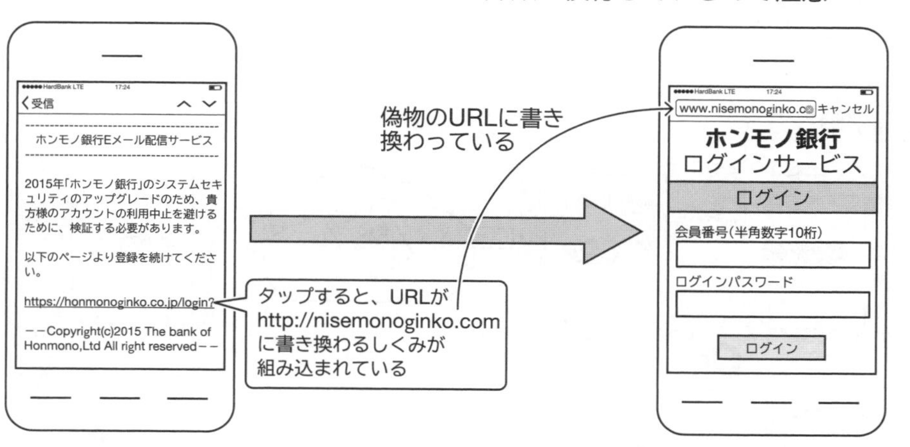


※簡単なしくみで実装できる。しかも見た目からはだまされてしまう

**自分が接続しているURLを常にチェックするくせをつけよう！**

# ■ 通信の暗号化

## 暗号化の必要性

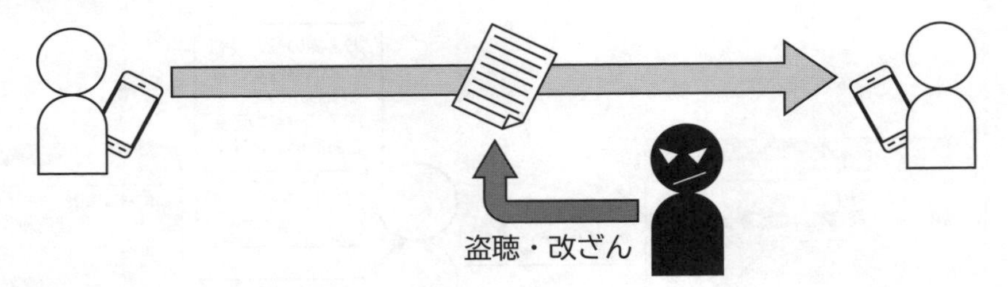


※通信経路では、比較的簡単に情報の盗聴・改ざんが可能
※メールやWebページなどのデータは**基本的には暗号化されていない**

**インターネットでのやりとりは、基本的に「はがき」のやりとりと考えよう**

## 暗号化の方式

### 共通鍵暗号方式

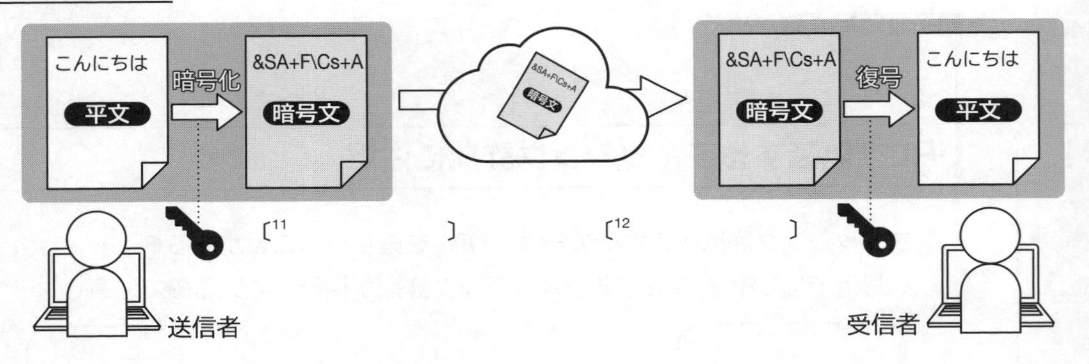


### 公開鍵暗号方式

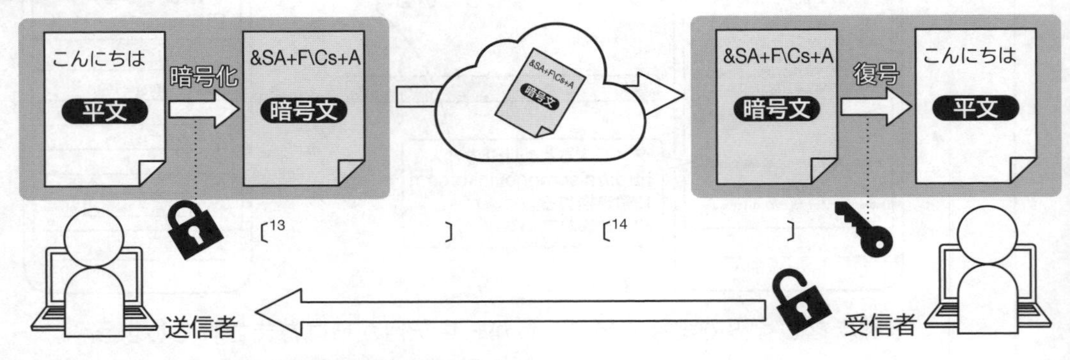


※〔13〕〔14〕ともに受信者が生成したもの

## TLS（Transport Layer Security）

〔15　　　　　　　〕＝ データを暗号化してやり取りする通信技術（以前の名称は**SSL**）

※以前のSSLという名称が広く定着しているため、**SSL/TLS**と表記する場合もある

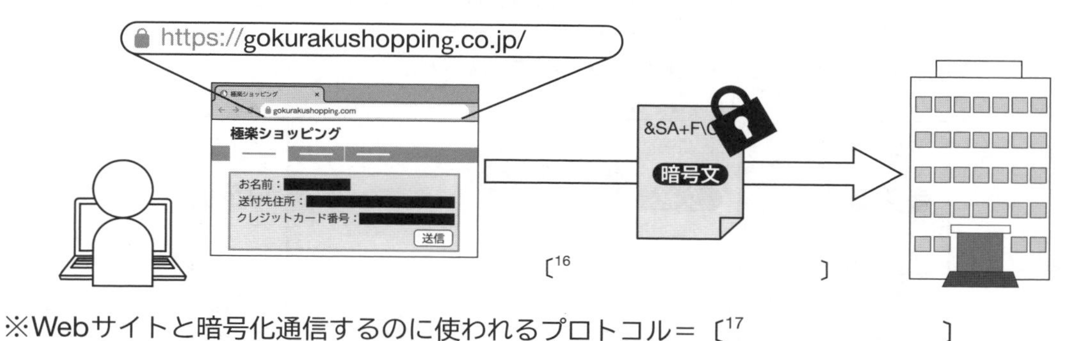


※Webサイトと暗号化通信するのに使われるプロトコル＝〔17　　　　　　　〕

**個人情報入力の際には、TLS（SSL）が使われていることを必ず確認すること**

## 無線LANの暗号化

※無線LANは、電波でやりとりしている以上、通信の傍受を防ぐことができない
※無線LANの暗号化には、〔18　　　　　　　〕が使われている

**公衆無線LANなどでは、特に暗号化されているかに気をつけよう**

### 暗号化キー

**暗号化キー**＝ 無線LANアクセスポイントと接続する際の、パスワードとしての役割

※**SSID**と**暗号化キー**を設定することで無線LANアクセスポイントと接続できる

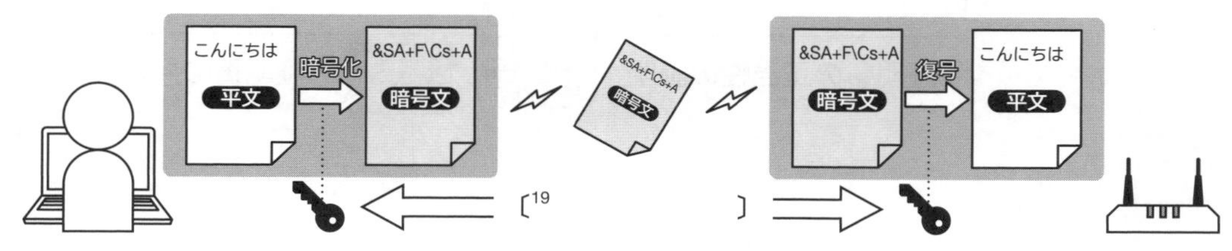


※〔19〕は暗号化キーその他の情報を使って生成され、その後定期的に更新される

# ■ 電子署名と電子証明書

## 電子署名と電子証明書

〔20　　　　　　　〕＝ 情報が改ざんされていないことを証明する技術

※電子署名だけでは、**なりすまし**を防げない→〔21　　　　　　　〕を用いる

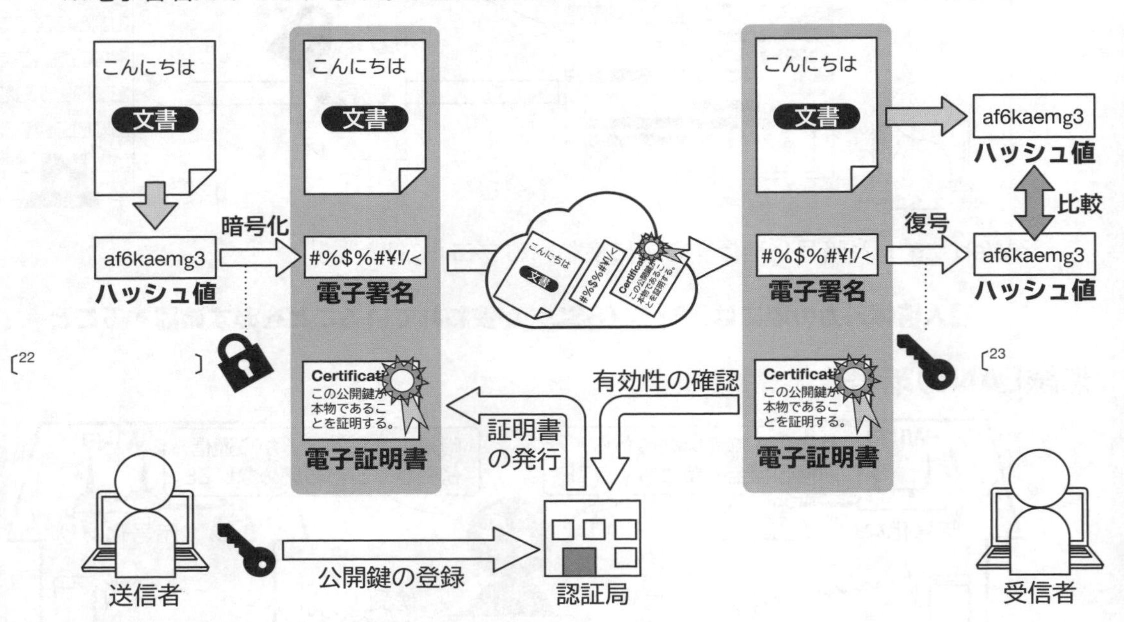


※〔22〕〔23〕ともに送信者が生成したもの

## サーバ証明書

**サーバ証明書**＝ TLS通信で通信先のWebサーバが正当なものであることを証明する

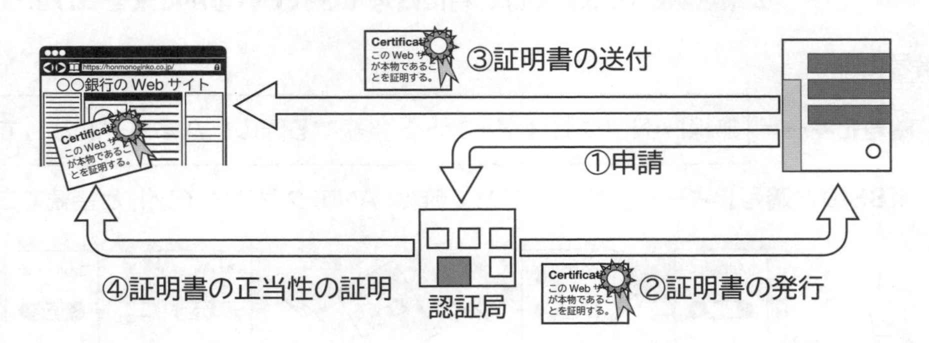

**問題2**

次の各文について、正しい記述には○、誤っている記述には×を書いてください。

①公開鍵暗号方式は、暗号化の「鍵」が公開されているので危険である。 24

②パソコンから送られるデータは暗号化されるが、スマートフォンから送られるデータは暗号化されない。 25

③ショッピングサイトで、URLが「https://」で始まっていることと、ブラウザに🔒マークがあることを確認してからクレジットカード番号を入力した。 26

④TLS/SSL通信で使われている暗号方式は公開鍵暗号方式である。 27

⑤いつも遊んでいるオンラインゲームのログインパスワードを再設定して欲しいという旨のメールが届いたので、メールのリンク先にあったパスワード再設定フォームにパスワードを入力した。 28

⑥Webサイトが詐欺サイトでないかを確認するためには、サーバ証明書を確認するとよい。 29



**振り返り**

次の各観点が達成されていれば□を塗りつぶしましょう。

□通信の暗号化のしくみを理解できた

□フィッシング詐欺に遭わないための心構えを身につけることができた

今日の授業を受けて思ったこと、感じたこと、新たに学んだことなどを書いてください。

# 情報の保護

私たちは、スマートフォンなどの情報端末の中に、膨大な量の情報を保存しています。しかし、それらの情報端末が故障したり、紛失した場合、その中に保存されていた情報はどうなるのでしょうか？ここでは、情報を消失の危険から守る術を学びます。

## ■ マルウェア（不正プログラム）に対する対策

### スマートフォンのマルウェア

#### スマートフォンのマルウェア

〔[1]　　　　　　　〕＝ 利用者にとって迷惑な動作をするソフトウェアの総称

インストールし実行することで、個人情報の漏えいや監視などさまざまな被害をもたらす

#### スマートフォンのアプリと権限

OSの機能への〔[2]　　　　　　　〕を与えることでアプリがOSの機能を使えるようになる

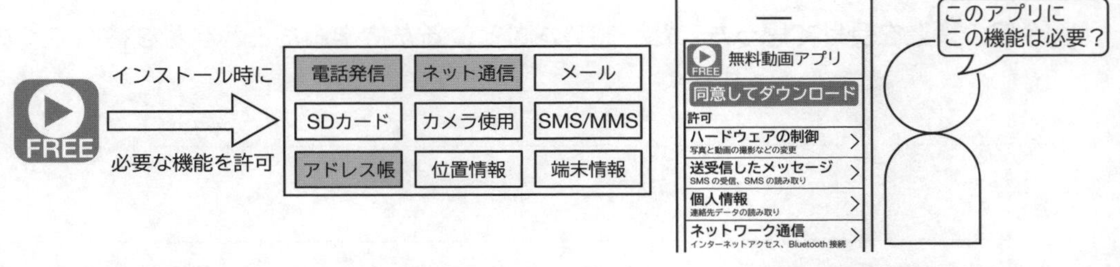


スマートフォンのマルウェアの多くは、インストール時にユーザの［同意］を得ている

**アプリのインストール時に不要な〔[3]　　　　　　〕がないかをチェックしよう**

## SNSとマルウェア

SNSの〔[4]　　　　　　　　　〕に感染するマルウェアもある（**スパムアプリ**ともいう）
自分が意図しない投稿を勝手にされたり、自分の情報を抜き取られたりすることがある

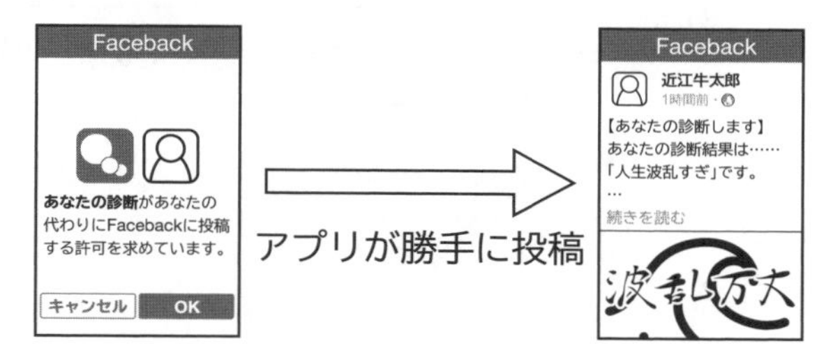


※自分でアプリに〔[5]　　　　　　　　〕を与えることで感染する

## マルウェアへの対策

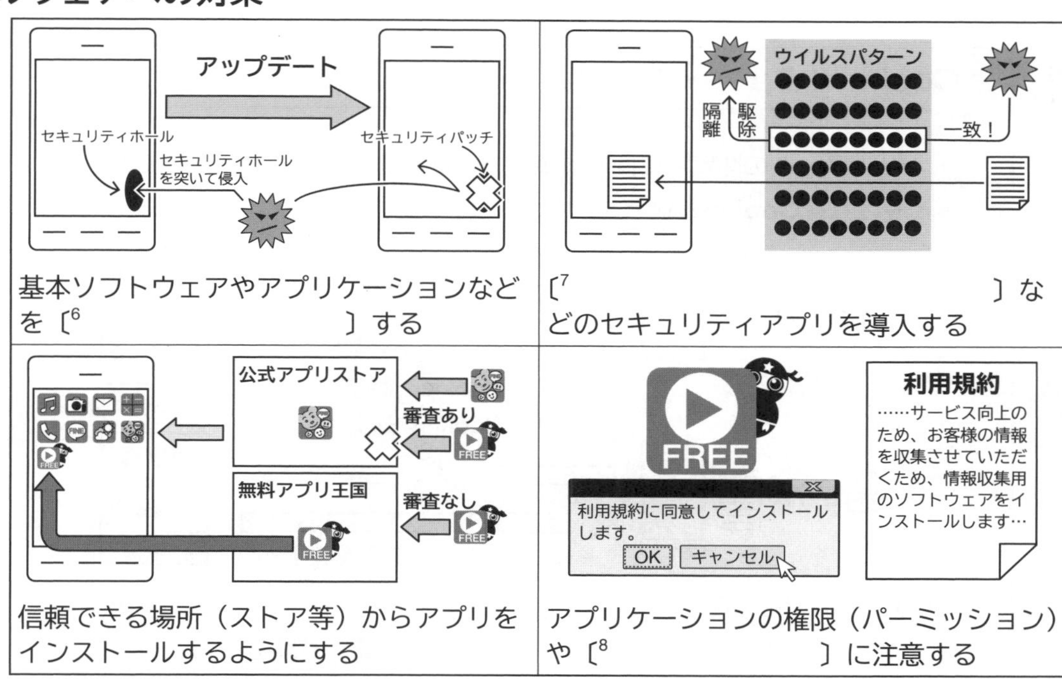


基本ソフトウェアやアプリケーションなどを〔[6]　　　　　　　　　　〕する

〔[7]　　　　　　　　　　　　　　　　〕などのセキュリティアプリを導入する

信頼できる場所（ストア等）からアプリをインストールするようにする

アプリケーションの権限（パーミッション）や〔[8]　　　　　　　　　〕に注意する

## ■ 不要な通信の遮断

### ファイアウォール

〔9　　　　　　　　　　〕＝ 外部からの攻撃を防ぐために利用される機器やプログラム

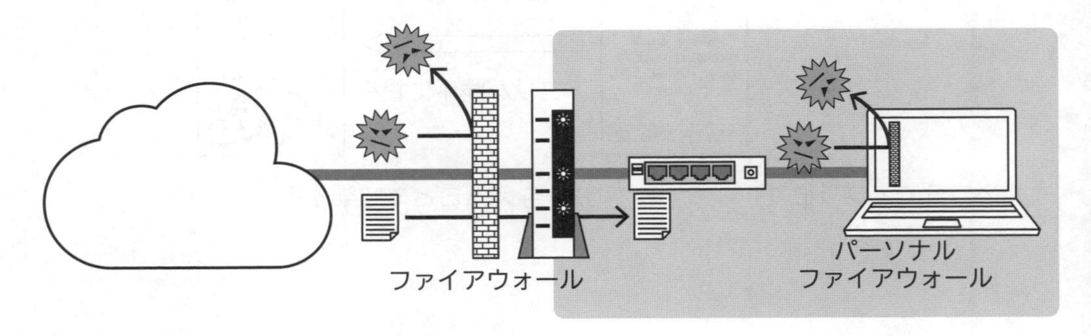


※Windows OSにはソフトウェアとして**パーソナルファイアウォール**が提供されている



### Cookie（クッキー）

Webサイトの閲覧者に関する情報を、閲覧者のブラウザに保存できる
→これを**Cookie**という

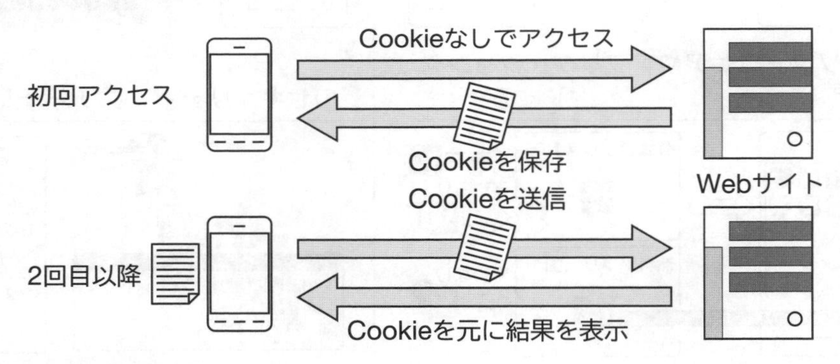


**Cookieの利用場面**

◆ログインの状態を保持でき、ログインの手間が省ける
◆そのユーザが何回訪問したかを記録し、表示する
◆ユーザの嗜好に合わせてWebページの表示内容を変える

**Cookieの設定を確認しよう**

スマートフォンの設定画面にCookieの設定項目があるので確認しよう
Cookieは便利だが、悪意のあるWebサイトから利用されることもある
→「訪問先のCookieのみ許可する」設定がオススメ

## フィルタリング

〔10　　　　　　　　〕＝ 悪意ある情報や有害な情報を遮断するためのしくみ

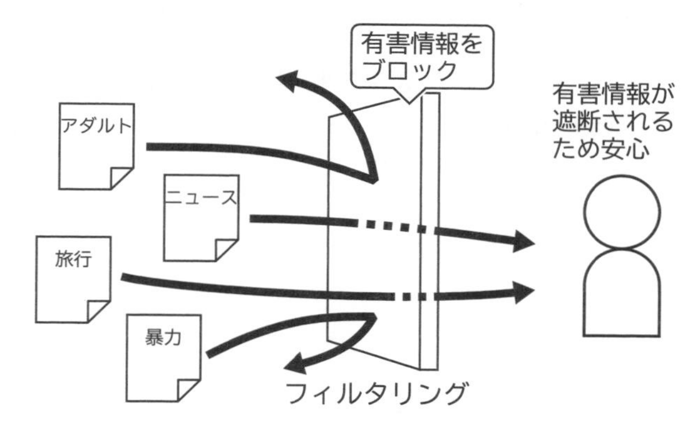


### スマートフォンのフィルタリング設定

〔11　　　　　　　　〕→18歳未満はフィルタリング適用が義務付け

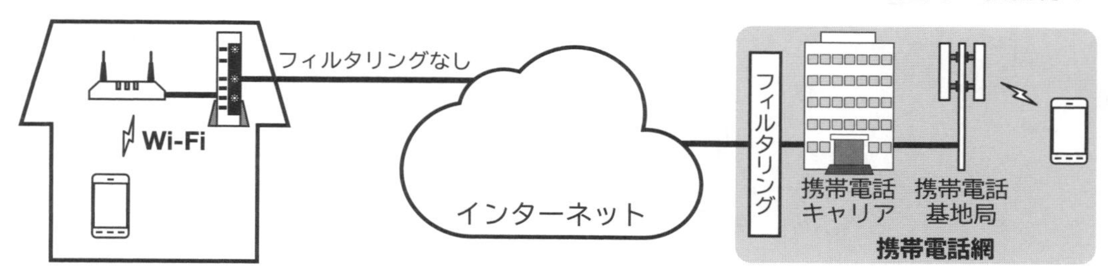


### フィルタリングの方式

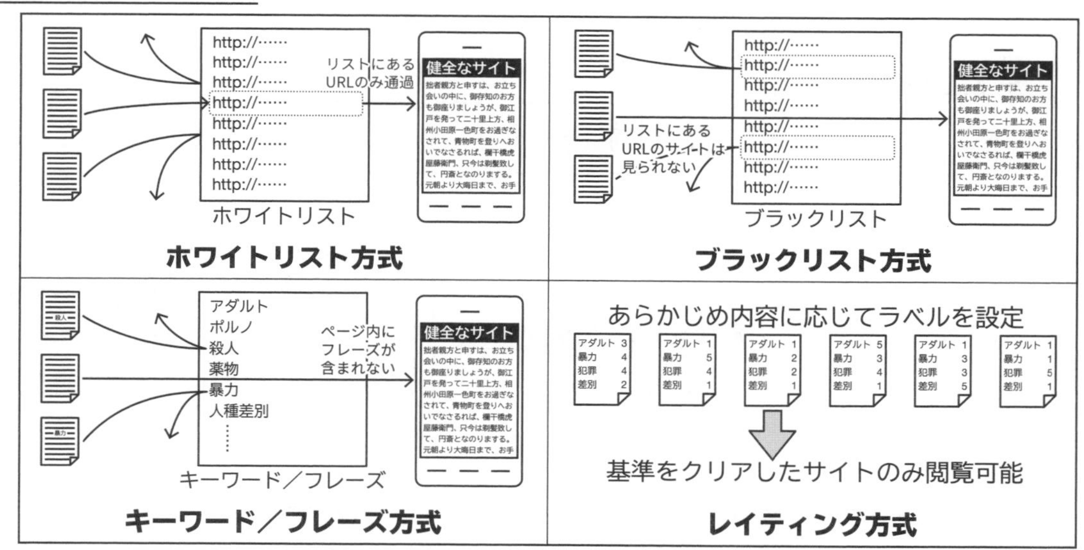

# ■ 故障やミスに対する対策

## 故障した際に情報を守る

コンピュータやネットワークは、通常の使い方をしていても一定の割合で故障が発生する

**バスタブ曲線（故障率曲線）**

故障率
初期故障期間　偶発故障期間　摩耗故障期間
時間

### バックアップ

〔[12]　　　　　　　　　〕＝ 万一に備えて、データの複製を用意しておくこと

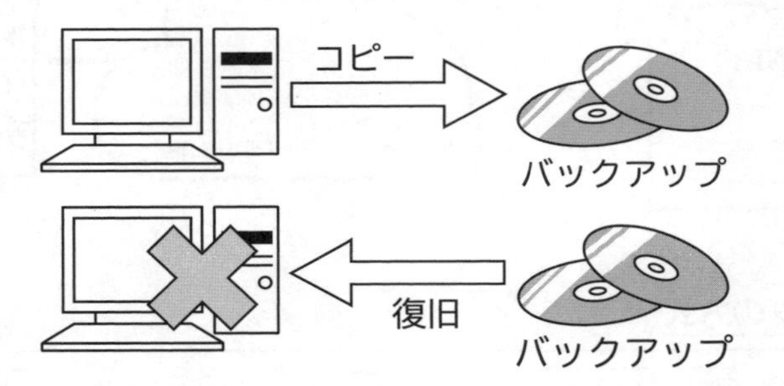


### ミラーリング

〔[13]　　　　　　　　　〕＝ 同じデータを複数のディスクに同時に書き込むこと

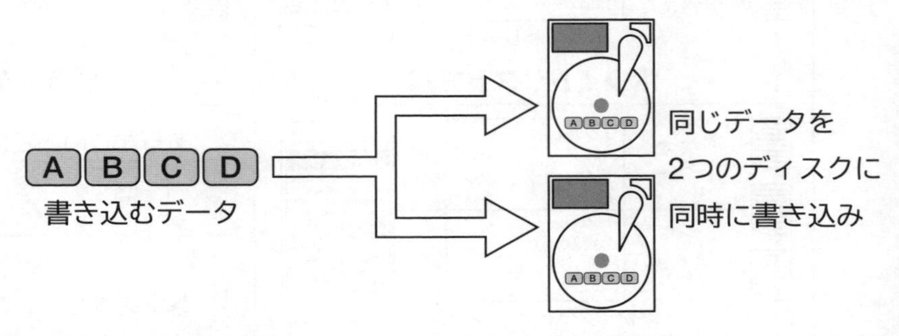


片方のディスクが故障などで使えなくなっても、もう片方にデータが残っている
→故障したディスクを入れ換えて復元すれば、システムを止める必要がなくなる

## 情報システムの安全設計（フォールトトレラント）

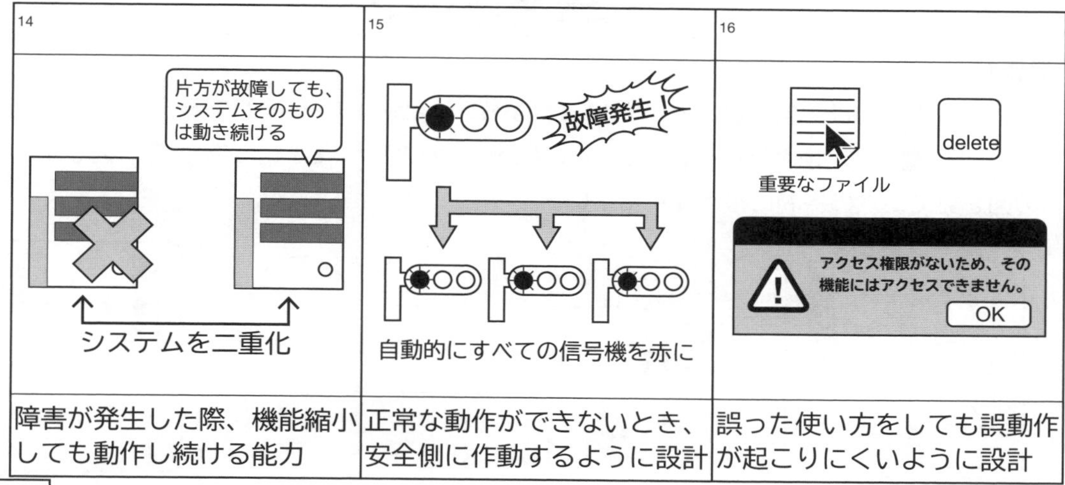


| 14 | 15 | 16 |
|---|---|---|
| 障害が発生した際、機能縮小しても動作し続ける能力 | 正常な動作ができないとき、安全側に作動するように設計 | 誤った使い方をしても誤動作が起こりにくいように設計 |

**問題**

次の各説明が、フォールトトレラントのうちのどの説明になっているか、下の選択肢から選び、記号で答えてください。

(1) 交差点の信号機のうち1機が故障した際、すべての信号機を赤にする　17

(2) 同じ機能をするサーバを複数台用意しておき、1台が故障してもシステムはそのまま動かし続けることができる　18

(3) データを削除する際、うっかり誤って削除しないよう「本当に削除しますか？」と確認メッセージを出す　19

**ア**　フェイルソフト　**イ**　フェイルセーフ　**ウ**　フールプルーフ

**振り返り**

次の各観点が達成されていれば□を塗りつぶしましょう。

□マルウェアとは何かを理解し、被害に遭わないようにする心構えが身に付いた

□ファイアウォールとフィルタリングの違いを理解した

□データのバックアップを取っておくことの重要性を理解した

今日の授業を受けて思ったこと、感じたこと、新たに学んだことなどを書いてください。

# 章末問題

**[問題1]**

近江牛太郎くんは、自宅のノートパソコンから、Webページを閲覧するために、WebブラウザのURL欄に「https://dokidoki-hotcake.jp/index.html」という文字列を入力しました。下の図を見て、次の各問に答えてください。

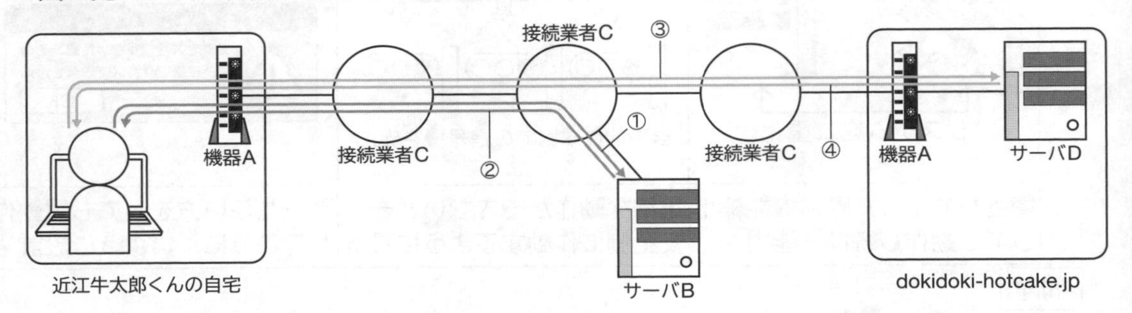


(1) URLのうち「dokidoki-hotcake.jp」のような箇所を何と言いますか。名称を書いてください。また、この文字列から、どこの国の組織であると推測できますか。

| 名称： | 国： |
|---|---|

(2) 次の説明を読み、機器A、サーバB、接続業者C（**アルファベット3文字**）およびサーバDの役割を下の選択肢から選び、それぞれの一般的な名称を答えてください。

**ア**　URLの「dokidoki-hotcake.jp」の部分をIPアドレスに変換するサーバ

**イ**　組織内LANの出入り口に設置され、パケットの道案内をする機器

**ウ**　Webページの情報が保存されているサーバ

**エ**　インターネットへ接続する業者

| | 役割 | 名称 | | 役割 | 名称 |
|---|---|---|---|---|---|
| A | | | B | | |
| C | | | D | | |

(3) 図の①から④は、Webページが閲覧できるまでの、パケットの流れの手順を示しています。①から④までの手順の説明として正しいものを次の**ア〜エ**から選んでください。

**ア**　dokidoki-hotcake.jpのIPアドレス宛にリクエストパケットを送る

**イ**　サーバBより、dokidoki-hotcake.jpのIPアドレスを得た

**ウ**　サーバBに、dokidoki-hotcake.jpのIPアドレスを問い合わせる

**エ**　Webコンテンツのパケットが送られてくる

| ① | ② | ③ | ④ |
|---|---|---|---|

**[問題2]**

個人認証に関して、次の各問に答えてください。

(1) 次のそれぞれの認証方法は、下のア～ウの分類のうち正しいものはどれか、記号で答えてください。

1. 指紋

2. ロック解除パターン

3. ICカード

4. パスワード

5. 携帯電話

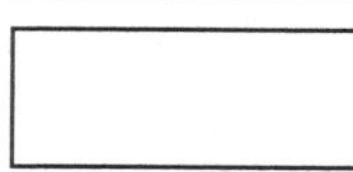

6. 顔

**ア**　知識認証　　**イ**　生体認証　　**ウ**　所有物認証

(2) 最近では、より安全性を高めるために、ユーザID、パスワードを入力した後、自身の携帯電話宛に送られてきた番号を入力することで、安全性を高める方法がよく取られています。この認証方法の名称と、この認証方式が (1) の**ア**～**ウ**のどの認証方式を組み合わせたものか、組み合わせを**ア**～**ウ**の記号で答えてください。

名称

組み合わせ

**[問題3]**

情報の暗号化について、次の各問に答えてください。

(1) 下の表は、情報の暗号化および復号を行なうのに使われる2つの暗号方式をまとめたものです。暗号方式の名称の〔　　〕内に適当な語句を書いてください。

| | | 暗号化の鍵 | 復号の鍵 |
|---|---|---|---|
| Ⓐ | 〔　　　　　　〕暗号方式 | 共通鍵 | 共通鍵 |
| Ⓑ | 〔　　　　　　〕暗号方式 | 公開鍵 | 秘密鍵 |

(2) SNSなどで、通信を暗号化してやりとりする通信技術を何といいますか。

(3) (2) で使用されている暗号化方式は、(1) の表のⒶ、Ⓑのどちらの方式ですか。

第7章

# コラム～ 5G って何？

## ■ 特徴と利用法

### 5Gは何の略称か

5G＝ 第5世代移動通信システムのこと　※G = Generation（世代）の意味

### 5Gの特徴

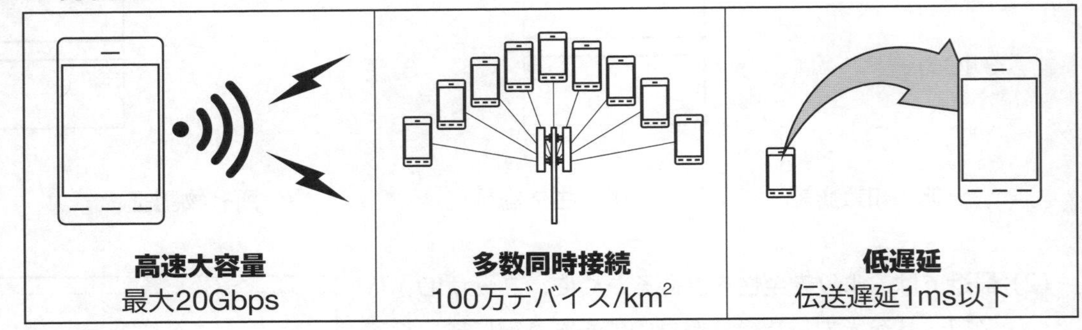


**4Gとの比較**

| | 通信速度 | 同時接続数 | 伝送遅延 |
|---|---|---|---|
| 4G | 最大1Gbps | 10万デバイス/km² | 10ms |
| 5G | 最大20Gbps | 100万デバイス/km² | 1ms |

### 5Gの可能性

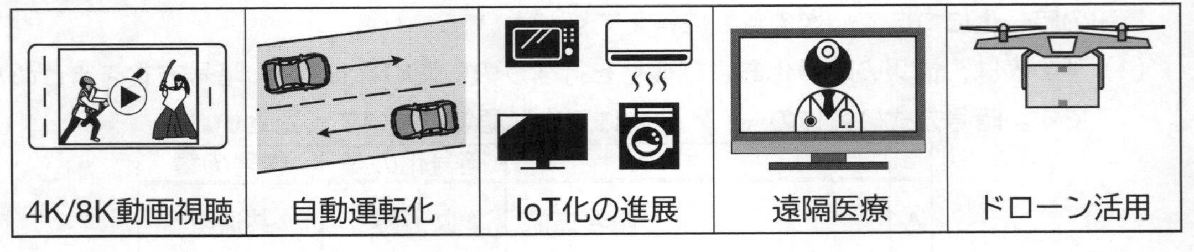


### 移動通信システムの進化

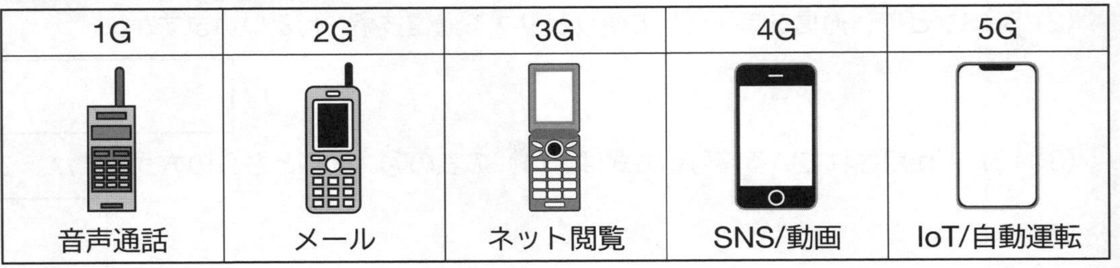

# コラム～ウイルス騙(かた)る偽の警告に注意!?

## ■ スマホに出る「ウイルス感染」の警告は嘘！

### ウイルス感染の警告

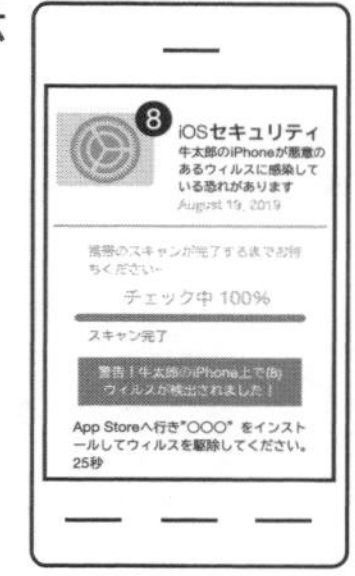


右のような「ウイルスに感染している恐れがあります」という警告が表示

他にも、下のような内容の場合もある

「バッテリーが損傷しました」

「OSをアップデートしてください」

**「警告」が表示されると多くの人が慌ててしまう**

### 警告はすべて嘘！

iOSの場合　→iOSにはそもそも「ウイルス」を検知する機能もアプリも存在しない

Androidの場合　→セキュリティアプリが警告を発する以外にこのような警告はない

**このような警告はすべて嘘なので信じないようにしよう**

#### 個人情報が抜き取られた？と感じても大丈夫

警告画面には、機種名や位置情報、使っているキャリア名などが表示されることもある

→一瞬、個人情報を抜き取られたかと錯覚してしまいそうになるが、大丈夫

→これはスマホのブラウザやOSの基本機能を使って表示させているだけ

**決して表示にだまされないようにしよう**

### 対処方法

| 何もせず、そのまま画面を閉じる |
|---|

以上、これだけ

#### 指示に従ってしてしまった場合

インストールしてしまったアプリをすぐに削除すること！

また、見覚えのないアプリが入っていないかもチェックすること！

Androidの場合は、念のためセキュリティアプリでスキャンをしておこう

**「ウイルス感染」などの偽の警告は無視するようにしよう**

# 問題解決とプレゼンテーション

「情報Ⅰ」第8章

Contents



**この章ではプランニングシートを使います。プランニングシートは以下からダウンロードしてください。**

ファイル名：
[08]課題①プランニングシート

**この章の動画**
**「問題解決とプレゼンテーション」**

クラス：　　　番号：　　　氏名：

# 問題解決と情報デザイン

「情報Ⅰ」で取り扱うテーマのうちの一つの柱は「情報デザイン」です。「情報デザイン」とは何かについては既に学習しましたが、ここでは、「情報デザイン」を考えることで、デザインを問題解決に生かす術を学びます。

## ■ 問題解決とは

### 問題解決とは

**問題**＝ あるべき**理想**の姿と**現実**とのギャップ

**問題解決**＝ 現実を理想に近づけていくプロセス

※最善の解決策を考えて実行することが求められる

問題解決
問題
理想
現実

問題解決をしていくためにもっとも大事な心がけは

♦自分の力で**考え抜く**こと

♦自分自身で行動すること



### 問題解決とプレゼンテーションの作業手順

問題解決の流れ

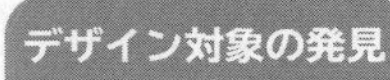


①現状分析
②問題の選択
③情報の収集
④問題点の分析

▶ **解決策の立案**
①デザインのための要件の定義
②設計

▶ **試作・評価**
①試作
②評価

▶ **改善・運用**
①改善
②運用

プレゼンテーションの流れ

| | | |
|---|---|---|
| ① | 問題の発見 | 残念なデザインを発見し、問題点を明らかにする |
| ② | 解決策の立案 | 問題点を解決したデザインの提案 |
| ③ | 制作・発表 | ①、②をもとに提示資料を作成、資料を提示しながら発表する |
| ④ | 発表・評価 | 自身の発表を振り返り、次の発表の改善につなげる |

# ■ 課題を通して身に付けて欲しい力

## 情報活用の実践力

**情報活用の実践力**＝ 情報を収集・判断から発信・伝達するまでの一連の能力

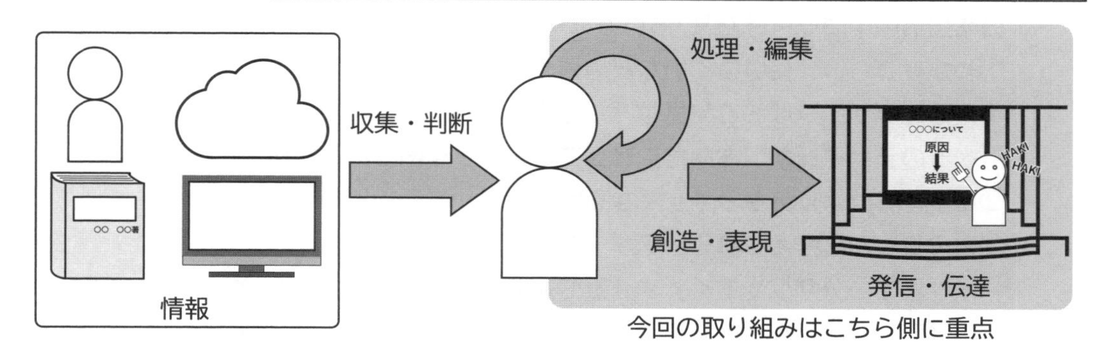


※「総合学習」も同じ力を身につけることが一つの目標となっている
　→「情報I」は「総合学習」で身に付ける力を補う

## プレゼンテーションのゴールイメージ

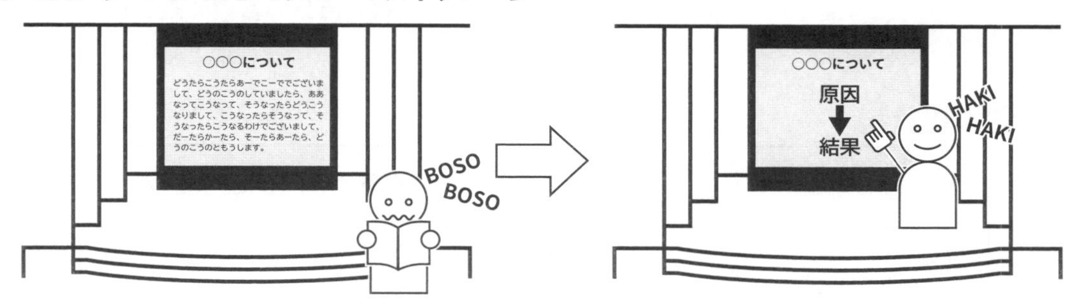


※人前で発表する際に、どうすれば**よりよく伝わるか**、互いに発表しあう中で学びとる
　→ここでは、**ゴールイメージ**をもってもらうことが目的

**人に伝えるとはどういうことかを学ぶ機会となるだろう**

## 情報デザイン的なものの見方・考え方

日常生活の中で身近にある「デザイン」をよく観察する中で、世界を観察する目を養う
デザインを題材にして、問題解決の考え方を身に付ける
デザインとは何かについて考え、情報デザイン的なものの見方・考え方を身に付ける

# ■ 本章の課題

## 課題の概要

日常生活の中で見付けた残念なデザインとその改善策について

日常生活の中で見付けた†いろいろな「デザイン††」について

①わかりづらい、使いにくいなどの残念な点について説明

　※そのデザインはどこで見付けたものなのか？

　※そのデザインが、あなたにとってどのような困りごとがあったのか？

②どうすればより分かりやすくなるか、使いやすくなるかを提案

③このことから考えられる「デザインの視点」を一つ紹介

　※「誰でも分かりやすく」や「誰もが使いやすく」のような抽象的なものは**NG**

　※「ジャンプ率を意識する」「視線を集中させる」など、**具体例**を紹介して欲しい

†インターネット、SNS等から拾ってきたネタは**禁止**　→　必ず実生活の中で見付けること

††情報デザインでも、工業デザインでも、何でも構わない

**最もよい発表：自分にしか語れないことを自分の言葉で語ること**



## 課題の流れ

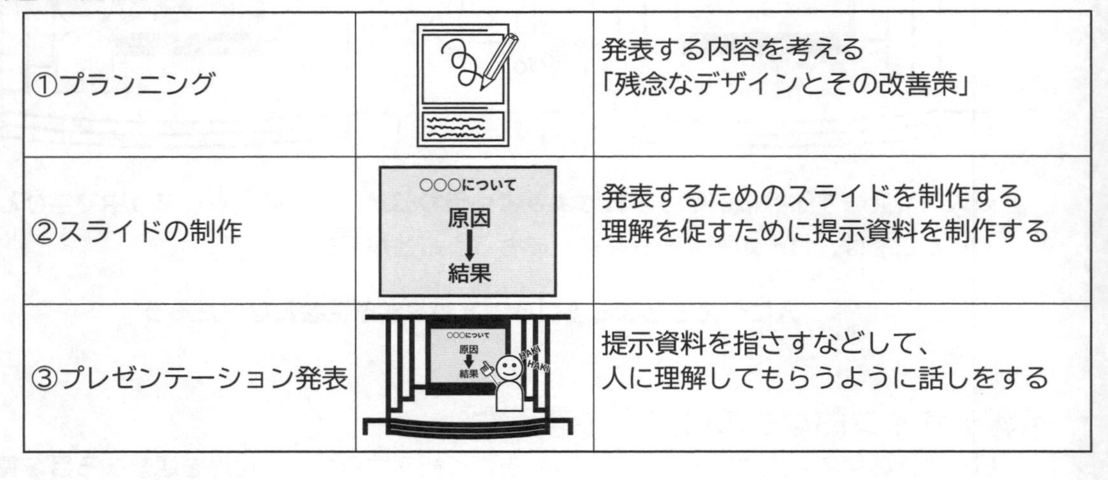

| | | |
|---|---|---|
| ①プランニング | | 発表する内容を考える<br>「残念なデザインとその改善策」 |
| ②スライドの制作 | ○○○について<br>原因<br>結果 | 発表するためのスライドを制作する<br>理解を促すために提示資料を制作する |
| ③プレゼンテーション発表 | ○○○について<br>原因<br>結果<br>HAKI HAKI | 提示資料を指さすなどして、<br>人に理解してもらうように話しをする |

# 課題の詳細

## 課題①：プランニング

プランニングシートに下記3点を記入し、PDF形式または画像で提出
→プランニングシートは手書きアプリ/ワープロアプリどちらで取り組んでもよい
→冊子のプランニングシートに手書きで取り組み、写真を撮って提出しても構わない

1. 残念なデザインの写真を貼り付けるか概略図を描き、説明を加える
2. 改善策を施したデザインを描き、説明を加える
3. このデザインから考えられる「デザインの視点†」を一つ紹介する

†デザインの視点は「誰にでも分かりやすく」のような抽象的なことではなく**具体例**を

| 提出期限： |
|---|

## 課題②：スライドの制作

URLで共有できるクラウド制作アプリで制作†
→共有用のURLのリンクをコピー・アンド・ペーストして提出
※スライドのサイズは、必ず**4:3**のレイアウトで作成すること
†Canvaがオススメだが、すでに自分の慣れているものがある人はそれでも構わない

| 提出期限： |
|---|

16:9 スライドではスクリーンに使えないスペースが生じる

スライドの使えるスペースが減ってしまう

**スライドの比率は学校の先生に確認しよう**

## 課題③：プレゼンテーション発表

授業時間を使い、クラスのみんなの前で口頭発表する

## ■ プレゼンテーションの目的

### プレゼンテーションの目的

**プレゼンテーションの目的＝** 自分の思いや考えを聴衆に伝え、理解してもらうこと

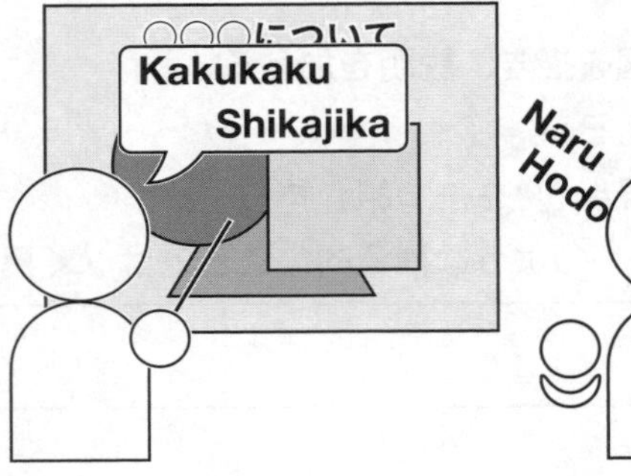

プレゼンテーションで大事なことは、

**理解してもらう**こと

⇩

図解を示して、図解を使って説明すること

**スライドにしゃべらせてはならない！**

## ■ よいプレゼンテーションを目指して

### 提示資料に関する心構え

| よい提示資料 | | よくない提示資料 | |
|---|---|---|---|
| 情報の図解化 | 視認性がよい | 情報量が多い | 視認性が悪い |
| 物理学に興味を持った理由<br>興味<br>原子の構造 | 物理学とは<br>自然現象の<br>法則を導く | 物理学に興味を持った理由<br>元々理科が好きで、特に化学が好きでした。化学を学ぶ中で、原子の構造に興味が湧きました。原子の構造は物理学で学ぶと知り、物理学を学びたいと思うようになりました。 | 物理学とは |
| 図解で最も伝えたいことを視覚的に伝達 | できるだけ太く大きな文字でハッキリ示す | 聴衆に文章を読ませるのは× | そもそも読めないようなスライドは× |

**聴衆に最も伝えたいことは何なのかをしっかり考えることが大事！**

※特に今回の課題では、写真を使わなければ説明できないだろう

※写真を貼るときは、画面いっぱいに貼り付け、問題の箇所を拡大することがポイント

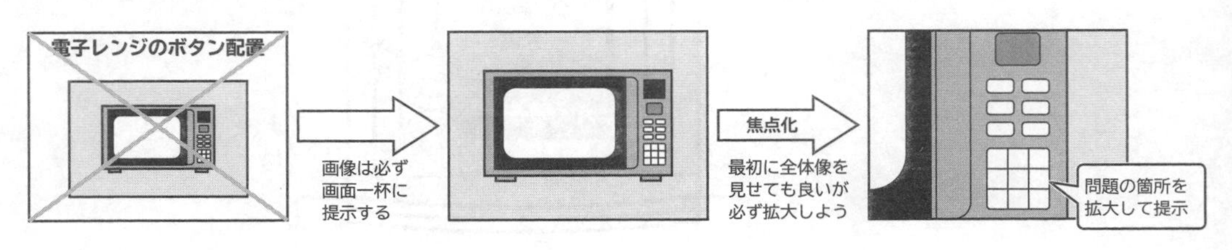

## プレゼンテーション本番の心構え

### ○よいプレゼンテーション

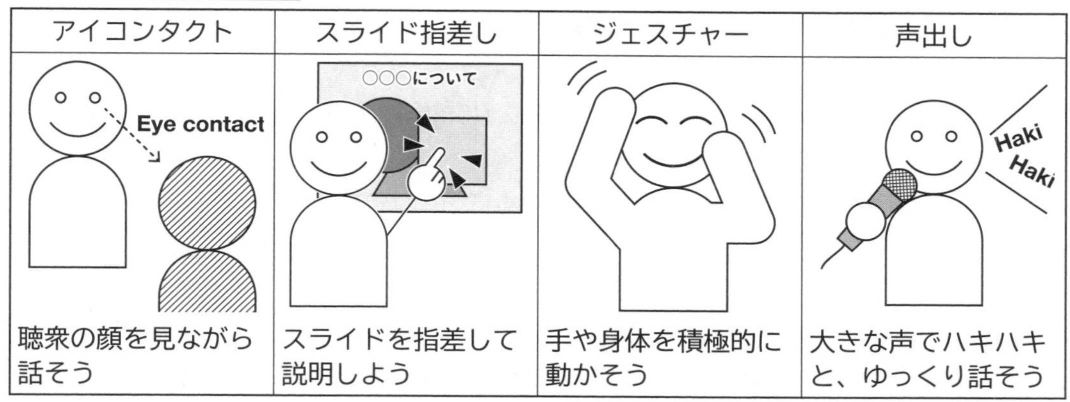


### ×よくないプレゼンテーション

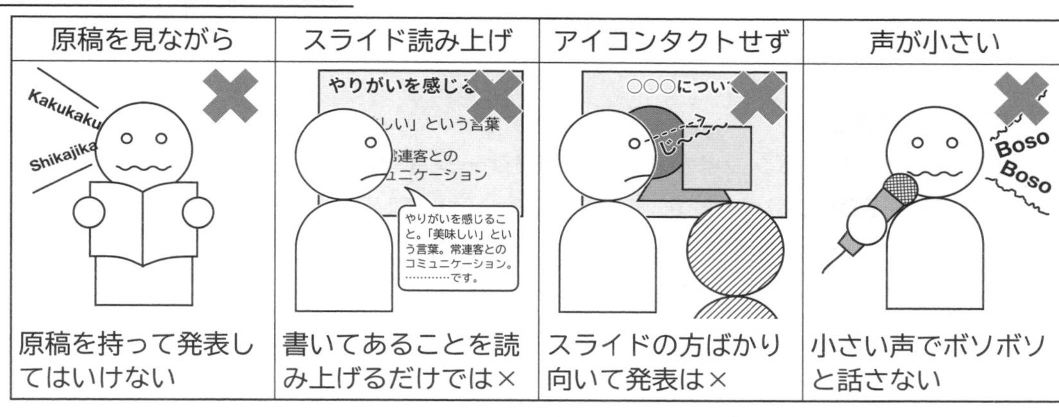


### プレゼンスライドの写真は画面いっぱいまで広げよう

スライドに表示する情報は少しでも大きい方がよい

→プレゼンスライドに写真を入れる場合は、画面いっぱいまで広げよう

→文字は写真の上に重ねよう　→　これだけで印象がまったく変わる！

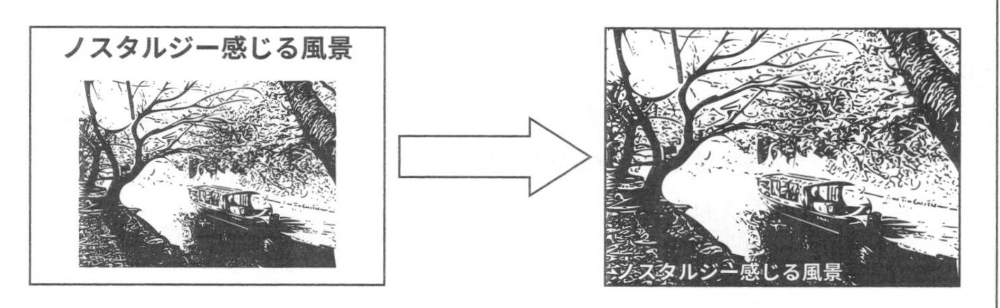


※写真に文字を重ねるときは縁取りをするなど視認性に注意しよう

第8章

# ■ 課題①のワークシートの始め方/提出方法

## MetaMoJi Noteで取り組む場合

### ワークシートのダウンロード

QRコードからワークシートのファイル（[08]課題①プランニングシート.pdf）を開き、右上の ⋮ を押す

→［新しいウィンドウで開く］で新しいウィンドウで開く

→新しいウィンドウで開いたら、（ダウンロード）ボタンを押し、ダウンロードする

### Metamoji Noteでファイルを開く

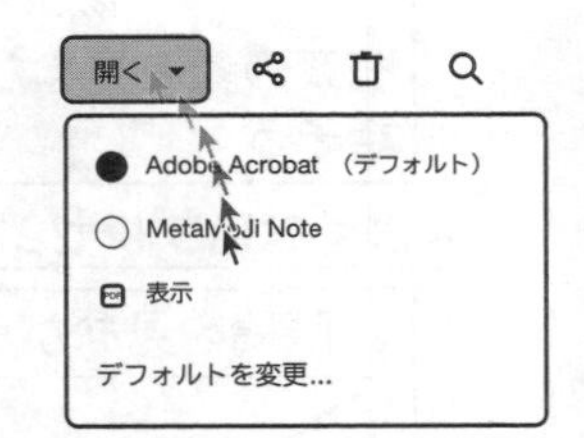


**「ファイル」**アプリから、当該のファイルを探し、選択する

**［開く▼］**を押すと、どのアプリで開くかが選べる

→ここで「MetaMoJi Note」を選ぶ

### PDFでの書き出し

画面右上の共有ボタンから［**アプリケーションに送る**］を選ぶ

→形式を**PDF**に、ページを「すべてのページ」にして［**送る**］を押す

→最後にファイル名を入力して保存を押すとダウンロードが完了する

あとは、PDFをGoogle Formsからアップロード

または先生に指定された方法で提出すること

## Google Documentで取り組む場合

### Google Documentで取り組む場合の注意点

必ずアウトライン編集を用いて行うこと

各見出しはすでにレベル分けで設定してある

→各自で入力するところは、［**標準テキスト**］で書くこと

### PDFでの書き出し

メニューの**「ファイル」**→**「ダウンロード」**→**「PDFドキュメント（.pdf）」**を選ぶ

あとは、PDFをGoogle Formsからアップロード

または先生に指定された方法で提出すること

# ■ 課題②のスライド作成の始め方/提出方法（Canva）

## Canvaで取り組む場合

### プレゼンテーションスライドの開始

Canvaのホーム画面から**プレゼンテーション**を選ぶ
→「**プレゼンテーション（4:3）**」（1024×768px）を選ぶ
※発表場所のスクリーンに合わせたサイズを選ぶこと

### プレゼンテーション用URLの発行

①画面右上の**共有**から「**プレゼンテーション**」を選ぶ
②出てきたシート下部の「**表示するリンクを共有**」を押すとURLが表示される
③**コピー**を押すと、URLがコピー（一時的に記憶）される
④Google Formsの提出場所にペースト（**ctrl + V**）する

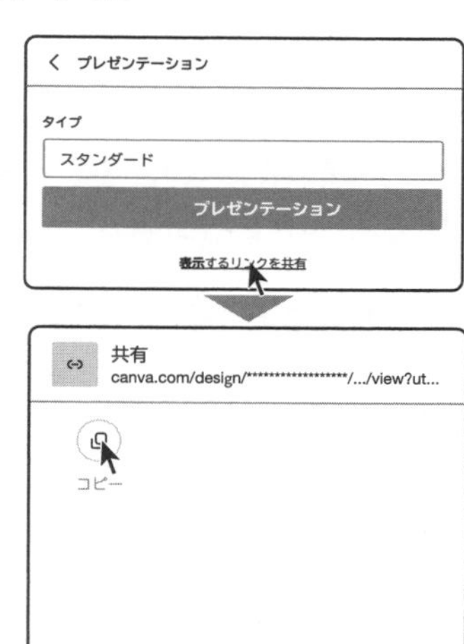


## PowerPointやGoogleスライドを使う際の注意点

これらのアプリでもこの授業で身に付ける**スライドの見せ方**は実現は可能
→操作を習得するのに時間と労力がかかるだけの問題

これらのアプリは、情報デザイン的な視点でつくられていない
→例えば文字のサイズを標準で96ptより大きくできないなど
→プレゼンテーションにおいては200pt以上にすることも必要
→勇気を持ってサイズを大きくすることがやりづらい

**あくまでも、情報デザイン的な視点でスライドを作っていくことが大切**

第8章

## ■ よいプレゼンテーションを目指すポイント

### よい発表内容を作るには

前提として……

インターネット、SNS等で拾ってきたネタは**禁止**です

※自分が実際に直面したわけでもないのに、実感を持って語れるわけがない！

**だいたいのものは、こちらで把握しているので、インターネットで調べるのはやめよう！**

よい発表内容とは

人の心に響くものとは何か

**自分にしか語れないこと**を、自分の言葉で語ること

※自分が実際に使ってみて、直面してみて思った実感を語って欲しい
※自分が実際に何に困ったのかということを発表内容にして欲しい
→日常生活の中で常日頃から、デザイン的な視点でものごとをよく観察してみて欲しい

**発表の仕方がどんなにつたなくても、自分にしか語れないことほど心に響くものはない！**



「解決策」について

発表内容の2点目「改善策」については、安易な改善策を求めない
→「文字を入れたら」は安易すぎ → もっと「何が」**困難の原因**だったのかを追求しよう

「デザインの視点」について

発表内容の3点目「デザインの視点」は、抽象的なものではなく、**具体的**なことを
→×「誰にでも分かりやすく」「誰もが使いやすいようにする」
→○「字を大きく見せる」「ジャンプ率を大きく」「配色に視認性を持たせる」など

**クラスの人数分だけ具体的な事例が集まれば、デザインの視点が深まる**

# スライドを制作するポイント

## プレゼンテーションスライドの原則

スライドの大原則は、

| 1メッセージ／1スライド |
|---|

視覚情報・聴覚情報を同時に処理するのは難しい　→　どちらかに集中してしまう
1メッセージくらいであれば聴覚情報を処理しながら、視覚も合わせて話を理解できる

**とにかく「1メッセージ／1スライド」の原則こそがプレゼン技術の極意！**

## 箇条書きの使いどころ

単純な箇条書きスライドは聴き手にやさしくない
→箇条書きにするのであれば、スライドを分けて作ろう→「**1メッセージ／1スライド**」
→より大きな文字のスライドにできるし、「**1メッセージ／1スライド**」にもなる

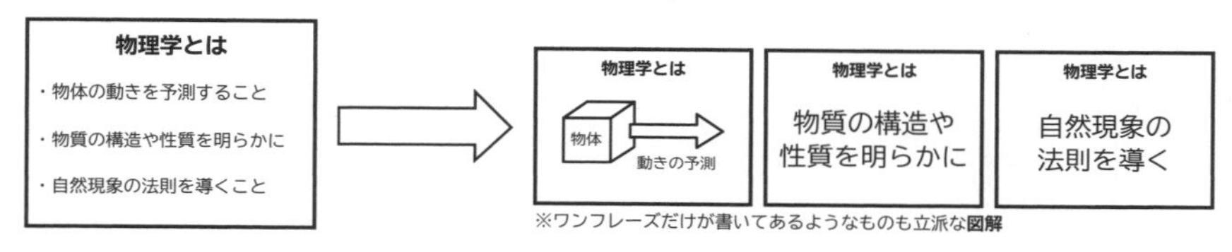

※ワンフレーズだけが書いてあるようなものも立派な**図解**

※箇条書きを使う場面は、次のどちらかの場面
・話をする前に全体像（アウトライン）を聴き手に伝えたいとき
・話し終えた最後に、まとめとして全体像（アウトライン）を再度提示したいとき

**「1メッセージ／1スライド」の原則を貫いていこう**

## スライドの最低枚数について

「スライドは最低何枚作ったらいいですか？」という質問が多い
→スライドの枚数は、話す内容に合わせて自然と増えていくもの
→最低何枚と言ってしまうと、最低限しかやらなくなってしまう

**「1メッセージ／1スライド」の原則通りにやっていけば、自然と枚数は増える**

## 文字に頼らないスライドを

「**1メッセージ／1スライド**」でも、可能な限り**文字数を減らそう**
→可能な限り図を使おう（特に今回の課題では**写真**を多用できるはず）
→写真の大事なポイントに印をつけるなどするとわかりやすくなる

第8章

## ワークシート1

残念に思ったデザインの写真（概略図でも可）を貼り付け、そこに説明を加えよう

説明を書いてください

ワークシート2

改善策を施したデザインの概略図を描き、そこに説明を加えよう

説明を書いてください

## ワークシート3

この課題を考えて、「デザイン」を考える上で大事だと思った点を具体的に書こう

※「誰にでも分かりやすい」「使い手の視点に立って」などの一般論はいらない
→問題点とその解決策（改善案）を考える中で大事だと思ったポイントを具体的に

## Canvaで手持ちの画像を挿入する方法

**Canvaへのアップロード**

手持ちの画像は、一度Canvaに素材としてアップロードする必要がある
→**アップロード**を開き、［**ファイルをアップロード**］を選ぶ
→スマホアプリから画像をアップロードすることもできます

**Googleドライブとの連携**

Googleドライブと連携をしておくと、Googleドライブから直接挿入可能
→自分のスマホで撮った写真をGoogleドライブに入れておけば使える
**アップロード**の［…］から**Googleドライブ**を選ぶ　→　連携できる
※Googleドライブから入れた画像もCanvaに自動でアップロードされる

## Canva内に追加できる便利機能

画面左のツール内の **[…もっと見る]**　→　更に様々な機能を追加できる
→**グラフ**：棒グラフや折れ線グラフ、絵グラフなどが簡単に作れる
→**描画機能**：手描きで図形や絵を描くことができる
→**キャラクタービルダー**：ポーズや表情を選ぶだけで人物画を作れる
→**絵文字**：スマホの絵文字を簡単に挿入できる
→**Pixabay**：高品質な無料画像素材を使うことができる

## アニメーションは使わない

プレゼンテーションアプリの中には、アニメーション機能のあるものが多い
→派手なエフェクトで項目を順々に表示させることができる
→アニメーションが入ると、受け手はそこに注目してしまう
→本来伝えたいことに使うなら効果的であるが、何にでも使うものではない

アニメーション機能は、表示されるまでの待ち時間が生じてしまう
→プレゼンテーションの話のテンポを阻害してしまう

**アニメーションは、どうしても必要なときだけ使おう**

# プレゼンテーションリハーサル

すでにプレゼンテーションのスライドを制作して提出をしているはずです。しかし、いきなり発表するのではなく、発表の練習をすることが大切です。聞き手に対して、どこを注目して欲しいか、どこを指さそうかなど、イメージしながらリハーサルを行ないましょう。

## ■プレゼンテーションリハーサル

### 本時の流れ

| | |
|---|---|
| ① | 手元のタブレットまたはパソコンで画面を見せながらグループ内で発表する |
| ② | グループのメンバーから、本番がよりよいものになるようアドバイスをもらう |
| ③ | アドバイスを元にスライドの手直しをしよう |

ワークシート

①グループのメンバーからもらったアドバイスをここにメモしてください。

②本番に向けて、心がけたいことをここに書いてください。

# ■ よりよいプレゼンテーションを目指すポイント

## スライドをよりよいものにするポイント

### スライドの焦点化

スライドを制作する際、情報を**焦点化**することが大切

→写真でデザインの事例を紹介する場合、最初に全体を見せ、問題の箇所を拡大して提示

→見ている人は、全体の中のどの部分について話されているかがわかりやすい

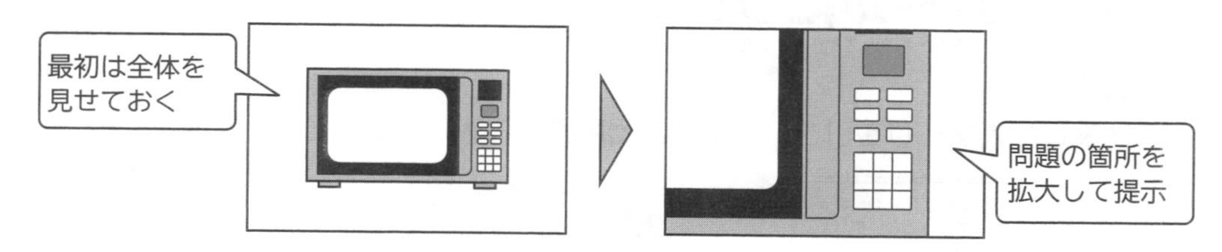


### 同じ写真を何度も貼って使い回ししよう

写真を見せたあと、問題点を文字で説明しても、受け手にとっては写真を忘れてしまう

→次のスライドも基本的には同じ写真を使い回したスライドにする

→写真の上に図形や文字を重ねるなどしてやれば、受け手にとってもわかりやすくなる

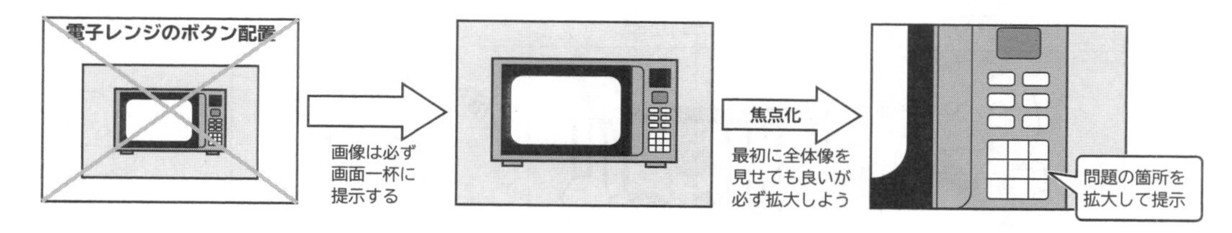


## 図解を使って発表しよう

今回の課題は、実際の例の図解（写真）を見せながらただ話すのではいけない

図解のどの部分がどう問題であるのかということを指さして説明しないと説明できない

いかに、1枚の図解を上手に使って説明できるかが一番のポイントである

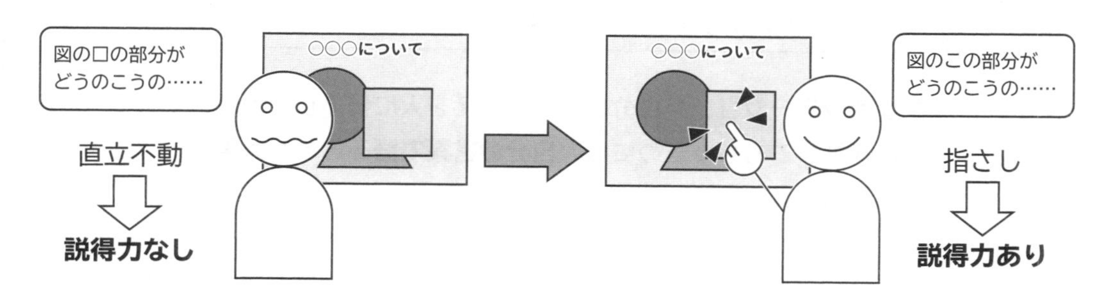

# プレゼンテーション（発表会）

ここでは、準備してきた提示資料を使ってプレゼンテーションを行ないます。ぜひクラスメイトの発表を聴く中で、どのような発表の仕方をすればより伝わりやすいプレゼンテーションになるかについて考えていただきたいと思います。

## ■ 発表のルールについて

### 発表の順番

発表した人がくじを引き、当たった出席番号の人が発表する

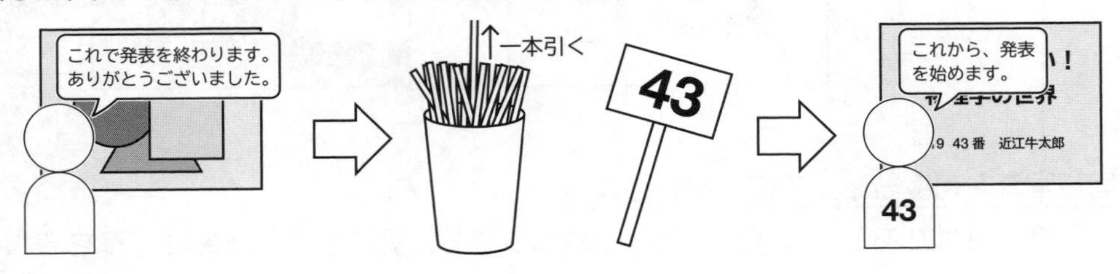


### 発表の際の禁止事項

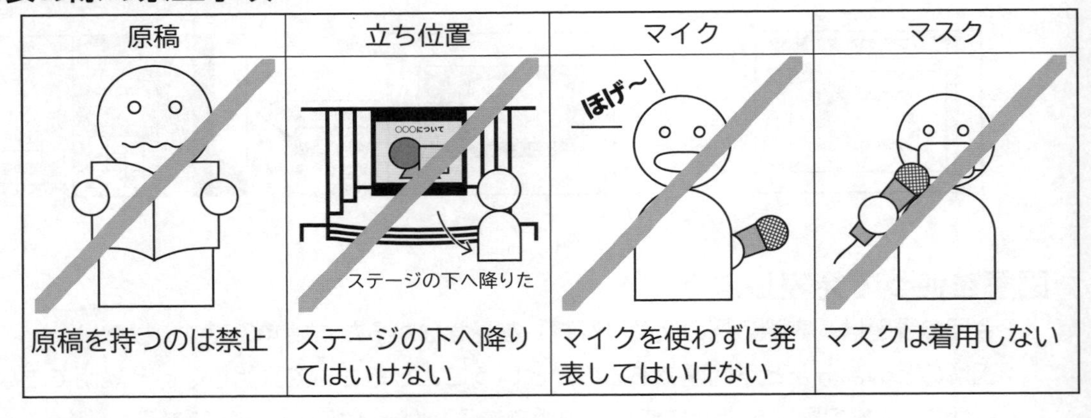


| 原稿 | 立ち位置 | マイク | マスク |
|---|---|---|---|
| 原稿を持つのは禁止 | ステージの下へ降りてはいけない | マイクを使わずに発表してはいけない | マスクは着用しない |

### 「原稿を持つのは禁止」の意図

プレゼンテーション＝自分の思いや考えを人に伝達し、理解してもらう営み
人に理解してもらうためには、**自分の言葉で語る**ことが大事
→自分の言葉で語る≠原稿を読み上げる

まずは、自分の言葉で語るトレーニングをしてほしいと願っている
→原稿を持たないことで、自分の言葉で語るとはどういうことかを体験
→自分の言葉で語れるようになったときには、また原稿を持つこともあり

# ■ 相互評価

## 発表を聴く際の心構え

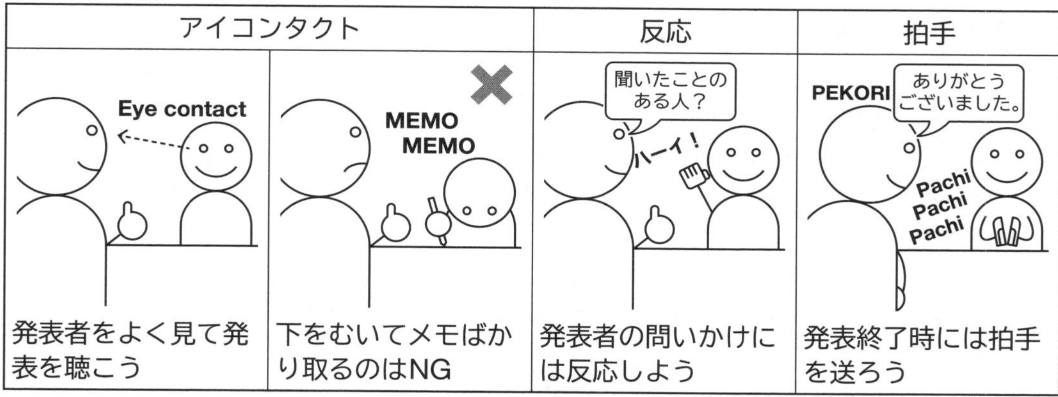


| アイコンタクト | | 反応 | 拍手 |
|---|---|---|---|
| 発表者をよく見て発表を聴こう | 下をむいてメモばかり取るのはNG | 発表者の問いかけには反応しよう | 発表終了時には拍手を送ろう |

※人は、相手がちゃんと聴いてくれていると思う方が話しやすいもの

**プレゼンテーションは話し手だけがするものではなく、**
**会場の雰囲気、盛り上がりは話し手と聞き手が一緒になって作るもの**

## 相互評価

発表を聴き、相互評価シートに評価を記入しよう
→発表の仕方や、表現方法などで参考になったことは積極的にメモをしておこう

**「人から学ぶ」ことほど学べることはない！**

## 評価の観点

### 発表内容

| 問題点の指摘と解決策に説得力がある |
|---|
| 発表内容を発表者が理解できている |

### 提示資料

| 口頭説明と提示資料が一致している |
|---|
| 情報の焦点化ができている |
| 1メッセージ/1スライドの原則 |
| 視認性がよい |

### 発表態度

| 禁止事項を守って発表できた |
|---|
| 図表を使って発表できた |
| 聴衆の方を向いて発表できた |
| ハキハキと話せた |
| 堂々とした態度で話せた |

# 評価の観点

## 評価基準

### 発表内容／提示資料

| 評価 | 発表内容 | 提示資料 |
| --- | --- | --- |
| S | ○特筆すべき点がある | ○特筆すべき点がある |
| A | ○問題点の指摘、改善策の提案、デザインの視点のいずれにも説得力がある | ○説明と提示資料が一致している<br>○情報の焦点化ができている |
| B | ○問題点の指摘、改善策の提案、デザインの視点のうち2項目は説得力がある<br>○発表者が内容を理解できている | ○部分的に説明と提示資料が一致している箇所も見受けられる<br>○情報の焦点化がなされていない |
| C | ○問題点の指摘はできたものの、改善策の提案、デザインの視点が不十分<br>○発表者が内容を理解できていないように見受けられる<br>○インターネットで調べてきたものをそのまま発表 | ○画像を画面いっぱいに配置していない<br>○視認性がよくない（配色・文字サイズ）<br>○箇条書きを使ってしまうなど情報過多 |
| D | ○未発表 | ○未発表 |

### 発表態度／話し方

| 評価 | 発表態度 | 話し方 |
| --- | --- | --- |
| S | ○特筆すべき点がある | ○特筆すべき点がある |
| A | ○当該の場所に移動し、必要な箇所を指さすなど動作しながら説明できている | ○ハキハキと大きな声で、抑揚を付けながら説明している |
| B | ○指さしをしようとはしているが、遠くから指さししている<br>○聴衆とアイコンタクトをとりながら発表している | ○ハキハキと大きな声で説明できている |
| C | ○スクリーンから離れたところで話してしまった<br>○直立不動で動かない<br>○顔がスクリーンの方ばかり向いているなど、あまり聴衆とアイコンタクトしていない | ○ボソボソと声が小さく聴き取りづらい<br>○説明口調ではない（原稿丸暗記型） |
| D | ○未発表 | ○未発表 |

# 作例

ワークシート1

残念に思ったデザインの写真（概略図でも可）を貼り付け、そこに説明を加えよう

説明を書いてください

ファミリーマート近江八幡駅前店のレジ待ちの列に並ぶところの通路が狭く、写真右手前にある水を取りにいくのに、大きく反対側に回り込まなくてはならず、たいへん不便である。

ワークシート2

改善策を施したデザインを描き、そこに説明を加えよう

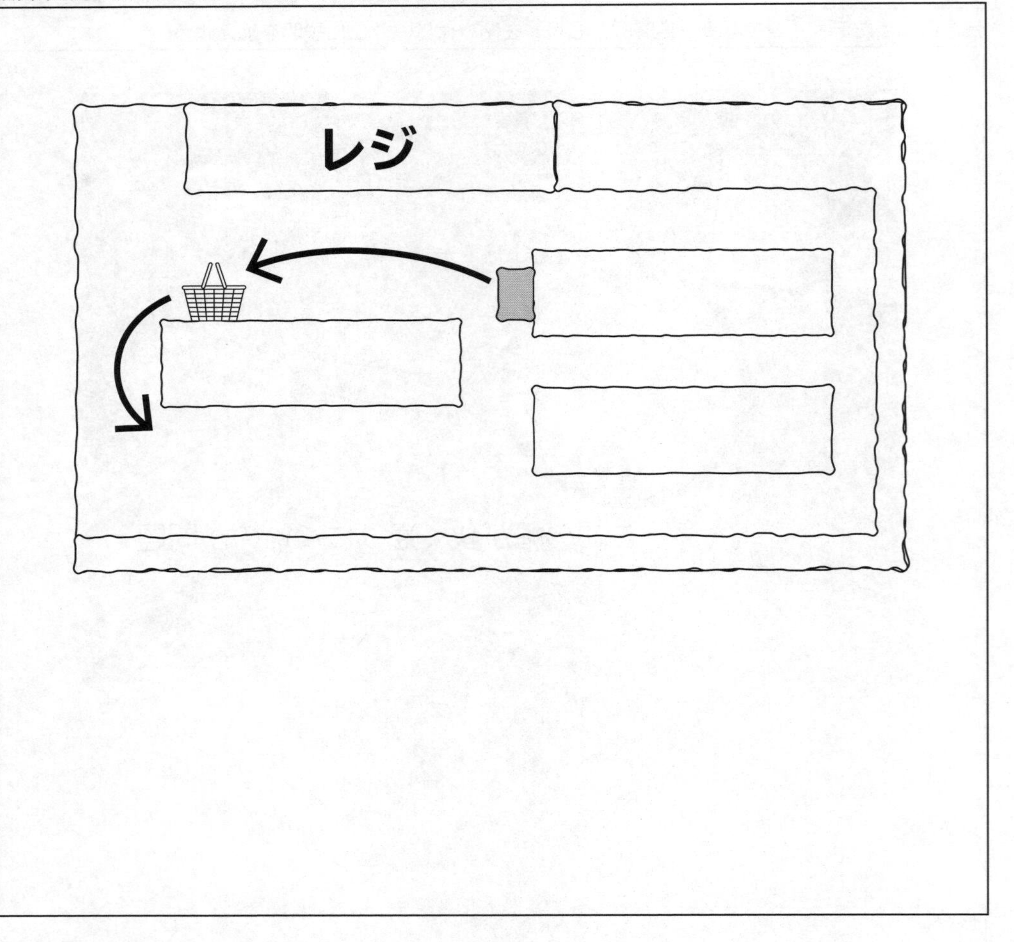


説明を書いてください

オススメ商品を置いている台が邪魔なので、現在買い物カゴが置かれている場所に移動させる。
買い物カゴをその商品棚の反対側に移動させる。
買い物カゴも食料品の棚とは反対側に置かれていたため、よく取り忘れをしてしまっていた。
図の位置へそれぞれ移動させることで、台が邪魔で通路が通れなかった問題も解決でき、買い物カゴを取り忘れてしまう問題も解消されると思われる。

**ワークシート3**

この課題を考えて、「デザイン」を考える上で大事だと思った視点について書いてください

店舗のレイアウトを考える際には、いくつかの典型的なパターンの買い物をする人を想定して、人の導線を意識し、その導線内に邪魔になるものはないかどうかを検討することが大切。
今回の場合、購入する人が多いと思われる飲料水コーナーへの導線である。弁当とお茶のペットボトルを購入するだけでも、指摘した導線をたどる人が多いことは想定される。

※「誰にでもわかりやすい」「使い手の視点に立って」などの一般論はいらない
→問題点と解決策（改善案）を考える中で大事だと思ったポイントを具体的に

**待ち行列の並べ方**

駅前のファミマの間取について

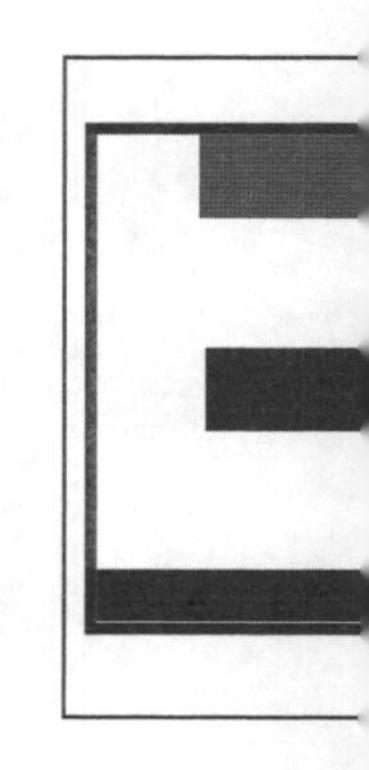

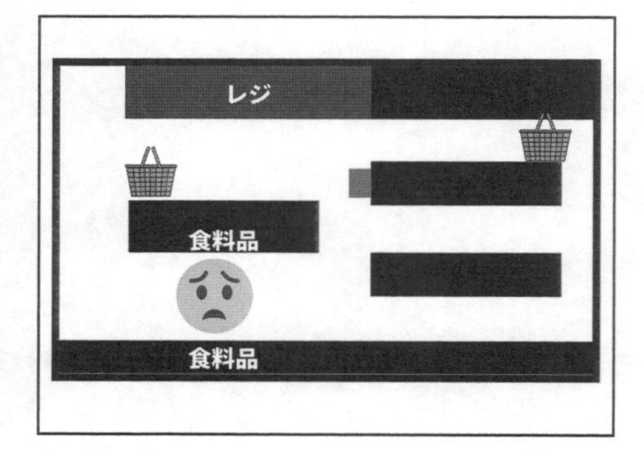

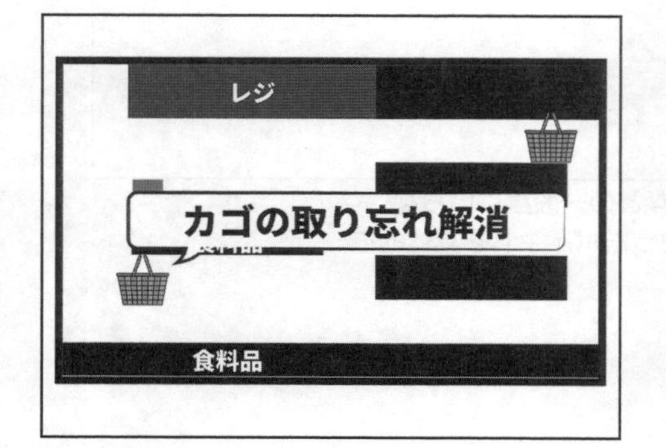


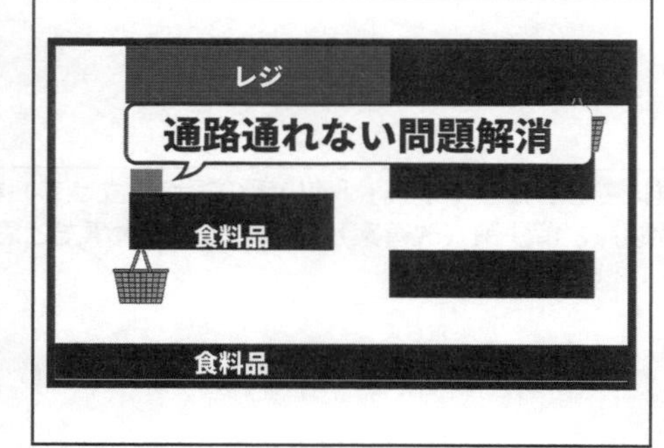


大事

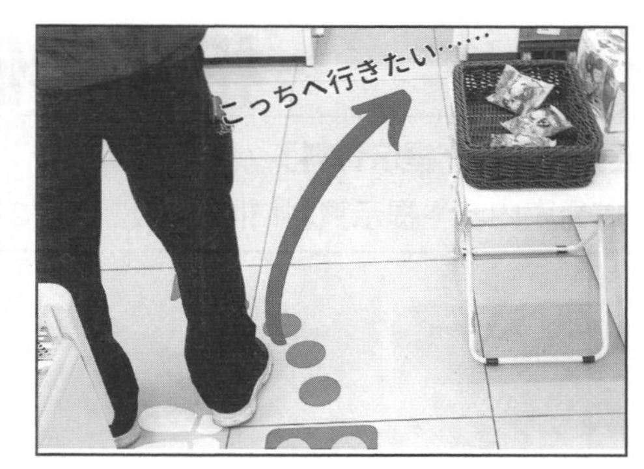

もう一点問題が

カゴ取り忘れ問題

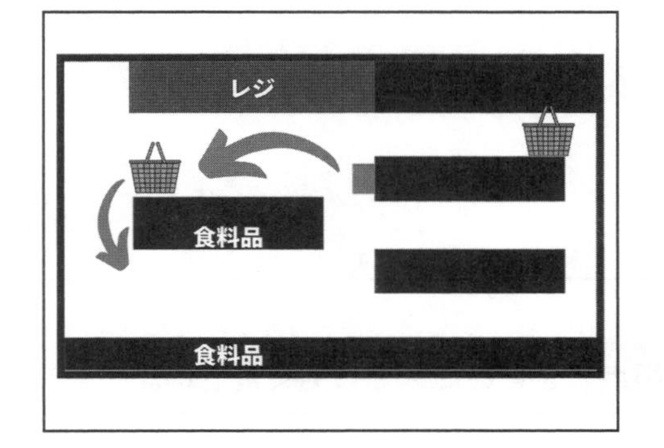


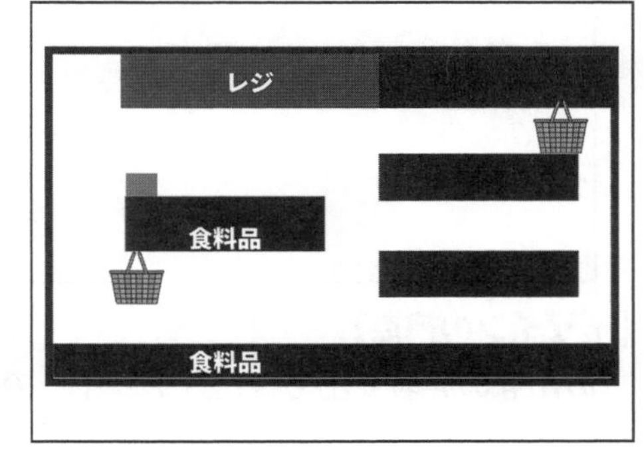


とは

人の導線を意識したレイアウト

# 相互評価ワークシート

**［発表内容／提示資料］**

発表内容や提示資料に関して、参考になる／参考にしたいと思った点を書いてください。

**［発表態度／話し方］**

発表態度や話し方に関して、参考になる／参考にしたいと思った点を書いてください。



**［デザインの視点］**

みんなの発表で出てきた「デザインの視点」をここにメモしてください。

# コラム～心に響くプレゼンテーション

## ■ 心に響くプレゼンテーションをするには

### そもそもプレゼンテーションとは

Presentation = Present + ation
贈り物をすること　～する行為

プレゼンテーションとは、情報を**プレゼントする**行為

→プレゼントは受け手が喜ばなければならない→受け手を意識することが大切

**プレゼンテーションは思いや考えが伝わることがゴール**

### プレゼンテーションの手段

| | | |
|---|---|---|
| 黒板 | | 文字を書くという動きがある<br>即時性があり、柔軟に話を組み立て直せる<br>資料の再利用ができない |
| 実物・実演 | | 実物を見せるので説得力がある<br>多くの人に同時に見せるのは難しい |
| スクリーン・モニタ | CCCについて | 印象的な表現ができる<br>発表中に柔軟にストーリー変更できない |

**場面に応じてプレゼンテーションの手段は変わります**

### 心に響くプレゼンテーションをするには

誰にでも話せることを、ありきたりの言葉で話しても人の心には響かない

人の心に響くのは、

| 自分にしか語れないことを、自分の言葉で語ること |
|---|

どんなにつたない言葉でも、たどたどしい表現でも構わない

**自分にしか語れないことを大切にしていこう！**

第8章

# 情報のデジタル化

「情報Ⅰ」第9章

Contents



この章の動画
「情報のデジタル化」

クラス：　　番号：　　氏名：

# デジタル情報

情報社会の到来により、私たちのコミュニケーションのあり方に様々な問題が生じてきたことはすでに学習しました。その根底には情報がデジタル化されたことがあります。ここでは、情報がデジタル化されるとはどういうことなのかについて学びます。

## ■ デジタルデータ

考えてみよう1

情報を数値で表現するにはどのような方法があるかを考える
Yes、Noで回答する質問があったとして、質問が増えると回答の組み合わせはどうなる？

[質問1] 今朝、時間通りに目を覚ますことができましたか？
[質問2] 今朝、朝食を食べましたか？
[質問3] 今朝、遅刻をせずに学校に来られましたか？

① [質問1] だけの場合、回答の組み合わせは何通りですか？ 〔1　　通り〕
② [質問1] と [質問2] を答える場合、回答の組み合わせは何通りですか？ 〔2　　通り〕
③ [質問1] から [質問3] までを答える場合、回答の組み合わせは何通りですか？ 〔3　　通り〕



### デジタルデータとは

上の [考えてみよう1] の回答を「Yes=1」、「No=0」と置き換える
→回答の組み合わせを0、1の組み合わせの情報として考えることができる

例）

| 質問 | 質問1 | 質問2 | 質問3 |
|---|---|---|---|
| 回答 | Yes | Yes | No |
| データ | 1 | 1 | 0 |

〔意味〕今朝、時間通りに目を覚まし、朝食を食べたが、遅刻をしてしまった。

| 質問 | 質問1 | 質問2 | 質問3 |
|---|---|---|---|
| 回答 | No | Yes | Yes |
| データ | 0 | 1 | 1 |

〔意味〕今朝、寝坊をしてしまったが、朝食を食べ、遅刻もしなかった。

**デジタルデータ**＝ 情報を〔4　　　　〕で表したもの

※並び方と数値をどのような意味に割り当てるかは人間が定める

**問題1**

左頁の［考えてみよう1］の3つの質問から、あなたの今朝の行動をデジタルデータで表現するとどのように表現されますか。

| 質問 | 質問1 | 質問2 | 質問3 |
|---|---|---|---|
| 回答 | 5 | 6 | 7 |
| データ | 8 | 9 | 10 |

**問題2**

上の例で、デジタルデータが「101」であった場合、どのような意味になりますか。

| 11 |
|---|

## コンピュータとデジタル

**コンピュータ**＝ **計算**を高速で行なうことができる装置

コンピュータは、数値（情報）を〔12　　〕と〔13　　〕で扱う
→〔14　　　　　　〕で情報を扱う

## ビット列

**ビット列**＝ 2進法を使って情報を〔15　　〕と〔16　　〕の並びで表現したもの

ビット列が長くなればなるほど、表現できる情報の種類が増える
ビット列の1桁を1〔17　　　　　　〕という

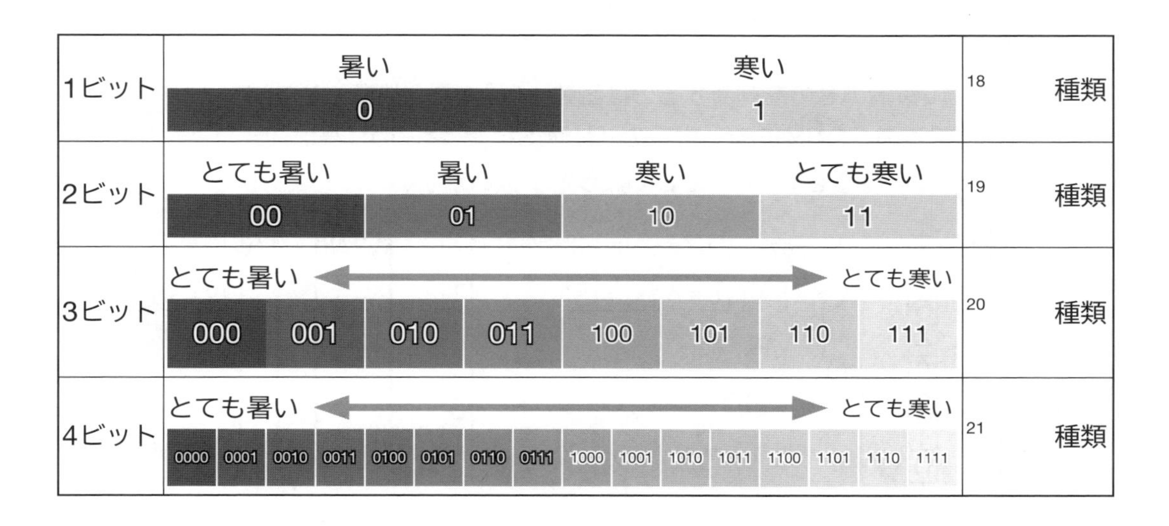


第9章

**問題3**

次の表のように、ビット列と図形を対応させたとします。
左上、右上、左下、右下の順にビット列で表現するとします。
→次の図形は、次のようなビット列で表現できます。

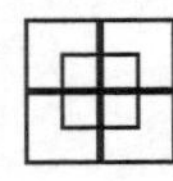

→対応ビット列：00011011（16進法では"1B"）

| 図形 | ビット列 |
|---|---|
|  | 00 |
|  | 01 |
|  | 10 |
|  | 11 |

次のそれぞれの図形の場合、対応するビット列を答えてください。

| 図形 | ビット列 | 図形 | ビット列 | 図形 | ビット列 |
|---|---|---|---|---|---|
|  | 22 |  | 23 |  | 24 |

次のビット列はどのような図形を表現したものか、空欄に図を描いてください。

| ビット列 | 図形 | ビット列 | 図形 |
|---|---|---|---|
| 10110001 | 25 | 00010100 | 26 |



## コンピュータが2進法を使うわけ

10段階のものを判断するのは困難→2段階だと判断しやすい
電気の「ON/OFF」、磁石の「N極/S極」、電圧の「高い/低い」など、
2つの状態を1ビットとして扱うと、扱いやすい

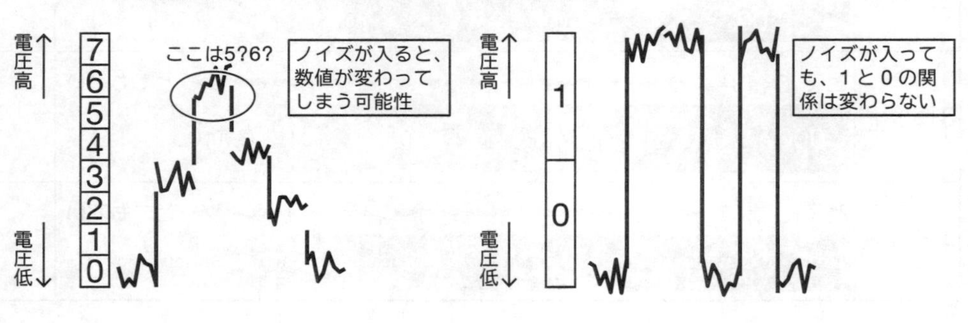

# ■ 2進法と情報量

## 情報量の単位

コンピュータでは、ビット列の長さを**情報量**として取り扱う（単位：[27]　　　　　　）

例）

11011010

〔[28]　　　　　ビット〕

| ビット数 | 10 | 9 | 8 | 7 | 6 | 5 | 4 | 3 | 2 | 1 |
|---|---|---|---|---|---|---|---|---|---|---|
| 表現可能な組み合わせ | $2^{10}$ | $2^{9}$ | $2^{8}$ | $2^{7}$ | $2^{6}$ | $2^{5}$ | $2^{4}$ | $2^{3}$ | $2^{2}$ | $2^{1}$ |
| 組み合わせの値 | 1024 | 512 | 256 | 128 | 64 | 32 | 16 | 8 | 4 | 2 |

| ビット数 | 32 | 24 | 16 | 15 | 14 | 13 | 12 | 11 |
|---|---|---|---|---|---|---|---|---|
| 表現可能な組み合わせ | $2^{32}$ | $2^{24}$ | $2^{16}$ | $2^{15}$ | $2^{14}$ | $2^{13}$ | $2^{12}$ | $2^{11}$ |
| 組み合わせの値 | 4294967296 | 16777216 | 65536 | 32768 | 16384 | 8192 | 4096 | 2048 |

nビットのビット列の組み合わせは、〔[29]　　　　〕通り

**問題4**

次の各ビット列の情報量は何ビットかを数えてください。また、そのビット数で何通りの情報の組み合わせが可能か、上の表を参考に答えてください。

| | ビット列 | 情報量 | 情報の組み合わせ |
|---|---|---|---|
| ① | 11001001 | [30]　　ビット | [31]　　通り |
| ② | 1001011010 | [32]　　ビット | [33]　　通り |
| ③ | 1100110000110101 | [34]　　ビット | [35]　　通り |
| ④ | 111000101000100101001100 | [36]　　ビット | [37]　　通り |
| ⑤ | 10010011001001011101110001001110 | [38]　　ビット | [39]　　通り |

### ドラクエのゆうしゃとビット数

ドラゴンクエストのゆうしゃのステータス
→最大値はいずれも255
→8ビットで記録されていることがわかる
経験値、所持金の最大は65535（Iの場合）
→16ビットで記録されていることがわかる

ゆうしゃ
レベル 30
HP 210
MP 200
G65535
E65535

第9章

## 16進法

ビット列が長くなると桁数が多くなってしまい、読み間違いやすくなる

→4ビットずつ区切って**16進法**を使うことがある

| 10進法 | ビット列（2進法） | 16進法 |
|---|---|---|
| 0 | 0000 | 0 |
| 1 | 0001 | 1 |
| 2 | 0010 | 2 |
| 3 | 0011 | 3 |
| 4 | 0100 | 4 |
| 5 | 0101 | 5 |
| 6 | 0110 | 6 |
| 7 | 0111 | 7 |

| 10進法 | ビット列（2進法） | 16進法 |
|---|---|---|
| 8 | 1000 | 8 |
| 9 | 1001 | 9 |
| 10 | 1010 | A |
| 11 | 1011 | B |
| 12 | 1100 | C |
| 13 | 1101 | D |
| 14 | 1110 | E |
| 15 | 1111 | F |

**問題5**

上の表を参考に、次の各ビット列を16進法で表現してください。

| | ビット列 | 16進法 | | ビット列 | 16進法 |
|---|---|---|---|---|---|
| ① | 0011 | 40 | ② | 1101 | 41 |
| ③ | 1101 0011 | 42 | ④ | 0100 1001 | 43 |
| ⑤ | 1010 0000 | 44 | ⑥ | 1111 1111 | 45 |

## ビットとバイト

8ビットを一つの単位とすると便利→〔46 〕

〔47 〕

〔48 〕＝〔49 〕

11011010 01011110 10011010 00110101

=

〔50 〕

**ビットとバイトの違いを理解しよう**

## 16進法と情報量

16進法の1桁の情報量は〔51 〕

→16進法が2桁あれば〔52 〕＝〔53 〕

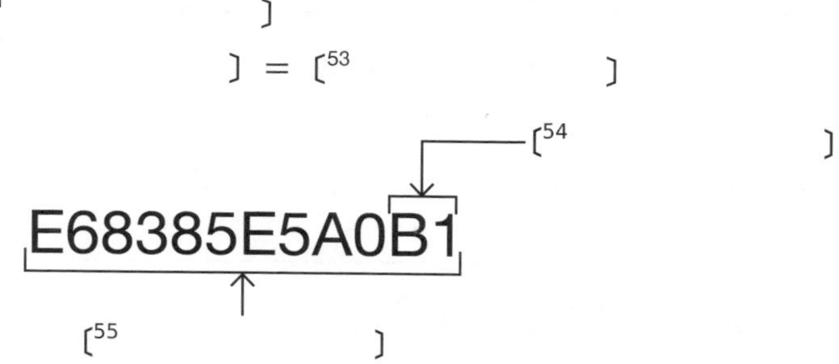


**16進法2桁のセットが1バイトであることを覚えておこう**

### 問題6

次の16進法で表されたデータの情報量をバイト単位で答えてください。

| | データ列 | 情報量 | | データ列 | 情報量 |
|---|---|---|---|---|---|
| ① | A548 | 56 バイト | ② | CA8623 | 57 バイト |
| ③ | 5F2340 | 58 バイト | ④ | 0548F002 | 59 バイト |
| ⑤ | A601B32084 | 60 バイト | ⑥ | 000000000000 | 61 バイト |

第9章

### 振り返り

次の各観点が達成されていれば□を塗りつぶしましょう。

□情報を数値に置き換えて表現することの意味を理解した。

□ビット、バイトなどの情報量の単位について理解した。

今日の授業を受けて思ったこと、感じたこと、新たに学んだことなどを書いてください。

# デジタル情報の表し方

情報をデジタル化するとは、情報を数値に置き換えて表現することです。情報をどのように数値化するかは、場合によって事前に取り決めを行なっておきます。ここでは、文字、画像、音声がどのようにデジタルデータとして記録されているかを学びます。

## ■ デジタル情報の表し方

### コンピュータにおける文字の表現

#### 文字コード表（ASCIIコード表）

コンピュータでは、1つ1つの文字を決まったビット列に対応させることで表現

→英数字を表現するには7ビット（＝128通り）あれば十分

→8ビット（=［1　　　　　　］）のASCII（アスキー）コードで表現

| | | | 上位4ビット | | | | | | | |
|---|---|---|---|---|---|---|---|---|---|---|
| | | | 0000 | 0001 | 0010 | 0011 | 0100 | 0101 | 0110 | 0111 |
| | | | 0 | 1 | 2 | 3 | 4 | 5 | 6 | 7 |
| 下位4ビット | 0000 | 0 | | | (空白) | 0 | @ | P | ` | p |
| | 0001 | 1 | | | ! | 1 | A | Q | a | q |
| | 0010 | 2 | | | " | 2 | B | R | b | r |
| | 0011 | 3 | | | # | 3 | C | S | c | s |
| | 0100 | 4 | | | $ | 4 | D | T | d | t |
| | 0101 | 5 | | | % | 5 | E | U | e | u |
| | 0110 | 6 | | | & | 6 | F | V | f | v |
| | 0111 | 7 | | | ' | 7 | G | W | g | w |
| | 1000 | 8 | | | ( | 8 | H | X | h | x |
| | 1001 | 9 | | | ) | 9 | I | Y | i | y |
| | 1010 | A | | | * | : | J | Z | j | z |
| | 1011 | B | | | + | ; | K | [ | k | { |
| | 1100 | C | | | , | < | L | \ | l | \| |
| | 1101 | D | | | - | = | M | ] | m | } |
| | 1110 | E | | | . | > | N | ^ | n | ~ |
| | 1111 | F | | | / | ? | O | _ | o | |

※文字列をビット列に変換することを**エンコード**（encode）という

**問題1**

次の文字列をASCIIコード（16進法）で表すとどのように表されますか。

| 文字列 | T | h | e | (空白) | q | u | i | c | k |
|---|---|---|---|---|---|---|---|---|---|
| 16進法 | 2 | 3 | 4 | 5 | 6 | 7 | 8 | 9 | 10 |

## 日本語の表し方

日本語環境では、ひらがな、カタカナ、漢字等を表現する必要がある
→1バイト（8ビット＝256通り）では足りない
→2バイト（16ビット＝〔11　　　　　〕通り）あれば日本語の主要な文字を表現できる

### よく使われる日本語文字コード

日本語を表現するのに、下のような文字コードがよく使われている

| 文字 | 文字コード | コード | ビット数 | バイト数 |
|---|---|---|---|---|
| 愛 | ISO-2022-JP | 30 26 | 16　ビット | 2　バイト |
| | Shift_JIS | 88 A4 | 16　ビット | 2　バイト |
| | EUC-JP | B0 A6 | 16　ビット | 2　バイト |
| | UTF-16 | 61 1B | 16　ビット | 2　バイト |
| | UTF-8 | E6 84 9B | 24　ビット | 3　バイト |

※UTF-16、UTF-8は、**Unicode**（ユニコード）と呼ばれ、世界中の文字を含んだ文字コード

### 文字化け

同じ文字コードを使っていなければ、文字コードを別の文字と変換してしまう

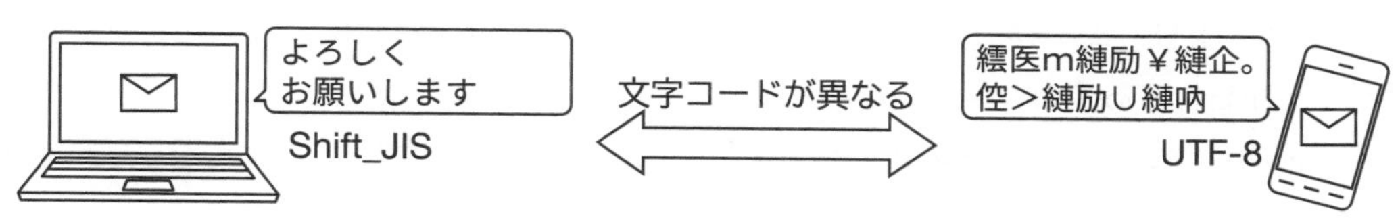


## 絵文字と文字コード

近年、絵文字がスマートフォンでも使えるようになった
→かつては文字コードの空き領域を使って日本の携帯電話会社（キャリア）が独自に制定
→他社製携帯電話やパソコンに送ると文字化けをしていた
現在、Unicodeの中に日本で普及した絵文字が組み込まれることになった
→UTF-8に4バイト（32ビット）のコードとして設定されている

| 意味 | 嬉しい | にこにこ | あせあせ | ハート |
|---|---|---|---|---|
| 絵文字 | | | | |
| コード | F0 9F 98 84 | F0 9F 98 8A | F0 9F 92 A6 | F0 9F 92 96 |

**実験1**

「バイナリ変換・逆変換」を使用し、文字情報がデジタル情報として保存されていることを確かめる

①「バイナリ変換・逆変換」にアクセスする

```
https://rakko.tools/tools/74/
```

②オプションを「**テキスト⇄バイナリ**」に設定し、「The quick」と入力し、2進法に変換

→このことから、アルファベット1文字が何バイトで表現されていることがわかるか？

| 12　　バイト |
|---|

③オプションを「**テキスト⇄16進数**」に設定し、「The quick」と入力し、16進数に変換

→p.9-7［問題1］の結果と一致していることを確かめてみよう

**実験2**

「バイナリ変換・逆変換」を使用し、日本語の文字情報がどのようにデジタル化されているかを見てみよう

①オプションを「**テキスト⇄バイナリ**」に設定して、自分の氏名を入力し、バイナリに変換

→このことから、日本語の1文字が何バイトで表現されていると推測されるか？

※最後に改行を入れないようにしよう（ちなみに改行は1バイトで表現される）

| 13　　バイト |
|---|

②オプションを「**テキスト⇄16進数**」に設定し、自分の氏名を入力し、16進法に変換

→自分の氏名が16進法でどのように表現されるかを書いてみよう

| 氏名 | 14 | | | | | |
|---|---|---|---|---|---|---|
| 文字コード | 15 | | | | | |

# 画像の表し方

## ラスタ画像とベクタ画像

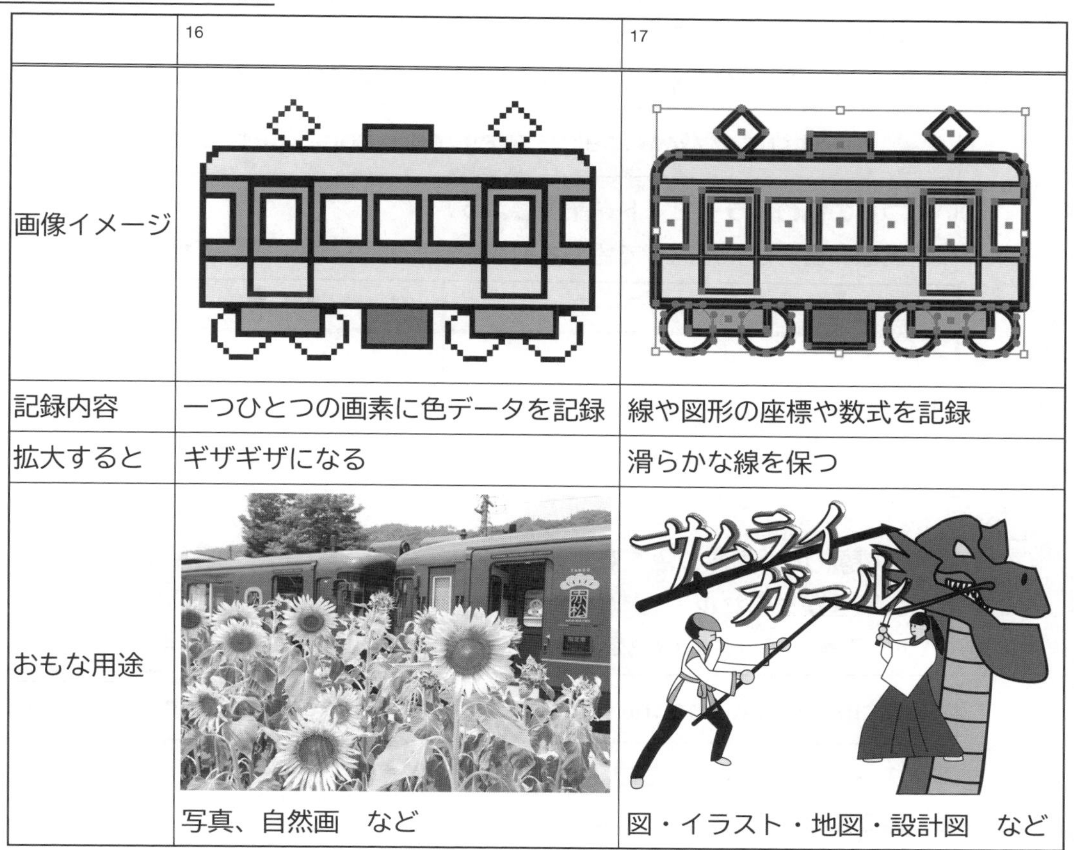

| | 16 | 17 |
|---|---|---|
| 画像イメージ | | |
| 記録内容 | 一つひとつの画素に色データを記録 | 線や図形の座標や数式を記録 |
| 拡大すると | ギザギザになる | 滑らかな線を保つ |
| おもな用途 | 写真、自然画　など | 図・イラスト・地図・設計図　など |

## 色の作り方

デジタル画像は、ピクセルごとの色を記録　→　各ピクセルは〔18　〕表現

→R（19　　）G（20　　）B（21　　）それぞれを〔22　　　　　〕で指定

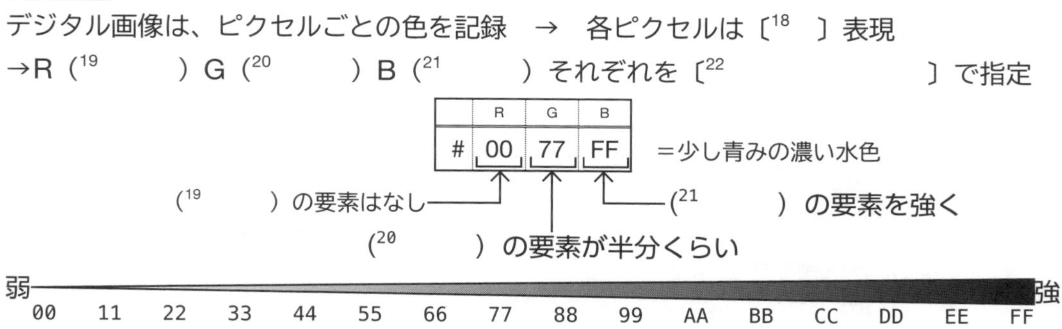

**実験3**

「画像色サーチツール」で、任意の画像を開き、画像の各ピクセルが16進法のカラーコードで記録されていることを確認しよう

①「画像から色のRGBを取得するスポイトツール」にアクセスする

https://www.peko-step.com/tool/getcolor.html

②いくつかの色のカラーコードを記録しよう

※色名は、自分が見た感じで色の名前を記録しよう（例：薄い青緑）

| 色名 | カラーコード | 色名 | カラーコード |
|---|---|---|---|
| 23 | # | 25 | # |
| 24 | # | 26 | # |

**体験1**

「バナー工房」の「画像の色を変える・変更」ツールで、任意の画像の色を変更してみることで、画像がピクセルごとに色データが記録されていることを確認しよう

①「バナー工房」の「画像の色を変える・変更」ツールにアクセスする

https://www.bannerkoubou.com/photoeditor/change_color/

②写真の任意の色を変更することで、写真の色がデジタルデータとして記録されているために置き換えができることを体験してみよう



## 情報検索のしくみ

情報検索は、データの中から同じパターンに合致するものを探し出している

昼食に、有名な中華料理チェーン店に立ち寄ったときのこと。
その店舗では、一人で来た客はカウンターに通されることになっている。今日も例外なくカウンターに通された。カウンターの客は、ホール係ではなく**厨房**の調理係が注文などの対応をすることになっている。
対応した4、50代の**厨房**係の男は、見た目には日本人のように思われた。注文を言っても首を傾げ、たどたどしい日本語で何度も聞き直してきたところから、日本人ではないことがわかった。
期間限定の特別メニューを注文したこちらも悪かったのかもしれないが、店舗の外に貼っていたPRの看板を見てこの店に入ったため、他のものを注文するつもりはなかった。壁に貼ってあるメニューを指差し、これだと伝えた。男はよく理解しないままに伝えられた注文を、言葉通りに伝票に書き込んだ。伝票に書かれた自信のなさがにじみ出た日本語の文字は、バランスを失い歪んで罫線から大きくはみ出していた。
男は**厨房**の奥にいた別のスタッフに注文内容を伝えに行った。**厨房**の奥でどのような言葉のやりとりがなされたのかは不明だが、そのスタッフは男に何度か聞き直していたために、うまく伝えられなかったことが伺えた。
店内は12時前というのにすでに多くの客が入っており、**厨房**の調理係

検索文字列 厨房

検索語 文字コード
厨房 = E5 8E A8 E6 88 BF

......E3 83 9B E3 83 BC E3 83 AB E4 BF 82 E3 81 A7 E3 81 AF
E3 81 AA E3 81 8F **E5 8E A8 E6 88 BF** E3 81 AE E8 AA BF......

同じパターンのものを拾い上げる

# 音声の表し方

## PCM方式とMIDI方式

| | [22] 方式 | [23] 方式 |
|---|---|---|
| データのイメージ | | |
| 記録内容 | 実際に演奏された音の波形を記録 | 音程、強さ、演奏方法などを記録 |
| メリット | 音源不要・互換性が高い | データ量が小さい・編集が容易 |
| デメリット | データ量が大きい<br>後からの音の編集が難しい | 音源がないと再生できない<br>音源によって音が変わる |

**体験2**

「AudioMass」で、音の波形の切り貼りをしてみよう

①「AudioMass」にアクセスする

```
https://audiomass.co/
```

②サンプル音源の波形の任意の範囲をコピーし、適当なところに貼り付けることで、音の波形を編集するとはどういうことかを体験してみよう

第9章

**振り返り**

次の各観点が達成されていれば□を塗りつぶしましょう。

□デジタル情報が情報を数値の並びに置き換えたものであるということが理解できた

□文字データがデジタルデータとしてどのように記録されているかを理解できた

□画像データがデジタルデータとしてどのように記録されているかを理解できた

□デジタルデータとしての色の表し方を理解することができた

□音声データがデジタルデータとしてどのように記録されているかを理解できた

今日の授業を受けて思ったこと、感じたこと、新たに学んだことなどを書いてください。

..........

..........

# 情報量

コンピュータでは、ビット列の長さを情報量として扱います。ここでは、デジタル化された情報の情報量をどのように算出するかについて学びます。また、デジタル情報は圧縮により情報量を減らすことができることも学びます。

## ■ デジタルデータの情報量

### 情報量の単位

コンピュータでは、ビット列の長さを**情報量**として取り扱う（単位：1 　　　）
8ビットを一つの単位とすると便利（単位：2 　　　）

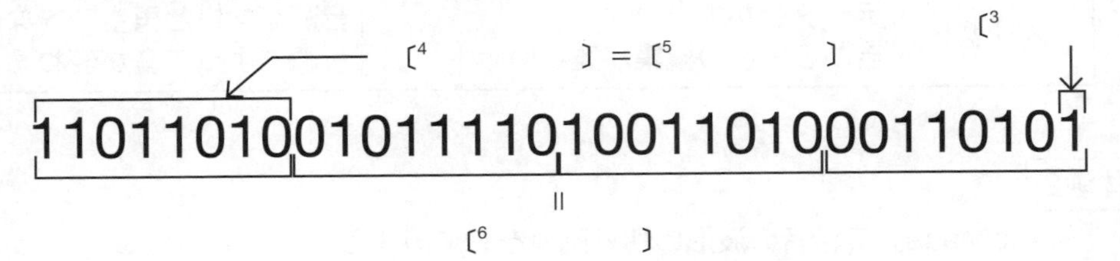


#### 16進法表現

ビット列を4ビットずつ区切って、**16進法**を使うことが多い

| 10進法 | ビット列（2進法） | 16進法 |
|---|---|---|
| 0 | 0000 | 0 |
| 1 | 0001 | 1 |
| 2 | 0010 | 2 |
| 3 | 0011 | 3 |
| 4 | 0100 | 4 |
| 5 | 0101 | 5 |
| 6 | 0110 | 6 |
| 7 | 0111 | 7 |

| 10進法 | ビット列（2進法） | 16進法 |
|---|---|---|
| 8 | 1000 | 8 |
| 9 | 1001 | 9 |
| 10 | 1010 | A |
| 11 | 1011 | B |
| 12 | 1100 | C |
| 13 | 1101 | D |
| 14 | 1110 | E |
| 15 | 1111 | F |

16進法で表現した場合、16進法**2桁分＝1バイト**となる
上の例を16進法で表すと、次のように表される

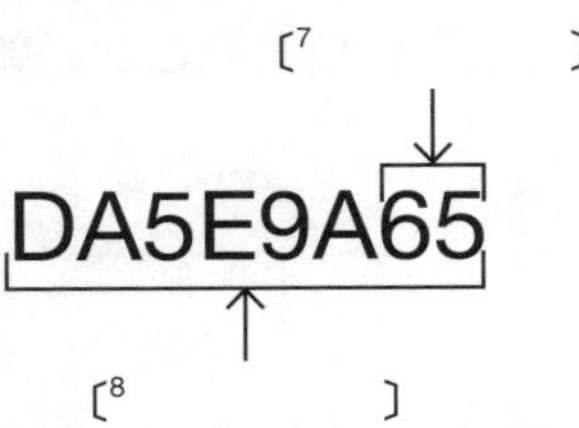

## 情報量の単位

情報量が膨大になると数えにくくなるため、接頭字句を使って数えやすくする

| 表記 | 読み方 | 定義 |
| --- | --- | --- |
| b | ビット | ビット列の1桁 |
| B | バイト | 1B = 8b |
| KB | キロバイト | 1KB = 1,024B |
| MB | メガバイト | 1MB = 1,024KB |
| GB | ギガバイト | 1GB = 1,024MB |
| TB | テラバイト | 1TB = 1,024GB |
| PB | ペタバイト | 1PB = 1,024TB |
| EB | エクサバイト | 1EB = 1,024PB |

**考えてみよう1**

1GBはB単位で何Bになりますか。

9　バイト



### 1GBの目安

1GB分の通信をするのにどのくらい必要か（あくまで目安）

| 項目 | 計算 | 目安 |
| --- | --- | --- |
| Webページの閲覧 | 150KB/1ページ | 約6,600ページ |
| メール送受信（文字のみ） | 2KB/1通 | 約52万通 |
| メール送受信（画像添付） | 3MB/1通 | 約300通 |
| LINEトーク | 3KB/1回 | 約30万回 |
| LINEスタンプ | 7KB/1回 | 約14万回 |
| SNSの閲覧 | 1MB/1分 | 約16時間閲覧 |
| YouTube（720p） | 12MB/1分 | 約1.5時間再生 |
| YouTube（360p） | 5.5MB/1分 | 約3時間再生 |
| TikTok | 9MB/1分 | 約2時間再生 |

# ■ デジタルデータの情報量

## 文字データの情報量

文字データの情報量＝文字数×記録されている文字コードの1文字あたりの情報量

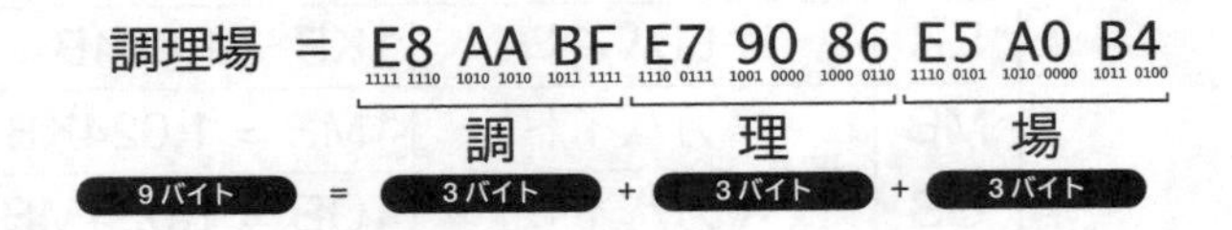


**問題1**

文字コードUTF-8（1文字あたり3バイト）で書かれた1200文字の日本語の文章データの情報量を求めてください。

| [10] | バイト |
|---|---|

## 画像データの情報量

画像データの情報量＝画像のピクセル数×1ピクセルあたりの色のデータ量

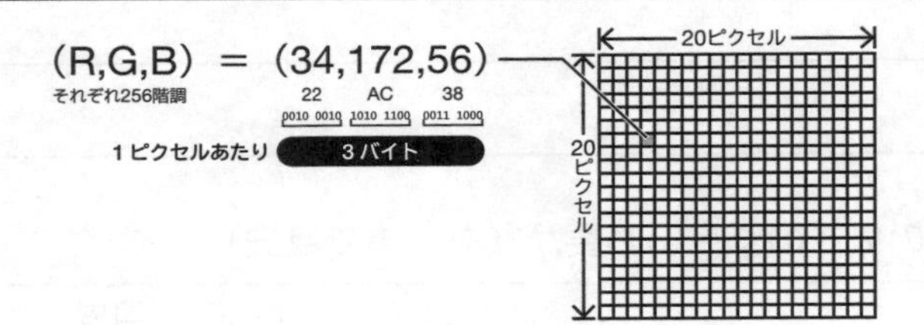


全ピクセル数＝400ピクセル

情報量＝400ピクセル×3バイト
＝1,200バイト

**問題2**

RGBそれぞれが8ビットであるフルHD（幅1920ピクセル×高さ1080ピクセル）の画像データの情報量をメガバイト（MB）単位で求め、小数点以下を四捨五入してください。

| [11] | MB |
|---|---|

## 考えてみよう2

フルHD画質の動画データの情報量を考えてみよう。前頁の［問題2］の画像1枚分を1フレームとして、1秒間あたり30フレームの画像を切り替える（フレームレート30fps）ことによって動画を表現しています。

①この動画1秒間あたりの情報量は何MBになりますか。

| 12 | MB |
|---|---|

②この動画1分間の情報量は何MBになりますか。

| 13 | MB |
|---|---|

③計算しやすいよう、1GB=1,000MBだとすると、②の情報量は何GBですか。

| 14 | GB |
|---|---|

④この数字を見て、どのようなことを感じますか？感じたことを率直に書いてみよう。

# ■ デジタルデータの圧縮

## 圧縮と伸張

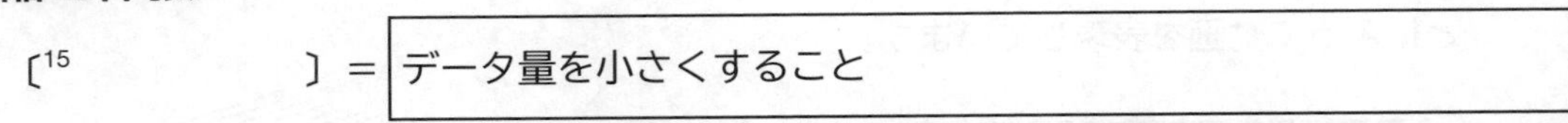

〔15　　　　　〕＝ データ量を小さくすること

〔16　　　　　〕＝〔15　　　　〕したデータを元に戻すこと（**展開**・**解凍**・**復元**とも）

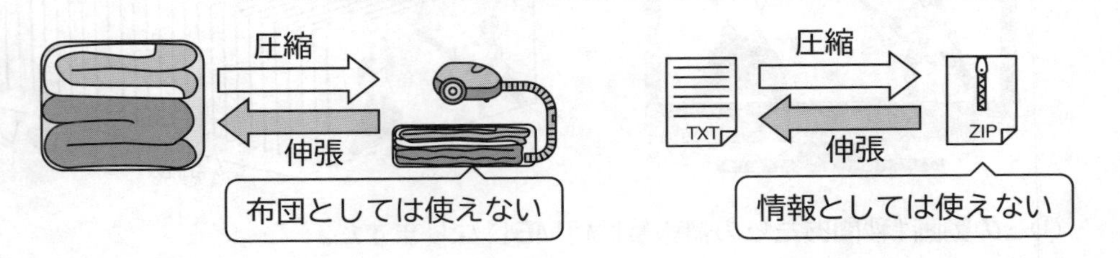


## 可逆圧縮と非可逆圧縮

**可逆圧縮**＝ 圧縮したデータを〔17　　　　　　　　　〕圧縮の方式のこと

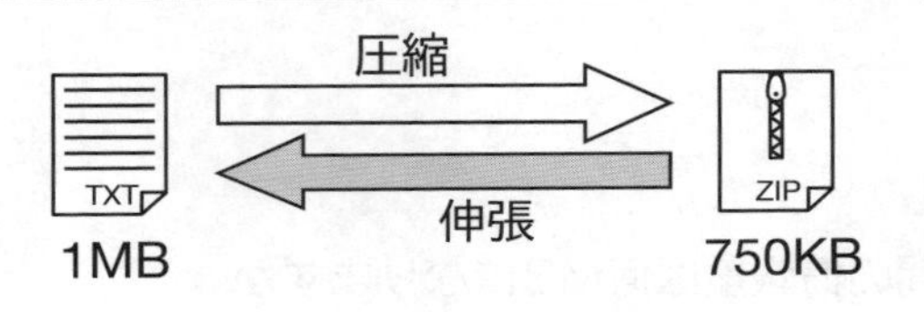


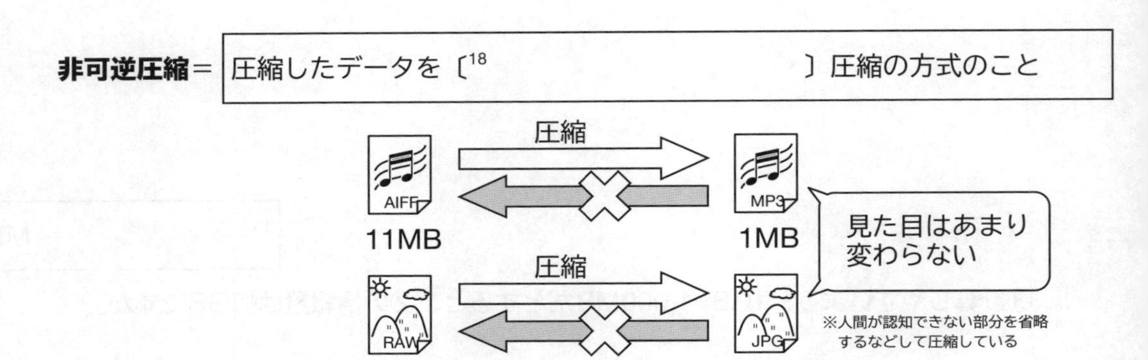

**非可逆圧縮**＝ 圧縮したデータを〔18　　　　　　　　　〕圧縮の方式のこと



## 圧縮率

$$圧縮率＝\frac{〔19\qquad〕の情報量}{〔20\qquad〕の情報量}\times 100\ (\%)$$

**問題4**

1MBのファイルを圧縮すると256KBになりました。圧縮率はいくらですか。

| 21 |
|---|
| |

**問題5**

8MBのファイルを圧縮率60%で圧縮したとすると、情報量はいくらになりますか。

| 22 |
|---|
| |



## 動画の圧縮

フレームとフレームの間で変化した部分だけを記録することで圧縮する

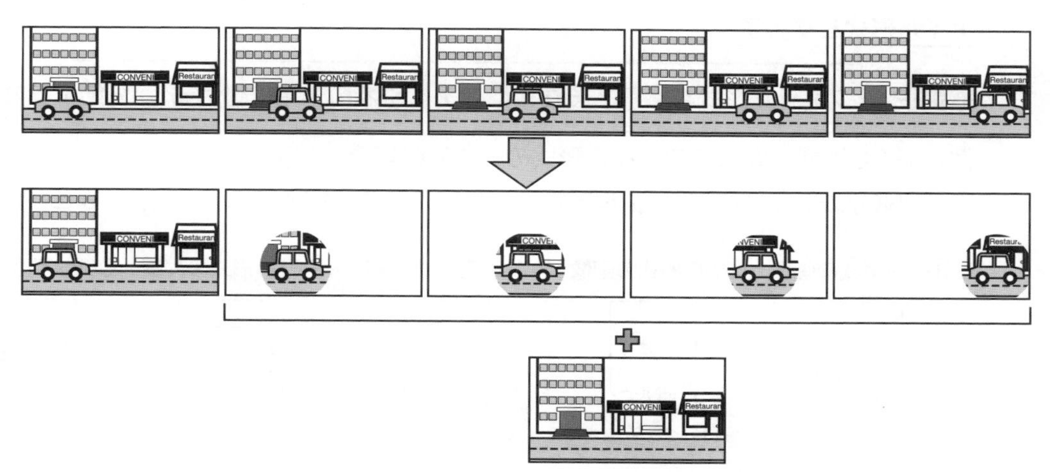

# 圧縮のしくみ

## ランレングス符号化

同じデータが連続して並んでいる部分に注目して圧縮する方法

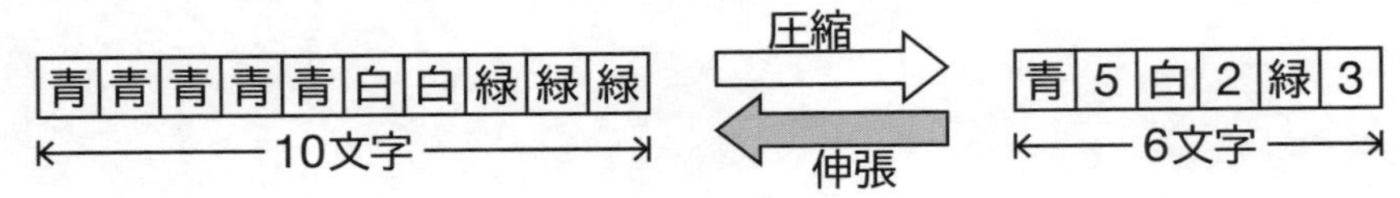


## ハフマン符号化

出現頻度が高いデータを短いビット列に、出現頻度の低いデータを長いビット列に置換

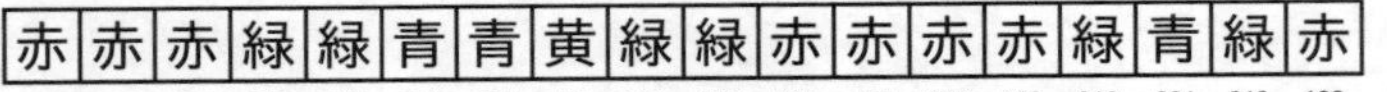


100 100 100 010 010 001 001 110 010 010 100 100 100 100 010 001 010 100

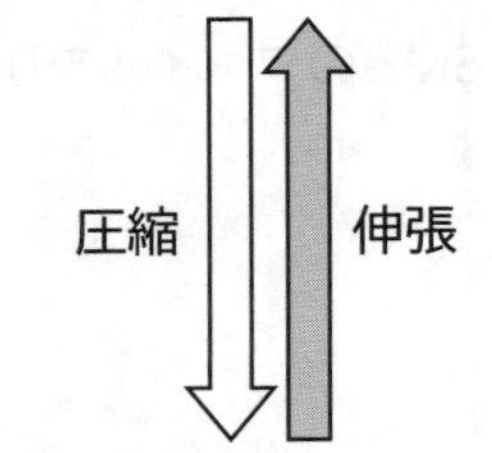


赤 ＝8回 → 0に置換
緑 ＝6回 → 10に置換
青 ＝3回 → 110に置換
黄 ＝1回 → 111に置換

赤 赤 赤 緑 緑 青 青 黄 緑 緑 赤 赤 赤 赤 緑 青 緑 赤

0 0 0 10 10 110 110 111 10 10 0 0 0 0 10 110 10 0

# 圧縮とファイル形式

デジタルファイルは、圧縮の方法に応じてファイル形式が決まる

## ファイル形式と拡張子

**拡張子**＝ ファイル形式を識別するためにファイル名の末尾に付ける.から始まる文字列

例）JPEG形式（画像のファイル形式の一つ）の場合、拡張子は「.jpg」
　　PNG形式（画像のファイル形式の一つ）の場合、拡張子は「.png」 など

JPEG形式の画像

思い出の写真.jpg

PNG形式の画像

今日のイラスト.png

AAC形式の音声

好きな音楽.m4a

MPEG4形式の動画

楽しい動画.mp4

QuickTime動画

今日の動画.mov

※ファイル名を決める際には、正しい〔23 　　　　　　〕を付けるようにしよう

## コーデック

**コーデック**＝ 動画や音声を圧縮、伸張するための方式

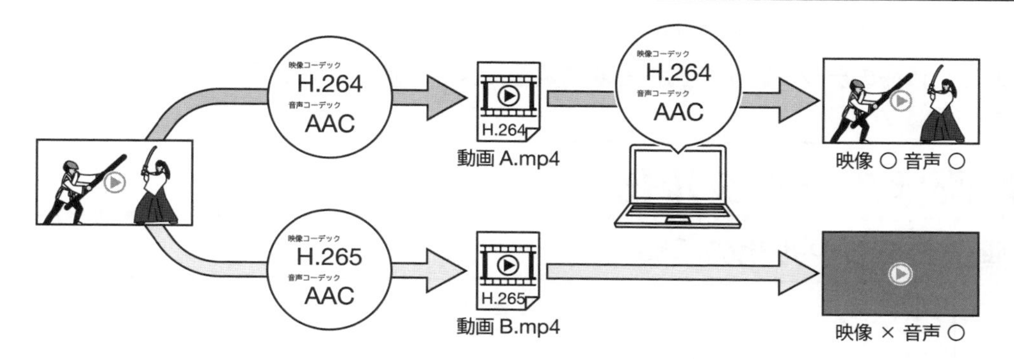


※拡張子（ファイル形式）は同じでも〔24　　　　　　　　　　〕が異なると再生できない

第9章

### 振り返り

次の各観点が達成されていれば□を塗りつぶしましょう。

□デジタル情報の情報量を求められるようになった

□デジタル情報の圧縮・伸張のしくみを理解した

□デジタル情報の圧縮率を計算できるようになった

今日の授業を受けて思ったこと、感じたこと、新たに学んだことなどを書いてください。

# 情報のデジタル化

情報がデジタル化されるとは、情報が数値で表されるということを意味します。数値で表されるということは、計算により加工が可能であることを意味します。ここでは、画像情報を例に、情報のデジタル化の過程と演算処理によって加工される過程を学びます。

## ■ 画像のデジタル化

### 画像のデジタル化の手順

| | | |
|---|---|---|
| ① | 1 | レンズを通ってきた光を**ピクセル**〔**画素**〕に分解する |
| ② | 2 | ピクセルを代表する色を決定する |
| ③ | 3 | ピクセルごとの色をコンピュータで処理できる形式に変換して記録 |

元画像

画像を分割
（**標本化**）

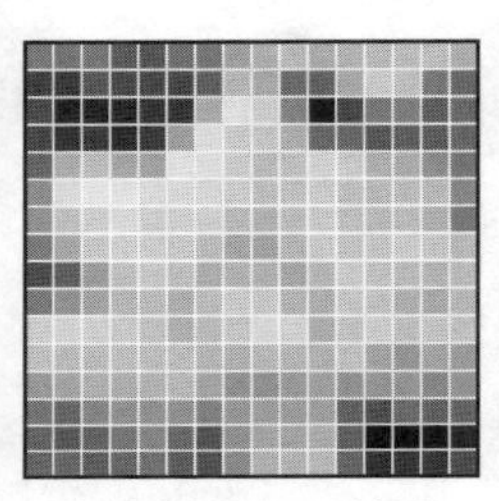

代表的な色の決定
（**量子化**）

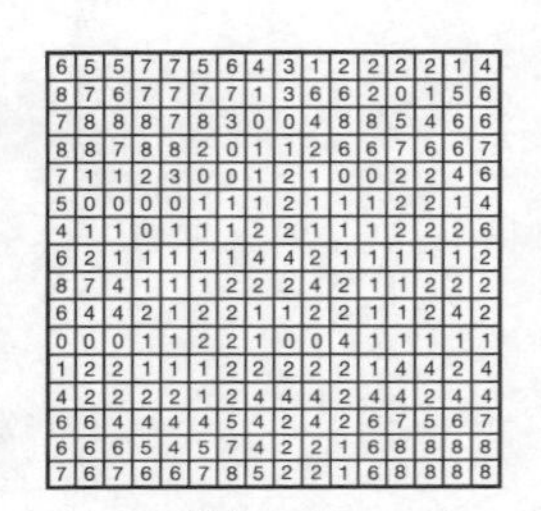

| 6 | 5 | 5 | 7 | 7 | 5 | 6 | 4 | 3 | 1 | 2 | 2 | 2 | 2 | 1 | 4 |
|---|---|---|---|---|---|---|---|---|---|---|---|---|---|---|---|
| 8 | 7 | 6 | 7 | 7 | 7 | 7 | 1 | 3 | 6 | 6 | 2 | 0 | 1 | 5 | 6 |
| 7 | 8 | 8 | 8 | 7 | 8 | 3 | 0 | 0 | 4 | 8 | 8 | 5 | 4 | 6 | 6 |
| 8 | 8 | 7 | 8 | 8 | 2 | 0 | 1 | 1 | 2 | 6 | 6 | 7 | 6 | 6 | 7 |
| 7 | 1 | 1 | 2 | 3 | 0 | 0 | 1 | 2 | 1 | 0 | 0 | 2 | 2 | 4 | 6 |
| 5 | 0 | 0 | 0 | 0 | 1 | 1 | 1 | 2 | 1 | 1 | 1 | 2 | 2 | 1 | 4 |
| 4 | 1 | 1 | 0 | 1 | 1 | 1 | 2 | 2 | 1 | 1 | 1 | 2 | 2 | 2 | 6 |
| 6 | 2 | 1 | 1 | 1 | 1 | 1 | 4 | 4 | 2 | 1 | 1 | 1 | 1 | 1 | 2 |
| 8 | 7 | 4 | 1 | 1 | 1 | 2 | 2 | 2 | 4 | 2 | 1 | 1 | 2 | 2 | 2 |
| 6 | 4 | 4 | 2 | 1 | 2 | 2 | 1 | 1 | 2 | 2 | 1 | 1 | 2 | 4 | 2 |
| 0 | 0 | 0 | 1 | 1 | 2 | 2 | 1 | 0 | 0 | 4 | 1 | 1 | 1 | 1 | 1 |
| 1 | 2 | 2 | 1 | 1 | 1 | 2 | 2 | 2 | 2 | 2 | 1 | 4 | 4 | 2 | 4 |
| 4 | 2 | 2 | 2 | 2 | 1 | 2 | 4 | 4 | 4 | 2 | 4 | 4 | 2 | 4 | 4 |
| 6 | 6 | 4 | 4 | 4 | 4 | 5 | 4 | 2 | 4 | 2 | 6 | 7 | 5 | 6 | 7 |
| 6 | 6 | 6 | 5 | 4 | 5 | 7 | 4 | 2 | 2 | 1 | 6 | 8 | 8 | 8 | 8 |
| 7 | 6 | 7 | 6 | 6 | 7 | 8 | 5 | 2 | 2 | 1 | 6 | 8 | 8 | 8 | 8 |

色を数値データ化
（**符号化**）

### 標本化

**解像度**＝ **標本化**する際の画素の細かさの度合い（dpi：1インチあたりの画素数）

72dpi

25dpi

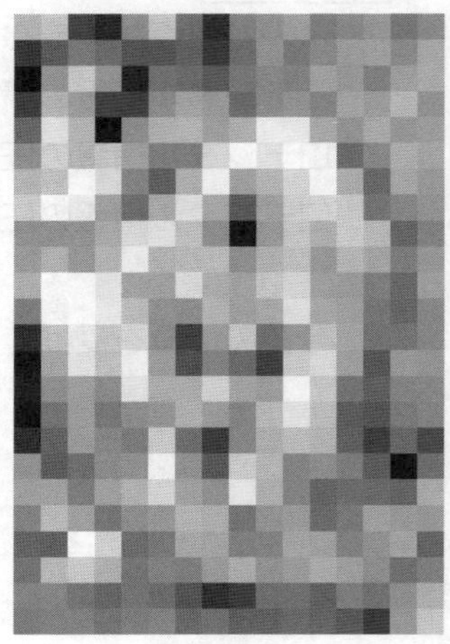

10dpi

## 量子化

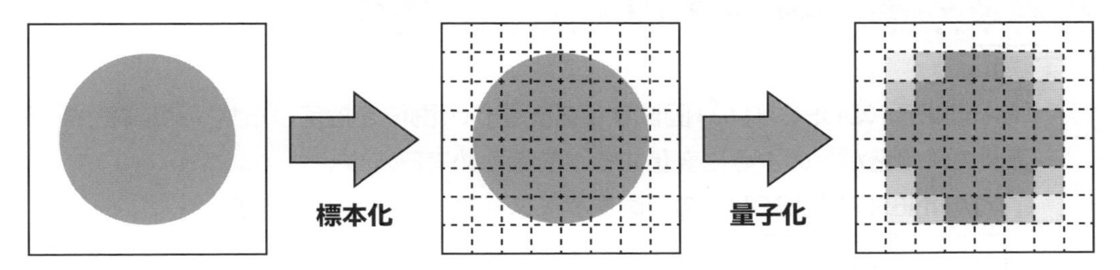


## 符号化

デジタル画像は、ピクセルごとの色を記録　→　各ピクセルは〔4　　　　　　　〕表現
→R（5　　　）G（6　　　）B（7　　　）それぞれを〔8　　　　　　　　〕で指定

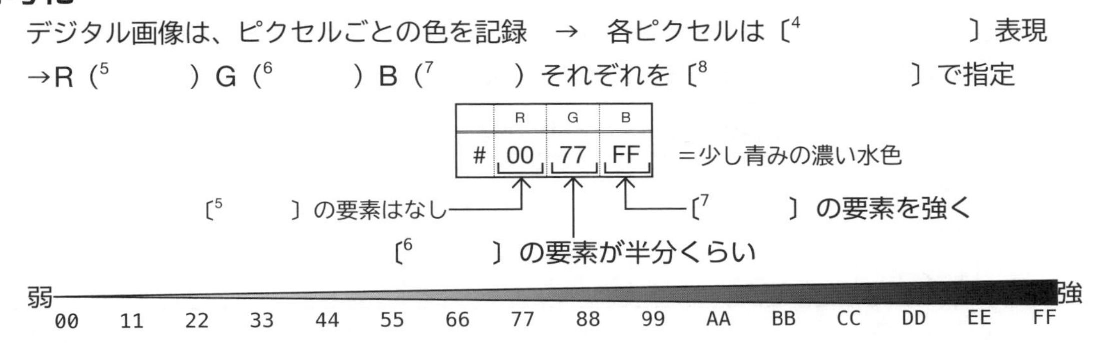


**デジタル画像は1画素あたり3バイトで記録されている**



## 音声のデジタル化

音声も画像と同様、標本化→量子化→符号化の手順でデジタル化する
音声は、空気の振動が伝わる波であるが、その波形を一定時間に区切って標本化し、波の変位の大きさを数値化し、量子化する
→1秒間をいくつに区切る（標本化する）かを**ビットレート**という

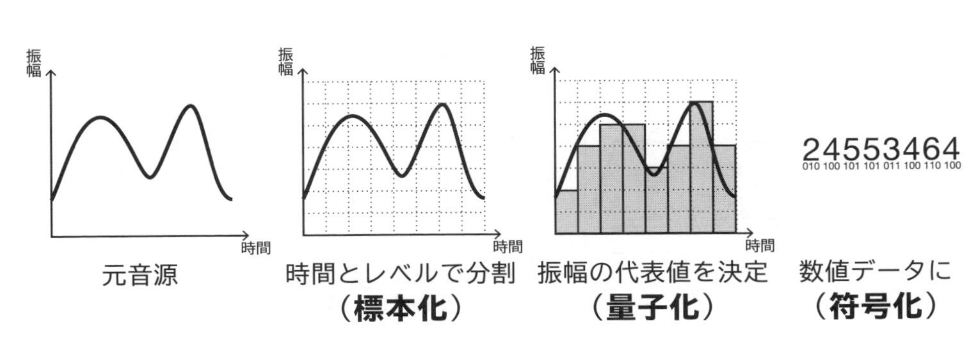


元音源　　時間とレベルで分割（**標本化**）　　振幅の代表値を決定（**量子化**）　　数値データに（**符号化**）

# ■ 画像の解像度を変化させる（標本化）

**実験1**

「BANNER KOUBOU」の「画像サイズ変更」で、画像を指定したサイズに縮小することで、画像の情報量がどのように変化するかを確かめてみよう。

①「BANNER KOUBOU」の「画像サイズ変更」にアクセスする

```
https://bannerkoubou.com/photoeditor/scaling/
```

②［**画像を選択する**］で自分の持っている任意の画像を選択し［**画像を加工する**］を開く

③「横幅」（または「縦幅」）をそれぞれ次の値にし、［**サイズを変更する**］を実行したときの容量と容量の減少率を表にまとめてください

| 設定 | 元画像 | 640px | 320px | 100px |
|---|---|---|---|---|
| 横幅 | 9 | 10 | 11 | 12 |
| 縦幅 | | | | |
| サイズ | | | | |

④画像の最大幅（または画像の最大高）を**100px**に設定した後、横幅（または縦幅）を**1000px**に設定してください

画像はどのように見えますか？

| 13 |
|---|



## 「コンじる」の衝撃

Photoshopの「コンテンツに応じる（通称：コンじる）」塗りつぶし機能
→下のように、画像の中の不要なものを消去してしまうことができる

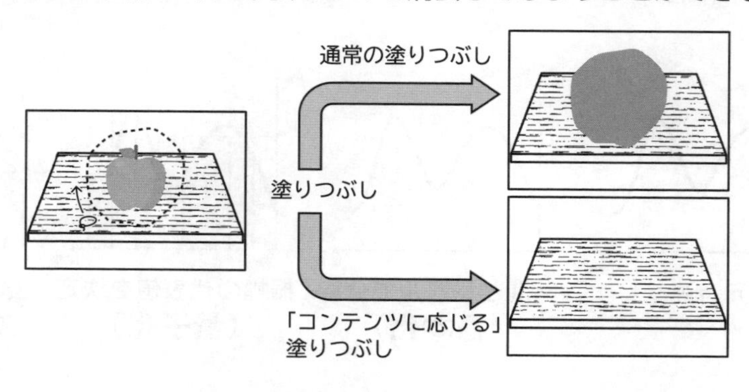

# ■ デジタル画像の演算処理

## 明るさと色の調整

### トーンカーブ

画像の明るさを別の明るさに変換することで色調の調節をする画像調整手法

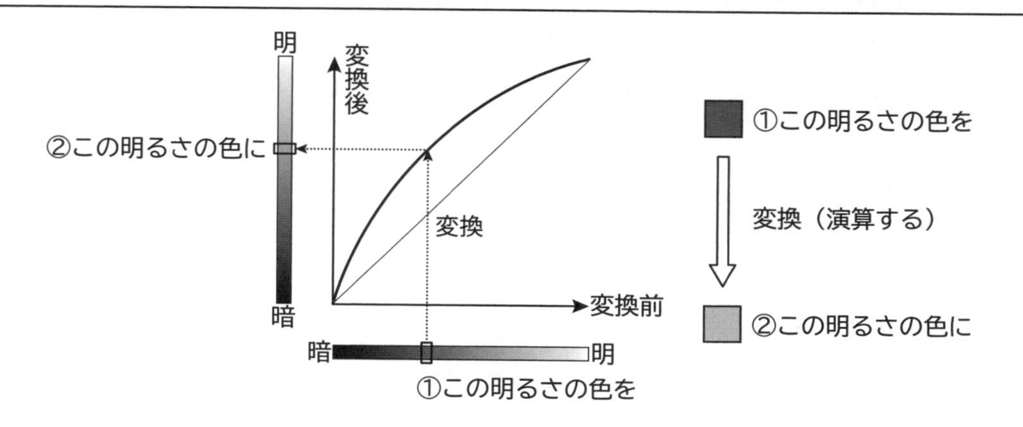


### レベル補正

画像の明るさの分布の範囲を調整することで色調の調整をする画像調整手法

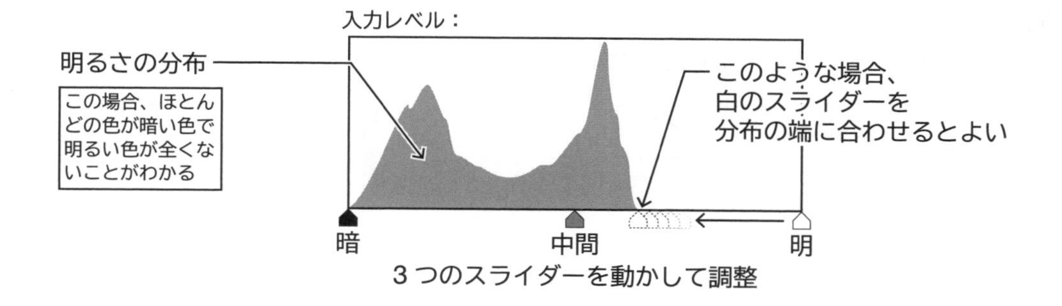


第9章

**実験2**

Webアプリ「Photopea」を使ってトーンカーブ、レベル補正の効果を確かめてみよう

①Webアプリ「Photopea」にアクセスする

```
https://www.photopea.com/
```

②「コンピュータから開く」→で画像ファイルを開く

③**トーンカーブ** または **レベル補正** で画像を調整 → 変化について、下の問に答える

④タブの[×]で画像を**閉じる** → 未保存のまま閉じてOK（保存をしても構いません）

## トーンカーブ

メニューの「**画像 > 色調補正 > トーンカーブ...**」または キーボードで **ctrl + M**

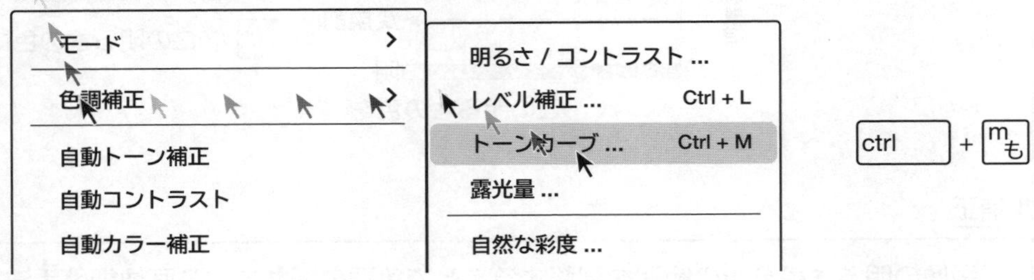


**問題1**

トーンカーブを次のように動かしたとき、画像はどのように変化しますか。

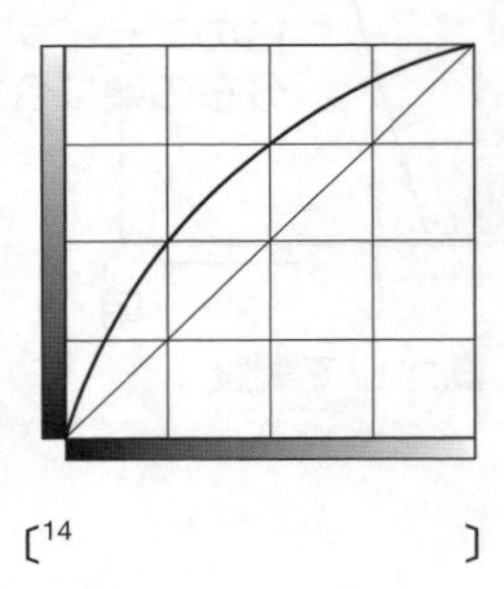

〔14　　　　　〕

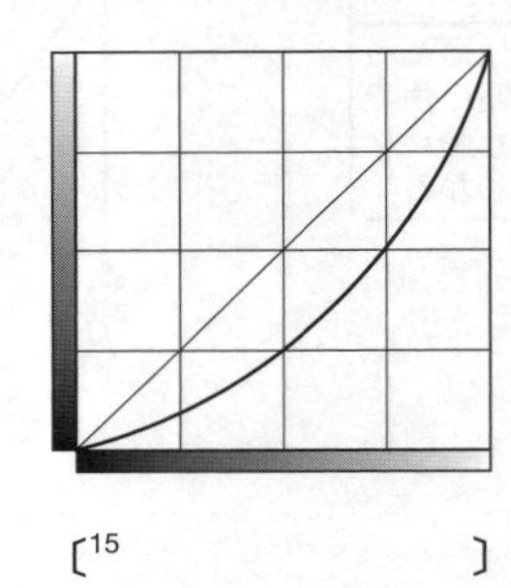

〔15　　　　　〕

第9章

## レベル補正

メニューの「**画像 > 色調補正 > レベル補正...**」または キーボードで **ctrl + L**

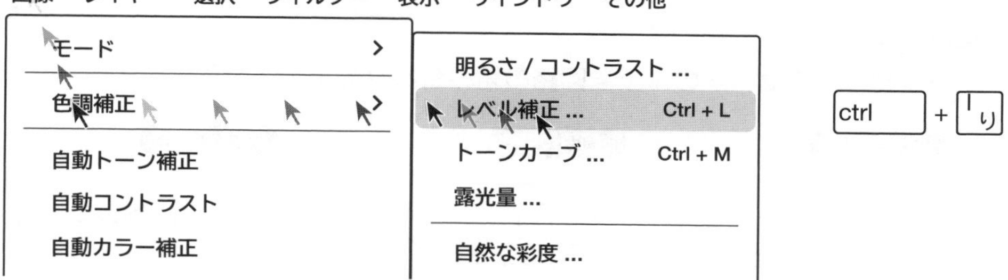


### 問題2

レベル補正のスライダーを次のように動かしたとき、画像はどのように変化しますか。

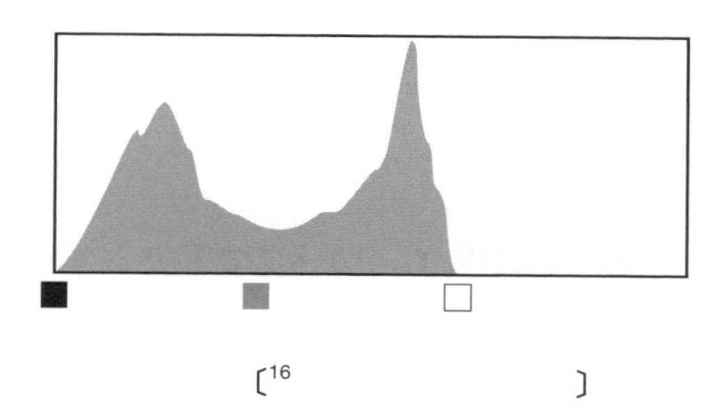

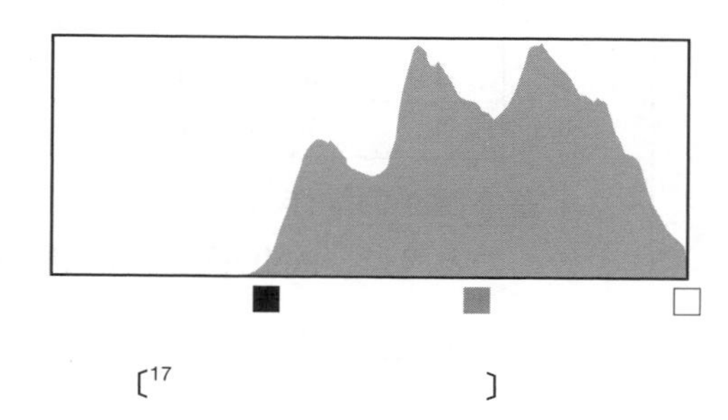

[16　　　　　　　　]　　[17　　　　　　　　]



### 振り返り

次の各観点が達成されていれば□を塗りつぶしましょう。

□画像情報のデジタル化の手順（標本化、量子化、符号化）を理解した

□画像の加工を通して、デジタル情報の演算処理の意味を理解できた

今日の授業を受けて思ったこと、感じたこと、新たに学んだことなどを書いてください。

## コンピュータの基本回路

### 基本回路

コンピュータは、次のような回路の組み合わせで実現される

AND回路

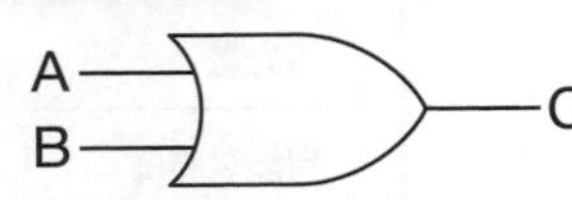


NOT回路

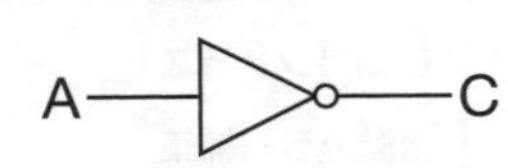


| 入力 | | 出力 |
|---|---|---|
| A | B | C |
| 0 | 0 | 0 |
| 0 | 1 | 0 |
| 1 | 0 | 0 |
| 1 | 1 | 1 |

| 入力 | | 出力 |
|---|---|---|
| A | B | C |
| 0 | 0 | 0 |
| 0 | 1 | 1 |
| 1 | 0 | 1 |
| 1 | 1 | 1 |

| 入力 | 出力 |
|---|---|
| A | C |
| 0 | 1 |
| 1 | 0 |

### 基本回路の動作

たとえば、AND回路、OR回路の入力端子A、Bに1、0が入力されたとする

1→ 0→ →0

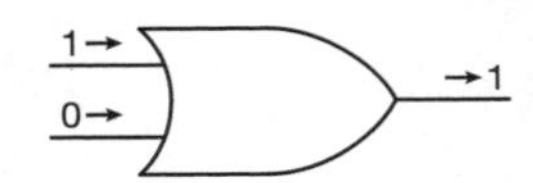


### よく使われるその他の回路

よく使われる回路にXOR回路、NAND回路がある

NAND回路

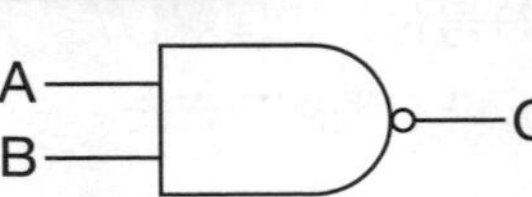


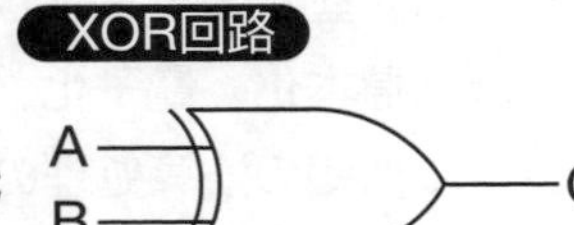


| 入力 | | 出力 |
|---|---|---|
| A | B | C |
| 0 | 0 | 1 |
| 0 | 1 | 1 |
| 1 | 0 | 1 |
| 1 | 1 | 0 |

| 入力 | | 出力 |
|---|---|---|
| A | B | C |
| 0 | 0 | 0 |
| 0 | 1 | 1 |
| 1 | 0 | 1 |
| 1 | 1 | 0 |

**コンピュータはこれらを組み合わせてさまざまな演算を行なっている**

# 加算回路

## 半加算回路

2進法の1桁の足し算は次のような回路で実現する

| 入力 | | 出力 | |
|---|---|---|---|
| A | B | C | S |
| 0 | 0 | 0 | 0 |
| 0 | 1 | 0 | 1 |
| 1 | 0 | 0 | 1 |
| 1 | 1 | 1 | 0 |

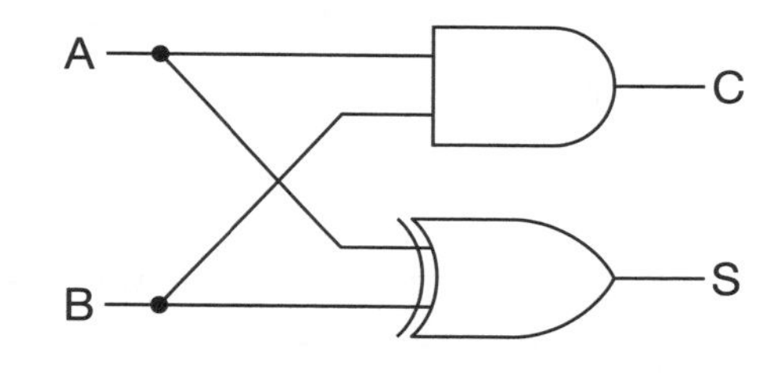


## 全加算回路

下の桁からの桁上がりを入力Cから入力したとして、
2進法のたし算の結果が現れるようにするには、下の全加算回路をつくる

| 入力 | | | 出力 | |
|---|---|---|---|---|
| A | B | C | C' | S |
| 0 | 0 | 0 | 0 | 0 |
| 0 | 1 | 0 | 0 | 1 |
| 1 | 0 | 0 | 0 | 1 |
| 1 | 1 | 0 | 1 | 0 |
| 0 | 0 | 1 | 0 | 1 |
| 0 | 1 | 1 | 1 | 0 |
| 1 | 0 | 1 | 1 | 0 |
| 1 | 1 | 1 | 1 | 1 |

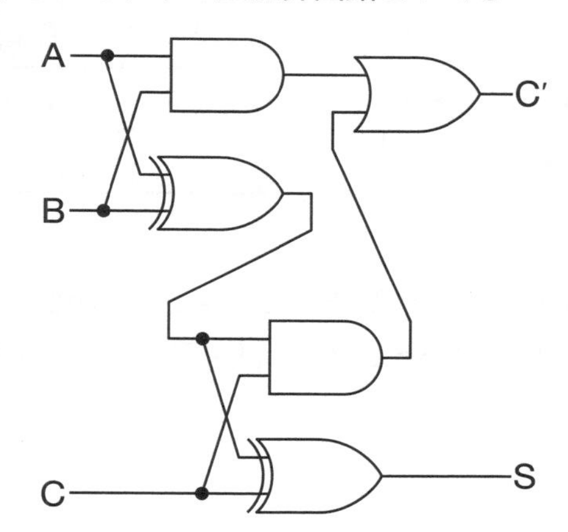


## 桁を増やした全加算回路

全加算回路のC'を上の桁の入力Cとすることで、たし算の桁を増やしていく

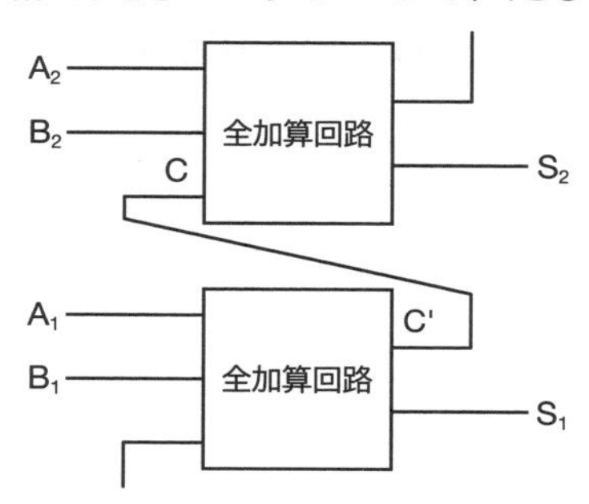

# 章末問題

**[問題1]**

p.9-5の16進法表をもとに、次の各ビット列を16進法で表してください。

(1) 0110 1101

(2) 1110 0011

(3) 0001 1000

(4) 1111 1111

**[問題2]**

次の各ビット列の情報量を指定された単位で答えてください。

(1) 00100100 00010011 00110110 10100110 01000101〔ビット〕

ビット

(2) 00100100 00010011 00110110 10100110 01000101〔バイト〕

バイト

**[問題3]**

p.9-7のASCIIコード表をもとに次の16進法コードを元の文字列に戻してください。

| 16進法コード | 4C | 61 | 6B | 65 | 20 | 42 | 69 | 77 | 61 |
|---|---|---|---|---|---|---|---|---|---|
| 文字列 | | | | | | | | | |

**[問題4]**

次のそれぞれの情報量を指定された単位で求めてください。

(1) 文字コードUTF-8（1文字あたり3バイト）で書かれた1200文字の日本語の文章データ〔バイト〕

バイト

(2) 1ピクセルあたり24ビットである幅200ピクセル、高さ150ピクセルの画像を圧縮率30%で圧縮した画像データ〔バイト〕

バイト

第9章

# コラム～音楽の演算処理

## ■ 音声のデジタル化

### 音と波

音は、空気の分子の振動が空気中を伝わる現象のことをいう→振動の伝わり＝**波**という

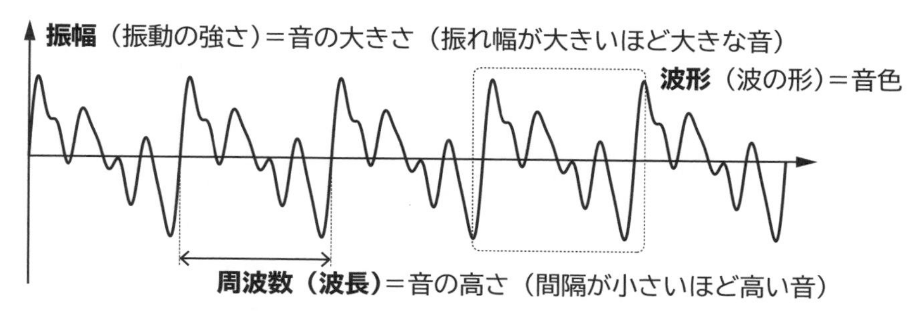


**音の3要素＝音の強さ**（振幅）、**音の高さ**（周波数）、**音色**（波形）の3要素
→これらをデジタル情報として数値に置き換える＝音声をデジタル化

## ■ 音楽の演算処理～ボーカロイドとPerfumeと

### ボーカロイドの秘密

ボーカロイドは、初音ミクなどのキャラクターの声があらかじめ収録されている
→作曲者が指定した音程と言葉が合うように、声を演算処理して合成して演奏

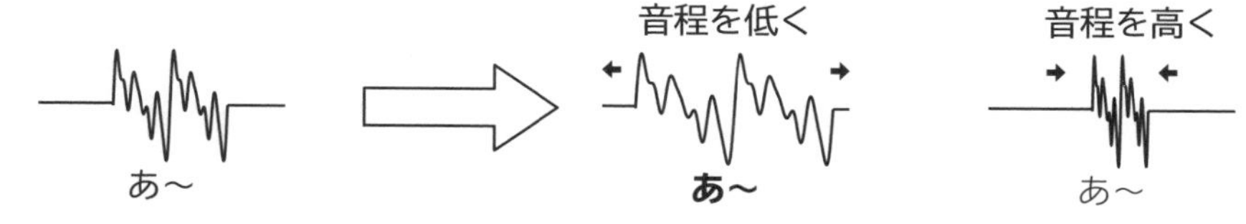


### テクノポップ

**テクノポップ**＝ シンセサイザーやコンピュータなどで電子的に音を作り出して演奏

※日本では、YMOやPerfumeなどが有名、世界的にはドイツのKraftwerkが今でも人気
※Perfumeの魅力の一つに独特の声→マイクから入力した声をコンピュータで演算処理

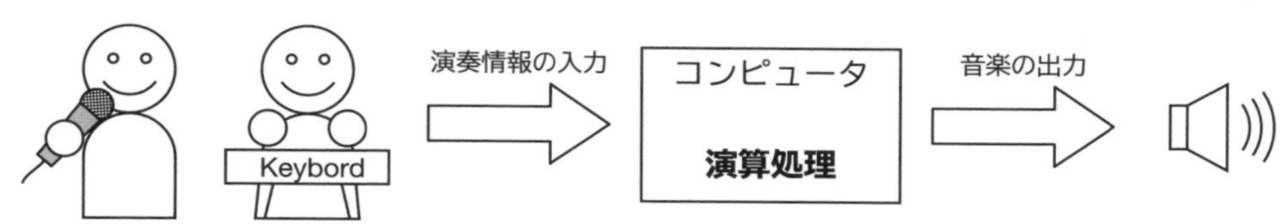


**情報のデジタル化が音楽の世界も変えた！**

# 2 進法による計算

「情報I」第9章EX1

Contents



**この章の動画**
**「2 進法による計算」**

クラス：　　　番号：　　　氏名：

# 2 進法による計算

第9章では、デジタル情報がすべて2進法によって情報が扱われており、演算処理されていることを学んできました。ここでは、デジタル情報がコンピュータの中で実際にどのように扱われ、どのように演算されているかについて学びます。

## ■ 2進法による計算

### 数の扱い

コンピュータ内部では、情報を0と1、つまり2進法で表現されたデジタルデータで処理

→ソフトウェア上で10進法の数を使っても、内部では2進法に変換して計算

### 2進法の数の加算

10進法の数は0 ～ 9の数字が使える　→　9に1を加えると10となる

→2進法では、0と1の数字しか使えない　→　1に1を加えると10となる

**例題**

1010 + 1011 の計算をする

$$\begin{array}{r} 1010 \\ +\ \ 1011 \\ \hline \end{array}$$

［1　　　　］

**問題1**

次の2進法で表された数の加算をしてください。

(1) 101 + 111

［2　　　　］

(2) 1100 + 1010

［3　　　　］

(3) 10101 + 11111

［4　　　　］

# 小数点以下の表し方

## 10進法の数の場合

例）10進法の数 123.456

| 重み | 100<br>$10^2$ | 10<br>$10^1$ | 1<br>$10^0$ | | 0.1<br>$10^{-1}$ | 0.01<br>$10^{-2}$ | 0.001<br>$10^{-3}$ |
|---|---|---|---|---|---|---|---|
| 数 | 1 | 2 | 3 | . | 4 | 5 | 6 |

$1234 = 1 \times 10^2 + 2 \times 10^1 + 3 \times 10^0 + 4 \times 10^{-1} + 5 \times 10^{-2} + 6 \times 10^{-3}$

## 2進法の数の場合

例）2進法の数 0110.1010

| 重み | 8<br>$2^3$ | 4<br>$2^2$ | 2<br>$2^1$ | 1<br>$2^0$ | | 0.5<br>$2^{-1}$ | 0.25<br>$2^{-2}$ | 0.125<br>$2^{-3}$ | 0.0625<br>$2^{-4}$ |
|---|---|---|---|---|---|---|---|---|---|
| 数 | 0 | 1 | 1 | 0 | . | 1 | 0 | 1 | 0 |

$(0110.1010)_2 = (4 + 2 + 0.5 + 0.125)_{10} = (6.625)_{10}$

※2進法では、10進法の数の0.5、0.25、0.125……の和で表せるものしか表現できない
→計算に〔5　　　　　　〕が生じる可能性がある

第9章 EX1

## 浮動小数点法

固定小数点法＝小数を含む数を、小数点の位置を固定して表現する方法

浮動小数点法＝数を10の指数で桁を表記する方法→桁数が多い際に有効

固定小数点法

12345.0
12345000000.0
0.0012345

↑
小数点の位置を固定

浮動小数点法

$1.2345 \times 10^4$
$1.2345 \times 10^{10}$
$1.2345 \times 10^{-3}$

↑仮数部　↑指数部

一般に、コンピュータでは小数を表すのに浮動小数点法が使われている

# ■ 論理回路

## 論理回路

### 論理演算

**論理演算**＝ AかつB、AまたはBなどの論理を計算する方法

コンピュータは、情報をすべて数値（実際には2進法）に置き換えて扱う
→コンピュータ内部では、入力された0または1の値に対して、0または1の値で出力

### 論理回路

**論理回路**＝ 論理演算を行なうための電子回路

## 論理ゲート

### ANDゲート（論理積ゲート）

論理回路の図記号

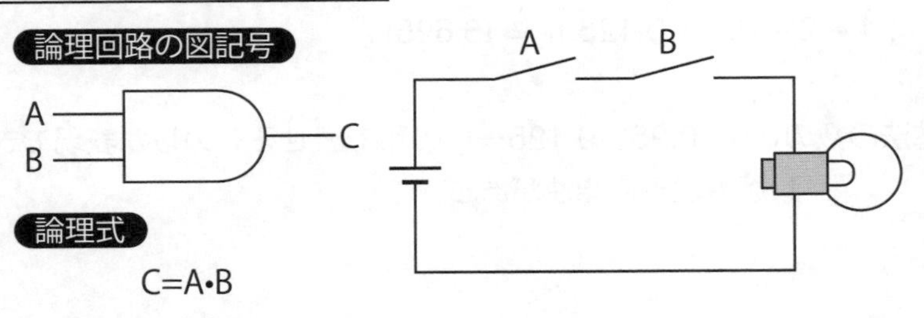


論理式

C=A•B

| 入力 | | 出力 |
|---|---|---|
| A | B | C |
| 0 | 0 | 0 |
| 0 | 1 | 0 |
| 1 | 0 | 0 |
| 1 | 1 | 1 |

### ORゲート（論理和ゲート）

論理回路の図記号

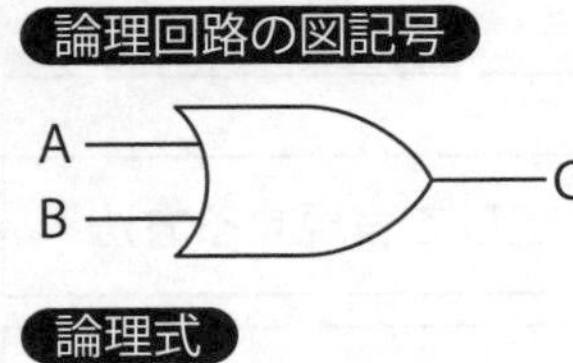


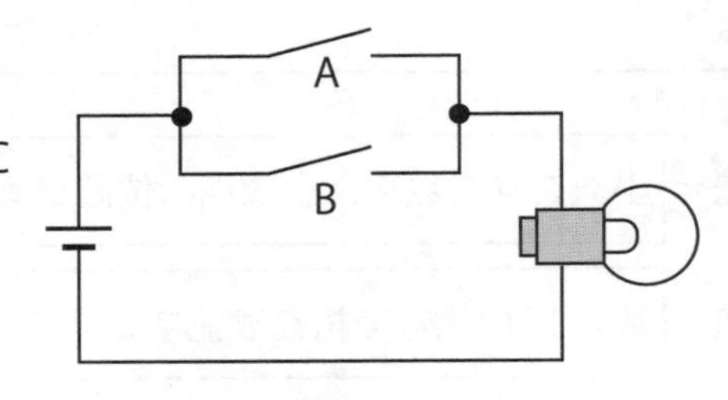


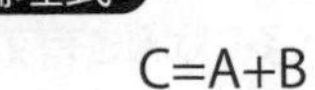


C=A+B

| 入力 | | 出力 |
|---|---|---|
| A | B | C |
| 0 | 0 | 0 |
| 0 | 1 | 1 |
| 1 | 0 | 1 |
| 1 | 1 | 1 |

### NOTゲート（否定ゲート）

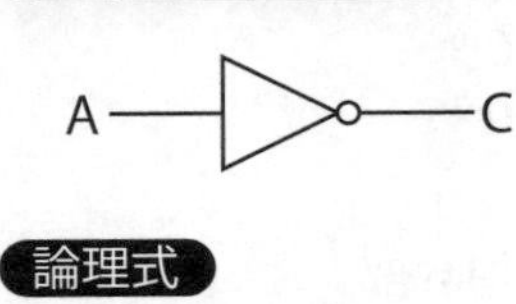


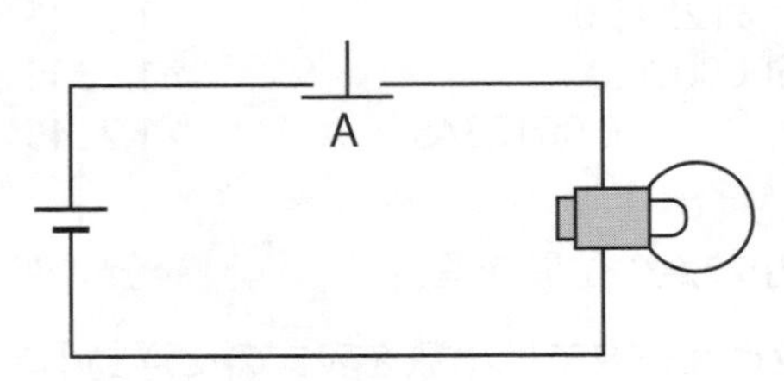


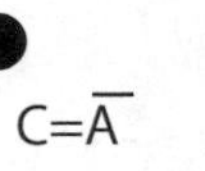


$C=\overline{A}$

| 入力 | 出力 |
|---|---|
| A | C |
| 0 | 1 |
| 1 | 0 |

**NANDゲート（否定論理積ゲート）**

論理回路の図記号　論理式

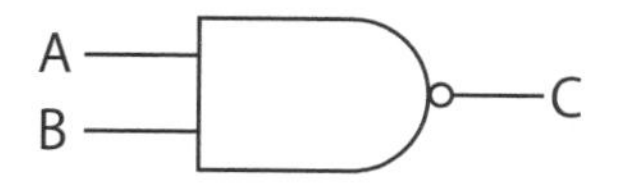


$C=\overline{A}+\overline{B}$

| 入力 | | 出力 |
|---|---|---|
| A | B | C |
| 0 | 0 | 1 |
| 0 | 1 | 1 |
| 1 | 0 | 1 |
| 1 | 1 | 0 |

**XORゲート（排他的論理和ゲート）**

論理回路の図記号　論理式

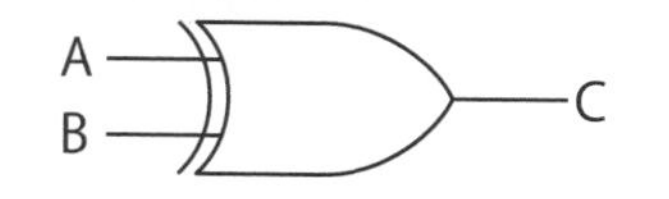


$C=A\oplus B$

| 入力 | | 出力 |
|---|---|---|
| A | B | C |
| 0 | 0 | 0 |
| 0 | 1 | 1 |
| 1 | 0 | 1 |
| 1 | 1 | 0 |

# ■ 加算回路

## 半加算回路

次の回路のA、Bに0および1を入力した場合、C、Sにどのように出力されるか

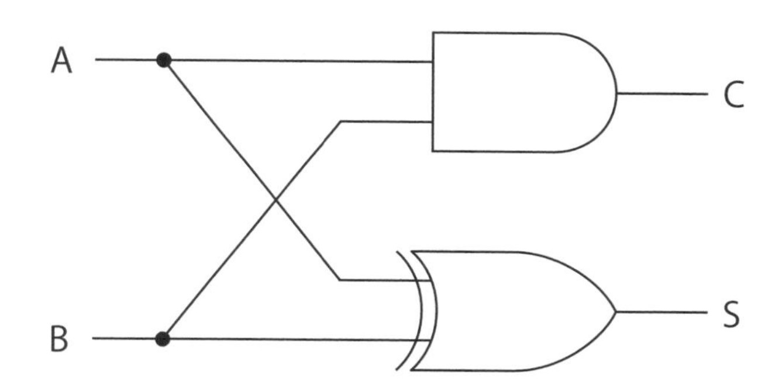


**真理値表**

| 入力 | | 出力 | |
|---|---|---|---|
| A | B | C | S |
| 0 | 0 | 6 | 7 |
| 0 | 1 | 8 | 9 |
| 1 | 0 | 10 | 11 |
| 1 | 1 | 12 | 13 |

## 全加算回路

次の回路のA、B、Cに0または1を入力した場合、C'、Sにどのように出力されるか

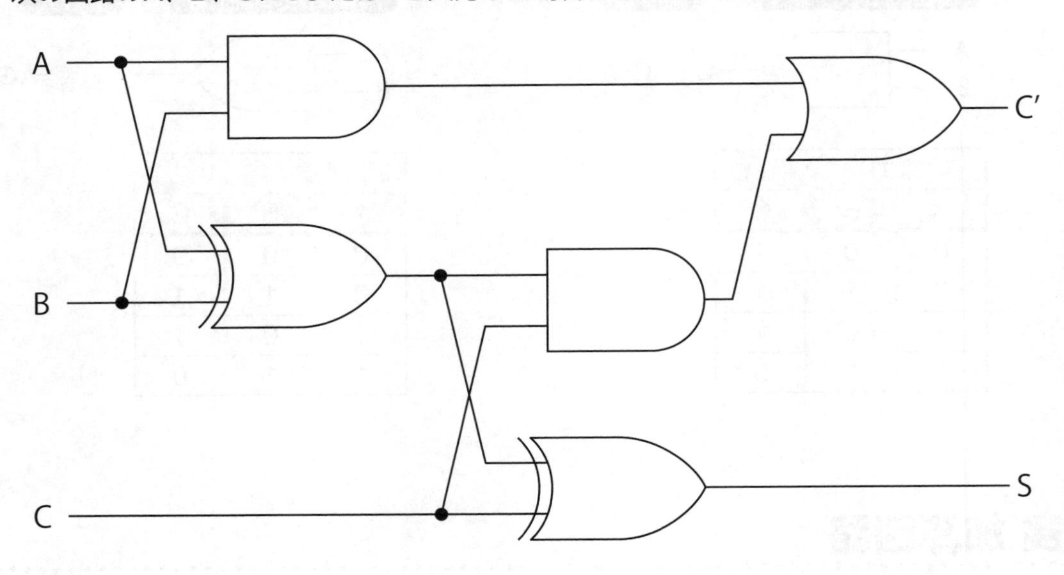


**真理値表**

| 入力 | | | 出力 | |
|---|---|---|---|---|
| A | B | C | C' | S |
| 0 | 0 | 0 | 14 | 15 |
| 0 | 1 | 0 | 16 | 17 |
| 1 | 0 | 0 | 18 | 19 |
| 1 | 1 | 0 | 20 | 21 |
| 0 | 0 | 1 | 22 | 23 |
| 0 | 1 | 1 | 24 | 25 |
| 1 | 0 | 1 | 26 | 27 |
| 1 | 1 | 1 | 28 | 29 |

**検算**

1桁の2進数の足し算の結果が上の桁C'、下の桁Sとした場合と一致

→3桁の2進数の足し算の回路であることがわかる

入力Cは下の桁からの桁上がりと考える

→桁上がりを考慮した足し算の回路　＝　**全加算回路**

**これが、コンピュータの回路の最も基本となる回路**

## 全加算回路の桁を増やす

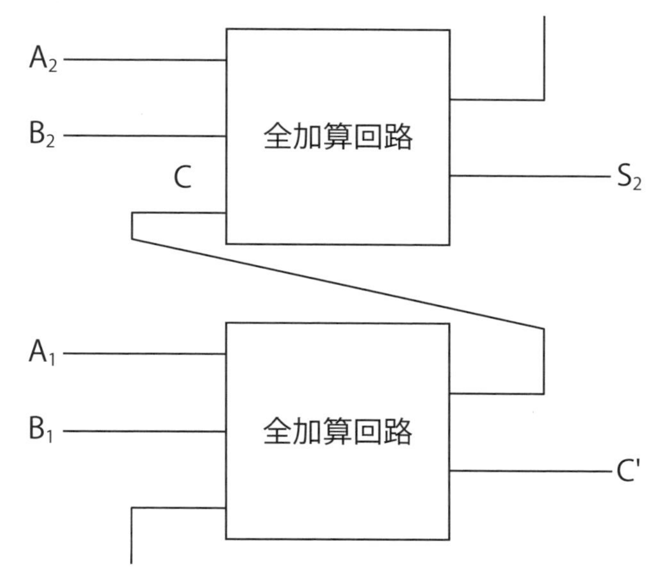


このように、全加算回路のC'を上の桁の入力Cとする
→足し算の桁をどんどん拡大していくことができる



**振り返り**

次の各観点が達成されていれば□を塗りつぶしましょう。

□2進法の加算ができるようになった

□2進法の数の小数点以下の表し方について理解できた

□論理ゲートを組み合わせることで論理演算の回路を組み立てられることを理解できた

□加算回路が2進法の加算を表していることを理解できた

今日の授業を受けて思ったこと、感じたこと、新たに学んだことを書いてください。

# 正規表現入門

「情報I」第9章EX2

Contents



この章の動画
「正規表現入門」

クラス：　番号：　氏名：

# 正規表現入門

デジタル情報は、情報が数値で表されているため、データの中から同じパターンに合致するものを検索して探し出すことが可能になります。ここでは、完全に一致するものだけでなく、さまざまなパターンで情報を探し出すことができる「正規表現」について学びます。

## ■ デジタル情報の検索

### デジタル情報の検索

**情報検索**＝ 大量のデータの中から目的に合致した情報を取り出すこと

　昼食に、有名な中華料理チェーン店に立ち寄ったときのこと。
　その店舗では、一人で来た客はカウンターに通されることになっている。今日も例外なくカウンターに通された。カウンターの客は、ホール係ではなく**厨房**の調理係が注文などの対応をすることになっている。
　対応した4、50代の**厨房**係の男は、見た目には日本人のように思われた。注文を言っても首を傾げ、たどたどしい日本語で何度も聞き直してきたところから、日本人ではないことがわかった。
　期間限定の特別メニューを注文したこちらも悪かったのかもしれないが、店舗の外に貼っていたPRの看板を見てこの店に入ったため、他のものを注文するつもりはなかった。壁に貼ってあるメニューを指差し、これだと伝えた。男はよく理解しないままに伝えられた注文を、言葉通りに伝票に書き込んだ。伝票に書かれた自信のなさがにじみ出た日本語の文字は、バランスを失い歪んで罫線から大きくはみ出していた。
　男は**厨房**の奥にいた別のスタッフに注文内容を伝えに行った。**厨房**の奥でどのような言葉のやりとりがなされたのかは不明だが、そのスタッフは男に何度か聞き直していたために、うまく伝えられなかったことが伺えた。
　店内は12時前というのにすでに多くの客が入っており、**厨房**の調理係

検索文字列 厨房

検索語 文字コード
厨房 ＝ E5 8E A8 E6 88 BF

......E3 83 9B E3 83 BC E3 83 AB E4 BF 82 E3 81 A7 E3 81 AF E3 81 AA E3 81 8F **E5 8E A8 E6 88 BF** E3 81 AE E8 AA BF......

同じパターンのものを拾い上げる

**情報が数値で表現されているからこそ可能なこと**



### 正規表現を学ぶと得すること

正規表現を学んでいるとどういうよいことがあるのか？
→ズバリ！仕事を大幅に時間短縮できるようになる！

例えば、いつも作成している授業冊子の空欄は正規表現を活用して作成
空欄にする文字列のまわりには全角空白文字を2文字ずつ配置
→空白2文字と空白2文字で挟まれた文字列を検索
→一斉に文字スタイルを「解答欄」に設定
※印刷前に文字スタイル「解答欄」の文字色を透明に変更 → 一斉に透明に
空欄番号は、〖と空白文字に挟まれた数字の列を検索
→一斉に文字スタイル「空欄番号」（上付き文字にする）に設定

# ■ 正規表現

## 正規表現とは

**正規表現**＝ 文字列の集合を一つの文字列で表現する方法の一つ

どういうことか

「第1章」「第2章」「第3章」……といった文字列をすべて拾い出したい
→「第■章」の■は何か数字が入るというように同じようなパターンを一言で表現する
→実際の正規表現では、「第[0-9]章」→ これだと章番号が2桁以上のものはマッチしない
→「第[0-9]+章」とすると、2桁以上の章番号の章もマッチする
このように、パターンにマッチした文字列を検索できるようにする表現が**正規表現**

## RegExrを使う

正規表現でどのような文字列がマッチするかをテストするツールを使ってみよう
下のURLから「RegExr」を起動する

```
https://regexr.com
```

あらかじめサンプル文章が入力されているので、気軽に検索してみよう
Expressionの/と/gの間に正規表現を入力すると、マッチした文字列がハイライトされる
→最初に入っている正規表現を削除してからはじめよう



## 特定の文字をマッチさせる

特定の文字をマッチさせるには、マッチさせたい文字をそのまま書けばよい

やってみよう1

①試しに「**a**」と入力してみよう
②文章中の「**a**」がすべてマッチする→マッチ数を表にまとめよう
③他の文字でも試してみよう

| 文字 | マッチ数 |
|---|---|
| **a** | |
| | |
| | |
| | |

## 特定の文字列をマッチさせる

特定の文字列をマッチさせるには、マッチさせたい文字列をそのまま書けばよい

**やってみよう2**

①「**is**」と入力してみよう
②文章中の「**is**」がすべてマッチする→マッチ数を表にまとめよう
③他の文字列でも試してみよう

| マッチ数 |
|---|
| |

## 任意の文字をマッチさせる

任意の1文字（何でもよいから1文字）をマッチさせるには、文字のかわりに**.**を書く

**やってみよう3**

①「**a.e**」と入力してみよう
②4種類の文字列がマッチしたはず
③マッチした文字列を表にまとめよう

| マッチした文字列 | |
|---|---|
| | |
| | |

**やってみよう4**

①「**e..e**」と入力してみよう
②3種類の文字列がマッチしたはず
③マッチした文字列を表にまとめよう
※空白も1文字として数えられることがわかる

| マッチした文字列 | |
|---|---|
| | |
| | |

**やってみよう5**

①「**e...e**」と入力してみよう
②2種類の文字列がマッチしたはず
③マッチした文字列を表にまとめよう

| マッチした文字列 |
|---|
| |
| |



**考えてみよう1**

正規表現「私は**...**が**...**。」にマッチする文を作文してください。

| |
|---|

## 指定した文字のうちのどれかをマッチさせる

[]で括られた中の文字は、その中のどれか1つに合致する

**例**

| 明日は晴です | 明日は曇です | 明日は雨です | 明日は雪です |
|---|---|---|---|

これに対して、正規表現「明日は**[晴雨]**です」とすると、色をつけた2つがマッチする

### やってみよう6

①「**[ae]**」と入力してみよう
②文章中の「**a**」または「**e**」がすべてマッチする
③マッチ数を表にまとめよう

| マッチ数 |
|---|
| |

### やってみよう7

①「**[ae].[ae]**」と入力してみよう
②文章中の「**a**」または「**e**」ではさまれた3文字がマッチ
③マッチした文字列を記録しよう

| マッチした文字列 | |
|---|---|
| | |
| | |
| | |

**範囲の指定**

**[A-Z][a-z][0-9]**などとすると、範囲に含まれる文字すべてがマッチする
**[A-Za-z]**とすると、アルファベットの大文字小文字のすべてをマッチさせられる



### やってみよう8

①「**[a-z]**」と入力してみよう
②すべてのアルファベット小文字が1文字ずつマッチする
③次に「**[A-Za-z]**」と入力してみよう
④文章中のすべてのアルファベットが1文字ずつマッチする
⑤④でのマッチした文字列を記録しよう

| マッチ数 |
|---|
| |

### 考えてみよう2

正規表現「**[私僕俺儂]**は**..**だ。」にマッチする文を作文してください。

| |
|---|
| |

## 同じ文字の繰り返しをマッチさせる

+記号は、直前に書いた文字が1文字以上繰り返されるときにマッチする

**例**

正規表現「ど+ーん」は、次のような文字列がマッチする

| どーん | どどーん | どどどーん | どどどどどどーん |
|---|---|---|---|

**やってみよう9**

①「**at+e**」と入力してみよう
②2種類の文字列がマッチしたはず
③マッチした文字列を表にまとめよう

| マッチした文字列 |
|---|
| |
| |

**やってみよう10**

①「**[A-Za-z]+**」と入力してみよう
②文章中のすべての単語がマッチする
③マッチした単語の数を表にまとめよう

| マッチ数 |
|---|
| |

**やってみよう11**

①「**[A-Z][a-z]+**」と入力してみよう
②文章中の最初の文字が大文字の単語がマッチする
③マッチした単語の数を表にまとめよう

| マッチ数 |
|---|
| |



### 当該の文字がなくてもスルー

*記号は、直前の文字が0文字以上繰り返されるときにマッチする
→直前の文字がなくてもよい

**やってみよう12**

①「**[A-Z]*[a-z]+**」と入力してみよう
②文章中のすべての単語がマッチするが、一部の単語が除外される
③除外された単語を表に記録しよう

| 除外された文字列 |
|---|
| |

**考えてみよう3**

正規表現「**[私僕俺儂]**は**.+**だ。」にマッチする文を作文してください。

| |
|---|
| |

## 特殊な文字をマッチさせる

### メタ文字

正規表現では、次のような文字は命令として特別な意味を持つ

→そのままでは検索できない　＝　**メタ文字**という

```
. ^ $ [ ] * + ? | ( )
```

これらのメタ文字を単なる普通の文字として検索した場合

→メタ文字の前に\記号を付加する必要がある

例)「.」そのものを検索したい場合、\.とするとよい（空白文字は\s）

**やってみよう13**

①「\.」と入力してみよう

②文章中のすべての「.」がマッチする

③マッチした「.」の数を表にまとめよう

| マッチ数 |
|---|
| |

**やってみよう14**

①「**[A-Za-z]+\.**」と入力してみよう

②文章中で「.」で終わる単語がマッチする

③マッチした単語の数を表にまとめよう

| マッチ数 |
|---|
| |

### 参考

メールアドレスをマッチさせる正規表現は次のようなものになる

```
[A-Za-z0-9._-]+@[A-Za-z0-9-]+(\.[A-Za-z0-9-]+)*
```

ほぼ今日習った範囲で読み取ることができるので、一度じっくり読み解いてみよう

**振り返り**

次の各観点が達成されていれば□を塗りつぶしましょう

□正規表現とはどのようなものかを理解することができた

□正規表現の基本的な表現方法を習得することができた

今日の授業を受けて思ったこと、感じたこと、新たに学んだことを書いてください。

# プログラミング

「情報I」第10章

Contents



**10 章のプログラミングの解答例を QR コードからダウンロードできます。**
**解答例はテキスト形式になっています。**

10-11章プログラミング解答例

**この章の動画**
**「プログラミング」**

クラス：　　番号：　　氏名：

# 変数と代入式

すべてのコンピュータは人間が書いたプログラムにしたがって動作します。コンピュータを動かすためのプログラムを記述することをプログラミングといいます。これから、プログラミングの基本的な事柄について学んでいきます。今日はその第一歩です。

## ■ コンピュータとプログラミング

### コンピュータとは

**コンピュータ**＝ 数値計算をはじめ、情報やデータの処理を高速に行う電子機器

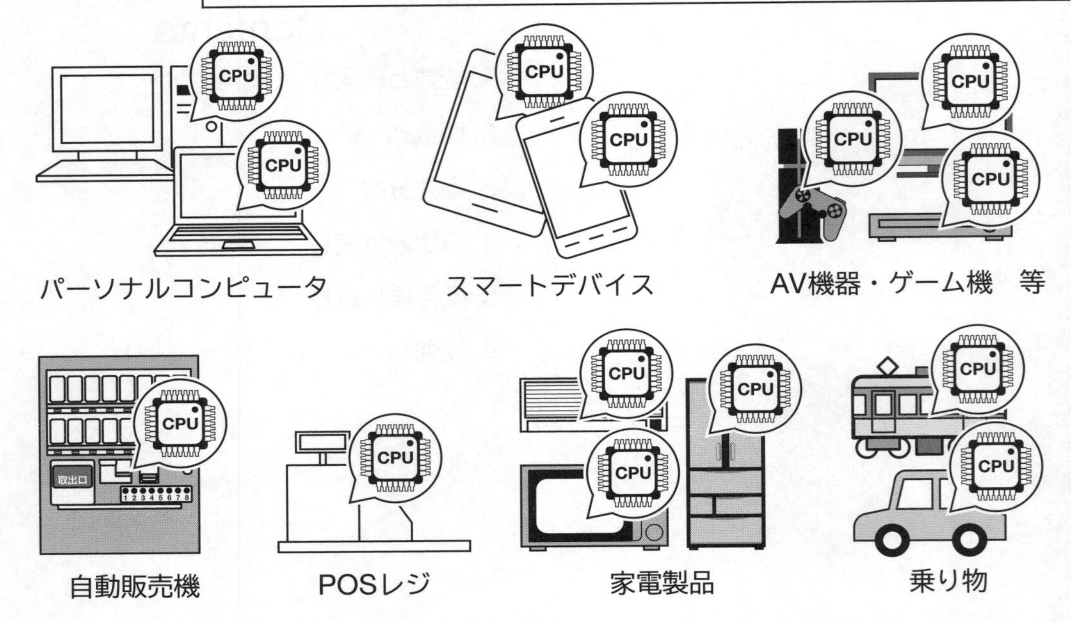


私たちの身の回りはコンピュータに囲まれている → あらゆるものにコンピュータが内蔵
→むしろ、コンピュータの使われていないものを探す方が難しいかもしれない

第10章

#### コンピュータにできること

情報を入力すると、入力情報をもとに情報を作り出して出力する

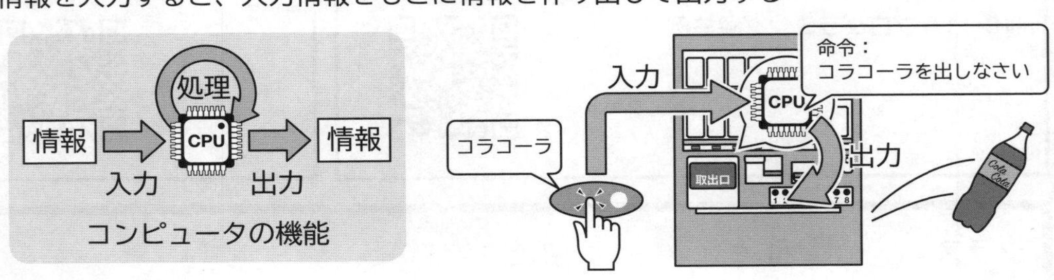

# プログラミング

**プログラム**＝ コンピュータに対する命令（処理）を記述したもの

**プログラミング**＝ プログラムを記述すること

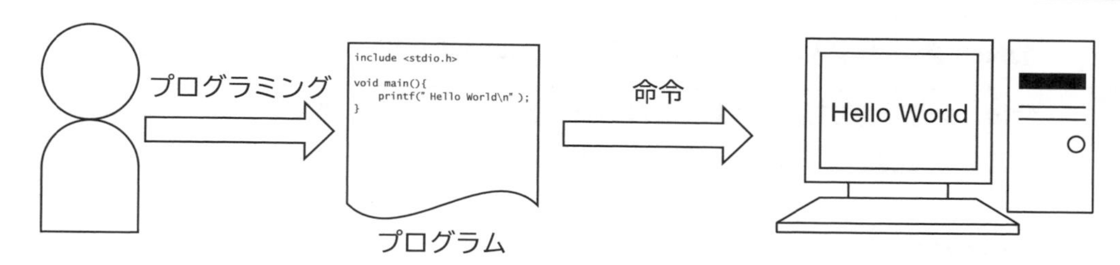


※すべてのコンピュータはプログラムにしたがって動作する

## プログラミング言語

**プログラミング言語**＝ コンピュータプログラムを記述するための言語

プログラミング言語は人間にも理解できる言語→コンピュータは機械語しか理解できない

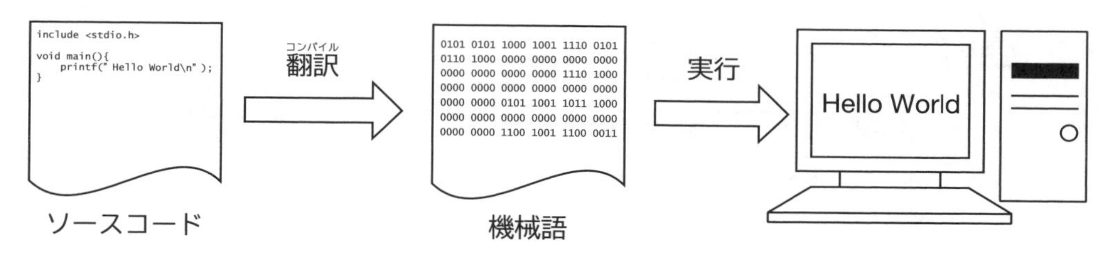


※プログラミング言語によっては、逐次翻訳しながら実行する言語もある（インタプリタ）



### 日本中で起きている悲劇～プログラミングを学ぶ意味

エンジニアもプログラマも、依頼者の業務内容のことはわからない

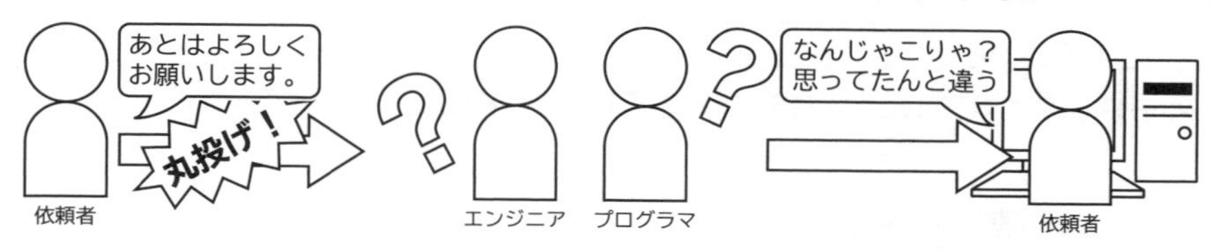


依頼する側が情報システムの開発について知ることが大事

ちょっとした情報活用による問題解決なら、自分たちで作ることも

→プログラミングを学ぶことで仕事の幅が広がる

# ■ プログラミング実習ことはじめ

## プログラミング学習環境「つちのこ」

**つちのこ**＝ ブラウザ上で動作するプログラミング言語、DNCL2言語に近い

**DNCL2**＝ 大学入学共通テストのサンプル問題で使用された疑似プログラミング言語

今後、大学入学共通テストでDNCL2が使われる可能性が高い　※DNCL2は仮称

※この言語は、近年よく利用されているPythonに似ており、Pythonへの移行が容易

### つちのこの起動

```
http://t-daimon.jp/tsuchinoko/ide/
```

※このURLで起動することができる（ただしサンプルプログラムが入力された状態）

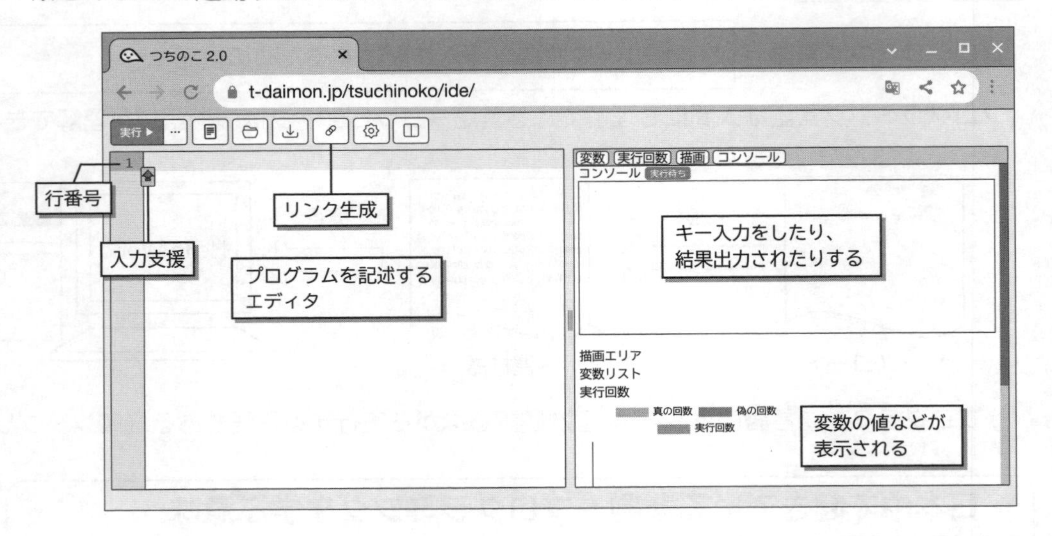


## 表示するプログラム

```
1 表示する("こんにちは")
```

「こんにちは」と表示する

文字列を表示させたい場合、表示させる文字列を" "で囲む

### プログラムの実行順序

プログラムは、1行目から順番に実行されます。

```
1 表示する("こんにちは")
2 表示する("こんばんは")
```

「こんにちは」と表示する
「こんばんは」と表示する

# ■ 変数と代入式

## 変数とは

プログラムの中で、数値や文字列を入れておく入れ物を変数という

→変数を使うことで、同じ値を繰り返し使うことができる

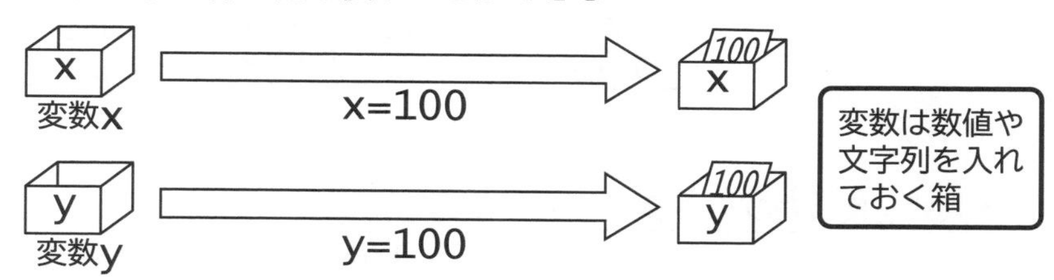


### 変数を使ったプログラム

変数を使ってプログラミングしてみよう

```
1 x = "こんにちは"        変数xに"こんにちは"を代入
2 表示する(x)             変数xの値（"こんにちは"）を表示する
```

※変数の値を表示させる場合、""で囲まない（""も変数に含まれていると考える）

### 変数の書き換え

変数に別の値を代入すると、新しい値に書き変わる

```
1 x = "こんにちは"        変数xに"こんにちは"を代入
2 表示する(x)             変数xの値（"こんにちは"）を表示する
3 x = "こんばんは"        変数xを"こんばんは"に書き換え
4 表示する(x)             変数xの値（"こんばんは"）を表示する
```

## 標準入力

```
[変数] = 入力("[メッセージ]",入力形式=[形式])
```

プログラムを実行した人に、変数の値を入力させたい場合、**入力()**関数を使う

→""で囲まれた［メッセージ］がコンソールに表示され、プログラムは待機状態となる

→キー入力をすると、左辺の**[変数]**に入力した値が代入される

**例題1**

```
1 shimei = 入力("氏名を入力：",入力形式=文字列)
2 表示する("私の名前は",shimei,"です。")
```

コンソールに「氏名を入力：」と表示されたら、そこにキー入力で氏名を入力する

→入力すると、**shimei**という変数に入力した内容が格納される

第10章

## 代入式

プログラミングにおける=は、「右辺の計算結果を左辺の変数に代入する」という意味

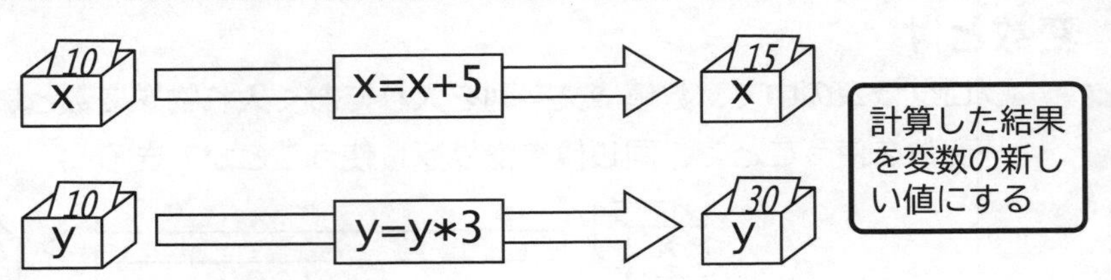


### 代入式を使ったプログラム

代入式を使うことで、変数がどのように変化するかを見てみよう

| | |
|---|---|
| 1 **x = 100** | |
| 2 表示する(**x**) | |
| 3 **x = x + 100** | 変数xに100を加える |
| 4 表示する(**x**) | 変数xの値を表示する |

### 主な算術演算子

| | | | |
|---|---|---|---|
| + | 加算（足し算） | // | 除算の商の整数部 |
| − | 減算（引き算） | % | 除算の余り |
| * | 乗算（掛け算） | ** | 累乗（x**2→$x^2$） |
| / | 除算（割り算） | | |

**例題2**

三角形の底辺の長さと高さの値を入力させ、三角形の面積を計算して表示する

| | |
|---|---|
| 1 **teihen** = 入力("底辺を入力：",入力形式=**小数**) | **teihen**の入力 |
| 2 **takasa** = 入力("高さを入力：",入力形式=**小数**) | **takasa**の入力 |
| 3 **menseki** = **teihen** * **takasa** / 2 | 面積を計算 |
| 4 表示する("面積は",**menseki**) | **menseki**の値を表示 |

### 入力形式

| | | | |
|---|---|---|---|
| **整数** | 数を整数として入力 | **文字列** | 文字列として入力する |
| **小数** | 小数点以下を含む数として入力 | **複素数** | 複素数を入力できるようになる |

**課題**

次の条件を満たすプログラムを作成してください。
①コンソールに、「氏名を入力：」と表示させ、氏名を入力させる
②コンソールに、「趣味を入力：」と表示させ、趣味を入力させる
③「私の名前は　　　で、趣味は　　　です。」と表示させる
※　　　には、①、②で入力させた値が入るようにする
※変数名は各自で決めても構わないが、**name**、**hobby**など内容がわかるものを推奨
※プログラムを実行し、正しく動作することを確認してから提出すること

**課題の提出方法**

課題提出用のURLを生成する → 🔗**を押す**と、課題提出用のURLが生成される
→URLをマウスの右クリック または 指で長押し
→コンテキストメニューから「リンクのアドレスをコピー」を選ぶ
→課題提出用フォームに「ペースト」する

**振り返り**

次の各観点が達成されていれば□を塗りつぶしましょう。
□変数とは何かについて理解できた
□プログラミングにおける"="の意味を理解できた
□キー入力させた内容を変数に格納し、表示させるプログラムを作成することができた

今日の授業を受けて思ったこと、感じたこと、新たに学んだことなどを書いてください。

# 関数

プログラムの中で、同じ処理が何度も出てくることがあります。そのような処理に名前をつけてひとまとまりにすることで、何度も同じプログラムを書く手間を省けます。このような処理のまとまりのことを関数といいます。ここでは関数の考え方について学びます。

## ■ 関数

### 関数とは

#### 関数の概念

**関数**＝ **引数**を代入すると、定められた処理を実行し、結果を返す一連の命令群

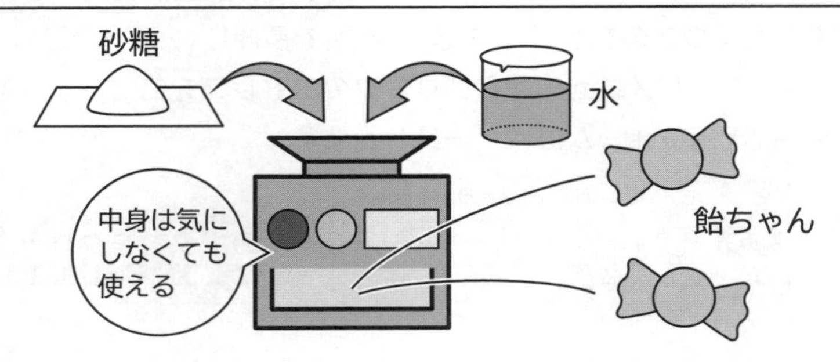


材料を入れると、製品を返してくれる機械のようなものとイメージするとよい
→機械の中身がどうなっているかということは、利用者はあまり気にしなくてもよい

#### プログラミングにおける関数

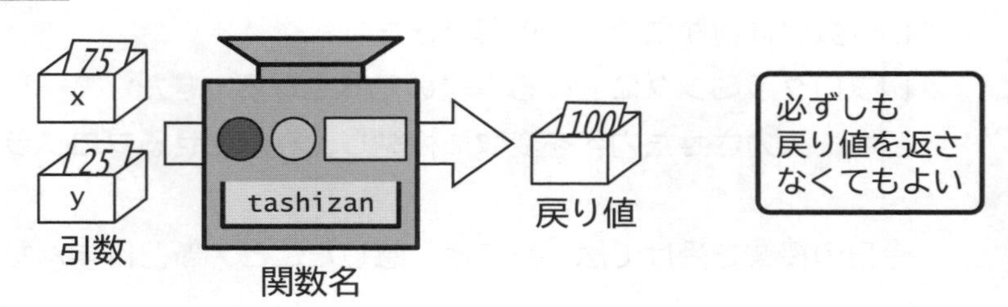


**関数名**：機械の名前（好きな名前を付けてもよい）
**引数**（ひきすう）：機械に入れる材料にあたるもの（複数の引数を指定してもよい）
**戻り値**：機械によって作られた製品にあたるもの（必ずしも戻り値がある必要はない）

# 関数の利用

## 関数の定義と利用

関数は次のように定義および呼出を行なう

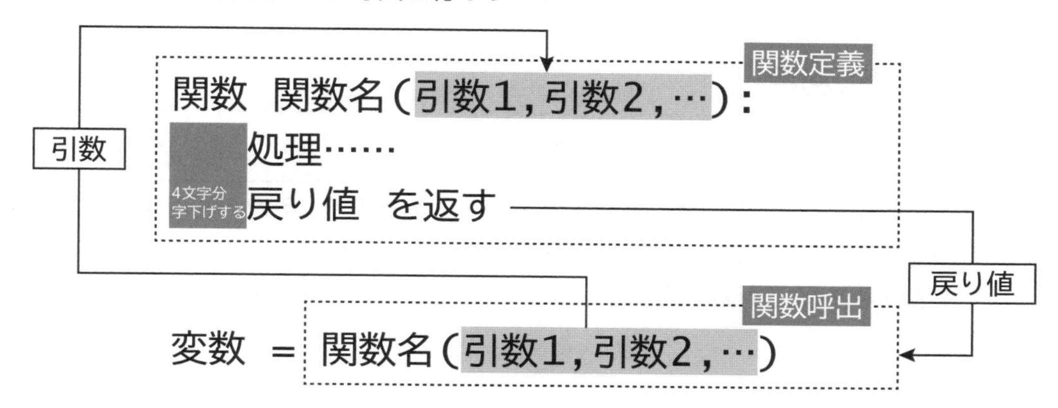


※関数定義は、プログラムの本体よりも先に書いていなければならない

※引数は、呼出側と関数定義側で変数名は別のものを使用する　→　順番に代入される

## 関数の利用例

| | | | |
|---|---|---|---|
| 1 | 関数　足し算（**a**,**b**）： | | 関数「足し算」を定義（**a**、**b**を引数とする） |
| 2 | 4文字字下げ **c** ＝ **a** ＋ **b** | 関数定義 | **a**と**b**を足したものを変数**c**に代入 |
| 3 | **c**　を返す | | 変数**c**の値を関数の戻り値として戻す |
| 4 | 字下げ解除 | | まとまりが分かりやすいように1行空行に |
| 5 | **x** ＝ 10 | | |
| 6 | **y** ＝ 20 | | |
| 7 | **z** ＝ 足し算（**x**,**y**） | 関数呼出 | （**x**,**y**）を引数にして「足し算」関数を呼び出す |
| 8 | 表示する（**z**） | | |

7行目の（**x**,**y**）が関数「足し算」の（**a**,**b**）に対応する

→**x**には10、**y**には20が入っている　→　関数内では、**a**が10、**b**が20に対応

### 字下げルールについて

プログラミング言語「Python」では、字下げルールがある

関数や様々な一連の処理のまとまりを示すのに、字下げで表す

→必ず**空白文字4文字分**で字下げをしなければならないというルールがある

ひとまとまりが終われば、字下げを解除する

行番号の横に［×］マークが表示され、「インデントが無効です」とあれば

→字下げがルールに則っているかを確かめよう

第10章

## 組み込み関数

これまでに使用してきた 表示する() や 入力() も関数の一つ
→プログラミング言語に事前に用意され、定義不要で使えるものを**組み込み関数**という

## ライブラリの利用

**ライブラリ**＝ いくつかの汎用的な関数などをまとめたもの

すでに用意され、公開されているライブラリもあるので、それを利用すると効率的
→ライブラリを自分のプログラムに読み込むことで利用できる
※**モジュール**、**パッケージ**とも呼ばれ、それらをまとめたものをライブラリという

### mathモジュールの利用

mathモジュールを読み込むと、様々な数学計算用の関数が使えるようになる
読み込みには、プログラム冒頭で次のように宣言する

```
[モジュール名] を参照する
```

mathモジュールで使える関数

| | | | |
|---|---|---|---|
| math.pi | 円周率πの値を呼出す | math.sqrt() | 引数の平方根を求める |
| math.floor() | 引数を小数点以下切捨 | math.sin() | 引数のサインを求める |
| math.cos() | 引数のコサイン | math.tan() | 引数のタンジェント |

**例題**

mathモジュールを読み込み、引数の平方根を求める関数を作り、キーボードで入力した値の平方根を表示させるプログラムを作ってみよう

```
1 math を参照する
2
3 関数 平方根(x):
4     r = math.sqrt(x)
5     r を返す
6
7 atai = 入力("求めたい値? ",入力形式=小数)   値を入力させる
8 kotae = 平方根(atai)                       関数「平方根」を実行
9 表示する(atai,"の平方根は",kotae)
```

第10章

**問題**

円の半径をキーボードから入力することで、その値を使って円の面積を表示させるプログラムを作ってください。
ただし、円の面積を求めるための関数を定義し、関数を利用して求めるようにプログラムしてください。
円周率の値は、mathモジュールを参照し、math.piを使います。

**考え方**

```
1 math を参照する
2
3 関数 面積(hankei):
4     menseki = hankei ** 2 * math.pi      円の面積を求める式
5     menseki を返す
6
7 ■■■ = 入力("半径を入力：",入力形式=小数)
8 ■■■ = 面積(■■■)
9 表示する("面積は",■■■)
```

このプログラムの■■の箇所を考えよう
※円の面積 = 半径$^2$×円周率

**発展**

さらに、円周の長さを求める関数を追加し、円周の長さも表示されるようにプログラムを改良しよう。
※円周の長さ = 2 × 半径 × 円周率



**振り返り**

次の各観点が達成されていれば☐を塗りつぶしましょう。
☐関数とは何かを理解し、定義することができた
☐定義した関数を呼び出すとはどのようなことかを理解し、使うことができた

今日の授業を受けて思ったこと、感じたこと、新たに学んだことなどを書いてください。

# 条件分岐

コンピュータで問題解決をする手段をアルゴリズムといいます。アルゴリズムは、逐次処理、条件分岐、繰り返しの3つの要素の組み合わせで実現されています。ここでは、条件によって処理が分かれる条件分岐について学びます。

## ■ アルゴリズムとは

### アルゴリズムとは

**アルゴリズム**＝ 問題を解決するための考え方と手順

※プログラミングとは、アルゴリズムにしたがってプログラムを記述すること

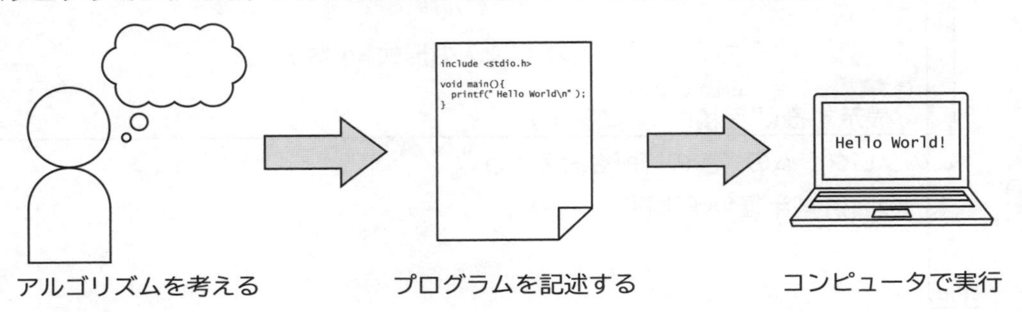


よいアルゴリズム

同じ問題を解決するにしても、アルゴリズム次第で処理の効率は大きく変わる

**●キュウリの輪切りアルゴリズム**

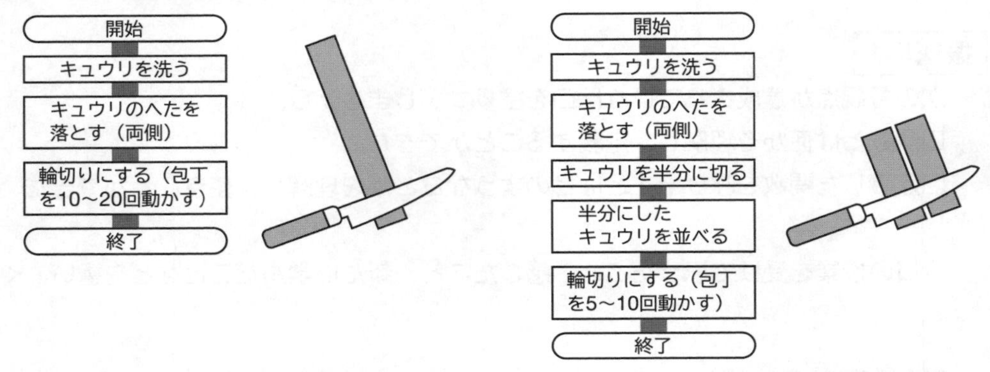


※一見、半分に切る方が処理が増えているように見えるが、包丁を動かす回数は減少

**どうすればより効率的に処理ができるかを考えよう**

## コンピュータの得意なこと

- ♦デジタル情報を扱うため、情報を演算によって加工することが得意
- ♦決められた手順を、条件を判断しながら繰り返し処理することが得意

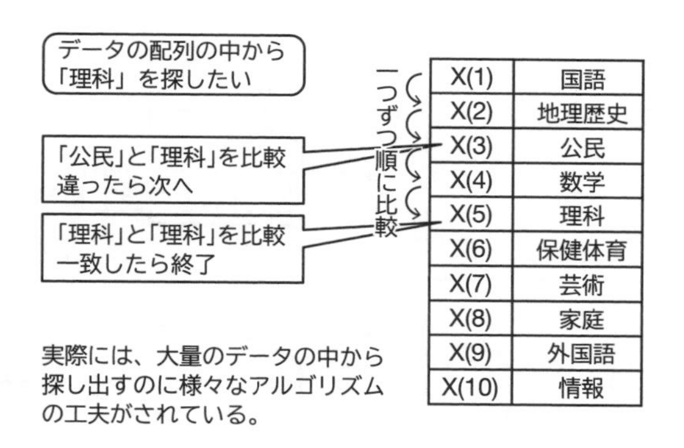


| | |
|---|---|
| X(1) | 国語 |
| X(2) | 地理歴史 |
| X(3) | 公民 |
| X(4) | 数学 |
| X(5) | 理科 |
| X(6) | 保健体育 |
| X(7) | 芸術 |
| X(8) | 家庭 |
| X(9) | 外国語 |
| X(10) | 情報 |

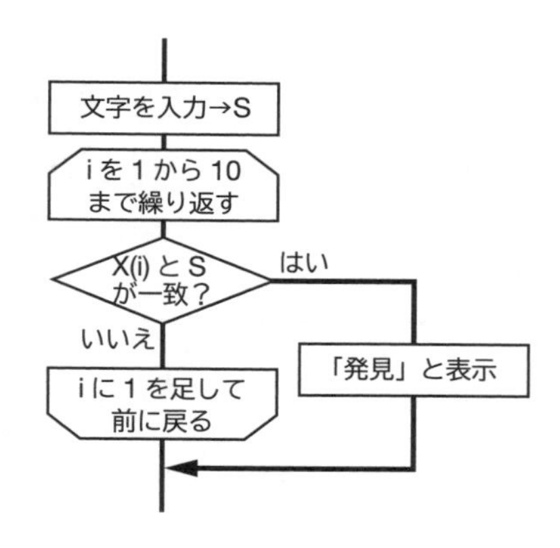


## 基本的なアルゴリズム

どんなプログラムも、次の3つの要素の組み合わせで実現される

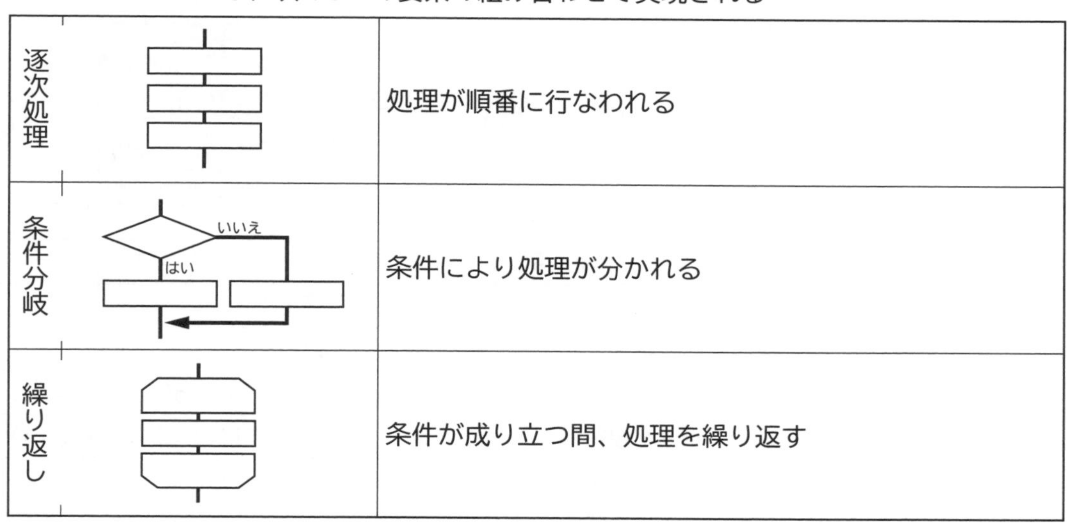


| | | |
|---|---|---|
| 逐次処理 | | 処理が順番に行なわれる |
| 条件分岐 | | 条件により処理が分かれる |
| 繰り返し | | 条件が成り立つ間、処理を繰り返す |

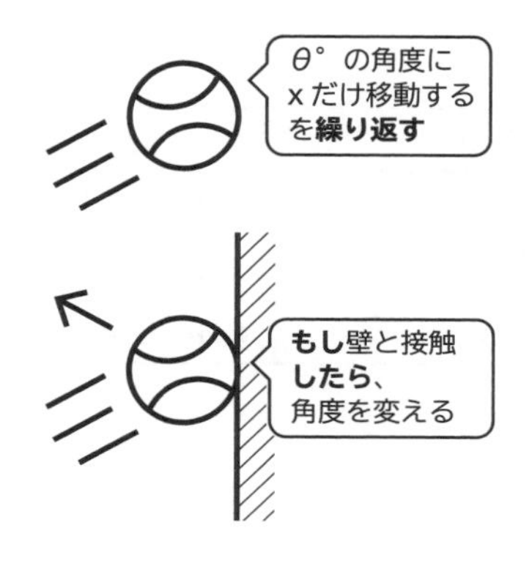


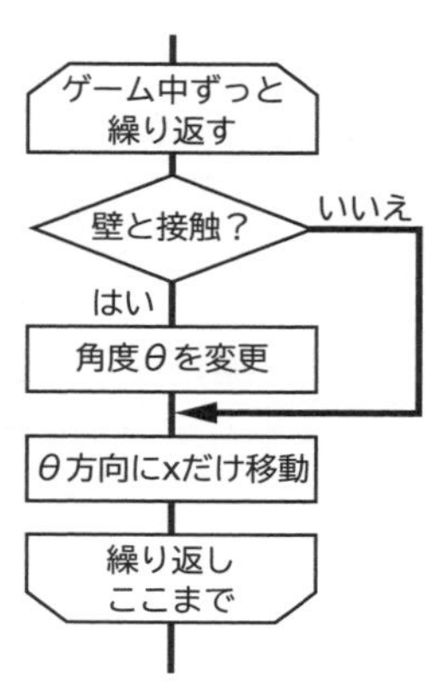

# ■ 条件分岐（if文）

## 条件分岐

条件によって処理をわけたい場合、条件分岐を使う

もし **条件式** ならば：
[条件式が**真**の場合の処理]
そうでなければ：
[条件式が**偽**の場合の処理]

もし **条件式1** ならば：
[条件式1が**真**の場合の処理]
そうでなくもし **条件式2** ならば
[条件式1が**偽**で、条件式2が**真**の場合の処理]
そうでなければ：
[条件式2も**偽**の場合の処理]

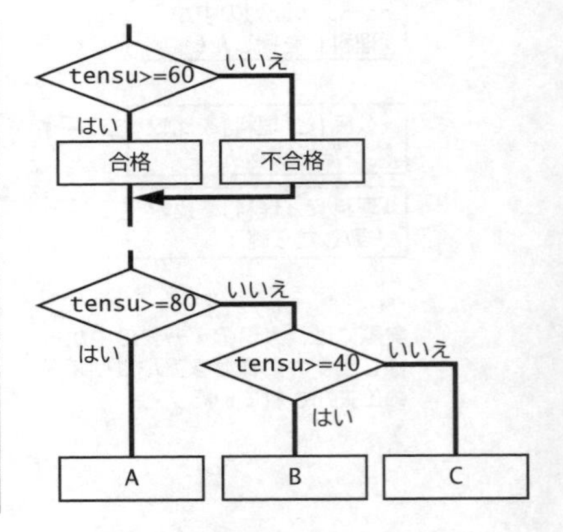


### 条件式の考え方

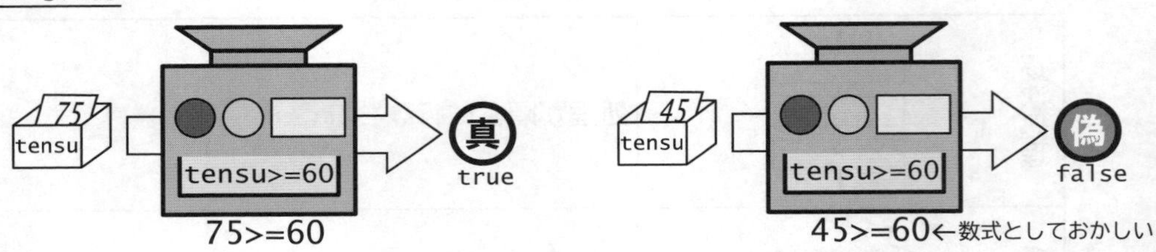


| 演算子 | 意味 | 使用例 | 例の意味 |
|---|---|---|---|
| == | 等しい | x == 60 | xが60と等しい |
| != | 等しくない | x != 0 | xが0ではない |
| < | 小なり | x < 60 | xが60より小さい（60は含まない） |
| > | 大なり | x > 60 | xが60より大きい（60は含まない） |
| <= | 以下 | x <= 60 | xが60以下（60も含む） |
| >= | 以上 | x >= 60 | xが60以上（60も含む） |

### より複雑な条件式

| 演算子 | 意味 | 使用例 | 例の意味 |
|---|---|---|---|
| not | 否定（～ではない） | not x == 60 | xが60ではない |
| and | 論理積（AかつB） | x>=60 and x<=80 | xが60以上でかつ80以下 |
| or | 論理和（AまたはB） | x<=30 or x>=80 | xが30以下または80以上 |

第10章

**例題1**

xの値を入力させ、60点以上なら「合格」、そうでなければ「不合格」と表示する

| |  |  |
|---|---|---|
| 1 | **x** = 入力("点数を入力:",入力形式=**整数**) | **x**の値を入力させる |
| 2 | もし **x** >= 60 ならば: | **x**>=60かどうかを判定 |
| 3 | 　　**r** = "合格" | 　真なら**r**を"合格" |
| 4 | そうでなければ: | そうでなければ、 |
| 5 | 　　**r** = "不合格" | 　**r**を"不合格"とする |
| 6 | 表示する(**r**) | **r**の値を表示する |

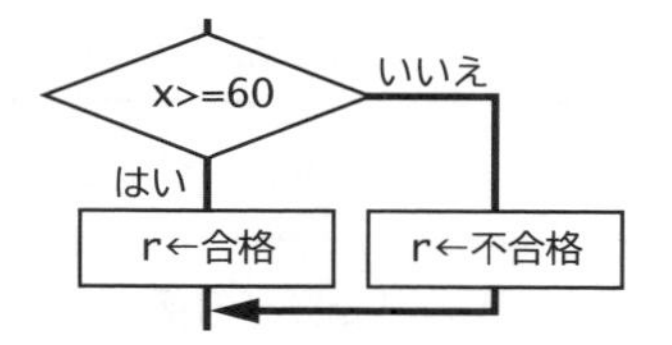


**例題2**

xの値を入力させ、80点以上なら"A"、60点以上なら"B"、40点以上なら"C"、そうでなければ"D"と表示する

| |  |  |
|---|---|---|
| 1 | **x** = 入力("点数を入力:",入力形式=**整数**) | **x**の値を入力させる |
| 2 | もし **x** >= 80 ならば: | **x**>=80かどうかを判定 |
| 3 | 　　**r** = "A" | 　真なら**r**を"A"に |
| 4 | そうでなくもし **x** >= 60 ならば: | 偽なら**x**>=60を判定 |
| 5 | 　　**r** = "B" | 　真なら**r**を"B"に |
| 6 | そうでなくもし **x** >= 40 ならば: | 偽なら**x**>=40を判定 |
| 7 | 　　**r** = "C" | 　真なら**r**を"C"に |
| 8 | そうでなければ: | そうでなければ、 |
| 9 | 　　**r** = "D" | 　**r**を"D"に |
| 10 | 表示する(**r**) | **r**の値を表示する |

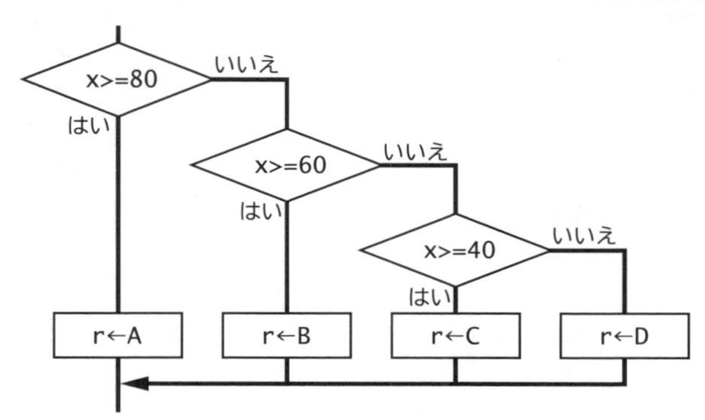


第10章

# ■ 乱数

## 乱数

**乱数**＝ サイコロを投げるように、次に何が出るかわからない数字のこと

### 乱数の生成

プログラミング言語「つちのこ」には、乱数を生成する組み込み関数が用意されている

| 整数乱数(min,max) | minからmaxまでの整数の乱数を生成し返す |
|---|---|

例）整数乱数(1,6)　→1 ～ 6の乱数を生成（サイコロの再現）

**例題3**

1 ～ 100までの乱数を生成してみよう

| | プログラム | 説明 |
|---|---|---|
| 1 | **x** = 整数乱数(1,100) | 1 ～ 100までの整数の乱数を生成し**x**に代入 |
| 2 | 表示する(**x**) | **x**の値を表示する |

**例題4**

ゲームでの攻撃の命中判定を作ってみよう

1 ～ 100までの乱数を生成させ、次のように条件分岐で場合分けを行う

10以下　→　必殺の一撃！　　80以下　→　命中！　　それ以外　→　外れ

| | プログラム | 説明 |
|---|---|---|
| 1 | **r** = 整数乱数(1,100) | 1 ～ 100の整数の乱数を生成し**x**に代入 |
| 2 | もし **r** <= 10 ならば: | **x**が10以下かどうかを判定 |
| 3 | 　**hantei** = "必殺の一撃！" | 　2行目が真なら**hantei**を必殺の一撃！に |
| 4 | そうでなくもし **r** <= 80 ならば: | 2行目が偽で**x**が80以下かどうかを判定 |
| 5 | 　**hantei** = "命中！" | 　4行目が真なら**hantei**を命中！に |
| 6 | そうでなければ: | 4行目も偽であれば次を実行 |
| 7 | 　**hantei** = "外れ" | 　**hantei**を外れに |
| 8 | 表示する(**r**,**hantei**) | 結果を表示 |

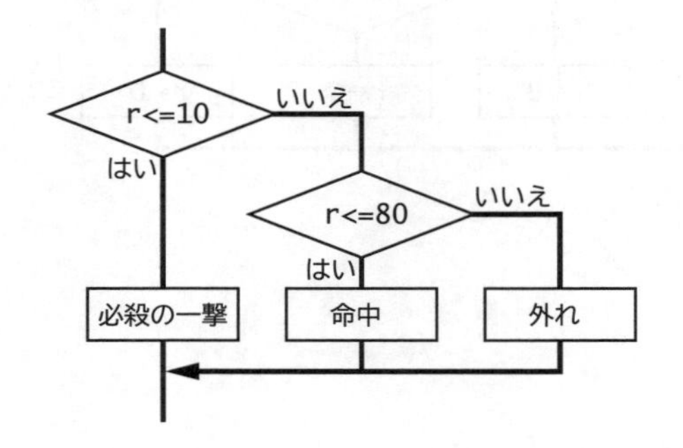


命中率：80
必殺率：10

**課題**

ソーシャルゲームの「ガチャ」を作ってみよう
1 ~ 100までの乱数を生成させ、条件分岐で場合分けを行う
最低でも4つ以上に分岐するようにしよう
※p.10-14［例題2］、p.10-15［例題4］を参考にしよう

**設定例**

次の設定を参考に、自由に設定を作ろう

| 乱数の値 | 内容 |
| --- | --- |
| 95 以上 | ドラゴン（大当たり） |
| 70以上 | グリフォン（当たり） |
| 30以上 | ゴブリン（普通） |
| 30未満 | スライム（外れ） |

いくつでも分岐を増やしても構わない

**振り返り**

次の各観点が達成されていれば□を塗りつぶしましょう。
□条件分岐の考え方を理解できた
□ｉｆ文を書くことができるようになった
□乱数の考え方を理解できた
□乱数を発生させることができるようになった

今日の授業を受けて思ったこと、感じたこと、新たに学んだことなどを書いてください。

# 順次繰り返し

すべてのプログラムは、逐次処理、条件分岐、繰り返しの3つの組み合わせでつくられています。今回は、繰り返しのうち、順次繰り返し文と呼ばれる、繰り返しの回数が決まっているような繰り返しの構文を学びます。

## ■ 基本的なアルゴリズム

### 基本的なアルゴリズム

どんなプログラムも、次の3つの要素の組み合わせで実現される

| | | |
|---|---|---|
| 逐次処理 | | 処理が順番に行なわれる |
| 条件分岐 | いいえ / はい | 条件により処理が分かれる |
| 繰り返し | | 条件が成り立つ間、処理を繰り返す |

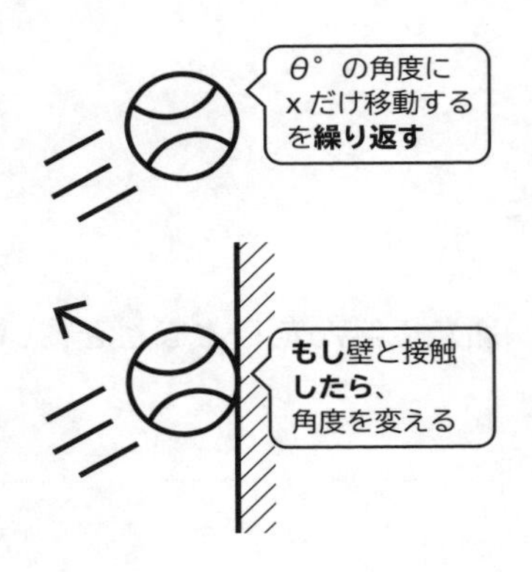


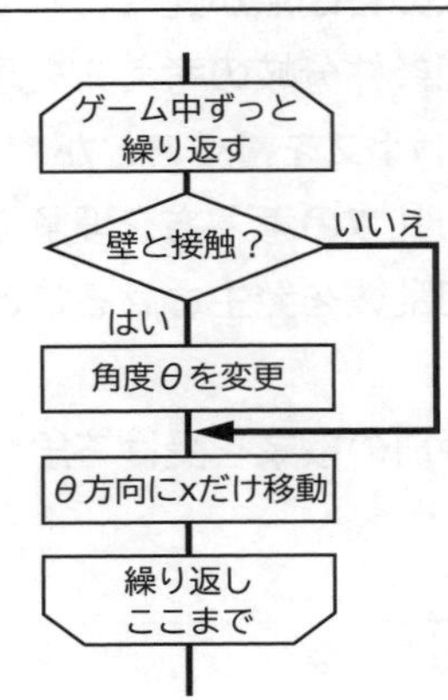

# ■ 順次繰り返し

考えてみよう

次のような「ガチャ」を10回連続で実行したい

→どうすればよいだろう？　下のようなガチャ()関数を作ってみたとする

| | プログラム | 説明 |
|---|---|---|
| 1 | 関数　ガチャ():| ガチャ()関数を以下に定義 |
| 2 | 　x = 整数乱数(1,100) | 1～100の乱数を生成しxに代入 |
| 3 | 　もし x >= 95 ならば: | xが95以上であれば |
| 4 | 　　c = "大当たり" | 　cに"大当たり"を代入 |
| 5 | 　そうでなくもし x >= 35 ならば: | そうでなくxが35以上であれば |
| 6 | 　　c = "当たり" | 　cに"当たり"を代入 |
| 7 | 　そうでなければ: | 上の2つともに該当しなければ |
| 8 | 　　c = "はずれ" | 　cに"はずれ"を代入 |
| 9 | 　c を返す | cの値をプログラムに返す |
| 10 | | |

よくない例

| | プログラム | 説明 |
|---|---|---|
| 11 | 表示する(ガチャ()) | ガチャ()関数の戻り値を表示する |
| 12 | 表示する(ガチャ()) | |
| ... | ...... | |
| 20 | 表示する(ガチャ()) | |

たとえば、100回繰り返したいとき、100行も同じことを書くのだろうか？

コピー・アンド・ペーストで書けないこともない

→しかし、何回書いたかもわからなくなってしまわないか？

## ステップ実行

「つちのこ」では、プログラムの動作を1行ずつ確かめられる

→「実行」の横の［…］から「ステップ実行」を選ぶ

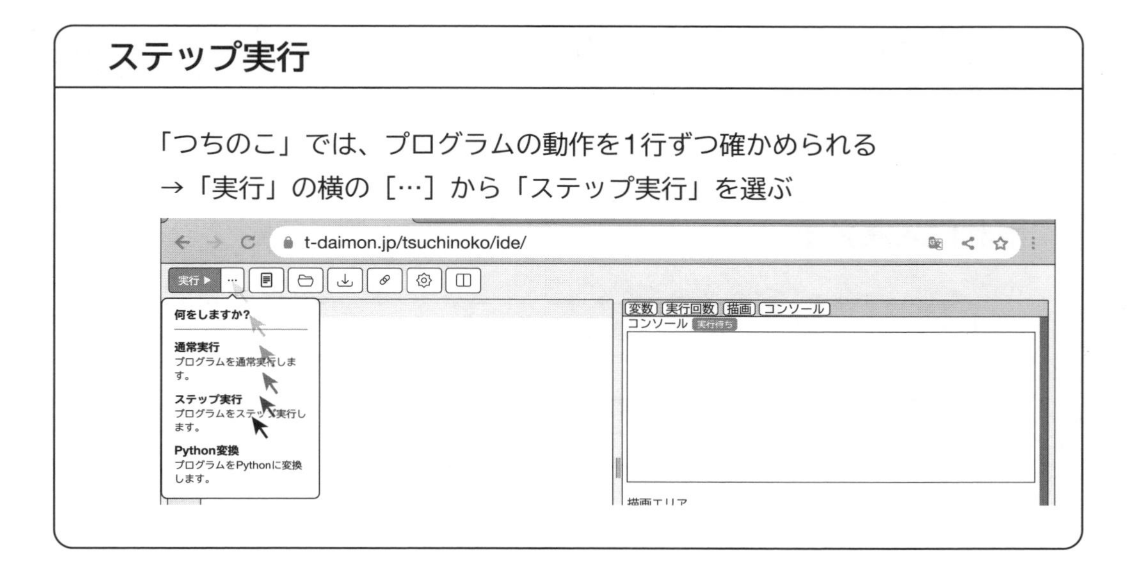

## 順次繰り返し文（for文）

一定の回数、同じ処理を繰り返したい場合に用いる

```
[変数] を [初期値] から [終了値] まで [増分] ずつ増やしながら繰り返す:
    (処理)
    (処理)
```
（4文字字下げ）

※一連の[処理]が完了したら繰り返しの先頭行に戻り、[変数]に[増分]だけ加える

※ここで使う[変数]を**カウンタ変数**と呼ぶ

**例題1**

上のガチャを10回繰り返すプログラムは、次のようになる

| 行 | プログラム | |
|---|---|---|
| 11 | i を 1 から 10 まで 1 ずつ増やしながら繰り返す: | |
| 12 | 　　表示する(ガチャ()) | |

※繰り返し回数をいろいろに設定して、ちゃんと繰り返されることを確認しよう

**例題2**

1から5までの足し算をしてみよう

| 行 | プログラム | 説明 |
|---|---|---|
| 1 | x = 0 | xの初期値を0とする |
| 2 | i を 1 から 5 まで 1 ずつ増やしながら繰り返す: | |
| 3 | 　　x += i | xにiだけ足す |
| 4 | 　　表示する(x) | xを出力する |

※3行目 **x += i** は **x = x + i** と同じ意味（累計代入演算子という）

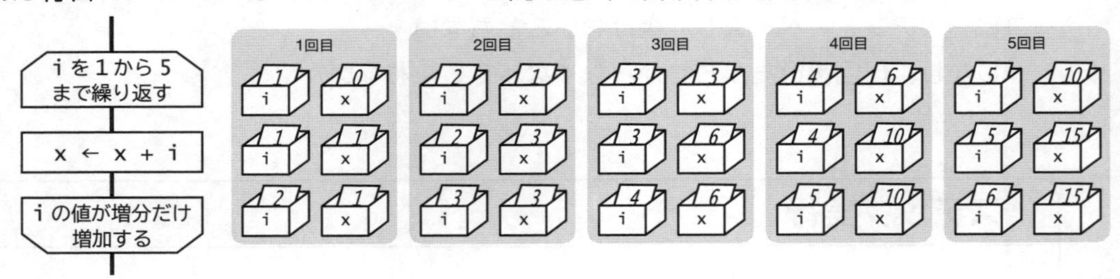


### 累計代入演算子

```
x = x + i
```

という計算は、xにiを足したものを新しいxの値とするという意味

これを、代わりに下のように書くことができる（累計代入演算子という）

```
x += i
```

**課題**

FizzBuzzゲームをプログラミングしてみよう
①数字を1から100まで順番に試していく
②数字が③~⑤のいずれでもない場合には数字を表示する
③数字が3の倍数のときは、"Fizz"と表示する
④数字が5の倍数のときは、"Buzz"と表示する
⑤数字が3かつ5の倍数(15の倍数)のときは、"FizzBuzz"と表示する

**倍数の判定**

③~⑤の判定には、条件分岐を使う(p.10-14を参照)
カウンタ変数**i**が**n**の倍数を判定する条件式は次のとおり

| i % n == 0 | i % n でiをnで割った余り → それが0と等しいことを判定 |
|---|---|

※順番としては⑤を判定し、そうでなければ④、③の順に判定、そうでなければ②を実行

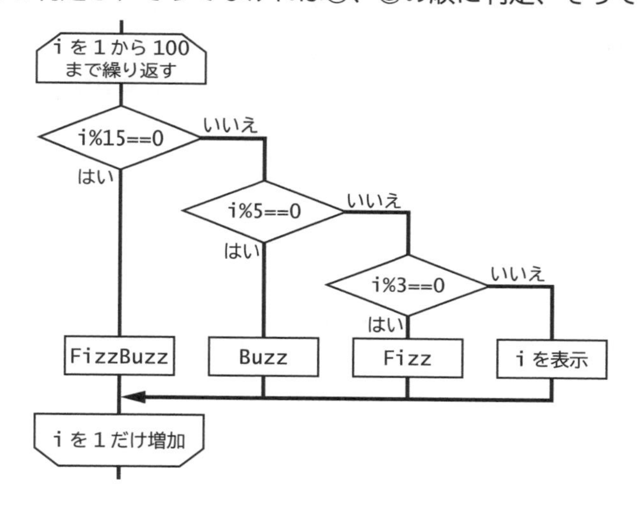


**振り返り**

次の各観点が達成されていれば□を塗りつぶしましょう。
□繰り返しの考え方を理解することができた
□順次繰り返し文(for文)を使うことができるようになった

今日の授業を受けて思ったこと、感じたこと、新たに学んだことなどを書いてください。

# 条件繰り返し

前節では、順次繰り返しとして、繰り返しの回数が決まっているような繰り返しについて学びました。今回は、繰り返しのうち、条件繰り返しと呼ばれる、条件によって繰り返しが終了するような繰り返しについて学びます。

## ■ 条件繰り返し

### 条件繰り返し（while文）

指定した条件を満たしている間、処理を繰り返したい場合に用いる

```
[条件] の間繰り返す:
    (処理)
    (処理)
```

（4文字字下げ）

※一連の<処理>が完了したら、繰り返しの先頭行に戻り、<条件>による判定を行なう

※<条件>が偽になったら、この繰り返しから抜け出す

※条件繰り返しは、条件を抜けられるようにしないと**無限ループ**の発生の恐れがある

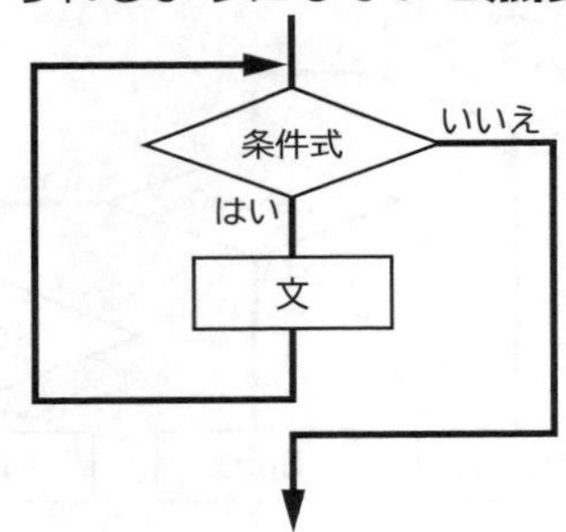




**例題1**

1+2+3+4+…というように、順番に数字を足していく

100を超えたとき、最後に足した数値を調べてみたい

| 行 | コード | 説明 |
|---|---|---|
| 1 | i = 0 | 繰り返し回数を数える変数を用意 |
| 2 | x = 0 | 合計値を入れる変数を用意 |
| 3 | x < 100 の間繰り返す: | 繰り返し開始（x<100 の間） |
| 4 | 　　i += 1 | iに1を足す |
| 5 | 　　x += i | xにiを足す |
| 7 | 　　表示する(i,x) | その時点のi,xの値を表示する |
| 8 | | |
| 9 | 表示する("最後の数値：",i) | 繰り返しを出たら回数を表示する |

**例題2**

サイコロを振って出た目を足していき、100を超えるまで繰り返す

サイコロを何回振ったところで数値が100を超えるかを数えるプログラムを作ってみよう

| |  |  |
|---|---|---|
| 1 | **point** = 0 | サイコロの目の合計を記録する変数 |
| 2 | **kaisu** = 0 | サイコロを振った回数を記録する変数 |
| 3 | **point** < 100 の間繰り返す: | 繰り返し開始（**point**<100 の間） |
| 4 |     **ransu** = 整数乱数(1,6) | 1～　6までの乱数を生成 |
| 5 |     **point** += **ransu** | **point**に乱数の値を追加する |
| 6 |     **kaisu** += 1 | **kaisu**に1を追加する |
| 7 |     表示する(**kaisu**,**ransu**,**point**) | **kaisu**、**ransu**、**point**を表示 |
| 8 | | |
| 9 | 表示する(**kaisu**,"回で到達") | 繰り返しを出たら回数を表示する |

**例題3**

「コラッツ問題」の数列を書くプログラムを作ってみよう

最初の自然数は入力させる

**コラッツ問題とは**

数学者のコラッツは、どんな自然数Xを選んでも、

◆Xが偶数なら2で割る

◆Xが奇数なら3倍して1を足す

という操作を繰り返すと、最終的には必ず1に到達すると予想した

例）X=3とすると、3→10→5→16→8→4→2→1のように推移する　←　コラッツ数列

※簡単そうだが、未だ数学的な証明はなされていない

**プログラム**

| |  |  |
|---|---|---|
| 1 | **x** = 入力("自然数を入力：",入力形式=**整数**) | 自然数をキー入力させ、**x**に代入 |
| 2 | **x** > 1 の間繰り返す: | **x**が1より大きい間繰り返す |
| 3 |     表示する(**x**) | 現在の**x**の値を表示する |
| 4 |     もし **x** % 2 == 0 ならば: | もし**x**が2で割り切れるなら |
| 5 |         **x** = **x** / 2 | **x**を2で割った値を新しい**x**に |
| 6 |     そうでなければ: | そうでなければ（**x**が奇数なら） |
| 7 |         **x** = **x** * 3 + 1 | **x**を3倍して1を足し**x**に代入 |
| 8 | | |
| 9 | 表示する(x) | 最後に1を表示する |

**課題**

次のようなゲームを作ってみよう

①あなたはキーボードから1～3の数字を入力する

②敵も乱数で1～3の数字を生成する

③あなたが入力した数字が敵が生成した数字と一致していれば敵にダメージを与えられる

④一致していなければ、あなたがダメージを受ける

⑤あなたが5回ダメージを受ける前に敵に3回ダメージを与えればあなたの勝ち！

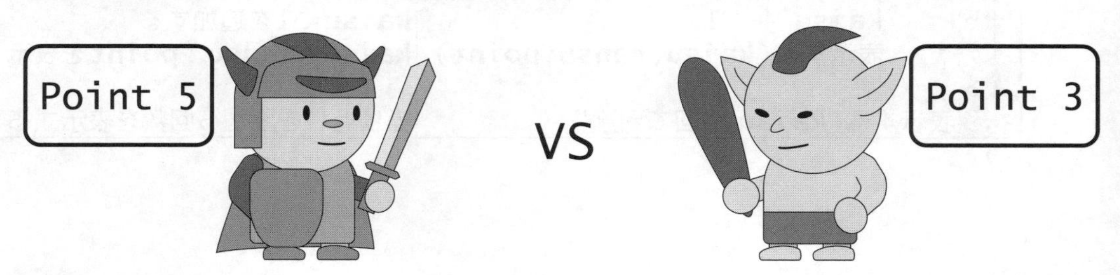


```
 1 yourP = 5
 2 enemyP = 3
 3
 4 ________________ の間繰り返す:                ①
 5     you = 入力("1～3を入力:",入力形式=整数)
 6     cpu = 整数乱数(1,3)
 7     もし ________ ならば:                     ②
 8         表示する("あなたの攻撃！")
 9         ________                              ③
10     そうでなければ:
11         表示する("敵の攻撃！")
12         ________                              ④
13
14 もし ________ ならば:                         ⑤
15     表示する("あなたは勝ちました")
16 そうでなければ:
17     表示する("あなたは負けました")
```

**考え方**

①**yourP**が0より大きく **かつ enemyP**が0より大きい → p.10-13参照

②「**you**の値と**cpu**の値が等しい」という条件を書く → p.10-13参照

③**enemyP**から1を引く

④**yourP**から1を引く

⑤「**yourP**が0より大きい」という条件を書く

# 順次繰り返しと条件繰り返し

下の2つのプログラムは同じ動作をする

## 順次繰り返し

```
1 total = 0
2 i を 1 から 5 まで 1 ずつ増やしながら繰り返す:
3     x = 入力("数値を入力:",入力形式=整数)
4     total += x
5
6 表示する("入力値の合計は",total)
```

## 条件繰り返し

```
1 total = 0
2 i = 1                                      iを1
3 i <= 5 の間繰り返す:                        iを5まで繰り返す
4     x = 入力("数値を入力:",入力形式=整数)
5     total += x
6     i += 1                                 1ずつ増やしながら
7
8 表示する("入力値の合計は",total)
```

※あらかじめ繰り返し回数が分かっている場合、順次繰り返しの方が効率がよい

**振り返り**

次の各観点が達成されていれば□を塗りつぶしましょう。

□繰り返しの考え方を理解することができた

□条件繰り返し文（while文）を使うことができるようになった

今日の授業を受けて思ったこと、感じたこと、新たに学んだことなどを書いてください。

# 配列

ここまでで、プログラミングの基本的な要素について学んできました。変数の扱いについては慣れて来ましたでしょうか？ここでは、同じような変数をたくさん用意するために必要な配列の考え方について学びます。

## ■ 配列

### 配列とは

**配列**＝ 同じ型のデータを一列に並べたもので、添字（そえじ）を使って取り出すことができる

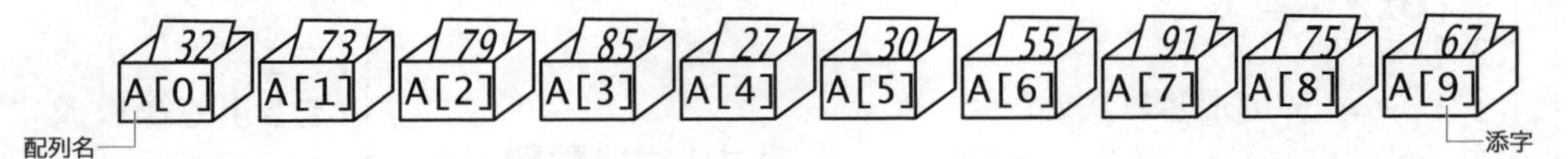


a[]という配列に上記のように値が入っていたとする → aの4番目の値が27という意味
※配列の添字は、0番目から始まることに注意

#### 定義の方法

上記の例だと、次のように一括で設定することができる（変数名に[]を付ける）

```
A = [32,73,79,85,27,30,55,91,75,67]
```

配列には、文字列も設定可能

```
A = ["太郎","花子","健太","弘子","二郎"]
```

空の配列をつくることもできる

```
A = []
```

#### 配列の使い方

| 行 | プログラム | 説明 |
|---|---|---|
| 1 | A = [32,73,79,85,27,30,55,91,75,67] | |
| 2 | 表示する(A[4]) | 配列の4番目の値を表示 |

このプログラムで表示される値は何だろう？

配列の添字は0番目から始まることに注意しよう

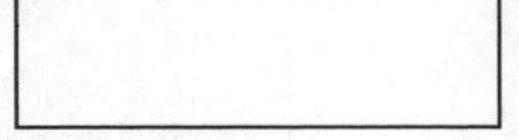

例題1

駅番号を入力すると、それに対応した駅名を表示させるプログラム

```
1 ekimei = ["草津","手原","石部","甲西","　　三雲","貴生川","甲南",
  "寺庄","甲賀","油日","柘植"]
2 bangou = 入力("駅番号を入力：",入力形式=整数)
3 表示する(bangou,"番目の駅は",ekimei[bangou],"駅です")
```

## 配列の操作

### 配列の要素数を数える

| 要素数(配列) | 指定した配列の要素数を数える |
|---|---|

例題2

草津線の駅数を表示させるプログラム

```
1 ekimei = ["草津","手原","石部","甲西","　　三雲","貴生川","甲南",
  "寺庄","甲賀","油日","柘植"]
2 ekisuu = 要素数(ekimei)
3 表示する(ekisuu)
```

※このプログラムの結果は「11」→ 駅数は11駅ある
※ただし、配列番号は0から始まる → 柘植駅は**ekimei[10]**で取り出される

### 配列への要素の追加

| 配列.append(**値**) | 配列の末尾に**値**を要素として追加 |
|---|---|

例題3

空の配列**A**を定義し、1 ～ 100までの乱数を10個を配列として定義するプログラム

```
1 A = []                                        空の配列Aを定義
2
3 i を 1 から 10 まで 1 ずつ増やしながら繰り返す:   10回繰り返す
4     r = 整数乱数(1,100)                        1 ～ 100の乱数を生成
5     A.append(r)                               配列の末尾にrを追加
6
7 表示する(A)
```

第10章

## 配列を使った繰り返し

| A の要素 x について繰り返す: | 配列Aの要素の回数だけ繰り返し、値をxに代入 |
|---|---|

| 行 | コード | |
|---|---|---|
| 1 | A = [32,73,79,85,27,30,55,91,75,67] | |
| 2 | A の要素 x について繰り返す: | |
| 3 | 　表示する(x) | |

配列Aの要素を0番目から順に取り出し、変数xに代入される

配列Aの要素数の回数だけ処理が繰り返される

**例題4**

p.10-16の［課題］で作成した「ガチャ」を、配列を使って作ってみよう

| 行 | コード | 説明 |
|---|---|---|
| 1 | character = ["ドラゴン","グリフォン","ゴブリン","スライム"] | ガチャの当たりを配列に格納 |
| 2 | percentage = [95,70,30,0] | 当たりに対応した確率を格納 |
| 3 | | |
| 4 | ransu = 整数乱数(1,100) | 1～100までの乱数を生成 |
| 5 | i = 0 | カウンタ変数としてiを定義 |
| 6 | percentage の要素 x について繰り返す: | percentageの要素で繰り返し |
| 7 | 　もし ransu >= x ならば: | もし乱数が確率以上ならば |
| 8 | 　　ループ終了 | 　繰り返しを強制終了 |
| 9 | 　i += 1 | カウンタ変数iを1追加する |
| 10 | | |
| 11 | 表示する(ransu,character[i]) | 結果を表示 |

**課題**

近江八幡駅から最寄り駅（草津～米原）までの普通列車の所要時間を表示するプログラム

```
 1 ekimei = ["近江八幡","安土","能登川","稲枝","        河瀬","南彦根",
   "彦根","米原","篠原","野洲","守山","栗東","草津"]
 2 jikan = [0,3,7,10,14,17,20,26,3,7,11,13,17]
 3
 4 ikisaki = 入力("駅名を入力：",入力形式=文字列)
 5 i = 0                          #駅番号を数えるカウンタ変数
 6
 7 ekimei の要素 eki について繰り返す:#ekimeiの要素数分だけ繰り返す
 8     もし ____________ ならば: #ikisakiとekiが一致していれば
 9         ループ終了              #繰り返しを強制終了
10     i += 1                     #駅番号を次の番号に
11
12 もし ____________ ならば: #iが要素数(ekimei)より小さければ
13     表示する(ikisaki,"駅まで",jikan[i],"分で到着します")
14 そうでなければ:
15     表示する(ikisaki,"駅は草津～米原の駅名ではありません")
```

# ■ 総合課題

## 課題

ここまで習ったことを使って、オリジナルのプログラムを作ってみよう
ユーザーに何らかの入力をさせ、入力にもとづいて動作するプログラムを作ること

### 評価基準

|  |  |
| --- | --- |
| 正しく動作する（エラーで止まらない） | 50点 |
| ユーザーに入力をさせている | 5点 |
| 何らかの結果が表示される | 5点 |
| 条件分岐が使われている | 10点 |
| 繰り返し（順次繰り返し、条件繰り返しどちらでも）が使われている | 10点 |
| 何を入力すればよいか、メッセージが適切でわかりやすい | 5点 |
| 乱数が使われている | 5点 |
| 配列が使われている | 5点 |
| 関数が使われている | 10点 |
| ゲーム性がある / 実用性がある | 5点 |

※合計点が100点を超えた場合、100点とする

### 振り返り

次の各観点が達成されていれば□を塗りつぶしましょう。
□配列の考え方を理解できた
□配列の操作や配列を使っての繰り返しができるようになった

今日の授業を受けて思ったこと、感じたこと、新たに学んだことなどを書いてください。

# 章末問題

**[問題]**

次のそれぞれのプログラムを実行したとき、コンソールにはどのような文字列または数値が表示されますか。

(1)

```
x = 10
y = 10
x = x + y
表示する(x)
```

(2)

```
x = 10
y = 20
z = x
x = y
y = z
表示する(x)
表示する(y)
```

x=

y=

(3)

```
関数 計算(a,b):
    a + b を返す

answer = 計算(1,2)
表示する(answer)
```

(4)

```
tensu = 45
もし tensu >= 60 ならば:
    kekka = "OK"
そうでなければ:
    kekka = "NG"

表示する(kekka)
```

(5)

```
関数 計算():
    x = 0
    i を 0 から 4 まで 1 ずつ増やしながら繰り返す:
        x = x + i
    x を返す

answer = 計算()
表示する(answer)
```

# コラム～連携サービスで自動化しよう

## ■ Webサービスを連携させよう

### 連携サービス「IFTTT」を使ってみよう

**IFTTT**＝ あるWebサービスとあるWebサービス間を自動的に連携するサービス

※「IF This Then That」（もしこれなら、あれをして）の頭文字をとっている

連携例

①Instagramに投稿した写真を、
自動的に写真アプリの特定のアルバムに入れる

②学校に到着した時刻および学校を出た時刻を、
自動的にカレンダーアプリに登録する

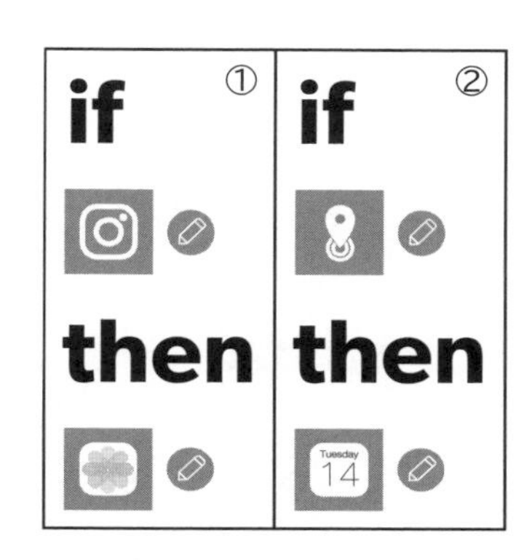


**無数のサービスに対応しているので、無限に可能性がある**

## ■ 自動化アプリを作ってみよう

### 「ショートカット」アプリを使ってみよう

iOSで「ショートカット」アプリをインストールしよう
→作ったショートカットは、アプリとしてホーム画面に出すことも可能

作例

①翌日に取り組む宿題をリストから選択してリマインダーに登録
→起動するとメニューが表示され、選んだものがリマインダーに

②ミュージックのプレイリストを再生
いくつか作っておいてホーム画面に置いておけば
わざわざミュージックアプリを立ち上げなくてもよい

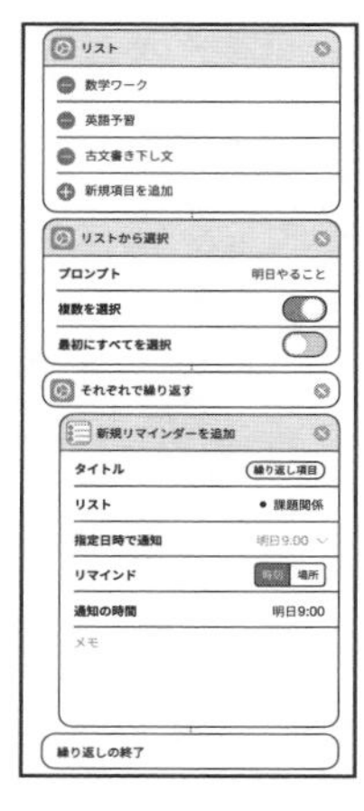


**プログラミング的思考を身に付けるとくらしが豊かになる！**

# モデル化とシミュレーション

「情報Ⅰ」第11章

Contents



**11 章のプログラミングの解答例を QR コードからダウンロードできます。**
**解答例はテキスト形式になっています。**

10-11章プログラミング解答例

**この章の動画**
**「モデル化とシミュレーション」**

クラス：　番号：　氏名：

# モデル化とシミュレーション

身の回りの現象や特徴の本質的な部分を強調し、それ以外の要素や条件などを省略して単純化することをモデル化といいます。モデルに対して条件を変化させることでモデルの変化を観察することをシミュレーションといいます。

## ■ モデル化とは

### モデル化とは

**モデル** = ものごとの本質的な部分を強調し、それ以外を省略し単純化したもの

**モデル化** = モデルをつくること

### モデルの分類

表現形式によるモデルの分類

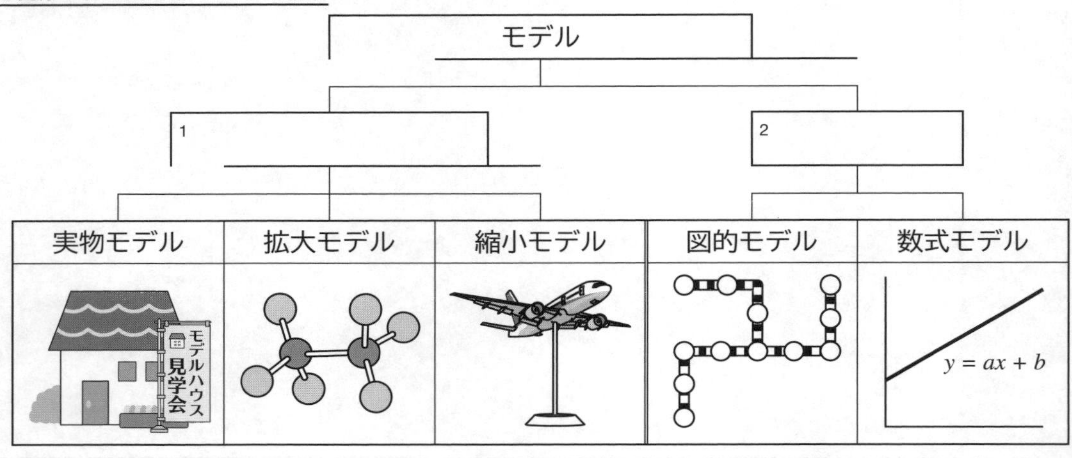


特性によるモデルの分類

|  |  |  |
|---|---|---|
| 時間的な概念の有無による分類 | 動的モデル | 時間の経過に従って変化 |
| | 静的モデル | 時間の経過を考えない |
| 不確定要素の有無による分類 | 確率モデル | 不確定要素や不規則な現象 |
| | 確定モデル | 不確定要素のない、規則的な現象 |
| データが連続するかどうかによる分類 | 連続モデル | データの連続的な状態を表現 |
| | 離散モデル | データが散らばった状態 |

# 論理モデル

## 図的モデル

**図的モデル**＝ 対象となるものを図で表現したもの

※図を工夫すると、ものや事柄の繋がり、位置関係、順序、動きなどがわかりやすくなる

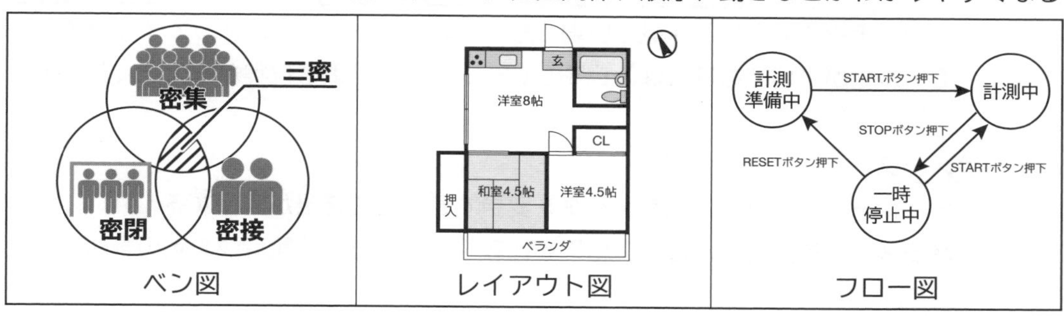


ベン図　レイアウト図　フロー図

## 数式モデル

**数式モデル**＝ 対象となる事柄を数式で表現したもの

**例題1**

はじめx円貯金しているとする。毎月500円ずつ貯金した場合、tヶ月後の貯金y円は、

3

と表すことができる

→毎月の貯金の前後に着目すると、

4

と表すことができる

これを「つちのこ」でプログラミングすると、下のようなコードになる

```
1 chokin = 1000
2 tsukigoto = 500
3
4 tsuki を 1 から 24 まで 1 ずつ増やしながら繰り返す:
5     
6     表示する(tsuki,"ヶ月後の貯金は",chokin,"円")
```

最初の貯金額、月毎の貯金額をいろいろな金額に変更してシミュレーションしてみよう

第11章

# ■ モデル化とシミュレーション

## シミュレーションとは

**シミュレーション**＝ 現象やものごとを予測するために、モデルを操作すること

※実際に実物を使うことが難しい場合も、シミュレーションによって予測ができる
※モデル化が適切でなければ、シミュレーションの結果も現実から大きく外れてしまう

### パラメータ

シミュレーションでは、**パラメータ**を変更することで結果が変化する
→**パラメータ**を変更し、複数の結果を比較することで、問題解決の際の判断に役立てる

**例題2**

ある薬は、投与してから1時間経つと体内に80％残る
この薬は、体内残量が20％を切ると効果を失う
この薬は何時間毎に服用するとよいかを予測してみよう
※実際には投与してすぐに効果が現れるわけではないが、
　ここでは投与した瞬間に残量が最大値になるとする

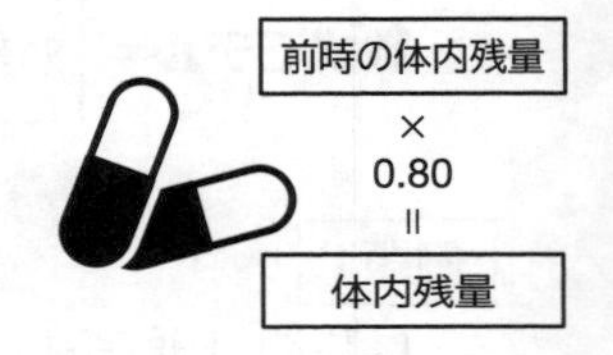


### モデル化の手順

**手順①**　モデル化の目的を明確化する
薬の体内残量の変化から、服用間隔を推定する

**手順②**　モデルを構成する要素とその関係を明らかにする
薬が体内に残る割合を残留率とし、この薬は80％であるとする
次のようにパラメータを設定する
初期残量 =〔5　　　〕　効果持続値 =〔6　　　〕
残留率　 =〔7　　　〕　時間間隔　 = 1

**手順③**　モデルを数式や図などで表す

8

## シミュレーションの手順

**手順①**　モデルを使ってシミュレーションする

```
 1 zanryou = 100
 2 rate = 0.8
 3 kouka = 20
 4 jikan = 0
 5 
 6                 の間繰り返す:
 7     
 8     jikan += 1
 9     表示する(jikan,"時間後の残量は",zanryou)
10 
11 表示する(jikan,"時間後に効果が切れる")
```

**手順②**　シミュレーションの結果を実際の現象と比較し、仮説やモデルを修正する

実際には、この薬は体内残量が10%でも効果があることがわかった

効果持続値を10に変化したときの効果持続時間をシミュレーションしてみよう

**手順③**　シミュレーションの結果を用いて問題を解決する

この薬は何時間ごとに投与すればよいだろうか

**振り返り**

次の各観点が達成されていれば□を塗りつぶしましょう。

□モデル化とはどのようなことかを理解できた

□モデル化とシミュレーションの手順を理解できた

今日の授業を受けて思ったこと、感じたこと、新たに学んだことなどを書いてください。

# 確率的モデル

サイコロをふったとき、どの目が出るかは予測ができません。スーパーのレジや駅の券売機に来る客の間隔は不規則で正確には予測できません。このように、現象の起こり方が確率的にしか予測できないような場合、確率的モデルを使ってシミュレーションを行ないます。

## ■ 配列

### 配列とは

**配列**＝ 同じ型のデータを一列に並べたもので、添字(そえじ)を使って取り出すことができる

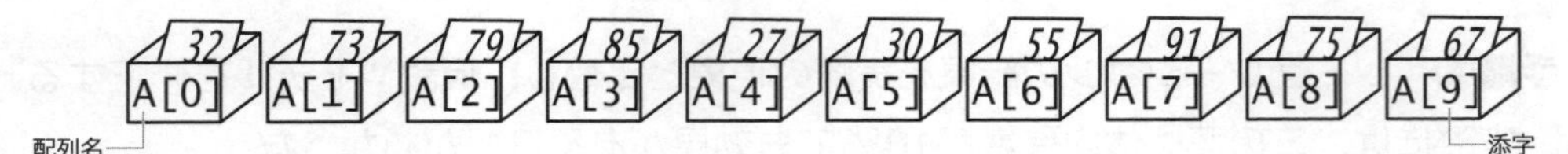


A[]という配列に上記のように値が入っていたとする→Aの4番目の値が27という意味
※配列の添字は、0番から始まることに注意が必要

**数値や文字の定義の方法**

上記の例だと、次のように一括で設定することができる

```
A = [32,73,79,85,27,30,55,91,75,67]
```

配列には、文字列も設定可能

```
A = ["太郎","花子","健太","弘子","二郎"]
```

空の配列をつくることもできる

```
A = []
```

第11章

**配列の使い方**

| | | |
|---|---|---|
| 1 | A = [32,73,79,85,27,30,55,91,75,67] | |
| 2 | 表示する(A[4]) | 配列の4番目の値を表示 |

このプログラムで表示される値は何ですか。
配列の添字は0番目から始まることに注意しよう。

| 1 |
|---|
| |

# ■ 確率的モデル

## 確率的モデルとは

**確率的モデル**＝ 現象の起こり方が確率的にしか予測できないような場合のモデル

### 相対度数

**相対度数**＝ 確率的現象を繰り返して試行し、一つの事象が起こる確率のこと

$$相対度数 = \frac{ことがらが起こった数}{全体の数}$$

※相対度数を順に合計していったものを**累積相対度数**という

**例題3**

サイコロの相対度数を求めてみよう

整数乱数()を使い、1～6までの乱数が発生する回数を数え、相対度数を求めてみよう

可視化()関数を使い、棒グラフを表示させてみよう

```
 1 kaisuu = [0,0,0,0,0,0,0]      #サイコロで出た回数を記録する配列
 2 shikou = 100                  #試行回数を入れる変数
 3
 4 i を 1 から shikou まで 1 ずつ増やしながら繰り返す:
 5     x = 整数乱数(1,6)          #サイコロの出た目を乱数で決める
 6     kaisuu[x] += 1            #配列の出た目に対応した場所に1を足す
 7     表示する(x)                #サイコロで何が出たかを表示
 8
 9 表示する("---結果---")
10
11 i を 1 から 6 まで 1 ずつ増やしながら繰り返す:
12     表示する(i,kaisuu[i] / shikou * 100)  #相対度数を計算し表示
13
14 可視化(kaisuu)                 #配列の値を棒グラフにして表す
```

※相対度数は、下で扱いやすいように100倍して整数で表している

下の表にシミュレーションした結果の相対度数を記録し、累積相対度数を求めてみよう

| | 1 | 2 | 3 | 4 | 5 | 6 |
|---|---|---|---|---|---|---|
| 相対度数 | | | | | | |
| 累積相対度数 | | | | | | |

第11章

**問題**

次の表は、ある商品「アヤシイX」が1日のうちで売れた個数と、その個数が売れた日数をまとめたものです。この表から、今後10日間で「アヤシイX」がいくつ売れるかを予測するシミュレーションを行なってみましょう。

| 販売個数 | 日数 | 相対度数 | 累積相対度数 |
|---|---|---|---|
| 0 | 1 | 2 | 8 |
| 1 | 2 | 3 | 9 |
| 2 | 4 | 4 | 10 |
| 3 | 6 | 5 | 11 |
| 4 | 8 | 6 | 12 |
| 5 | 4 | 7 | 13 |
| 合計 | 25 | 100 | —— |

※プログラムに実装しやすいように、相対度数は100倍している

このシミュレーションをするためのプログラムは下記のとおり

```
 1 ruiseki = [                    ]   #累積相対度数を配列に格納
 2 nissuu = 10                        #調べたい日数を入れる
 3 kosuu = 0                          #合計販売個数を数える変数
 4 
 5 関数 販売個数():
 6     x = 整数乱数(1,100)
 7     もし x <= ruiseki[0] ならば:
 8         n = 0
 9     そうでなくもし x <= ruiseki[1] ならば:
10         n = 1
11     そうでなくもし x <= ruiseki[2] ならば:
12         n = 2
13     そうでなくもし x <= ruiseki[3] ならば:
14         n = 3
15     そうでなくもし x <= ruiseki[4] ならば:
16         n = 4
17     そうでなければ:
18         n = 5
19     nを返す
20 
21 i を 1 から nissuu まで 1 ずつ増やしながら繰り返す:
22                                   #販売個数()からの返り値を変数に記録
23                                   #個数を加算する
24     表示する(i,"日目に売れた数は",          ,"個")
25 
26 表示する(nissuu,"日間で売れた数は全部で",kosuu,"個")
```

①10日間の合計販売個数を10回調べ、下の表に記録してください。
平均の販売個数を求めてください。

| 回数 | 1 | 2 | 3 | 4 | 5 | 6 | 7 | 8 | 9 | 10 | 平均 |
|---|---|---|---|---|---|---|---|---|---|---|---|
| 販売個数 | | | | | | | | | | | |

②①の結果より、1日あたりの平均販売個数はいくらになりますか。

③1年間（365日間）の合計販売個数を調べ、下の表に記録してください。

④②、③の結果を、Google Formsに入力してください。
→クラス全体で集計することで、より精度の高い平均販売個数を求めます。
このクラスで計算した1日あたりの販売個数の平均値を下に書き留めてください。

**振り返り**

次の各観点が達成されていれば□を塗りつぶしましょう。
□配列の考え方を理解することができた
□確率的モデルとはどのようなものであるかを理解できた
□モデル化とシミュレーションが数学で解けない問題を解く手段であることを理解できた

今日の授業を受けて思ったこと、感じたこと、新たに学んだことなどを書いてください。

# 待ち行列

スーパーのレジでは、誰かの精算処理が行なわれている間、後ろの人は順番待ちをします。この順番待ちの列のことを待ち行列といいます。ここでは、コンピュータを用いて、待ち行列の長さや、待ち時間などをシミュレーションしてみたいと思います。

## ■ 待ち行列

### 問題設定

地元スーパーマーケット「エネミーマート」には、稼働しているレジが1つしかない
このレジには、1秒から75秒の間でランダムに客がレジの待ち行列にやってくるとする
レジでの対応は30秒から60秒かかるとする
このモデルをもとに、シミュレーションしてみたい

#### 変数の設定

**前到着**、**前終了**など、「前」の付いている変数は、一つ前の人を意味する
**次到着**、**次終了**など、「次」の付いている変数は、いま注目している人を意味する

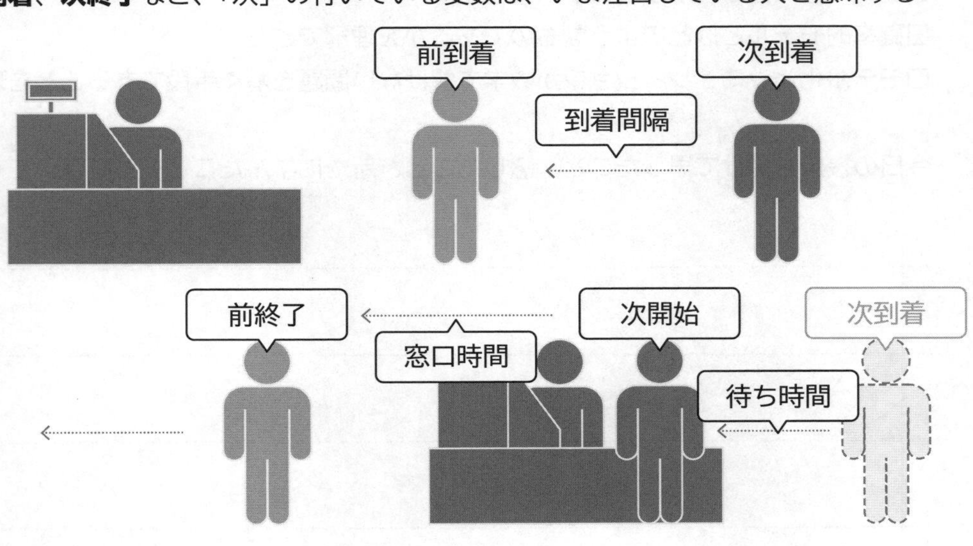

## プログラム

```
 1 最小到着時間 = 1
 2 最大到着時間 = 75
 3 最小対応時間 = 30
 4 最大対応時間 = 60
 5 前到着 = 0
 6 前終了 = 0
 7 客数 = 10
 8 最大待ち時間 = 0
 9 待ちなし人数 = 0
10
11 表示する("番号\t到着時刻\t開始時刻\t窓口時間\t終了時刻\t待ち時間")
12
13 客番号 を 1 から 客数 まで 1 ずつ増やしながら繰り返す:
14     到着間隔 = 整数乱数(最小到着時間,最大到着時間)
15     窓口時間 = 整数乱数(最小対応時間,最大対応時間)
16     次到着 = ▢                    #前到着と到着間隔を足す
17     もし ▢ ならば:                #次到着が前終了より大きければ
18         次開始 = ▢                #次開始を次到着の値にする
19     そうでなければ:                #そうでなければ
20         次開始 = ▢                #次開始を前終了の値にする
21     次終了 = ▢                    #次開始と窓口時間を足す
22     待ち時間 = ▢                  #次開始から次到着を引く
23     表示する(客番号,"\t",次到着,"\t",次開始,"\t",窓口時間,"\t",
                                          次終了,"\t",待ち時間)
24     前到着 = 次到着
25     前終了 = 次終了
26     もし ▢ ならば:                #待ち時間が最大待ち時間より大
27         最大待ち時間 = ▢          #最大待ち時間を待ち時間に更新
28     もし ▢ ならば:                #待ち時間が0なら
29         待ちなし人数 += 1         #待ちなし人数に1を加える
30
31 表示する("最大待ち時間は",最大待ち時間)
32 表示する("待ち時間0の人は",待ちなし人数)
```

※23行目は1行に納まらなかったため、2行に分けて書いている → 改行しないように

※\tはタブ文字を意味している　→　次の文字の先頭を揃えることができる

第11章

**実験1**

1度実行してみて、出力された結果を下の表に書いてみよう

| 客番号 | 待ち行列への<br>到着時刻 | レジ対応<br>開始時刻 | レジ<br>対応時間 | レジ対応<br>終了時刻 | 待ち時間 |
|---|---|---|---|---|---|
| | | | | | |
| | | | | | |
| | | | | | |
| | | | | | |
| | | | | | |
| | | | | | |
| | | | | | |
| | | | | | |
| | | | | | |
| | | | | | |

①今回の結果、待ち時間の最大時間は何秒でしたか。

②待ち時間0秒でレジの対応を受けられた人は何人いましたか。

③待ち時間の平均値は何秒でしたか。

**実験2**

10回実行し、それぞれの**最大待ち時間**と**待ちなし人数**を記録してください。
平均値を求めてください。

| 実行回 | 1 | 2 | 3 | 4 | 5 | 6 | 7 | 8 | 9 | 10 | 平均 |
|---|---|---|---|---|---|---|---|---|---|---|---|
| 最大待ち時間 | | | | | | | | | | | |
| 待ちなし人数 | | | | | | | | | | | |

## レジの窓口対応業務の効率化

エネミーマートでは、レジ対応業務の効率化により、窓口対応時間を削減することに成功
最小対応時間を15秒まで、最大対応時間を45秒まで減らすことができた

**実験3**

10回実行し、それぞれの**最大待ち時間**と**待ちなし人数**を記録してください。
平均値を求めてください。

| 実行回 | 1 | 2 | 3 | 4 | 5 | 6 | 7 | 8 | 9 | 10 | 平均 |
|---|---|---|---|---|---|---|---|---|---|---|---|
| 最大待ち時間 | | | | | | | | | | | |
| 待ちなし人数 | | | | | | | | | | | |

この業務の効率化は効果があったといえるだろうか？

**振り返り**

次の各観点が達成されていれば□を塗りつぶしましょう。
□待ち行列というものがどのようなものであるかを理解することができた
□待ち行列のアルゴリズムを理解し、プログラムに実装することができた
□シミュレーションにおいて、パラメータの変化が結果を変化させることを実感できた

今日の授業を受けて思ったこと、感じたこと、新たに学んだことなどを書いてください。

# 章末問題

**[問題1]**

次のプログラムは、空の水槽に毎分3Lずつ10分間、水を溜めていくときの水量をシミュレーションしたプログラムです。空欄(a)に入れるべきコードを書いてください。

```
suiryou = 0
henkaryou = 3

jikan を 1 から 10 まで 1 ずつ増やしながら繰り返す:
    [        (a)        ]
    表示する(jikan,"分後の水量は",suiryou,"L")
```

**[問題2]**

下の表は、クラス40人の通学時間とその人数です。相対度数および累積相対度数を求めてください。※ただし、100倍しないでください。

| 時間 | 人数 | 相対度数 | 累積相対度数 |
|---|---|---|---|
| 0 ～ 10分 | 1 | | |
| 11 ～ 20分 | 3 | | |
| 21 ～ 30分 | 7 | | |
| 31 ～ 40分 | 9 | | |
| 41 ～ 50分 | 12 | | |
| 51 ～ 60分 | 8 | | |
| 合計 | 40 | 1.000 | ― |

**[問題3]**

次のプログラムを実行したとき、画面上に表示される文字列を答えてください。

```
D = ["Sun","Mon","Tue","Wed","Thu","Fri","Sat"]
表示する(D[2])
```

第11章

# コラム～釣り銭問題

## ■ 釣り銭問題

### 問題設定

会費1500円の会合を催したところ、25名の出席者があった

千円札2枚持ってきた人には500円の釣り銭が必要となる

千円札2枚持ってくる人の確率が50%であるとして、

手持ちの500円玉の増減を数えることで、釣り銭の必要枚数をシミュレーションする

### 考え方

500円玉の枚数を**枚数**という変数に入れる

1 ～ 10までの乱数を発生させ、**乱数**とする

**乱数**が5以下ならば1500円を持ってくるとする　→　500円玉は1枚増える

**乱数**が5より大きければ2000円を持ってくるものとする　→　500円玉は1枚減る

**枚数**が減った際、**最小値**より小さければ**最小値**を更新する

### プログラム

| 行 | プログラム | 説明 |
|---|---|---|
| 1 | 最小値 = 0 | |
| 2 | 回数 = 25 | |
| 3 | 枚数 = 0 | |
| 4 | | |
| 5 | 回 を 1 から 回数 まで 1 ずつ増やしながら繰り返す: | **回数**分だけ繰り返す |
| 6 | 　乱数 = 整数乱数(1,10) | 1 ～ 10までの乱数を発生させる |
| 7 | 　もし 乱数 <= 5 ならば: | **乱数**が5以下であれば |
| 8 | 　　枚数 += 1 | 500円玉の枚数を1枚増やす |
| 9 | 　　表示する(回,"不要","+1",枚数) | 釣り銭は「不要」で枚数が「+1」 |
| 10 | 　そうでなければ: | そうでなければ |
| 11 | 　　枚数 -= 1 | 500円玉の枚数を1枚減らす |
| 12 | 　　表示する(回,"必要","-1",枚数) | 釣り銭は「必要」で枚数が「-1」 |
| 13 | 　　もし 枚数 < 最小値 ならば: | もし枚数が最小値より小さければ |
| 14 | 　　　最小値 = 枚数 | 最小値を更新する |
| 15 | | |
| 16 | 不足枚数 = -最小値 | 不足枚数は最小値を-1倍 |
| 17 | 表示する("最小値=",最小値) | **最小値**を表示 |
| 18 | 表示する("不足枚数=",不足枚数) | 不足枚数を表示 |

**確率を変更するとどのように変化するかを確かめてみよう**

第11章

# AI を活用したプログラミング

「情報I」第12章

Contents



**この章の動画**
**「AI を活用したプログラミング」**

クラス：　　　番号：　　　氏名：

# AI を活用したプログラミング

最近、AI（人工知能）という言葉をよく聞くようになりました。今日は、実際にAIを活用したプログラミングを行なうことで、そもそもAIとはいったいどのようなもので、どのようなことができるのかを学んでいきたいと思います。

## ■ AIとは何か

### AIとは何か

**AI**＝ Artificial Intelligenceの略称。人工的な知能。人間の知能を人工的に再現したもの。

人間が行なう「知的活動」をコンピュータプログラムとして実現する

→「知的活動」＝自分で考えて実行する活動　→　絵を描く、言葉を認識、ゲーム　など

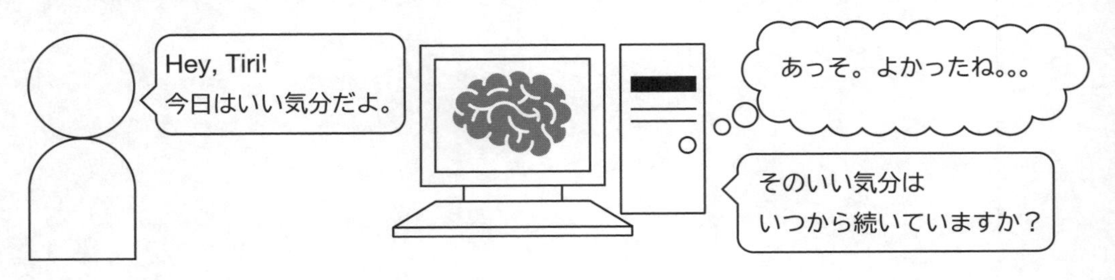


**AIと従来のコンピュータとの違い**

例えば、最近ファミレスで配膳ロボットが使われるようになったが……

従来のコンピュータだと、決まりきったコースをただ走るだけ

→途中に障害物があると、ぶつかってそのまま動かなくなるだけ

AIロボットは、椅子の状態など周囲の状態を判断しながら動いていく

→途中に障害物があっても、状況を判断しながらコースを自分で考えて動く

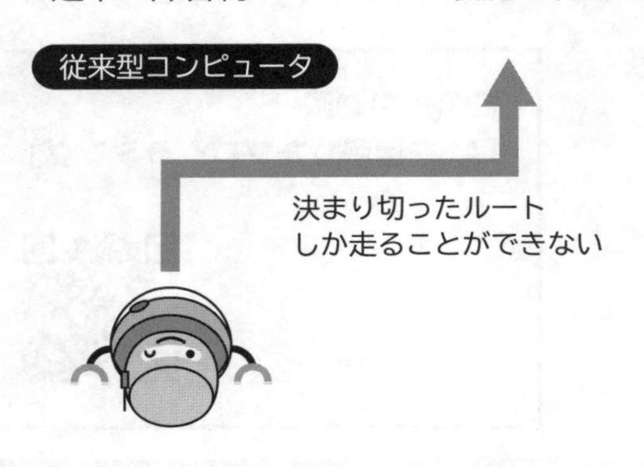


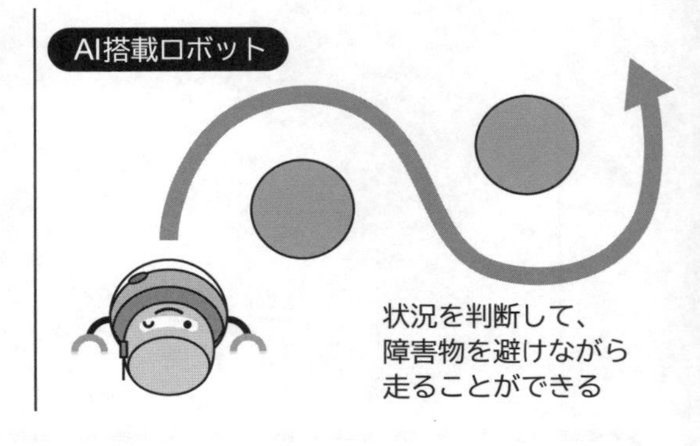


第12章

# AIの歴史

## AIの起源

### アラン・チューリング

イギリスの数学者、暗号研究者、計算機科学者（1912 - 1954）
「ソフトウェアの生みの親」「コンピュータ科学の父」との異名を持つ
現在のコンピュータ科学の礎を築いた人物の一人
解析不能と言われたナチスの暗号「エニグマ」を解析したことで有名

1950年アラン・チューリングが「コンピュータは考えることができるか？」の問いを提唱
1956年ダートマス会議にて、人間のように考える機械を「人工知能」と名付けられた

## 第一次AIブーム

1950年代後半～ 1960年代
**推論**や**探索**と呼ばれる技術　→　解き方のパターンを場合分けして探し出して問題を解く
→明確なルールが存在する問題を解くことができるように
さまざまな要因が複雑にからみ合う課題の解決に対応できないためAIブームは下火に

## 第二次AIブーム

1980年代～ 1990年代
**エキスパートシステム**が登場　→　専門家の判断を代行するシステム
→医者や弁護士など専門家の判断ルールをもとにさまざまな状況を判断
ルールが多いほど正確性は増すが、必要な情報を人の手で入力する必要がある
→入力できるルールの数に限界、活用範囲も特定の領域に限定　→　限界を見せ下火に

## 第三次AIブーム

2000年代～現在
インターネット、SNSの登場により膨大な情報の蓄積が可能となった
→AI自身が膨大なデータ（**ビッグデータ**）から知識を獲得する**機械学習**が実用化
さらに、知識の特徴をAIが自ら習得する**深層学習**（**ディープラーニング**）の技術が登場

# ■ 機械学習体験

## 機械学習とは（Machine Learning）

**機械学習**＝ 大量のデータをもとにルールや規則を導き、未知のデータを予測させること

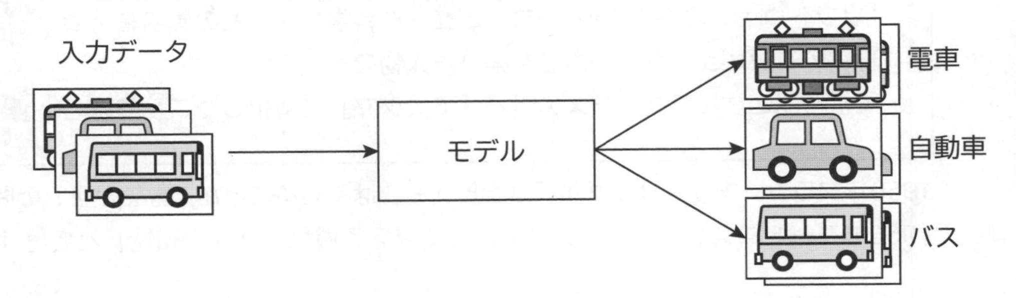


大量のデータを入力し、モデルを作成　→　モデルをもとに未知の画像を判断し予測

### 機械学習の分類

| 教師あり学習 | 教師なし学習 | 強化学習 |
|---|---|---|
| ウシ<br>クマ | | 正しい行動　報酬<br>間違い　罰 |
| 入力データと正解ラベルを用意する | AIが類似したグループを自身で見つけ出す | 正しい行動に報酬を与えることで正しい行動を知る |

### ディープラーニング（深層学習）

人間が手を加えなくてもコンピュータが自動的に大量のデータの中から特徴を発見する

→機械学習で必要であった**分類に必要な特徴量の設計が不要**となる

※しくみは人間の脳のしくみ（ニューラルネットワーク）を参考につくられた

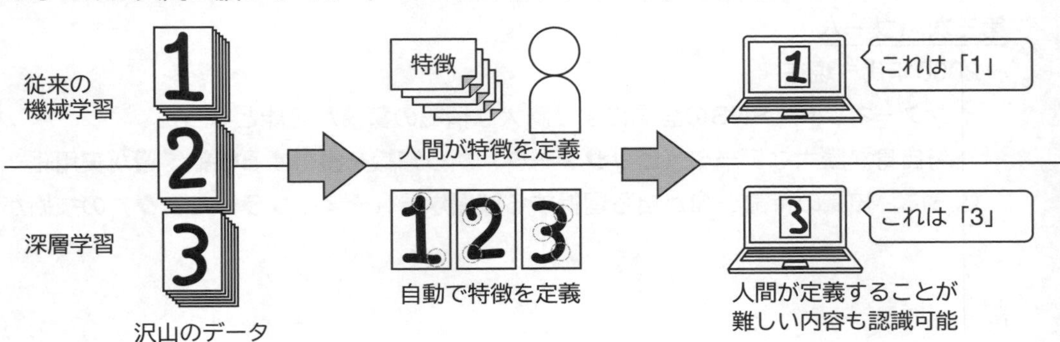

# Teachable Machineの利用

## Teachable Machineの起動

機械学習モデルを簡単に作成できるTeachable Machineを使ってみよう
→下記URLにアクセスする

```
https://teachablemachine.withgoogle.com
```

［使ってみる］をクリックすると使えるようになる

## 画像プロジェクトを作成

「新しいプロジェクト」の画面で［**画像プロジェクト**］を選ぶ
→［**標準の画像モデル**］を選ぶ

## クラスの作成

①［Class1］などの名前をクリックして、学習させたいものの名前に変更しよう
②［**ウェブカメラ**］をクリックすると、タブレットやパソコンのカメラから録画が可能
③［**長押しして録画**］を長押しすると、画像サンプルが次々に記録される
　→ものを動かしていろんなパターンを認識させるようにしよう
　→画像サンプルが多すぎると処理が遅くなる　→　画像サンプル数は50程度にしよう
※［**クラスを追加**］をすると、クラスを増やすことができる

## モデルのトレーニング

［**モデルをトレーニングする**］をクリックする
→入力した画像サンプルをもとにモデルを作成することができる
※モデルのトレーニング中は別のタブを開いたりなどしてはいけない
※モデルのトレーニングには、相当な時間がかかる
　→モデルのトレーニング中はタブレットやパソコンが固まったように見えるが**じっと待とう**

## プレビュー

プレビュー画面では、現在カメラから入った映像がどのクラスにどの程度近いかを判定
→意図通りにものが認識されていることを確認しよう

## モデルのエクスポート

ここで作成したモデルを次のプログラミングで利用するにはモデルをエクスポートする
①［**モデルをエクスポートする**］をクリック
②出てきたシートで［**モデルをアップロード**］をクリック
③アップロードが完了するとURLが生成される　→　**URLをコピー**しよう

# Stretchを利用したプログラミング

## 準備

Stretchを起動する前に、Teachable Machineのカメラを切っておく必要がある
Teachable MachineのURL欄の🔒を押し、カメラを**オフ**にしておく
※これをしないと、Stretchでカメラが認識されなくなるので注意

## Stretchの起動

下記URLでプログラミング学習環境Scratchに拡張機能を追加したStretchを起動

```
https://stretch3.github.io
```

## TM2Scratchの追加

拡張機能「TM2Scratch」をStretchに追加する
①画面左下の［**拡張機能を追加**］をクリック
②「**TM2Scratch**」をクリック

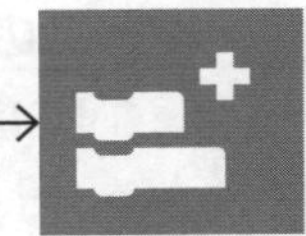

## コードの作成

最も簡単なプログラムとして、ネコにどのクラスが認識されているかを話させてみよう
「**画像分類モデルURL**」ブロックに先ほどコピーした**モデルのURLをペースト**する

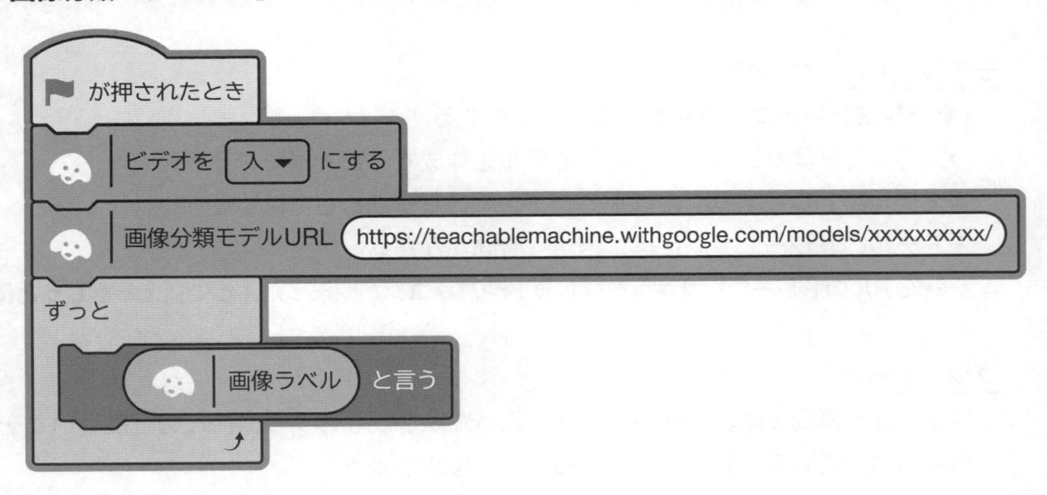

# ■ AIのもたらす未来

## 現代のAIにできること

| 文章理解 | 音声理解 | 画像認識 |
|---|---|---|
| あいまいな表現も認識 | 声から文章に変換 | さまざまな角度からでも認識 |
| **推論・予測** | **異常検知** | **機械制御** |
| 最適な手段を推論・予測 | 人間に認識できない異常 | 自動で最適な制御が可能 |

## AIが拓く未来

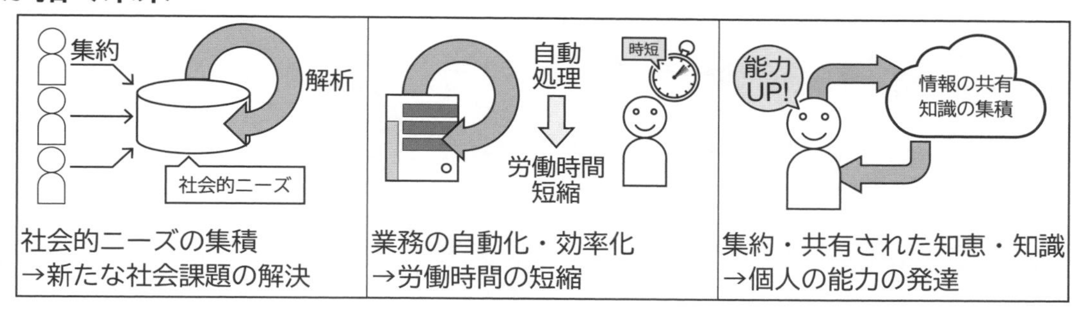


社会的ニーズの集積
→新たな社会課題の解決

業務の自動化・効率化
→労働時間の短縮

集約・共有された知恵・知識
→個人の能力の発達

**振り返り**

次の各観点が達成されていれば□を塗りつぶしましょう。

□Teachable Machineで機械学習のモデルを作成することができた

□機械学習のモデルを用いてプログラミングをすることができた

□機械学習やAIがどのようなものであるかを理解することができた

今日の授業を受けて思ったこと、感じたこと、新たに学んだことなどを書いてください。

# 計測と制御

「情報I」第12章　付録

Contents



この章では micro:bit を使います。お持ちでない場合でも Web 上でシミュレーションができます。
また、動画で実際に動くところを見ることもできます。

この章の動画
「計測と制御」

クラス：　　番号：　　氏名：

# 計測と制御

私たちの身の回りには、さまざまな種類のコンピュータであふれています。さまざまな電子機器や家電製品には、マイクロコンピュータと呼ばれる小型のコンピュータが組み込まれており、センサーなどで計測した結果を入力することでコンピュータを動作させています。

## ■ 計測と制御

### コンピュータとは

コンピュータは、入力情報をもとに情報を作り出して出力する装置

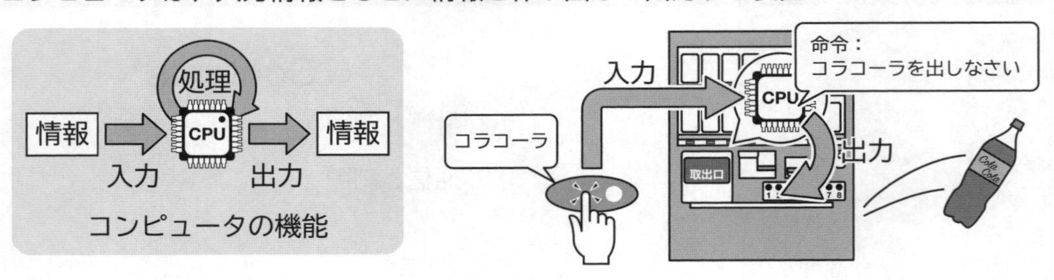


### マイクロコンピュータ

**マイクロコンピュータ**＝ 電子機器や家電製品に組み込まれた小型のコンピュータ

※略してマイコンと呼ばれ、マイクロコントローラとも呼ばれる

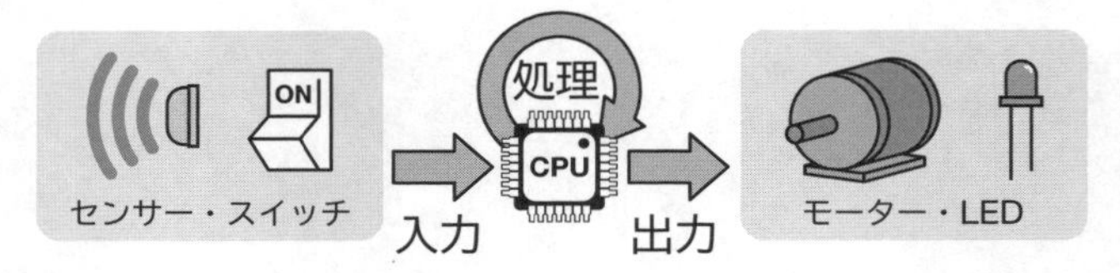


※ハードウェアを制御する、電子機器の頭脳にあたるもの

マイクロコンピュータを用いた計測と制御

たとえば、冷蔵庫の庫内の温度上昇でコンプレッサー動作、ドア開閉でライト点灯など

※あらかじめ作られた**プログラム**をもとに動作する

# 計測と制御

**計測**＝ センサーを使い、外界の事象を量的にとらえ、その値を使用すること

**制御**＝ 機械や装置などを目的の状態にするために適当な操作や調整をすること

センサーなどで外界の状態を量的にとらえ、コンピュータが判断をして機器を制御する

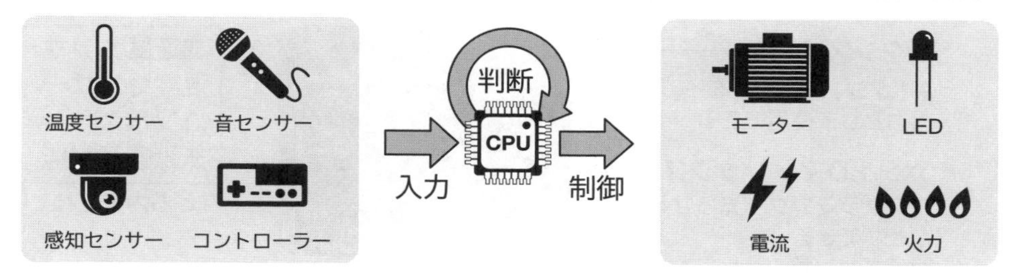


## 電子炊飯器（マイコンジャー）を例に

赤外線センサー、温度センサーで水温や米の温度、釜底の温度などを計測

計測された温度をもとにコンピュータが現在の状況を判断、ヒーターを制御する

コンピュータからの制御命令を受け、ヒーターが釜を加熱

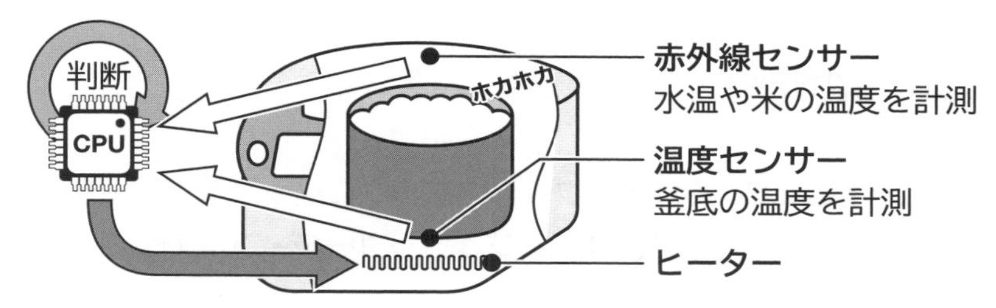


## エアコンを例に

温度センサーから室温を計測、赤外線センサーでリモコンからの指示を受けとる

リモコンからの指示や、計測された温度をもとに、コンピュータが状況を判断

コンピュータからの制御命令を受け、コンプレッサーやファンなどが動作する

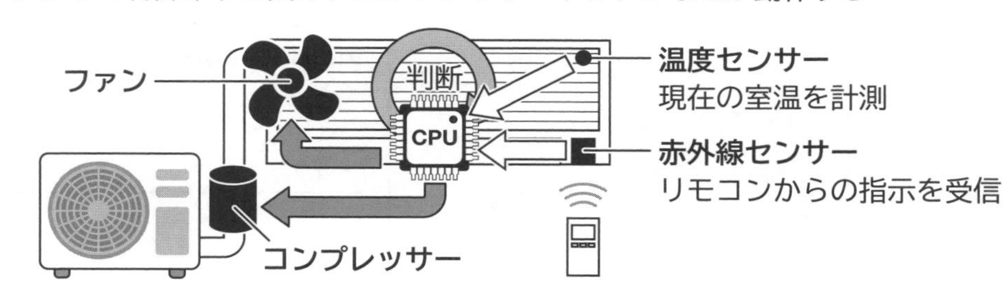

# ■ マイクロコンピュータの利用

## マイコンボード

マイクロコンピュータと入出力回路などの周辺回路を1枚の基盤にのせたもの
→手軽にマイクロコンピュータを利用できる
ここでは、イギリスBBCが主体となってつくられたmicro:bitを使っていく

ボタンスイッチ
Aボタン、Bボタンを
入力として使用できる

5x5LEDマトリックス
プログラミングで光らせる
ことができる
明るさセンサーとしても機能

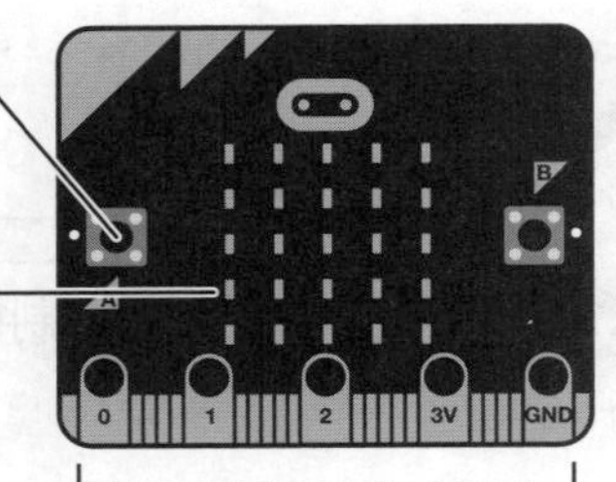


加速度センサー
温度センサー
コンパス
無線通信機能
なども内蔵されている

入出力端子・・・LEDなどさまざまな装置に接続

あらかじめセンサーなども内蔵されており、たいへん使いやすい
これにプログラミングすることで、いろんなことが実現できる

**マイコンボードを使ってどんなことをやってみたいかを考えてみよう**

## MakeCodeの起動

### MakeCodeとは

Microsoft MakeCodeはオープンソースのプログラミング学習環境
→micro:bitにも対応しており、ビジュアルコーディングでプログラミングが可能

### MakeCodeの起動

次のURLでMake Codeを起動する

```
https://makecode.microbit.org
```

「新しいプロジェクト」を押し、適当な名前を付けたら「作成」しよう



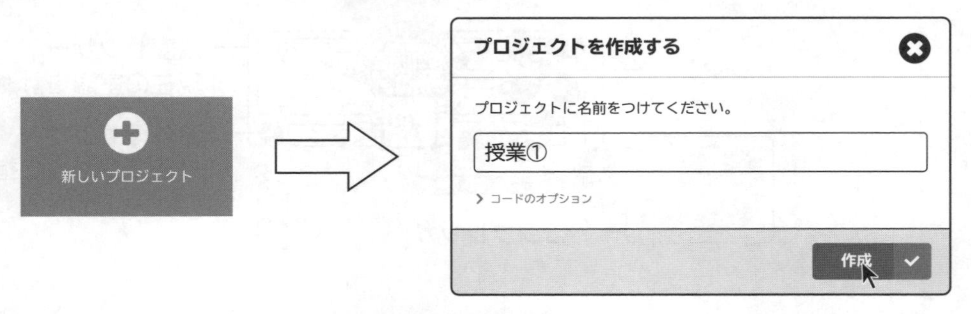


※プロジェクト名を入力しなかった場合、「題名未設定」のまま作成が可能

# MakeCodeの使い方

## 基本操作

コードブロックをドラッグしてプログラミングエリアに持っていくことでプログラミング

※コードをプログラミングエリアから外すことでコードを削除することもできる

## プログラムの転送

micro:bitが**接続されている状態**で画面左下の［ダウンロード］を押す

→「**Downloaded!**」と表示されたらダウンロード完了

※アイコンが⊖になっていることを確認するように

# micro:bitの接続と切断

## micro:bitの接続

①micro:bitをパソコンにUSBケーブルで接続

②画面左下の［ダウンロード］横の［...］→［⊖Connect Device］を選ぶ

③[次へ]［次へ］と進んでいき、「接続を要求しています」と出たら④へ

④「BBC micro:bit XXXXXX」を選び、［接続］を押す

⑤[ダウンロード］のアイコンが⊖になる

**！接続中はUSBケーブルを勝手に抜かないように！**

## micro:bitの切断

⑥画面左下の［ダウンロード］横の［...］→［⊖切断］を選ぶ

⑦ブラウザのURLの🔒を押し、「BBC microbit XXXXXX」の右の×印を押す

**！この手順で切断するまでUSBケーブルを勝手に抜かないように！**

## ブロックの形状と意味

| 名称 | ブロック形状 | 説明 / 場所 |
|---|---|---|
| イベントブロック | | ボタンが押されたときやずっと繰り返すなど、イベントの開始を表す<br>基本、入力 |
| スタックブロック | | 各種の命令を実行するブロック<br>基本、入出力端子　ほか |
| 制御ブロック | | 繰り返しや条件分岐など<br>プログラムの制御を行なう<br>ループ、論理 |
| 条件式ブロック | = ▾ | 繰り返しや条件分岐などの条件式を作るためのブロック<br>論理、入力 |
| 値ブロック | | センサーで読み取った値や変数など条件式などにはめるためのブロック<br>入力、計算 |

**やってみよう1**

次のプログラムを作り、micro:bitにプログラムを転送してみよう

・Aボタンを押すとLED画面に♥マークを表示させる

・Bボタンを押すとLED画面に✔マークを表示させる

・AとBのボタンを同時に押すと、LED画面に何も表示されないようにする

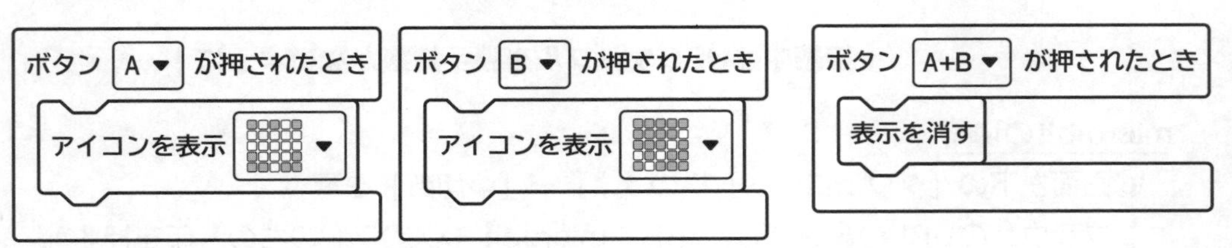

## LEDの制御

端子にLEDなどの出力装置を接続
→信号を送ることでLEDを制御できる
例えば、**端子0**から信号を出力
→接続しているLEDが点灯 / 消灯
→点灯 / 消灯のタイミングを制御
※信号が**1**なら点灯、**0**なら消灯

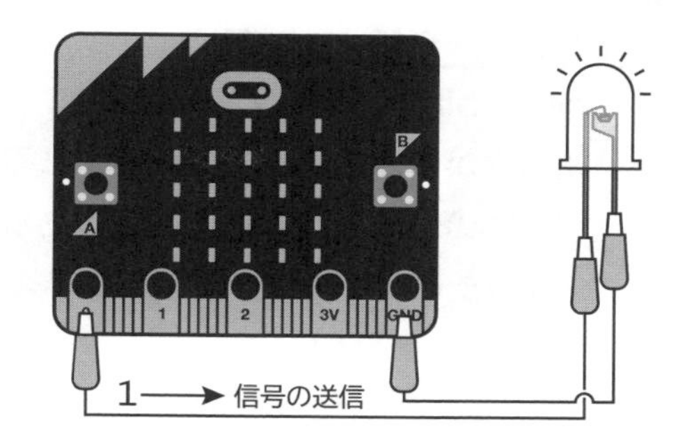


**問題1**

micro:bitにLEDを接続し、LEDを制御してみよう
LEDの+側（足の長い方：**アノード**という）を**0**の端子に
LEDの−側（足の短い方：**カソード**という）を**GND**の端子にミノムシクリップで接続
・Aボタンを押すとLEDを点灯（端子**P0**の値を**1**に）
・Bボタンを押すとLEDを消灯（端子**P0**の値を**0**に）

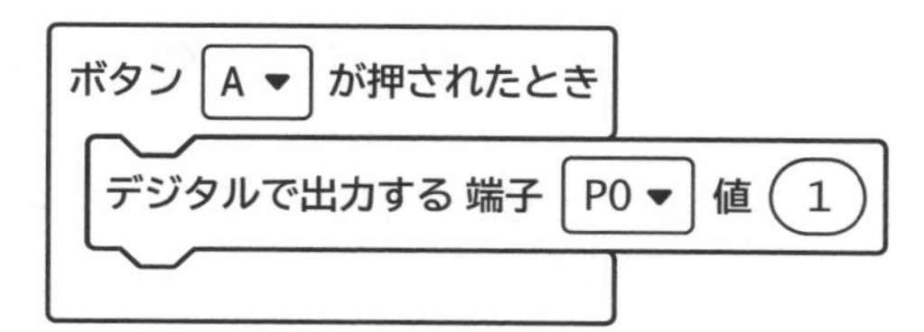


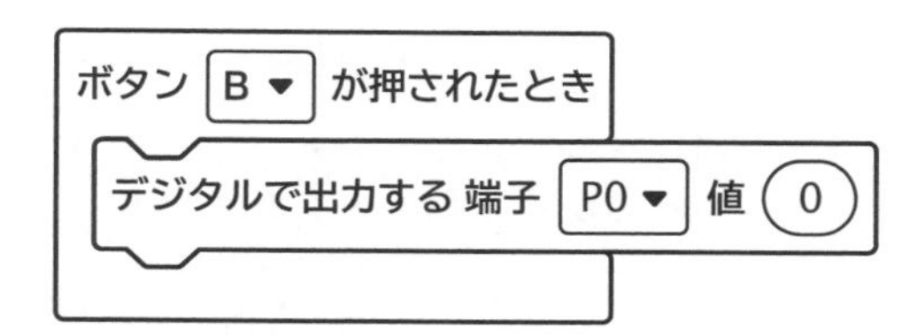


※［**デジタルで出力する**］ブロックは、「高度なブロック」→「◎入出力端子」にある

**注意！**

※入出力端子に接続しているミノムシクリップ同士を絶対に接触させないで！
→ショートを起こす恐れあり！

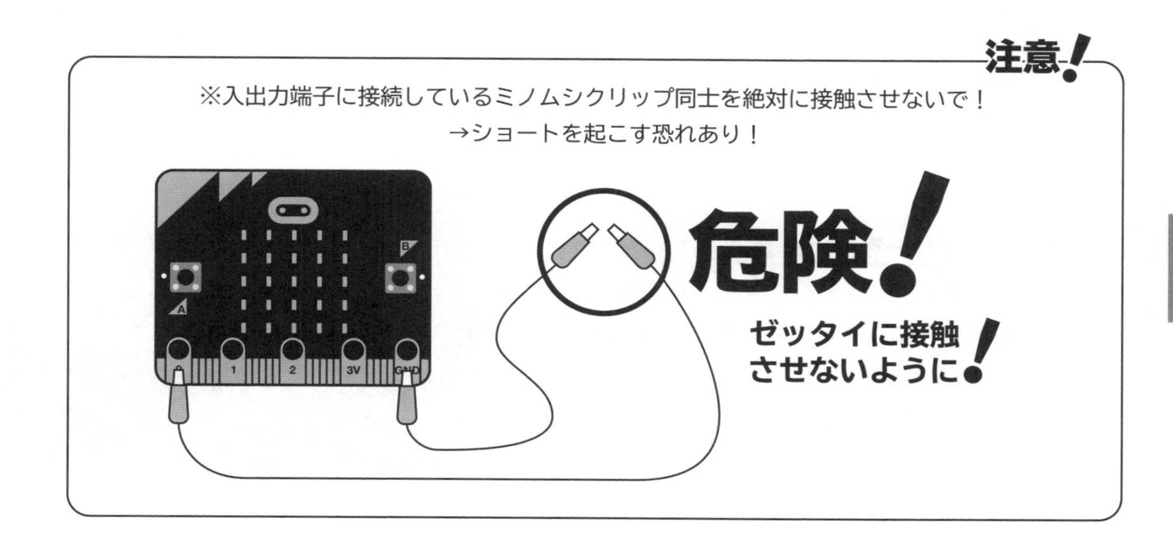

# 計測と制御

## 光センサーを使った制御

micro:bitには光センサーが内蔵
明るさが0 ～ 255の値で取得される
明るさの値によって動作を変えたり、
スイッチのON、OFFをしたりする

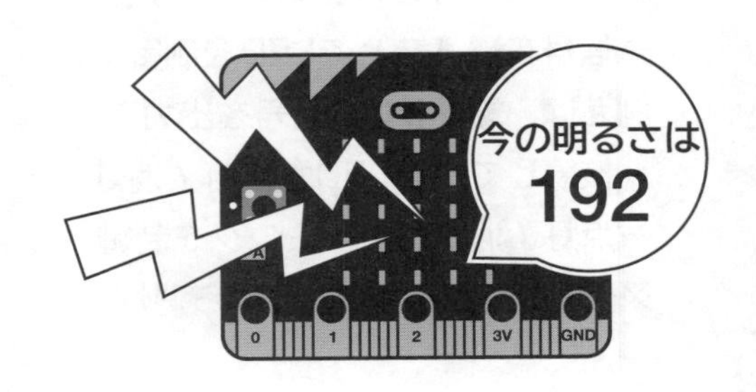


**問題2**

micro:bitの光センサーを使って、LEDを制御してみよう
[ずっと] の中に下の動作をするプログラムを入れよう
・もし（**明るさ < 64**）なら、LEDを点灯（端子**P0**の値を**1**に）
・でなければ、LEDを消灯（端子**P0**の値を**0**に）
※明るさの段階は0 ～ 255の256段階 → 適宜数値を変化させて調整しよう
手でmicro:bitを覆うことでLEDが点灯することを確認しよう

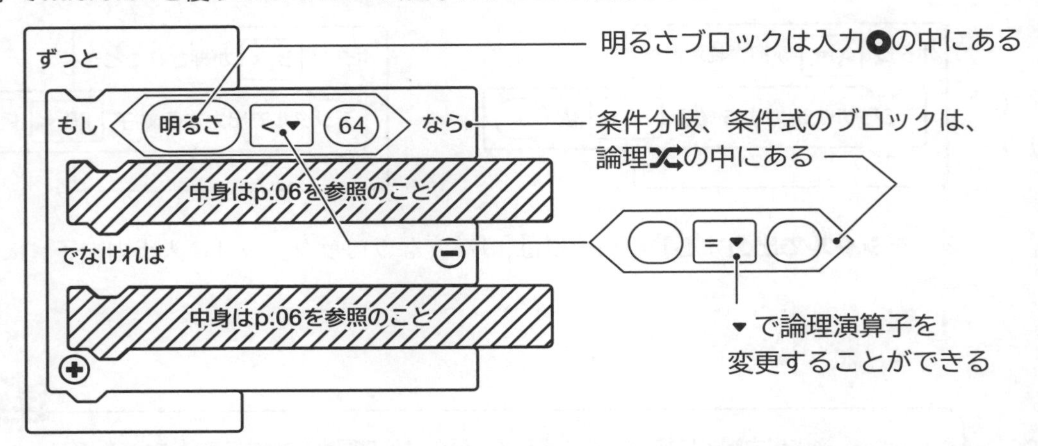


※「もし～でなければ～」ブロックの中に何を入れるかは、[問題1] の方法を参考に



## 加速度センサーを使った制御

micro:bitには加速度センサーが内蔵
x方向 : 左右の傾き（–1023 ～ +1023）
y方向 : 前後の傾き（–1023 ～ +1023）
z方向 : 上下の動き（–2048 ～ 2048）
を検出することができる

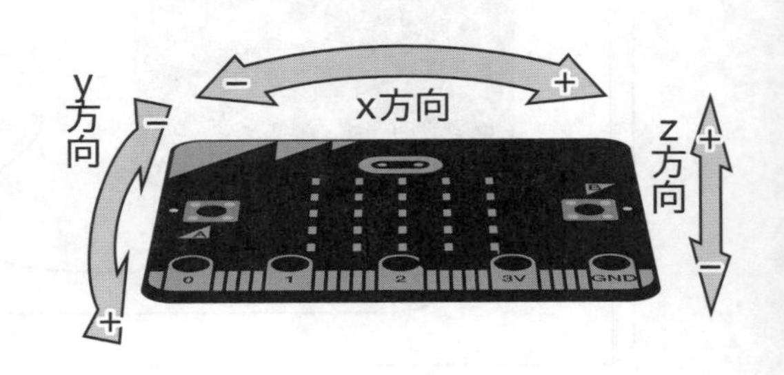

**問題3**

加速度センサーを使ってLEDを制御してみよう

［ずっと］の中に下の動作をするプログラムを入れよう

・もし（加速度**[x]>0**）なら、LEDを点灯（端子**P0**の値を**1**に）

・でなければ、LEDを消灯（端子**P0**の値を**0**に）

※加速度センサーの値は、–1023 ～ +1023の範囲

micro:bitを傾けることでLEDが点灯したり消灯したりする様子を確認しよう

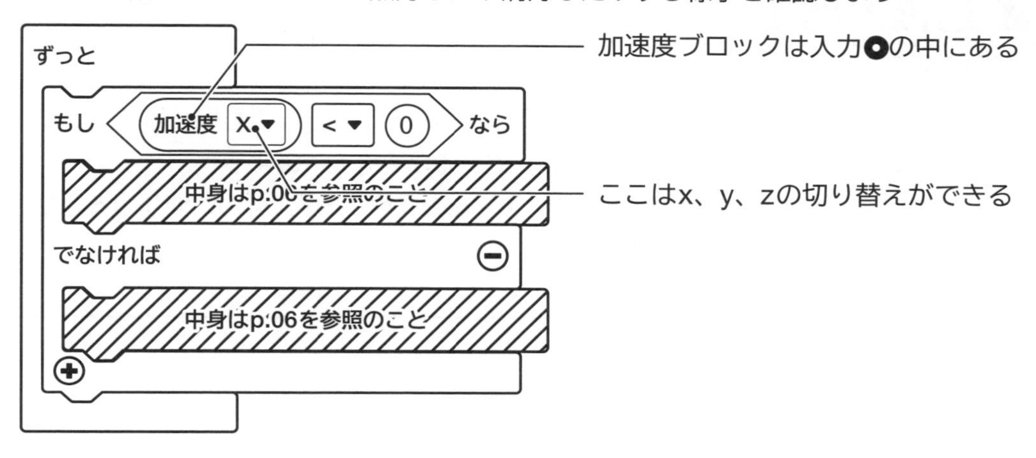


**課題**

身近にある計測と制御が使われている例を挙げてください。（p.12付-2の例を除く）
どのようなセンサーで何を計測し、何を制御しているかを考えてください。

**振り返り**

次の各観点が達成されていれば□を塗りつぶしましょう。

□計測と制御とはどのようなことかを理解できた

□micro:bitでLEDの点灯/消灯を制御することができた

□さまざまなセンサーで計測したデータを使って外部装置を制御することが理解できた

□micro:bitでさまざまに計測した結果を使ってLEDを制御することができた

今日の授業を受けて思ったこと、感じたこと、新たに学んだことなどを書いてください。

# 通信と制御

前節では、micro:bitを使って計測と制御を学びました。ここでは、通信によって互いにデータを送りあうことで、更なる活用法を学んでいきます。特に、ここでは、信号機を例に、複数の機器を同期して制御する術を学びます。

## ■ 通信と制御

考えてみよう1

交差点の信号機は、片方の信号機が青のときはもう片方の信号機は赤になっている
→どのようにしてタイミングを合わせているかを考えてみよう
青の状態が4マス、黄色の状態が1マス、赤の状態が5マス分の時間かかるとする
下の図に、信号機A、信号機Bの状態を書いてみよう

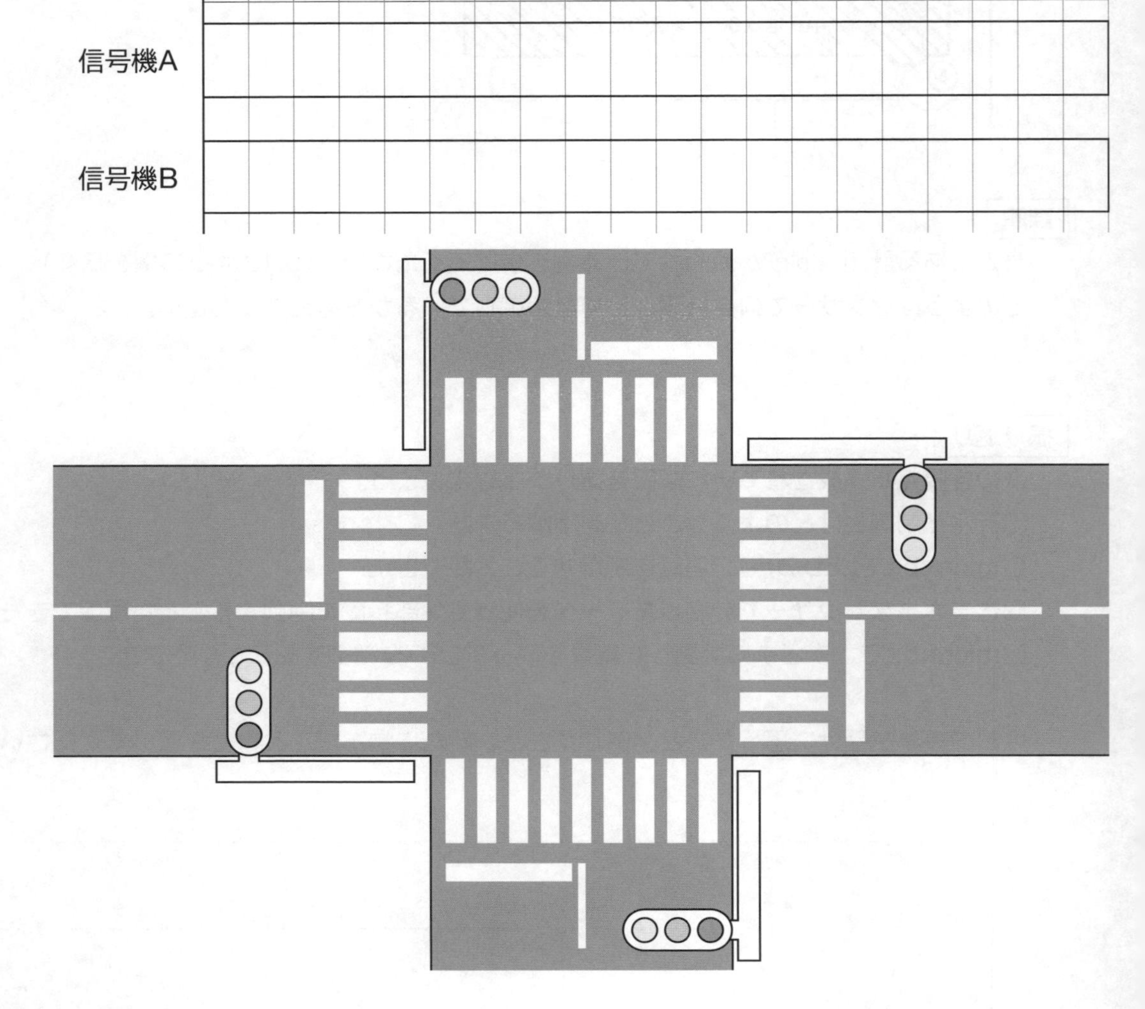

## 信号機システムのモデル化

上の信号機システムをmicro:bit上で実現するため、次のような**モデル化**を行なう

①信号機の青、黄、赤の代わりにLEDマトリックスに図を表示

青 →　　黄 →　　赤 →

※それぞれ、コマンドブロックにアイコンとして用意されているので、それを使おう

②上の図の1マス分を1秒（1second=1000ミリ秒）とする

青 → 4000ミリ秒　黄 → 1000ミリ秒　赤→5000ミリ秒

アイコンを表示
一時停止（ミリ秒）4000

アイコンを表示
一時停止（ミリ秒）1000

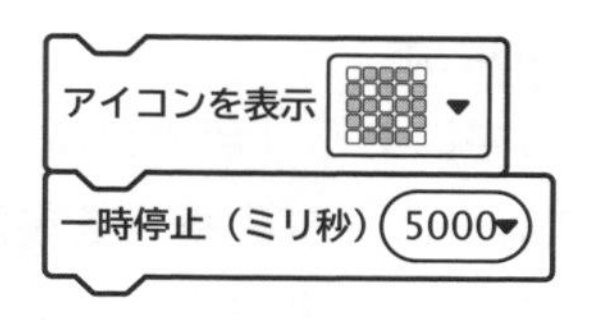


③これをずっと繰り返す

**やってみよう1**

上のモデルをmicro:bit上に実装してみよう

隣の人と前ページの交差点にmicro:bitを載せて動かしてみよう

同時にRESETボタンを押すことで信号機の同期がとれているかを確かめてみよう

※消しゴムか何かを自動車に見立てて実際に走らせてみよう

**考えてみよう2**

同時にRESETボタンを押して同期させるシステムの問題点を考えてみよう

## 通信と制御

micro:bitはmicro:bit同士で無線通信が可能

同じ無線グループ同士であれば、互いに数値やデータを送り合うことができる

### 無線グループの設定

「無線.ıll」の中にある「無線グループを設定」ブロック

○の中に無線グループの番号を設定する

無線グループが同じ番号を持つ端末同士で通信が可能

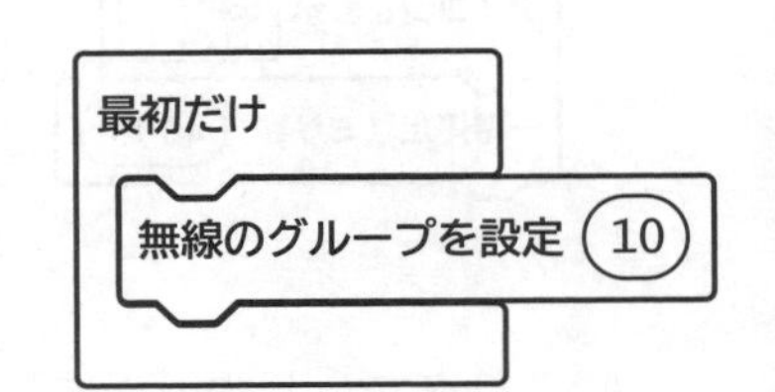


### 無線での数値の送受信

「無線で数値を送信」で数値を送信することができる

「無線で受信したとき（recievedNumber)」で数値を受け取ることができる

## 同期制御

たとえば、次のような考え方で同期をとる

①黄→赤に変わる瞬間にもう一基の信号機に通信を送る

②通信を受け取ったら信号を青にする

### 考えてみよう3

下の図に、信号機Aと信号機Bの間で、どのように通信を行っているかを書いてみよう

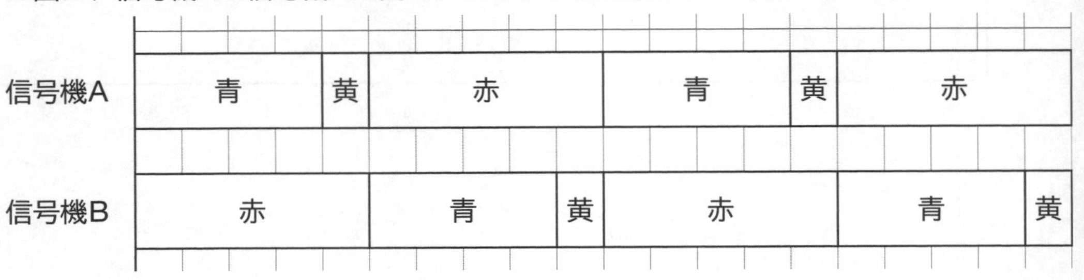

## やってみよう2

前述の同期制御をmicro:bit上に実装してみよう
実装できたら、p.12付-9の交差点にmicro:bitを載せて動かしてみよう
片方が好きなタイミングでRESETボタンを押すことで同期がとれることを確かめよう
※消しゴムか何かを自動車に見立てて実際に走らせてみよう

あなたの無線グループ番号：

### コード

［最初だけ］の中で、無線グループの設定と、「無線で数値を送信」を行なう
あとは、無線で数値を受信したときに、青から順に設定すればよい

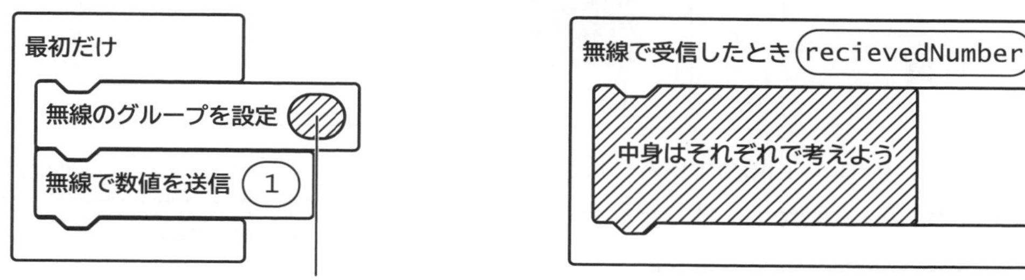


※どうしてもわからない場合は、次のブロックのセットを組み合わせるだけ！

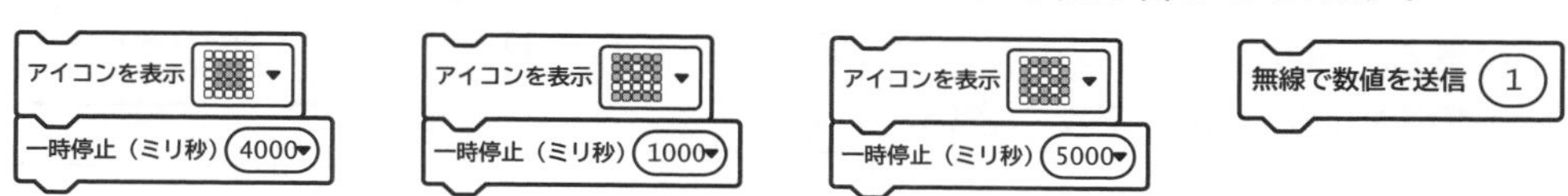


## 振り返り

次の各観点が達成されていれば□を塗りつぶしましょう。
□信号機が同期されているしくみを理解することができた
□通信によって機器の動作を同期することができることを理解できた
□micro:bitを使って信号機のしくみを実現することができた

今日の授業を受けて思ったこと、感じたこと、新たに学んだことなどを書いてください。

# 章末問題

**[問題]**

micro:bit（microbit Bとします）を次のようにmicro:bitに固定した2つのモーターと接続しました。モーターには、デジタルで1の信号を送れば動作するものとします。また、モーターには車輪が付いており、モーターが動作すると矢印の方向に車輪が進行するものとします。

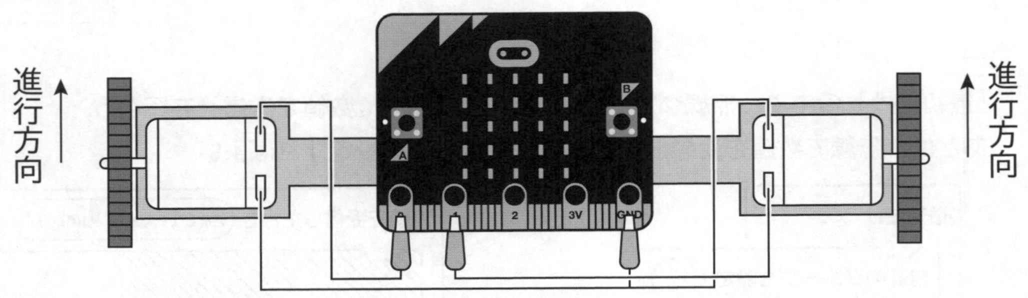


もう一枚のmicro:bit（micro:bit Aとします）を用意し、micro:bit A、micro:bit Bにそれぞれ右図のようなプログラムを実装したとします。

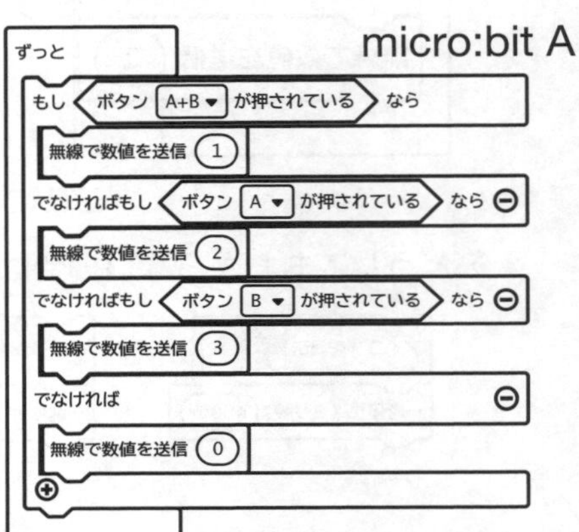


(1) micro:bit AでAボタンとBボタンを同時に押した場合、micro:bit Bはどのように動作しますか。下の選択肢から選んでください。

(2) micro:bit AでAボタンを押すと、micro:bit Bはどのように動作しますか。下の選択肢から選んでください。

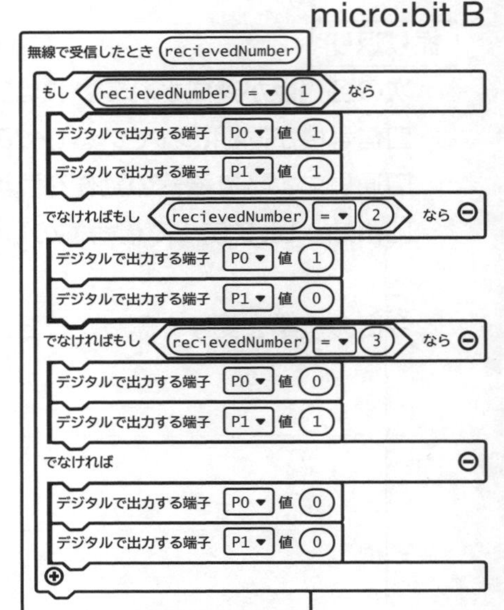


(3) micro:bit Aでボタンを離すと、micro:bit Bはどのように動作しますか。下の選択肢から選んでください。

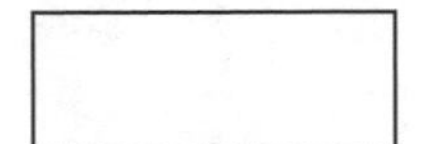

[選択肢]

ア．前進する　　　イ．右に回転する

ウ．左に回転する　エ．停止する

# コラム～モノのインターネット（IoT）

## ■ モノのインターネット（IoT）の世界

### モノのインターネット（IoT）とは

IPv6により、あらゆるモノにIPアドレスを割り当てられるように
→インターネットを通じてモノの制御が可能に
→モノ同士がコミュニケーションすることで、モノ同士が自動的・自律的に動くようにも

IoTの例

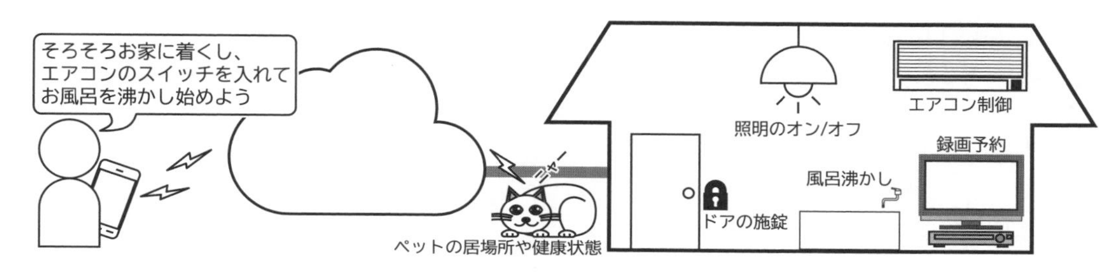


**モノをインターネットに接続することでどんなことができるかを考えてみよう**

### IoTの4つの機能

| | | |
|---|---|---|
| ① | モノを操作する | 外出先から家のエアコンをONにする |
| ② | モノの状態を知る | ペットの居場所や健康状態を知る |
| ③ | モノの動きを検知する | バスのリアルタイムの運行状況を把握する |
| ④ | モノ同士で通信する | 信号機からの通信で、自動車を停止させる |

### IoTに必要な4つの要素

| | | |
|---|---|---|
| ① | モノ（デバイス） | 物理的なモノにセンサーを取り付ければIoT機器にできる |
| ② | センサー | 周辺環境の状態を感知し、データとして読み取る装置 |
| ③ | 通信手段（ネットワーク） | モノと人、モノとモノの間での通信手段 |
| ④ | アプリケーション | データを人に可視化する情報処理 |

# データの管理と活用

「情報I」第13章

Contents



**13 章で使用するデータは QR コードからダウンロードできます。**

[13-5] 実験 1
[13-5] 実験 2
[13-5] 実験 3
[13-5] 実験 4
POS.db

**この章の動画**
**「データの管理と活用」**

クラス：　　番号：　　氏名：

# プライバシーの権利

情報社会では、情報は簡単に複製され、伝播される性質があることはすでに学習しました。情報はいったん漏洩してしまうと、回収することはほぼ不可能です。自分に関する情報は上手にコントロールすることが大切です。

## ■ 個人情報とは何か

### 個人情報とは

**個人情報＝** [1]

※他の情報と〔[2]　　　　〕ことにより個人を特定できる情報も個人情報

この法律において、「個人情報」とは、生存する個人に関する情報であって、次の各号のいずれかに該当するものをいう。
一．当該情報に含まれる氏名、生年月日その他の記述等により特定の個人を識別することができるもの（他の情報と容易に照合することができ、それにより特定の個人を識別することができ、それにより特定の個人を識別することとなるものを含む。）
二．個人識別符号が含まれるもの

個人情報保護法第二条（定義）

**基本4情報**

**基本4情報＝**

| [3] | [4] | [5] | [6] |
|---|---|---|---|

**個人識別符号**

**一号個人識別符号**

顔認証データ

指紋認証データ

塩基配列、虹彩、静脈・・・・・・

**二号個人識別符号**

旅券番号

マイナンバー

被保険者番号、年金番号、免許証番号・・・

**広義の個人情報**

**広義の個人情報**
→単体では個人を特定できなくても他の情報との組み合わせにより個人の特定につながり得る情報

**狭義の個人情報**
→住所や氏名など、容易に個人の特定につながる情報
→法律上の保護の対象となる

**考えてみよう1**

その情報だけでは個人を特定することができなくても、他のさまざまな情報を組み合わせることで個人を特定することができる場合があります。このように考えると、どのような情報が広い意味で個人情報となり得るでしょうか。思いつく限り挙げてみてください。

| 7 | | |
|---|---|---|
| | | |
| | | |
| | | |

**考えてみよう2**

［考えてみよう1］で出したものおよび基本4情報のうち、他人に知られたくないと思う情報にマーカーを引いてください。

## 個人情報保護法

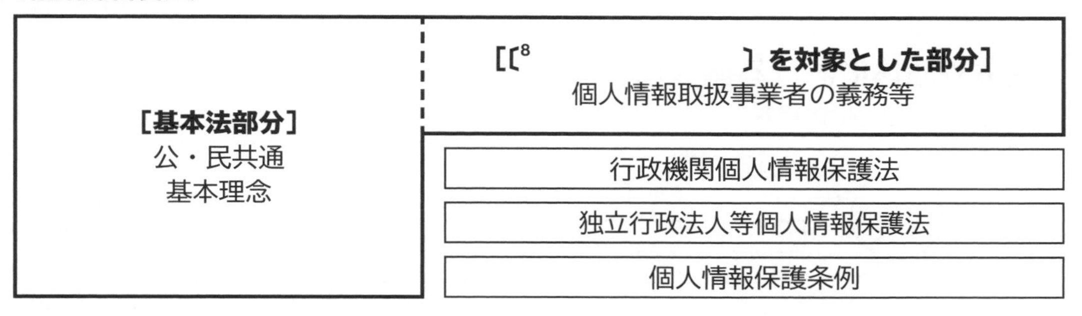


### 個人情報保護法の原則

個人情報取り扱い事業者に対して、個人情報の取り扱いに関する〔9 〕を定める

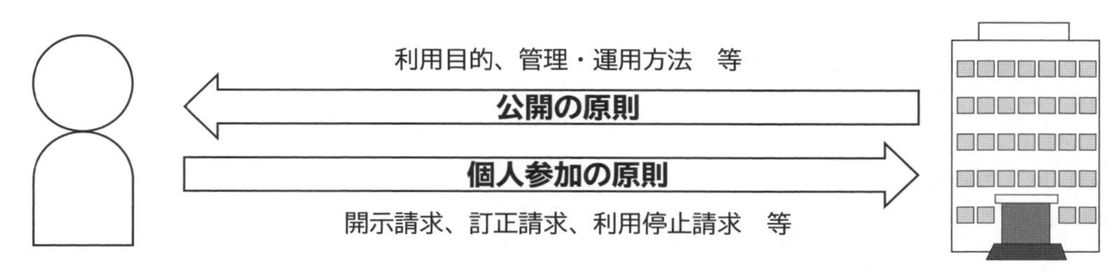


※個人情報を取得するためには、〔10 〕の通知／公表が必要

# ■ プライバシーの権利

## プライバシーの権利

| 以前 | 私ごとや個人の秘密など、他人に知られたくないことを放っておいてもらう権利 |
|---|---|
| 現在 | 自分の情報の扱いについて〔11　　　　　　　　〕できる権利 |

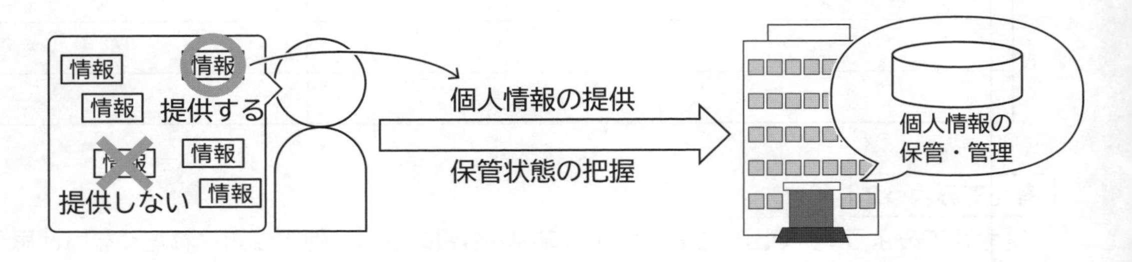


**自分に関する情報をどう取り扱うかを、本人がコントロールできることが大切**

## 企業や団体における個人情報の取り扱い

### 個人情報の提供の意味

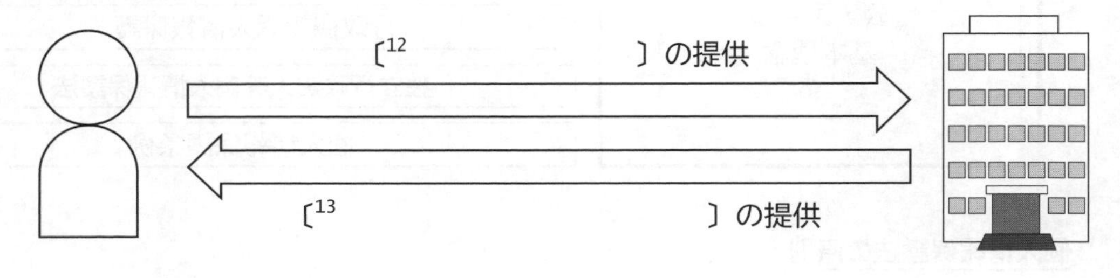


### 個人情報の利用方法の公開

企業や団体による個人情報の取り扱い方法は規約やプライバシーポリシーに記されている

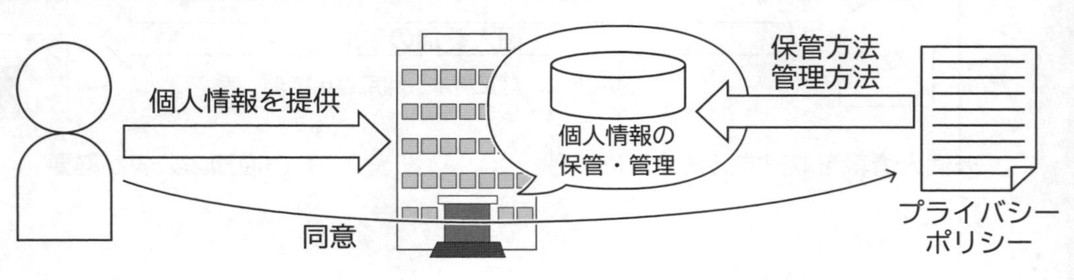

## SNSとプライバシーの権利

SNSに情報を投稿する場合、自ら情報を〔[14]　　　　　　　　〕することが大切

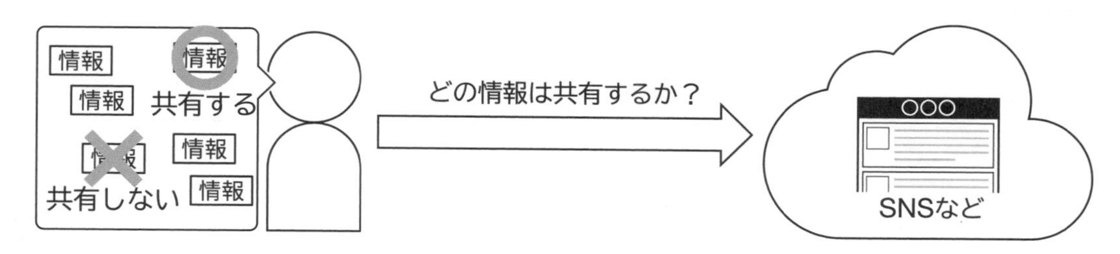


### デジタルタトゥー問題

インターネット上に発信した情報のすべてを取り戻して消去することは不可能

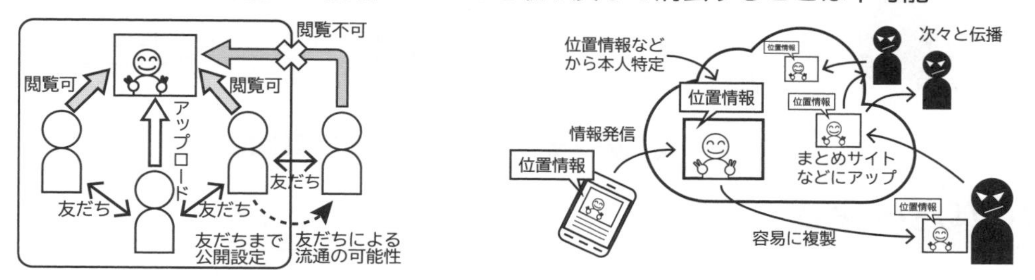


## 位置情報の取り扱い

### 位置情報の利便性

スマートフォンには自分の現在位置を調べる機能
→次のようなことができる
◆現在地周辺のお店を調べる
◆目的地までのルートを調べる
◆写真の撮影場所を記録する
◆端末の位置を探すことができる

### 位置情報の注意点

写真に位置情報が埋め込まれている
→自宅の住所が漏えいするなどのリスク

必要に応じて位置情報の利用を切り換えよう

**共有する情報をうまくコントロールしよう**

第13章

# ■ プライバシーの権利に関連した権利

## 肖像権

〔15　　　　　　　〕＝ 人の顔や姿などを無断で撮影されたり公表されない権利

※自分以外の人を撮影する場合、必ず許可を得るようにしよう

**他人のプライバシーの権利に関わる問題**

## パブリシティ権

〔16　　　　　　　〕＝ 肖像権の財産的権利で、肖像により得られる利益を保護する

※特に有名人の肖像に関してはこの権利が問題となることが多い

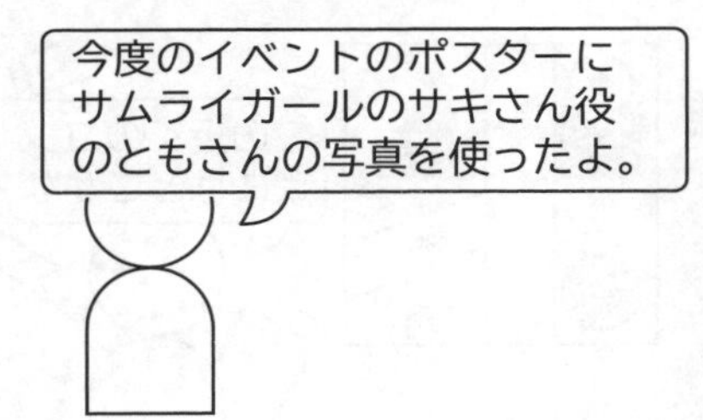

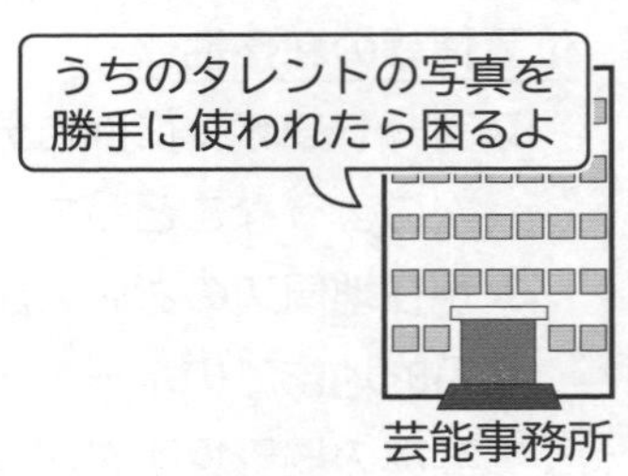


### パブリシティ権と財産的利益

有名人の肖像（氏名や写真）は、それ自体で〔17　　　　　　　〕がある

→企業は商品の販売促進のために、有名人に相応の対価を支払い、肖像を利用している

**有名人の肖像は勝手に使ってはいけない**

## 著名人とプライバシー

著名人はマスコミやインターネット上にプライバシーが公開されることが多い
→政治家のような公人はプライバシーが公共の利益に関わることもある

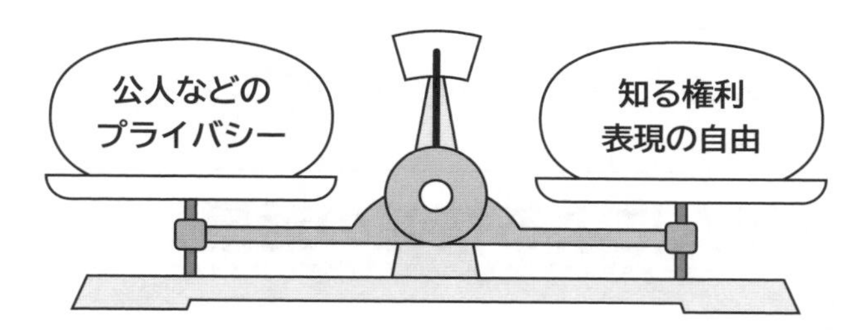


→芸能人などは一般市民にプライバシーを公開することで興味・関心を得ている側面も

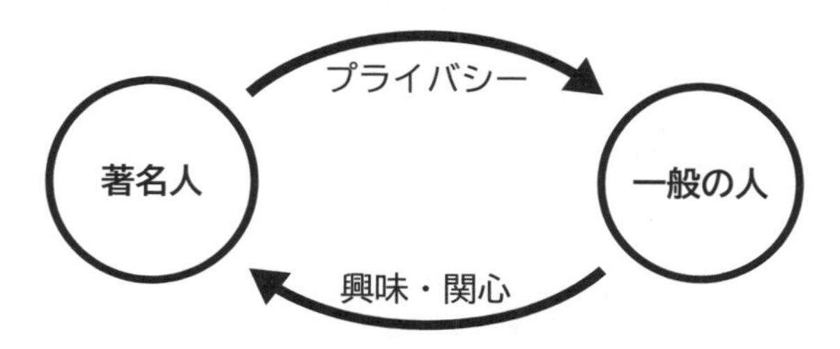


**振り返り**

次の各観点が達成されていれば□を塗りつぶしましょう。
□個人情報が単に氏名などの基本的な情報だけではなく広い概念であることを理解した
□自分に関する情報を上手にコントロールしようとする心構えを身に付けた

今日の授業を受けて思ったこと、感じたこと、新たに学んだことなどを書いてください。

# 個人情報の活用と情報システム

情報やものの流れをコンピュータや情報通信ネットワークなどを用いて活用するしくみのことを情報システムといいます。ここでは、コンビニエンスストアを題材に、情報システムのもとで個人情報がどのように活用されているかを学びます。

## ■ POSシステムによる情報の活用

### POSシステム

Point Of Sales
**POSシステム**＝ 商品の販売情報を管理するシステム

※販売情報を記録しておくことで、
　さまざまな情報を分析して活用することができる

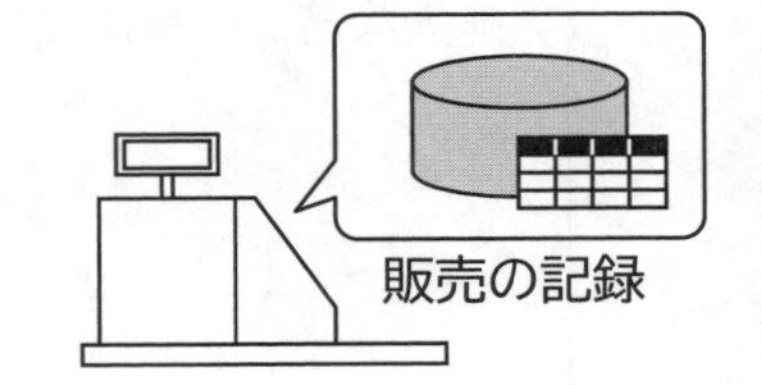


考えてみよう1

コンビニエンスストアで、商品購入の際に、どのような情報が記録されるでしょうか。

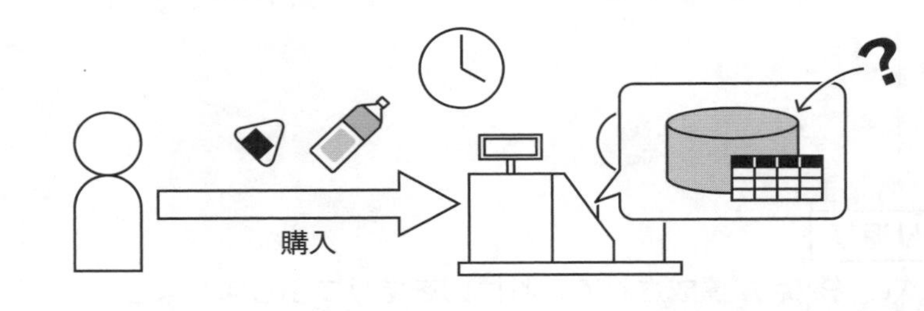


| | | |
|---|---|---|
| | | |

**商品情報**

※レジに記録される商品情報は、バーコード（ID）によって記録される
　→IDによってひもづけられるさまざまな情報を引き出すことができる

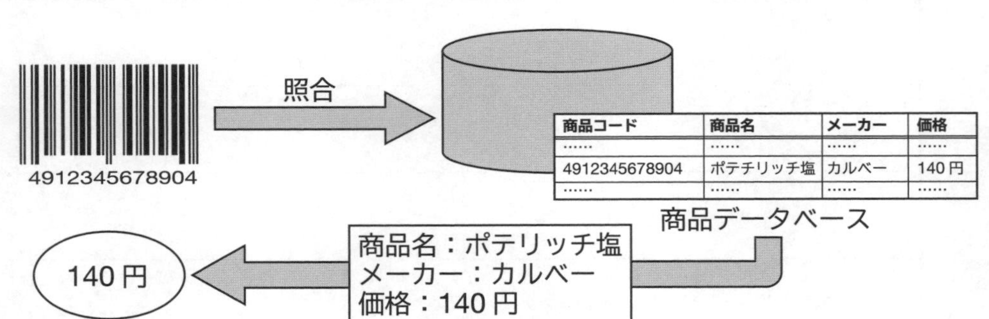

**購入者情報**

購入者情報として、性別と年齢層が記録されている

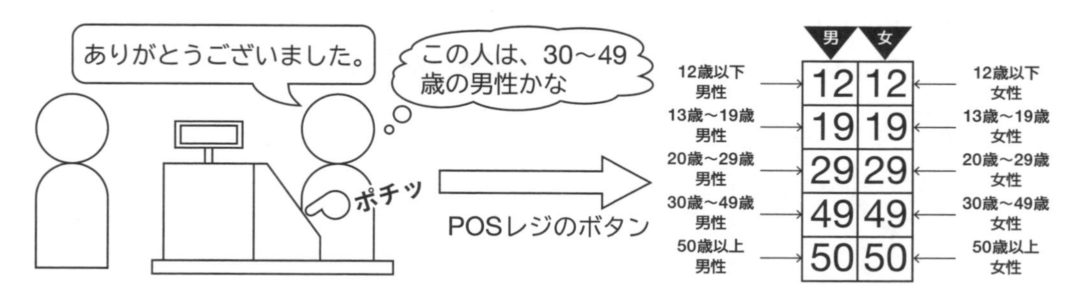


**考えてみよう2**

①[考えてみよう1] の情報を活用することでどのようなことが分析できるでしょうか。

②また、これらを活用してどのようなことに活かすことができると考えられますか。

# 個人情報の活用

## ポイントカードの導入

従来、POSシステムでは、購入者情報は性別と年齢層のみの情報であった

→ポイントカードを導入すると、**特定の個人**の購入履歴として記録することができる

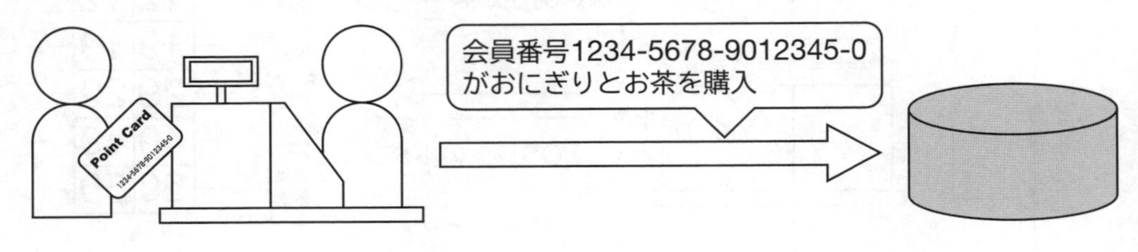


**考えてみよう3**

①ある店舗で商品を購入した際、ポイントカードを使用すると、ポイントカード利用履歴データベースにはどのような情報が記録されると考えられますか。

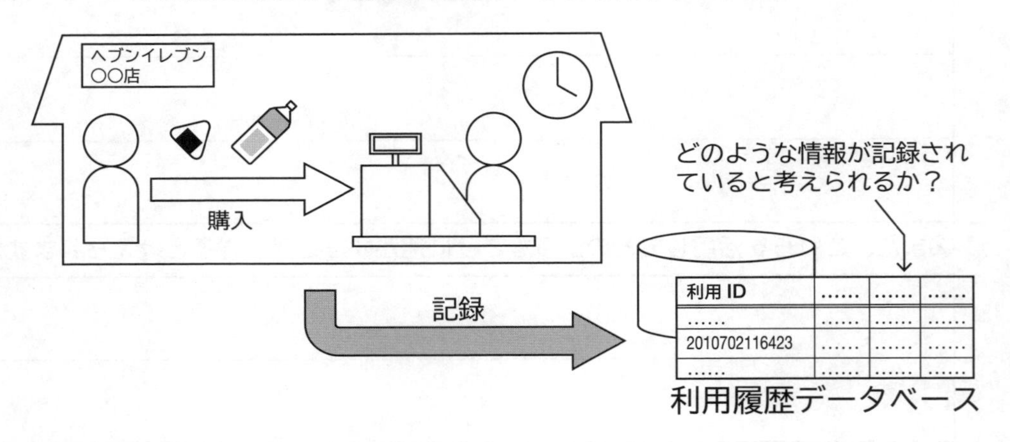


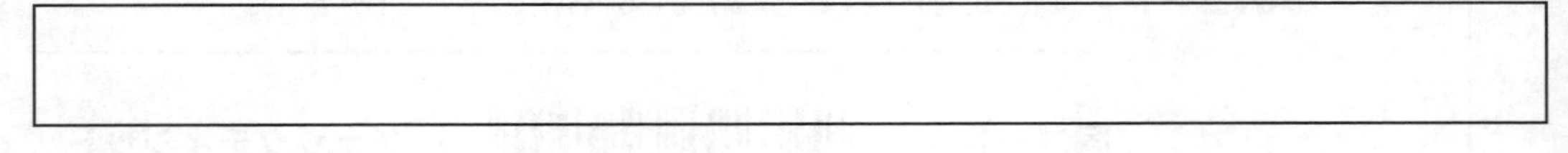

②上の情報を活用すると、ポイントカードの会員に対して、どのようなサービスを提供することができると考えられるでしょうか。

③企業がポイントカードを導入し、上のようなサービスを提供することにより得られるメリットは何だと考えられますか。

## 考えてみよう4

いま、ある大手コンビニチェーンL社が自社のパスタブランドで「カチョエペペ風アーリオオーリオ」というパスタ商品を開発し、試験的にいくつかの店舗で売り出したとします。
[考えてみよう3] で考えたポイントカードの利用履歴を調べることで、どのようなことが分析できるか、また、今後どのような商品戦略が展開できるかを考えてみよう。

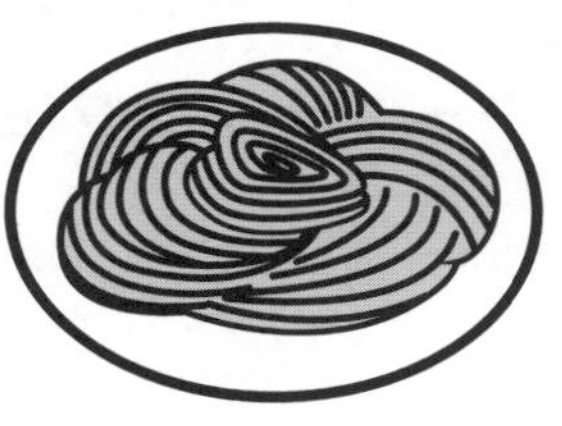
カチョエペペ風アーリオオーリオ

①ポイントカード利用履歴を分析することで、同じ商品が何人の別の人に売れたか（トライアル率）、同じ人が繰り返し注文する数（リピート率）を求めることができます。
それらを図に表すと、次のⒶ～Ⓓの象限に分けることができます。それぞれの象限はどのようなことを表しているかを考えてみよう。

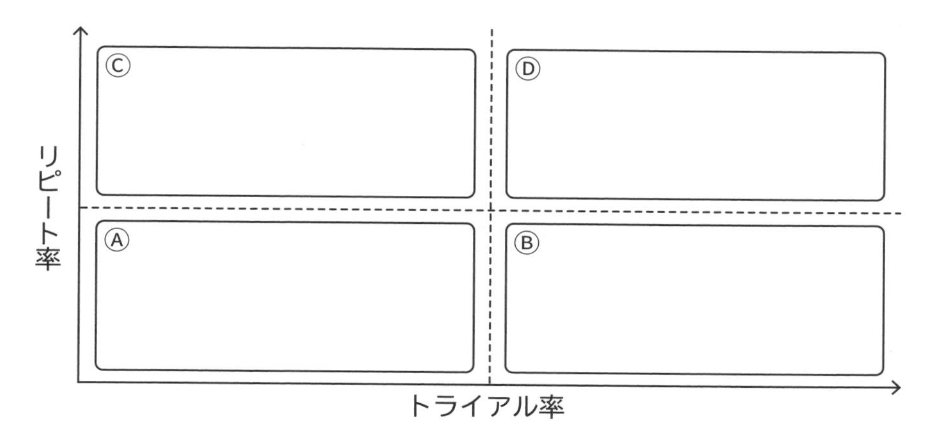


② Ⓐ～Ⓓのどの象限に入ったとき、メニューから削除すべきですか。

③商品は、どの象限に入るのが理想ですか。

④ Ⓑの象限に入った場合、今後どのようなことをすることが求められますか。

⑤ Ⓒの象限に入った場合、今後どのようなことをすることが求められますか。

# ■ 個人情報の活用

## ターゲティング広告

〔1　　　　　　〕を元に、顧客の興味関心を推測し、ターゲットを絞って広告配信

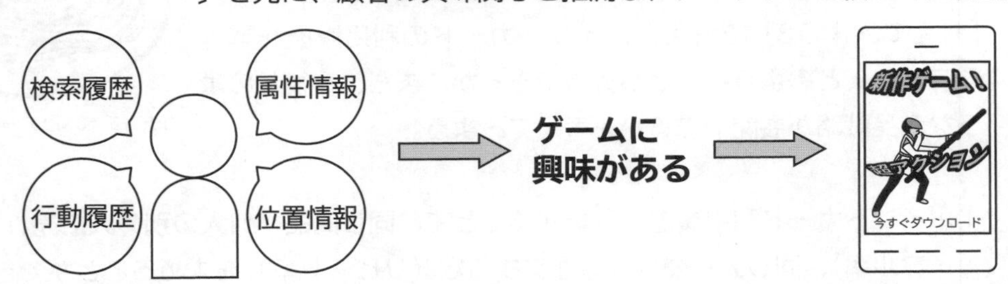


※ユーザーはIDでのみ識別　→　ただちに〔2　　　　　　〕されることはない

### ユーザー側のメリット

興味のある広告表示に絞られる　→　興味の薄い広告表示が減る

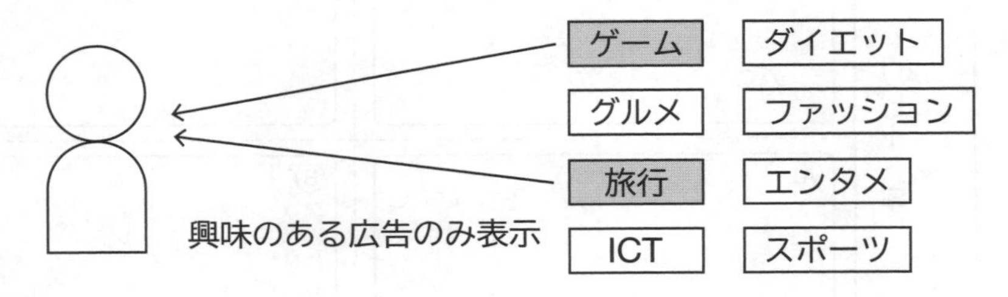


### 広告主にとってのメリット

興味関心を持つ人に広告を配信　→　〔3　　　　　　〕

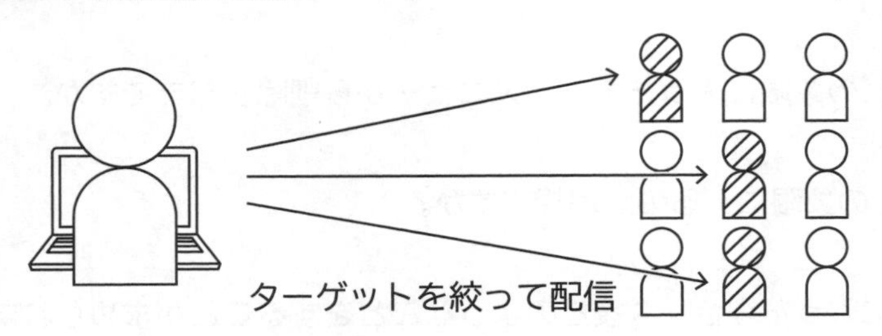


### 問題点

個々の顧客の過去の行動履歴　→　これ自体が〔4　　　　　　〕情報

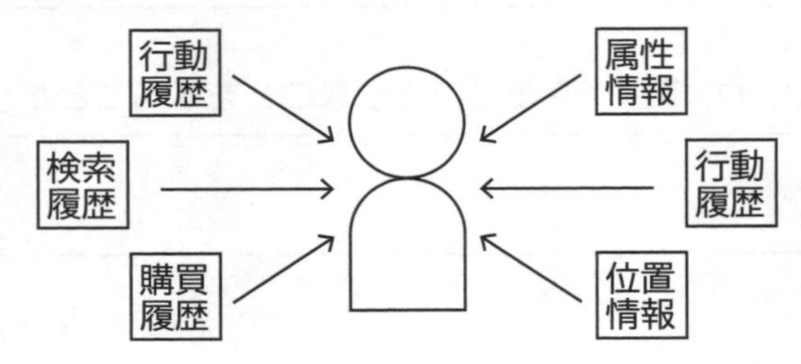


第13章

# 匿名加工情報

個人情報取扱事業者によって収集された個人情報は、第三者へ提供されることがある
→第三者へ提供される際に、〔5　　　　　　　　　　〕として提供される

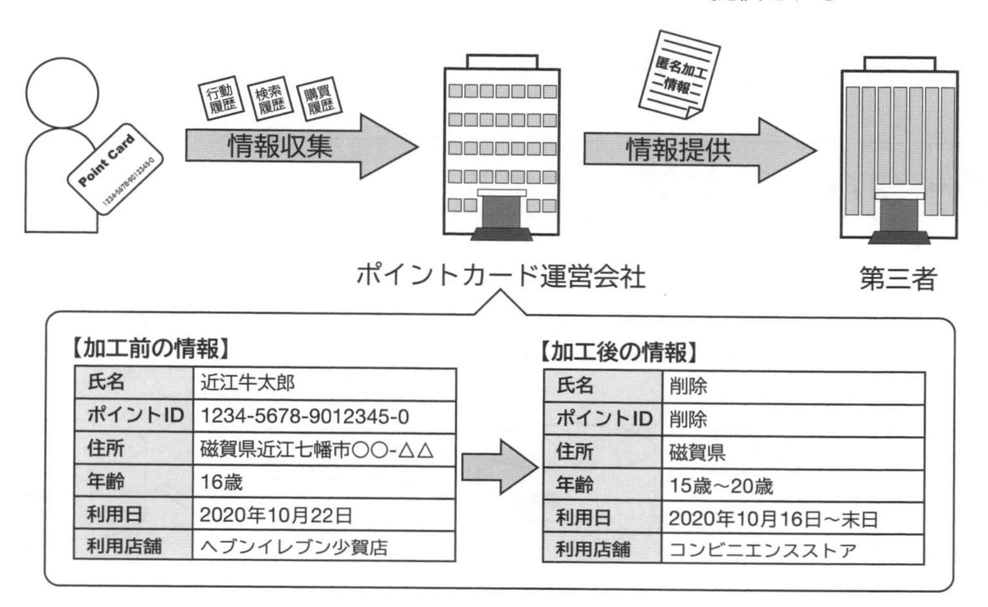


【加工前の情報】

| 氏名 | 近江牛太郎 |
|---|---|
| ポイントID | 1234-5678-9012345-0 |
| 住所 | 磁賀県近江七幡市○○-△△ |
| 年齢 | 16歳 |
| 利用日 | 2020年10月22日 |
| 利用店舗 | ヘブンイレブン少賀店 |

【加工後の情報】

| 氏名 | 削除 |
|---|---|
| ポイントID | 削除 |
| 住所 | 磁賀県 |
| 年齢 | 15歳～20歳 |
| 利用日 | 2020年10月16日～末日 |
| 利用店舗 | コンビニエンスストア |

## 匿名加工情報の問題点

匿名加工は、大抵の場合は個人の特定が不可能であるが、次のような例も考えられる
「鈴木花子・女性・山川町・93歳」→「Aさん・女性・山川町・90代」に加工したとする
→もし、山川町に90代の女性がひとりしか住んでいなければ　→　個人が特定される

**個人の識別が一切できないような完全な匿名化加工の運用は容易ではない**

## 振り返り

次の各観点が達成されていれば□を塗りつぶしましょう。
□情報が蓄積することにより、情報をどのように活用できるかを考えることができた
□情報を活用することで、新たなサービスや事業展開ができることを知った
□個人情報が活用されることで、さまざまな価値が生み出されていることを理解した

今日の授業を受けて思ったこと、感じたこと、新たに学んだことなどを書いてください。

# 関係モデル

ここまでで、情報システムにおいてどのように情報が蓄積され、それらがどのように活用されているかについて考えました。ここでは、情報システムで用いられているデータベースの技術について学び、情報の活用のされ方を考えます。

## ■ データベースとは

### データベースとは

**データベース**＝ 多くのデータを一定の規則にしたがって整理し蓄積したもの

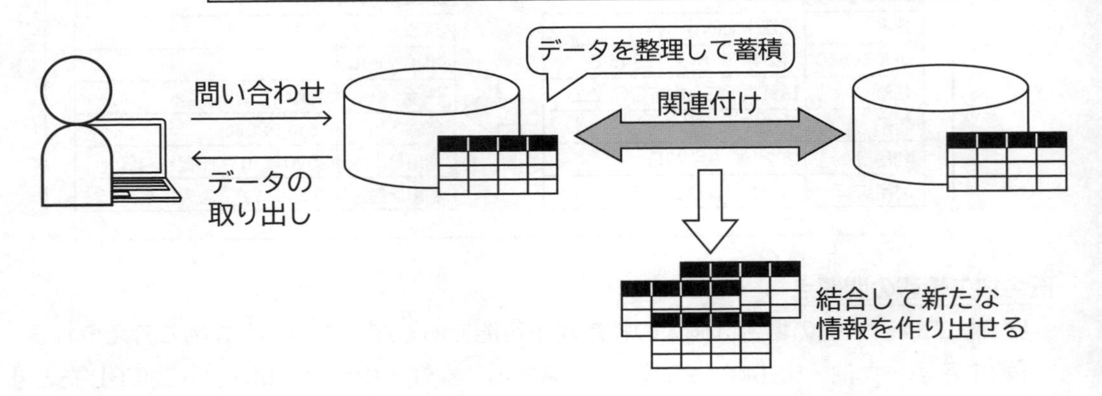


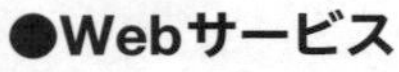

私たちのくらしの中のデータベース

●Webサービス

●アプリケーション

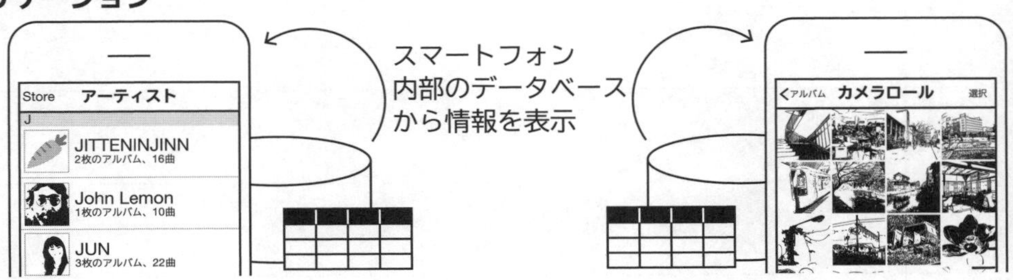


第13章

# ■ 関係モデル

## 関係（リレーション）モデルとは

一つひとつバラバラの〔1 　　　〕の相互の**関係**をまとめると〔2 　　　〕になる

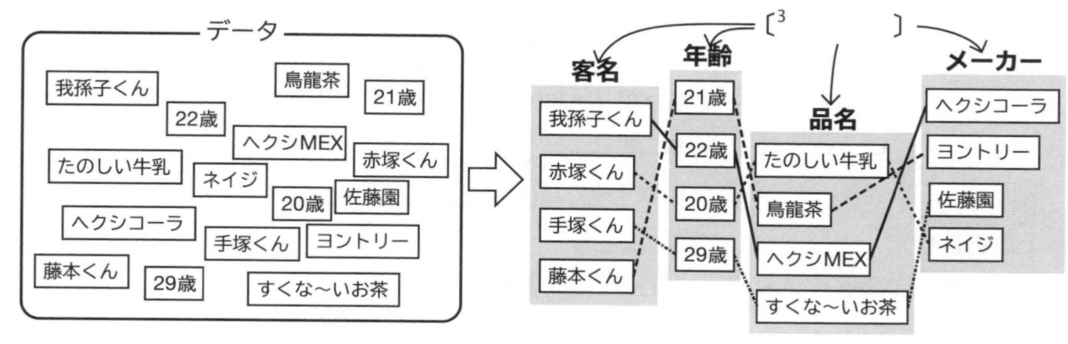

**関係**を〔4 　　　〕の形式にまとめる

| 客名 | 年齢 | 品名 | メーカー |
|---|---|---|---|
| 手塚くん | 29 | すくな～いお茶 | 佐藤園 |
| 赤塚くん | 20 | たのしい牛乳 | ネイジ |
| 藤本くん | 21 | 鳥龍茶 | ヨントリー |
| 我孫子くん | 22 | ヘクシMEX | ヘクシコーラ |

〔5 　　　〕（赤塚くんの行）

〔6 　　　〕（品名の列）

## 関係スキーマ

**関係スキーマ**＝ 表の属性名を並べて記述したもの（表の見出しに相当する部分）

上記の関係における関係スキーマは次のようになる

**購買表**

| 7 | 8 | 9 | 10 |
|---|---|---|---|

**演習1**

次の関係の関係スキーマを書いてください。

| 選手名 | 所属チーム | 守備 | 背番号 | 打率 |
|---|---|---|---|---|
| 粟津 | ジャイアンズ | 内野手 | 53 | .213 |
| 石山 | ロックス | 投手 | 24 | .132 |
| 打出 | レパーズ | 外野手 | 33 | .310 |
| 枝 | スネークス | 内野手 | 13 | .253 |
| 大石 | ロックス | 外野手 | 5 | .221 |

**選手一覧**

| 11 | 12 | 13 | 14 | 15 |
|---|---|---|---|---|

第13章

## 関連（リレーションシップ）

異なる関係の同じ属性を参照することで、関係同士の間に関連性を持たせることができる

関係【社員表】

| 社員ID | 氏名 | 部門コード | 年齢 |
|---|---|---|---|
| 1001 | 佐藤　聡志 | B01 | 35 |
| 1002 | 鈴木　錫夫 | B02 | 37 |
| 1003 | 高橋　孝男 | B03 | 29 |
| 1004 | 田中多奈美 | B01 | 23 |
| 1005 | 伊藤唯斗志 | B03 | 29 |

関係【部門表】

| 部門コード | 部門名 |
|---|---|
| B01 | 総務部 |
| B02 | 営業部 |
| B03 | 開発部 |

〔16　　〕　〔17　　〕

**演習2**

上の図の関連を読み取り、各社員の所属部門を答えてください。

| | 氏名 | 部門名 |
|---|---|---|
| ① | 佐藤　聡志 | 18 |
| ② | 鈴木　錫夫 | 19 |
| ③ | 高橋　孝男 | 20 |
| ④ | 田中多奈美 | 21 |
| ⑤ | 伊藤唯斗志 | 22 |

主キー

**主キー**＝ 関係のレコードを一意に特定するためのフィールド

上の例では、社員表の〔23　　〕、部門表の〔24　　〕が主キー

※主キーは、複数のフィールドで構成される場合もある

関連で参照する側のフィールドを**外部キー**という（社員表の**部門コード**）

**演習3**

上の図より、各関係の関係スキーマを記述し、関連を矢印で表してください。

主キー項目を太枠で囲んでください。

**社員表** 25

| | | | |
|---|---|---|---|
| | | | |

27（関連）

**部門表** 26

| | |
|---|---|
| | |

※関連を示す矢印は**主キー**から**外部キー**の方へ向かって引くこと

第13章

## 実体関連図（E-R図）

関係スキーマだけで表現する場合、規模が大きくなると図が複雑になってしまう

→関係同士の関連だけを図で表現

左ページの図から、実体関連図を描くと、次のようになる

**演習4**

次の関係と関連があります。

関係【選手表】

| 選手ID | 選手名 | チームID | 守備 | 背番号 | 打率 |
|---|---|---|---|---|---|
| 15001 | 粟津 | A1 | 内野手 | 53 | .213 |
| 15002 | 石山 | A2 | 投手 | 24 | .132 |
| 15003 | 打出 | A3 | 外野手 | 33 | .310 |
| 15004 | 枝 | A4 | 内野手 | 13 | .253 |
| 15005 | 大石 | A2 | 外野手 | 5 | .221 |

関係【チーム表】

| チームID | チーム名 | 本拠地 |
|---|---|---|
| A1 | ジャイアンズ | 東京 |
| A2 | ロックス | 神奈川 |
| A3 | レパーズ | 大阪 |
| A4 | スネークス | 愛知 |

**設問1**

この図より、各関係の関係スキーマを記述し、関連を矢印で表してください。

主キー項目を太枠で囲んでください。

**選手表** 28

| | | | | | |
|---|---|---|---|---|---|
| | | | | | |

30（関連）

**チーム表** 29

| | | |
|---|---|---|
| | | |

**設問2**

この図より、実体関連図を描いてください。

31

選手表　　チーム表

第13章

**問題**

次のように関係と関連が設定されているとき、下の各設問に答えてください。

| 受注番号 | 商品コード | 受注数 |
| --- | --- | --- |
| 1025 | T201 | 10 |
| 1025 | R681 | 5 |
| 1025 | S223 | 3 |
| 2040 | T321 | 3 |
| 2040 | S223 | 10 |
| 2075 | T201 | 3 |
| 2075 | R283 | 2 |
| 2075 | S221 | 8 |
| 3070 | T321 | 1 |
| 3070 | T201 | 2 |

関係【受注明細】

| 受注番号 | 顧客コード | 受注日 |
| --- | --- | --- |
| 1025 | A2607 | 06/25 |
| 2040 | B3531 | 06/27 |
| 2075 | C6053 | 06/27 |
| 3070 | B3531 | 06/28 |

関係【受注】

| 顧客コード | 顧客名 |
| --- | --- |
| A2607 | 山中商会 |
| B3531 | 海山商事 |
| C6053 | 川島電気 |

関係【顧客】

| 商品コード | 商品名 | 単価 |
| --- | --- | --- |
| T201 | テレビA | 85,000 |
| T321 | テレビB | 90,000 |
| S221 | ステレオA | 50,000 |
| S223 | ステレオB | 78,000 |
| R681 | レコーダーA | 23,000 |
| R283 | レコーダーB | 25,000 |

関係【商品】

**[設問1]**

各関係の関係スキーマを記述してください。また、関連を矢印で表してください。
主キー項目を太線で囲んでください。

36（関連）

**受注** 32

**顧客** 33

**受注明細** 34

**商品** 35

**[設問2]**

関係と関連をもとに実体関連図を描いてください。

37

受注　顧客

受注明細　商品

第13章

[設問3]

①「6/27」に発注した顧客を答えてください。

| 38 顧客名 |
| --- |
| |
| |
| |

②「テレビA」、「テレビB」の受注数の合計を答えてください。

| 39 商品名 | 受注数（合計） |
| --- | --- |
| テレビA | |
| テレビB | |

③「ステレオB」を発注した顧客を答えてください。

| 40 顧客名 |
| --- |
| |
| |
| |

④「海山商事」が発注した商品名と、その商品の発注数の合計を答えてください。

| 41 商品名 | 受注数（合計） |
| --- | --- |
| | |
| | |
| | |

⑤「川島電気」への請求金額を計算するために、下の表の各フィールドを埋めてください。

| 42 商品名 | 単価 | 受注数 | 単価×受注数 |
| --- | --- | --- | --- |
| | | | |
| | | | |
| | | | |

⑥⑤より、「川島電気」への請求金額の合計を求めてください。

43 ＿＿＿＿ 円

振り返り

次の各観点が達成されていれば□を塗りつぶしましょう。

□関係モデルの基本的な考え方を理解できた

□関係と関連から情報を読みとることができた

今日の実習を受けて、思ったこと、感じたこと、新たに学んだことなどを書いてください。

# 関係演算

データベースは、蓄積されたデータから必要なデータを取り出して再利用することに意味があります。ここでは、関係演算と呼ばれるデータベースの演算を使い、大量のデータの中から必要なデータを取り出し、有用な「情報」にしていく術を学びます。

## ■ 関係演算

### 関係演算とは

**関係演算**＝ データベースの関係（表（テーブル））から条件に適合したデータを取り出す演算

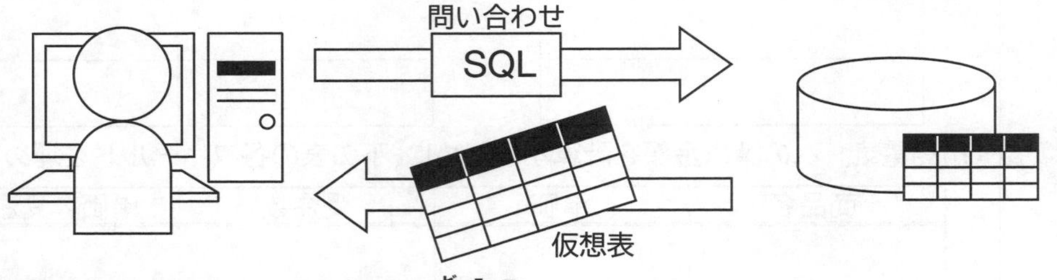


※関係演算で取り出した関係（表）を**仮想表**（ビュー）という

SQL

**SQL**＝ 関係データベースにおいて、データの操作を行うための問い合わせ言語

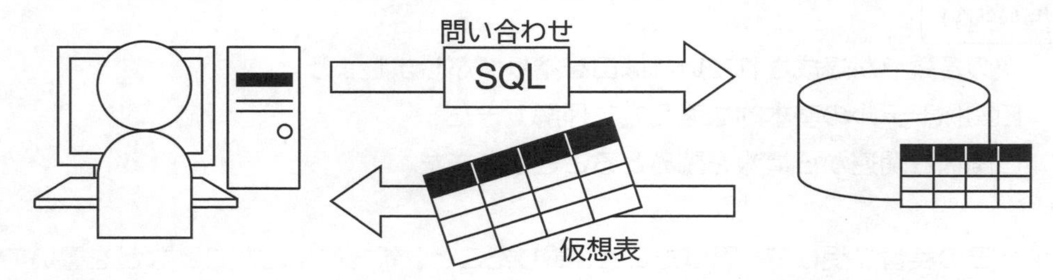


※SQLを使えば、さまざまなプログラムで同じデータを呼び出して使うことができる

# ■ SQL Online IDEの利用

## SQL Online IDEの立ち上げ方と利用方法

①Webブラウザから下記URLにアクセスする

https://sqliteonline.com

②画面左上の「ファイル」から「Open DB」を開く

③事前にQRコードからダウンロードしたDBファイル（POS.db）を選択し、「開く」を押す

### 用意したデータセット

あらかじめ、今回の実習を行うためのデータセットを準備しておいた

関係【売上テーブル】

| 売上コード | 売上日 | 時間帯 | 年齢層 | 性別 | 商品コード |
|---|---|---|---|---|---|
| 040111 | 4/1 | 朝 | 成年 | 女 | S221 |
| 040112 | 4/1 | 朝 | 熟年 | 女 | O113 |
| 040113 | 4/1 | 朝 | 熟年 | 男 | S225 |
| 040114 | 4/1 | 朝 | 子ども | 男 | S221 |
| 040115 | 4/1 | 朝 | 若者 | 女 | O115 |
| 040116 | 4/1 | 朝 | 子ども | 男 | S225 |
| 040121 | 4/1 | 昼 | 熟年 | 女 | K117 |
| 040122 | 4/1 | 昼 | 若者 | 女 | S225 |
| 040123 | 4/1 | 昼 | 熟年 | 女 | P223 |
| 040124 | 4/1 | 昼 | 子ども | 男 | S225 |
| 040125 | 4/1 | 昼 | 子ども | 男 | O113 |
| 040131 | 4/1 | 夕方 | 成年 | 男 | C207 |
| 040132 | 4/1 | 夕方 | 熟年 | 女 | P223 |
| 040133 | 4/1 | 夕方 | 成年 | 男 | C207 |
| 040134 | 4/1 | 夕方 | 若者 | 女 | O115 |
| 040141 | 4/1 | 夜 | 若者 | 女 | G201 |
| 040142 | 4/1 | 夜 | 若者 | 女 | P223 |
| 040143 | 4/1 | 夜 | 子ども | 男 | P223 |
| 040144 | 4/1 | 夜 | 子ども | 女 | O115 |
| 040145 | 4/1 | 夜 | 成年 | 男 | S225 |
| …… | …… | …… | …… | … | …… |

第13章売上テーブル.csv

関係【商品テーブル】

| 商品コード | 商品名 | 種類 | 価格 |
|---|---|---|---|
| O113 | おにぎり | ファストフード | 120 |
| O115 | お弁当 | ファストフード | 360 |
| K117 | カップ麺 | 加工食品 | 110 |
| S221 | サンドイッチ | ファストフード | 210 |
| P223 | パン | 日配食品 | 120 |
| S225 | スナック菓子 | 加工食品 | 140 |
| I321 | アイスクリーム | 日配食品 | 130 |
| J103 | ジュース | 加工食品 | 150 |
| G201 | 牛乳 | 日配食品 | 200 |
| C207 | コーヒー | 加工食品 | 120 |

第13章商品テーブル.csv

# ■ SELECT文

## SELECT文

関係データベースからデータを抽出するとき、SELECT文を使う

FROM句に関係名を指定すると、その関係のデータが取り出される

```
SELECT 列名
FROM 関係名
```

※各コマンドは必ず **[半角]** で入力すること

※コマンドとコマンドの間は **[半角スペース]** で間を開けること

※エラーメッセージが表示されても、慌てずやり直そう

## 関係の全データの表示

関係（表）に入っているすべてのデータを表示させるには、列名に「*」を入力する

**例題1**

試しに、売上テーブルを表示してみよう

```
SELECT *
FROM 売上テーブル
```

### SQLは何の略？

SQLは1987年に国際標準化機構（ISO）により統一標準規格とされた

標準規格としてのSQLは公式には「何かの略称ではない」とされている

SQLはIBMのデータベース操作言語「SEQUEL（シークエル）」にちなんでいる

→SEQUEL = Structured（構造化された） English（英語） QUEry（で問い合わせる） Language（言語）

→名前の通り、英語でデータを取り出すことができる言語として開発された

# 結合演算

**結合演算**(Join)＝ 複数の関係（表）を1つの表にまとめる操作

関係【売上テーブル】

| 売上コード | 売上日 | 時間帯 | 年齢層 | 性別 | 商品コード |
|---|---|---|---|---|---|
| 040111 | 4/1 | 朝 | 成年 | 女 | S221 |
| 040112 | 4/1 | 朝 | 熟年 | 女 | O113 |
| 040113 | 4/1 | 朝 | 熟年 | 男 | S225 |
| 040114 | 4/1 | 朝 | 子ども | 男 | S221 |
| 040115 | 4/1 | 朝 | 若者 | 女 | O115 |
| …… | …… | …… | …… | … | …… |

関係【商品テーブル】

| 商品コード | 商品名 | 種類 | 価格 |
|---|---|---|---|
| O113 | おにぎり | ファストフード | 120 |
| O115 | お弁当 | ファストフード | 360 |
| K117 | カップ麺 | 加工食品 | 110 |
| S221 | サンドイッチ | ファストフード | 210 |
| P223 | パン | 日配食品 | 120 |
| …… | …… | …… | …… |

| 売上コード | 売上日 | 時間帯 | 年齢層 | 性別 | 商品コード | 商品名 | 種類 | 価格 |
|---|---|---|---|---|---|---|---|---|
| 040111 | 4/1 | 朝 | 成年 | 女 | S221 | サンドイッチ | ファストフード | 210 |
| 040112 | 4/1 | 朝 | 熟年 | 女 | O113 | おにぎり | ファストフード | 120 |
| 040113 | 4/1 | 朝 | 熟年 | 男 | S225 | スナック菓子 | 加工食品 | 140 |
| 040114 | 4/1 | 朝 | 子ども | 男 | S221 | サンドイッチ | ファストフード | 210 |
| 040115 | 4/1 | 朝 | 若者 | 女 | O115 | お弁当 | ファストフード | 360 |
| …… | …… | …… | …… | … | …… | …… | …… | …… |

※関係【売上テーブル】と関係【商品テーブル】をもとに1つの表にまとめた

## 構文

関係同士を接続するには、NATURAL JOIN句を使う

```
SELECT *
FROM 関係1
NATURAL JOIN 関係2
```

※関係1と関係2の主キーと外部キーをもとに結合する

**例題2**

上の図のように、【売上テーブル】と【商品テーブル】を結合してみよう

```
SELECT *
FROM 売上テーブル
NATURAL JOIN 商品テーブル
```

## 射影演算

**射影演算**（Projection）＝ 関係（表）の中から必要な**フィールド**（列）だけを取り出す操作

たとえば、【商品テーブル】の［商品名］と［価格］だけを**射影**するとは

| 商品コード | 商品名 | 種類 | 価格 |
| --- | --- | --- | --- |
| O113 | おにぎり | ファストフード | 120 |
| O115 | お弁当 | ファストフード | 360 |
| K117 | カップ麺 | 加工食品 | 110 |
| S221 | サンドイッチ | ファストフード | 210 |
| P223 | パン | 日配食品 | 120 |
| …… | …… | …… | …… |

⇒

| 商品名 | 価格 |
| --- | --- |
| おにぎり | 120 |
| お弁当 | 360 |
| カップ麺 | 110 |
| サンドイッチ | 210 |
| パン | 120 |
| …… | …… |

※［商品名］と［価格］だけの表を取り出すことができた

### 構文

射影演算を行なうには、SELECTの後ろにフィールド名を並べる

```
SELECT 列名1,列名2,列名3,・・・
FROM 関係1
NATURAL JOIN 関係2
```

※列名を並べるには、「,（**半角の**カンマ）」で区切る

### 例題3

［例題3］の状態から、［売上日］、［時間帯］、［商品名］だけの表を取り出してみよう

```
SELECT 売上日,時間帯,商品名
FROM 売上テーブル
NATURAL JOIN 商品テーブル
WHERE 種類 = 'ファストフード'
```

## NoSQL

Not only SQLの略称で、非構造化データを集めて蓄積する方法
関係データベース以外のデータベース管理システムの総称
データベースの構造を固定せず、構造の異なるデータを柔軟に扱う

1レコード（キー / バリュー）

```
{
  "名前":"ソードゴブリン",
  "HP":"149",
  "使用技":["斬る","流し斬り","ゴブリンストライク"],
  "ドロップ":"ゴブリンソード"
},
```

1レコード

```
{
  "名前":"ウェアウルフ",
  "HP":"382",
  "弱点":"冷",
  "使用技":["アーマーブレイク",ハウリング",火炎放射"]
}
```

異なるキーが存在

# 選択演算

**選択演算**（Selection）＝ 関係（表）の中から条件に適合した**レコード**（行）だけを取り出す操作

たとえば、[種類] が'ファストフード'であるレコードを**選択**するとは

| 売上コード | 売上日 | 時間帯 | 年齢層 | 性別 | 商品コード | 商品名 | 種類 | 価格 |
|---|---|---|---|---|---|---|---|---|
| 040111 | 4/1 | 朝 | 成年 | 女 | S221 | サンドイッチ | ファストフード | 210 |
| 040112 | 4/1 | 朝 | 熟年 | 女 | O113 | おにぎり | ファストフード | 120 |
| 040113 | 4/1 | 朝 | 熟年 | 男 | S225 | スナック菓子 | 加工食品 | 140 |
| 040114 | 4/1 | 朝 | 子ども | 男 | S221 | サンドイッチ | ファストフード | 210 |
| 040115 | 4/1 | 朝 | 若者 | 女 | O115 | お弁当 | ファストフード | 360 |
| …… | …… | …… | …… | … | …… | …… | …… | …… |

⇩

| 売上コード | 売上日 | 時間帯 | 年齢層 | 性別 | 商品コード | 商品名 | 種類 | 価格 |
|---|---|---|---|---|---|---|---|---|
| 040111 | 4/1 | 朝 | 成年 | 女 | S221 | サンドイッチ | ファストフード | 210 |
| 040112 | 4/1 | 朝 | 熟年 | 女 | O113 | おにぎり | ファストフード | 120 |
| 040114 | 4/1 | 朝 | 子ども | 男 | S221 | サンドイッチ | ファストフード | 210 |
| 040115 | 4/1 | 朝 | 若者 | 女 | O115 | お弁当 | ファストフード | 360 |
| 040125 | 4/1 | 昼 | 子ども | 男 | O113 | おにぎり | ファストフード | 120 |
| …… | …… | …… | …… | … | …… | …… | …… | …… |

※ [種類] フィールドの値が'ファストフード'のものが取り出された

**構文**

選択演算を行なうには、WHERE句を使う

```
SELECT *
FROM 関係1
NATURAL JOIN 関係2
WHERE フィールド名 = '値'
```

※値は必ず' 'で囲む必要がある

**例題4**

上の図のように、[種類] が'ファストフード'であるレコードを選択してみよう

```
SELECT *
FROM 売上テーブル
NATURAL JOIN 商品テーブル
WHERE 種類 = 'ファストフード'
```

第13章

## AND検索、OR検索

WHERE句で**選択**する際に、更に複数の条件を指定することができる

| AND検索 | OR検索 |
|---|---|
| 条件A 条件B | 条件A 条件B |
| 条件A**かつ**条件Bの**両方を満たす**もの | 条件A**または**条件Bの**どちらかを満たす**もの |
| WHERE 年齢層 = '若者' **AND** 性別 = '女' | WHERE 時間帯='夕方' **OR** 時間帯='夜' |

**例題5**

[年齢層] が'若者'で**かつ** [性別] が'女'のデータを取り出してみよう

```
SELECT *
FROM 売上テーブル
NATURAL JOIN 商品テーブル
WHERE 年齢層 = '若者' AND 性別 = '女'
```

**例題6**

[時間帯] が'夕方'**または** [時間帯] が'夜'のデータを取り出してみよう

```
SELECT *
FROM 売上テーブル
NATURAL JOIN 商品テーブル
WHERE 時間帯 = '夕方' OR 時間帯 = '夜'
```

**問題1**

(1) [商品名] が'おにぎり'で**かつ** [時間帯] が'夕方'に買ったのはどのような年齢層の人ですか。

(2) [商品名] が'アイスクリーム'**または** [商品名] が'ジュース'の一覧の中で、4/3の朝に売れたのは、アイスクリームとジュースのどちらですか。

## 集計関数

SELECT文を使って集計をするための関数がいくつか用意されている

集計関数を使う場合、フィールドごとにグループ化することが必要

たとえば、この期間に種類ごとにいくつずつ売れたかを集計したい場合、

| 売上コード | 売上日 | 時間帯 | 年齢層 | 性別 | 商品コード | 商品名 | 種類 | 価格 |
|---|---|---|---|---|---|---|---|---|
| 040111 | 4/1 | 朝 | 成年 | 女 | S221 | サンドイッチ | ファストフード | 210 |
| 040112 | 4/1 | 朝 | 熟年 | 女 | O113 | おにぎり | ファストフード | 120 |
| 040113 | 4/1 | 朝 | 熟年 | 男 | S225 | スナック菓子 | 加工食品 | 140 |
| 040114 | 4/1 | 朝 | 子ども | 男 | S221 | サンドイッチ | ファストフード | 210 |
| 040115 | 4/1 | 朝 | 若者 | 女 | O115 | お弁当 | ファストフード | 360 |
| …… | …… | …… | …… | … | …… | …… | …… | …… |

グループ化

グループごとに
個数をカウント

| 種類 | count(*) |
|---|---|
| ファストフード | 23 |
| 加工食品 | 32 |
| 日配食品 | 22 |

### 件数カウント（COUNT関数）

グループごとの件数をカウントするには、COUNT関数を使う

→引数には*を指定する

```
SELECT グループ化フィールド,COUNT(フィールド)
FROM 関係1
NATURAL JOIN 関係2
GROUP BY グループ化フィールド
```

※グループ化するフィールドは、GROUP BY句で指定する

**例題7**

上の例のように、[種類] ごとの件数をカウントしてみよう

```
SELECT 種類,COUNT(*)
FROM 売上テーブル
NATURAL JOIN 商品テーブル
GROUP BY 種類
```

**問題2**

(1)[商品名] ごとの件数をカウントし、お弁当の数を答えてください。

(2)[年齢層] ごとの件数をカウントし、子どもの数を答えてください。

(3)[売上日] [時間帯] ごとの件数をカウントし、4/3夜の件数を答えてください。

※GROUP BY句は最終行に書くようにしよう（WHERE句の方が先に書く）

### 合計（SUM関数）

あるフィールドの値をグループごとに合計するには、SUM関数を使う

→引数には合計の計算をしたいフィールド名を指定する

```
SELECT グループ化フィールド,SUM(フィールド名)
FROM 関係1
NATURAL JOIN 関係2
GROUP BY グループ化フィールド
```

※グループ化するフィールドは、GROUP BY句で指定する

**例題8**

［種類］ごとに［価格］の合計を計算してみよう

```
SELECT 種類,SUM(価格)
FROM 売上テーブル
NATURAL JOIN 商品テーブル
GROUP BY 種類
```

### 平均（AVG関数）

あるフィールドの値をグループごとに平均するには、AVG関数を使う

→引数には平均の計算をしたいフィールド名を指定する

```
SELECT グループ化フィールド,AVG(フィールド名)
FROM 関係1
NATURAL JOIN 関係2
GROUP BY グループ化フィールド
```

※グループ化するフィールドは、GROUP BY句で指定する

**例題9**

［種類］ごとに［価格］の合計を計算してみよう

```
SELECT 種類,AVG(価格)
FROM 売上テーブル
NATURAL JOIN 商品テーブル
GROUP BY 種類
```

**問題3**

(1)［商品名］ごとの［価格］の**合計**を計算し、お弁当の金額を求めてください。

(2)［売上日］［時間帯］ごとの［価格］の**合計**を計算し、最も売上の高かった日と時間帯を求めてください。

(3)［時間帯］ごとの［価格］の**平均**を計算し、最も売上平均の高かった時間帯を求めてください。

(4)［年齢層］［性別］ごとの［価格］の**平均**を計算し、平均してもっとも多くの買い物をした年齢層と性別の組み合わせを答えてください。

第13章

## 身近な関係演算

内部にデータベースを持つアプリはたくさんある
→「ミュージック」アプリなどはその典型

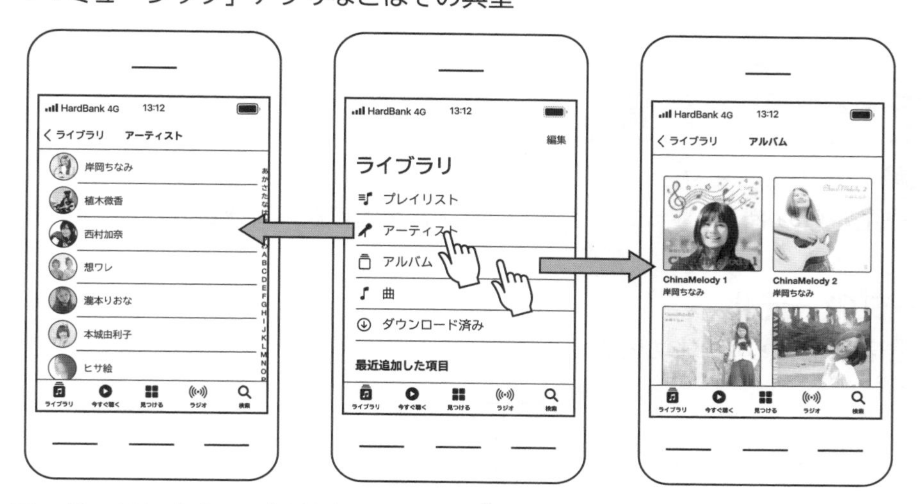


アーティストをタップすると、アーティストの一覧に
アルバムをタップすると、アルバムの一覧に　→　これらは**射影演算**
その後、アルバムを**選択**したり、アーティストを**選択**したり　→　**選択演算**

**身近なアプリにも関係演算が使われている**

**振り返り**

次の各観点が達成されていれば□を塗りつぶしましょう。
□大量に蓄えられたデータから必要なデータを取り出すことができた
□SQLの基本的な構文を理解し、使うことができるようになった
□失敗と試行を繰り返しながらチャレンジする態度が身に付いた

今日の授業を受けて思ったこと、感じたこと、新たに学んだことなどを書いてください。

# データの一元化

この章では、データの関係モデルについて学びました。関係モデルには、情報が一事実一箇所の原則があります。もし、この原則を守らなければ、どのような混乱が起きるのか、実際に体験をしながら学んでいきます。

## ■ データの一元化

実験1　[13-5]実験1

先生からの指示に従って、各自でファイルを書き換えてみよう。

### データの一元化

[実験1] から何がわかるだろうか？

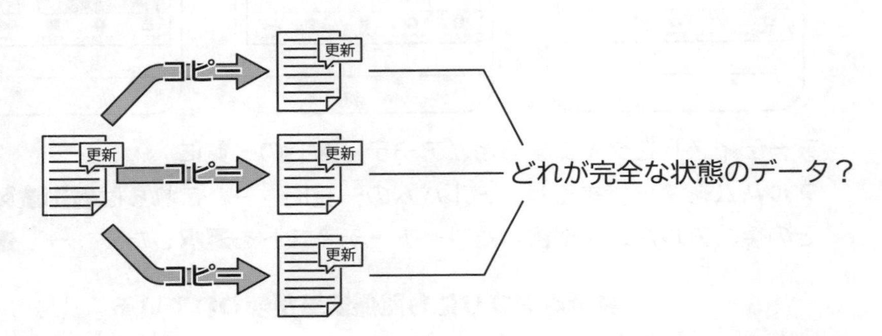


データのコピーが出回ると、どれが完全な状態のデータなのかがわからなくなる
→データを一元化することで、全員が同じ状態のデータを使用することができる

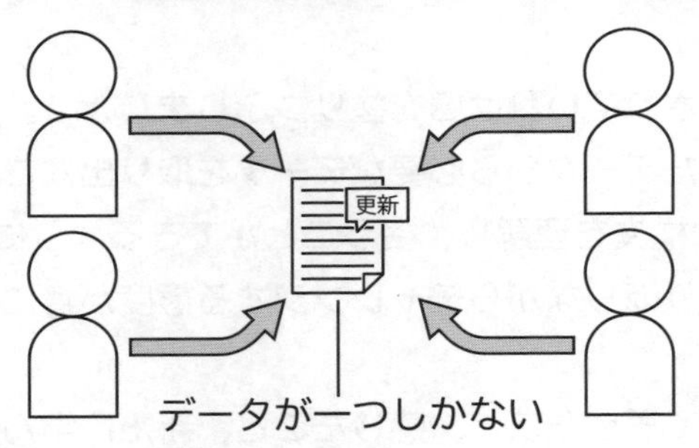


※データが一つしかないので、常に最新の状態で保持される



実験2　[13-5]実験2

データを更新するので、データの様子を観察してみよう。

# ■ データの正規化

実験3　[13-5]実験3

次の2つのスプレッドシートによるシートを見比べてみよう。

［シート1］

| | A | B | C | D | E | F | G | H | I |
|---|---|---|---|---|---|---|---|---|---|
| 1 | 年 | 組 | 番 | 氏名 | 国語 | 社会 | 数学 | 理科 | 英語 |
| 2 | 1 | 1 | 7 | 東山　誠二 | 76 | 72 | 81 | 79 | 69 |
| 3 | 1 | 1 | 14 | 南田　弘太朗 | 69 | 91 | 95 | 60 | 68 |
| 4 | 1 | 1 | 23 | 西川　峻 | 73 | 82 | 62 | 70 | 73 |
| 5 | 1 | 1 | 32 | 北畑　健太 | 57 | 100 | 69 | 欠席 | 欠席 |
| 6 | 1 | 2 | 5 | 白草　夢 | 89 | 98 | 91 | 68 | 59 |
| 7 | 1 | 2 | 18 | 発木　宙 | 68 | 54 | 69 | 78 | 53 |
| 8 | 1 | 2 | 27 | 中土　春樹 | 87 | 96 | 100 | 56 | 77 |

［シート2］

| | A | B | C | D | E | F | G | H | I |
|---|---|---|---|---|---|---|---|---|---|
| 1 | 年 | 組 | 番 | 氏名 | 国語 | 社会 | 数学 | 理科 | 英語 |
| 2 | | | 7 | 東山　誠二 | 76 | 72 | 81 | 79 | 69 |
| 3 | | | 14 | 南田　弘太朗 | 69 | 91 | 95 | 60 | 68 |
| 4 | | 1 | 23 | 西川　峻 | 73 | 82 | 62 | 70 | 73 |
| 5 | 1 | | 32 | 北畑　健太 | 57 | 100 | 69 | 欠席 | |
| 6 | | | 5 | 白草　夢 | 89 | 98 | 91 | 68 | 59 |
| 7 | | 2 | 18 | 発木　宙 | 68 | 54 | 69 | 78 | 53 |
| 8 | | | 27 | 中土　春樹 | 87 | 96 | 100 | 56 | 77 |

①**デザイン**の視点としてはどちらの方が見やすいでしょうか。

1

上のシートの入ったスプレッドシートを実際に開き、**フィルタ**を作成してみます。

②フィルタを作成することができたのはどちらのシートですか。

2

③なぜもう一つのシートはフィルタを作成することができなかったのでしょうか。

3

## スプレッドシートのフィルタ機能

スプレッドシート（表計算アプリ）で疑似的に選択演算やデータの並べ替えができる機能

Google Spreadsheetでは、右上のメニュー…から「フィルタを作成」で使用可能に

→見出し行の各セルに表示された⩸をタップしてデータの並べ替えや絞り込みを行なう

| | A | B | C | D | E | F | G | H | I |
|---|---|---|---|---|---|---|---|---|---|
| 1 | 年 | 組 | 番 | 氏名 | 国語 | 社会 | 数学 | 理科 | 英語 |
| 2 | 1 | 1 | 7 | 東山　誠二 | 76 | 72 | 81 | 79 | 69 |
| 3 | 1 | 1 | 14 | 南田　弘太朗 | 69 | 91 | 95 | 60 | 68 |
| 4 | 1 | 1 | 23 | 西川　峻 | 73 | 82 | 62 | 70 | 73 |
| 5 | 1 | 1 | 32 | 北畑　健太 | 57 | 100 | 69 | 欠席 | 欠席 |
| 6 | 1 | 2 | 5 | 白草　夢 | 89 | 98 | 91 | 68 | 59 |
| 7 | 1 | 2 | 18 | 発木　宙 | 68 | 54 | 69 | 78 | 53 |
| 8 | 1 | 2 | 27 | 中土　春樹 | 87 | 96 | 100 | 56 | 77 |

| | A | B | C | D | E | F | G | H | I |
|---|---|---|---|---|---|---|---|---|---|
| 1 | 年 | 組 | 番 | 氏名 | 国語 | 社会 | 数学 | 理科 | 英語 |
| 2 | 1 | 1 | 7 | 東山　誠二 | 76 | 72 | 81 | 79 | 69 |
| 4 | 1 | 1 | 23 | 西川　峻 | 73 | 82 | 62 | 70 | 73 |
| 6 | 1 | 2 | 5 | 白草　夢 | 89 | 98 | 91 | 68 | 59 |
| 8 | 1 | 2 | 27 | 中土　春樹 | 87 | 96 | 100 | 56 | 77 |

「国語の値が70以上」という条件で絞り込んだ

| | A | B | C | D | E | F | G | H | I |
|---|---|---|---|---|---|---|---|---|---|
| 1 | 年 | 組 | 番 | 氏名 | 国語 | 社会 | 数学 | 理科 | 英語 |
| 2 | | | 7 | 東山　誠二 | 76 | 72 | 81 | 79 | 69 |
| 3 | | | 14 | 南田　弘太朗 | 69 | 91 | 95 | 60 | 68 |
| 4 | ● | ● 1 | 23 | 西川　峻 | 73 | 82 | 62 | 70 | 73 |
| 5 | 1 | | 32 | 北畑　健太 | 57 | 100 | 69 | 欠席 | |
| 6 | | | 5 | 白草　夢 | 89 | 98 | 91 | 68 | 59 |
| 7 | | 2 | 18 | 発木　宙 | 68 | 54 | 69 | 78 | 53 |
| 8 | | | 27 | 中土　春樹 | 87 | 96 | 100 | 56 | 77 |

ここのセルに入る値を判断できない→セル結合があるとフィルタを使えない

**「4　　　　　　　　　　　　」の原則がここでも重要**

第13章

## データの正規化

データを作成する際に、矛盾や不整合が起こらないように整理していく必要がある

**実験4** [13-5]実験4

次のデータからフィルタ機能を使って、次の各項目を絞り込んでみよう。

①[氏名] で「伊藤　一郎」を選択してみよう。

②[選択科目] で「物理」を選択してみよう。

③[担当] で「山崎」を選択してみよう。

| | A | B | C | D | E | F | G | H | I |
|---|---|---|---|---|---|---|---|---|---|
| 1 | 学生番号 | 組 | 氏名 | 科目コード | 選択科目 | 担当 | 教科コード | 教科名 | 点数 |
| 2 | 001 | 1組 | 佐藤　太郎 | 101 | 現代文 | 山崎 | 1 | 国語 | 80 |
| 3 | 001 | 1組 | 佐藤　太郎 | 201 | 化学 | 佐々木 | 2 | 理科 | 96 |
| 4 | 002 | 2組 | 山田　花子 | 102 | 古典 | 田上 | 1 | 国語 | 50 |
| 5 | 002 | 2組 | 山田　花子 | 202 | 物理 | 河合 | 2 | 理科 | 48 |
| 6 | 003 | 2組 | 伊藤 一郎 | 101 | 現代文 | 山﨑 | 1 | 国語 | 83 |
| 7 | 003 | 2組 | 伊藤　一郎 | 202 | 物理□ | 河合 | 2 | 理科 | 90 |

なぜうまく選択できないと考えられますか？

5

どのような場合にこのような不整合が生じるでしょうか？

6

### 一事実一箇所の原則

同じデータが複数回出てこないように、データを次のように分割していくとよい

一つの事実は一箇所にしか存在しないようにデータ構造を設計しなければならない

→〔7　　　　〕に沿うようにデータを整理する＝〔8　　　　〕

【成績表】

| 学生番号 | 科目コード | 点数 |
|---|---|---|
| 001 | 101 | 80 |
| 001 | 201 | 96 |
| 002 | 102 | 50 |
| 002 | 202 | 48 |
| 003 | 101 | 83 |
| 003 | 202 | 90 |

【生徒表】

| 学生番号 | 組 | 氏名 |
|---|---|---|
| 001 | 1組 | 佐藤　太郎 |
| 002 | 2組 | 山田　花子 |
| 003 | 2組 | 伊藤　一郎 |

【科目表】

| 科目コード | 選択科目 | 担当 | 教科コード |
|---|---|---|---|
| 101 | 現代文 | 山崎 | 1 |
| 102 | 古典 | 田上 | 1 |
| 201 | 化学 | 佐々木 | 2 |
| 202 | 物理 | 河合 | 2 |

【教科表】

| 教科コード | 教科名 |
|---|---|
| 1 | 国語 |
| 2 | 理科 |

**問題**

次の表を正規化したときの、関係スキーマと関連を図にしてください。
主キー項目を太枠で囲んでください。

| 利用者ID | 利用者名 | 商品ID | タイトル | ジャンル | 貸出日 |
|---|---|---|---|---|---|
| K113 | 草津　春夫 | E235 | 花火 | 邦画 | 10/25 |
| K113 | 草津　春夫 | W225 | 三ツ矢怪談 | ホラー | 10/25 |
| K113 | 草津　春夫 | C313 | Solar Wars | 洋画 | 10/27 |
| R201 | 栗東　夏子 | K821 | ポテト・チップス | コメディ | 10/28 |
| R201 | 栗東　夏子 | E235 | 花火 | 邦画 | 10/28 |
| M117 | 守山　秋江 | C313 | Solar Wars | 洋画 | 10/29 |

①関係スキーマと関連を図にしてください。

9

**利用者**

| | |
|---|---|
| | |

12（関連）

10

**貸出**

| | | |
|---|---|---|
| | | |

11

**商品**

| | | |
|---|---|---|
| | | |

②実体関連図を描いてください。

13

**利用者**　　**貸出**　　**商品**

**振り返り**

次の各観点が達成されていれば□を塗りつぶしましょう。
□データが一元化されていることの重要性を理解することができた
□データとデザインの分離の考え方を理解することができた
□データの一事実一箇所となっていることの重要性を理解できた
□データを正規化することができるようになった

今日の授業を受けて思ったこと、感じたこと、新たに学んだことなどを書いてください。

# 章末問題

**[問題]**

次の図のような関係があったとき、各問に答えてください。

関係【生徒データ】

| 生徒番号 | 年 | 組 | 番 | 生徒名 | 委員会番号 |
|---|---|---|---|---|---|
| 17216 | 1 | 2 | 26 | 春山真琴 | 5 |
| 17189 | 1 | 4 | 23 | 夏生美織 | 1 |
| 17011 | 1 | 4 | 2 | 秋本葉月 | 9 |
| 17237 | 1 | 3 | 24 | 冬柴茉実 | 5 |
| 17083 | 1 | 4 | 7 | 金田由孝 | 5 |
| …… | … | … | … | …… | … |

関係【委員会データ】

| 委員会番号 | 委員会 |
|---|---|
| 1 | クラスリーダー |
| 5 | 図書委員会 |
| 9 | 文化祭実行委員 |
| …… | …… |

(4) 秋本葉月の所属している委員会を答えてください。

(5) 各関係の関係スキーマを書き、関係スキーマに関連の矢印を引いてください。また、主キー項目を太枠で囲んでください。ただし、すべての欄が埋まるとは限りません。

生徒データ

| | | | | | |
|---|---|---|---|---|---|

委員会データ

| | | | | | |
|---|---|---|---|---|---|

(6) 実体関連図を完成させてください。

生徒データ　　　委員会データ

(7) 図書委員会の名簿を作成するためのSQL文として正しいものを選んでください。

```
ア.SELECT * FROM 委員会データ
イ.SELECT 年,組,番,氏名 FROM 生徒データ WHERE 組='4'
ウ.SELECT 委員会,年,組,番,氏名 FROM 生徒データ
   NATURAL JOIN 委員会データ WHERE 委員会='図書委員会'
エ.SELECT 委員会,COUNT(*) FROM 生徒データ NARUTAL JOIN 委員会データ
   GROUP BY 委員会
```

# コラム～ SNS のしくみ

## ■ SNSのデータベースがどのように作られているか

### SNSの正体はデータベースシステム

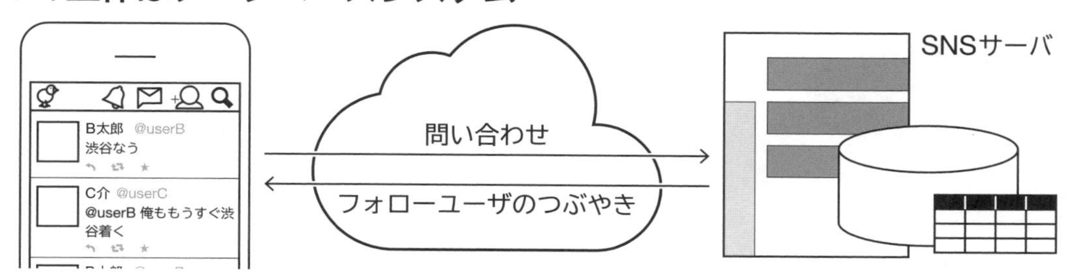


### つぶやきとフォローを実現する関係

Xのような短文投稿SNSの場合、次のような関係で実現できる

関係【つぶやき】

| ID | userID | つぶやき | 日時 |
|---|---|---|---|
| 32 | userA | 今日は寒いな | 01/07 13:12 |
| 33 | userB | 渋谷なう | 01/07 13:12 |
| 34 | userA | カップルまじ爆発しろ | 01/07 13:13 |
| 35 | userC | @userB 俺ももうすぐ渋谷着く | 01/07 13:13 |
| 36 | userD | 昨日、『浅イイ話』観た人いる？ | 01/07 13:14 |
| 37 | userB | @ userC ハチ公んとこで待ってる | 01/07 13:15 |

関係【フォロー】

| userID | followID |
|---|---|
| userB | userC |
| userB | userD |
| userC | userB |
| userC | userE |
| userE | userB |
| userE | userC |

※実際のものとは大きく異なるが、おおよそこのような形式

### フォローユーザーのつぶやきを取り出す関係演算

たとえば、「userE」がフォローしているユーザのツイートを表示する場合

①選択演算「SELECT * FROM フォロー WHERE userID = userE」

| userID | followID |
|---|---|
| userE | userB |
| userE | userC |

ここで選択されたfollowIDを使って【つぶやき】を選択

②**結合**演算「SELECT * FROM つぶやき INNER JOIN フォロー ON つぶやき.userID = フォロー.followID WHERE フォロー.userID = userE」

| ID | userID | つぶやき | 日時 |
|---|---|---|---|
| 33 | userB | 渋谷なう | 01/07 13:12 |
| 35 | userC | @userB 俺ももうすぐ渋谷着く | 01/07 13:13 |
| 37 | userB | @ userC ハチ公んとこで待ってる | 01/07 13:15 |

**このようなしくみがはたらいていることを知った上で利用するようにしよう**

# データの分析

「情報I」第14章

Contents



**この章ではスプレッドシートを使います。サンプルのスプレッドシートはQRコードからダウンロードしてください。**
[14-1] クロス集計
[14-3] ワークシート
第14章章末問題（問題2）

**この章の動画**
**「データの分析」**

クラス：　　　番号：　　　氏名：

# クロス集計

前章で学習した関係演算では、グループごとに集計を求めることはできました。しかし実際には、複数の項目にまたがった集計もしたいものです。クロス集計を使うことで、複数の項目にまたがった集計ができるようになります。

## ■ データの種類

### データの種類

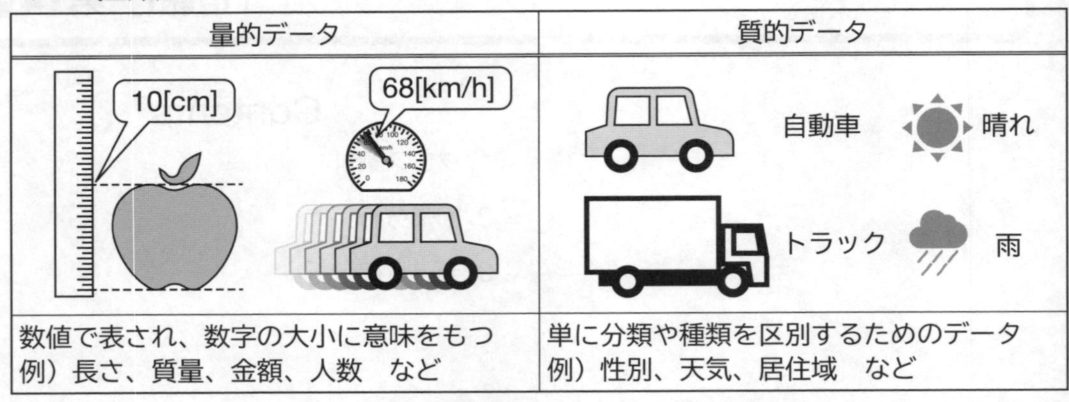


| 量的データ | 質的データ |
|---|---|
| 数値で表され、数字の大小に意味をもつ<br>例）長さ、質量、金額、人数　など | 単に分類や種類を区別するためのデータ<br>例）性別、天気、居住域　など |

たとえば、下のようなグラフでは、縦軸が量的データ、横軸が質的データを表している

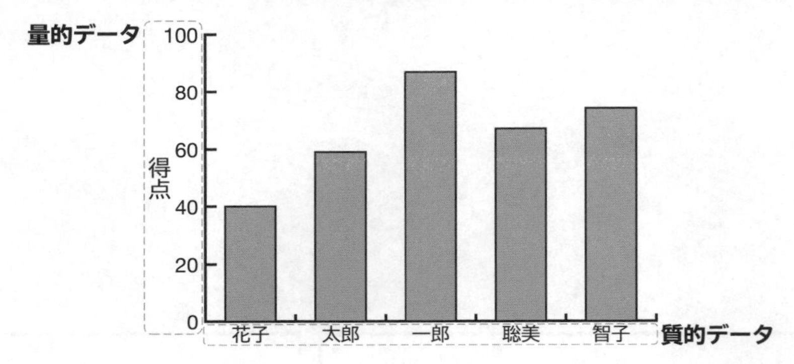


**問題1**

次のそれぞれのデータを、量的データ、質的データに分類してください。

ア．マラソンのタイム　イ．車のナンバー　ウ．車の台数
エ．企業の売上高　オ．料理の感想　カ．一週間の曜日
キ．渋滞の長さ　ク．住所　ケ．好きな食べ物

| | |
|---|---|
| 量的データ | 1 |
| 質的データ | 2 |

第14章

# ■ 尺度

## 尺度

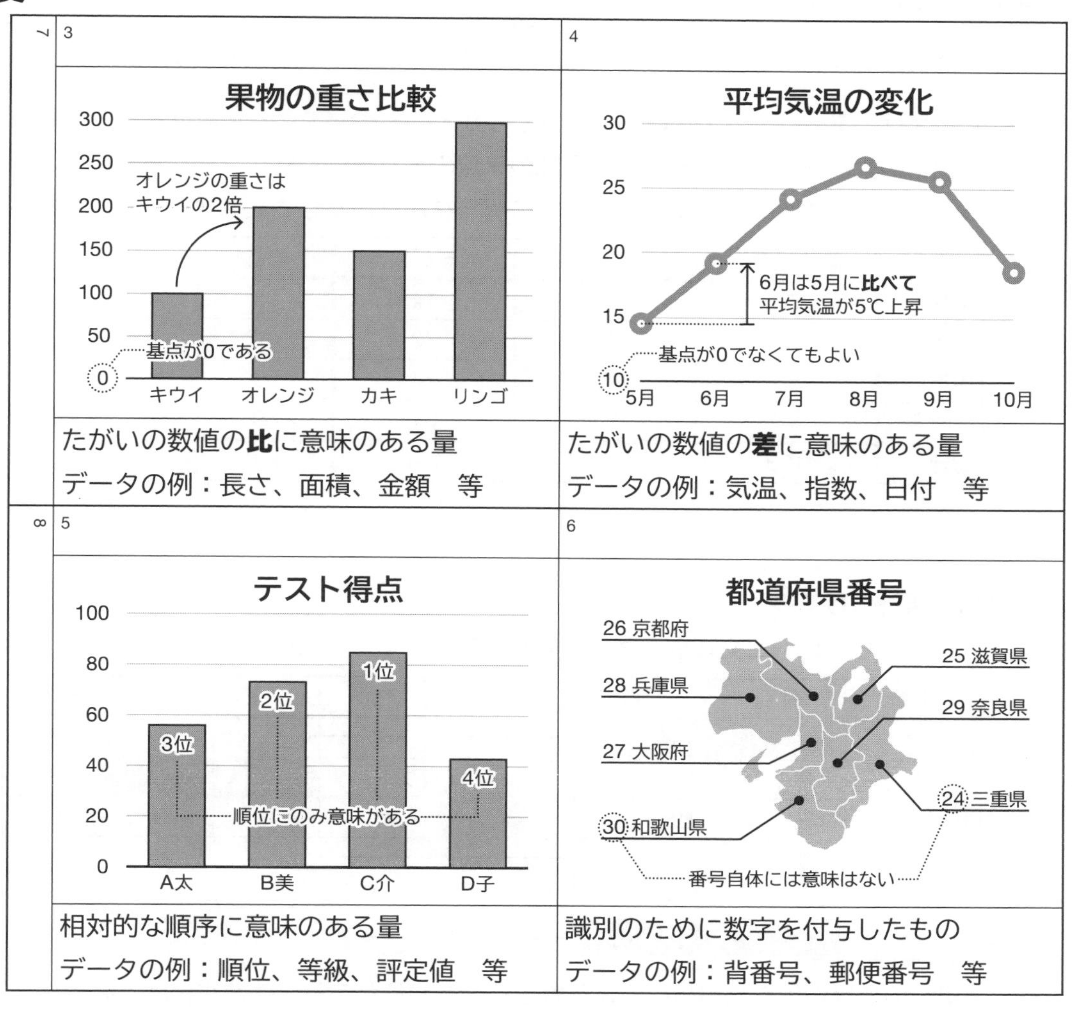


| | | |
|---|---|---|
| 7 | 3 | 4 |
| | たがいの数値の**比**に意味のある量<br>データの例：長さ、面積、金額　等 | たがいの数値の**差**に意味のある量<br>データの例：気温、指数、日付　等 |
| 8 | 5 | 6 |
| | 相対的な順序に意味のある量<br>データの例：順位、等級、評定値　等 | 識別のために数字を付与したもの<br>データの例：背番号、郵便番号　等 |

比例尺度と間隔尺度

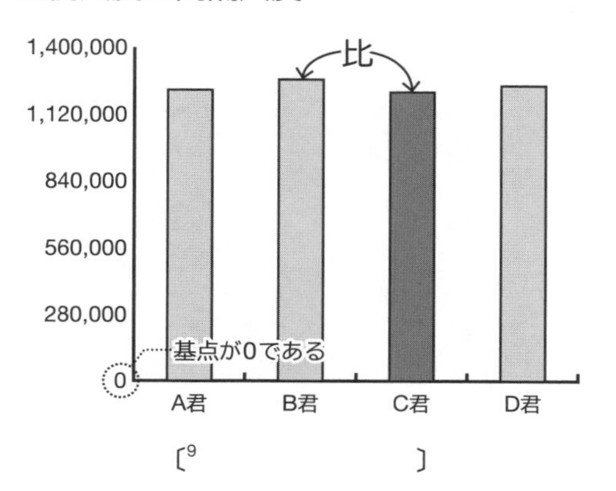


〔9　　　　　　〕

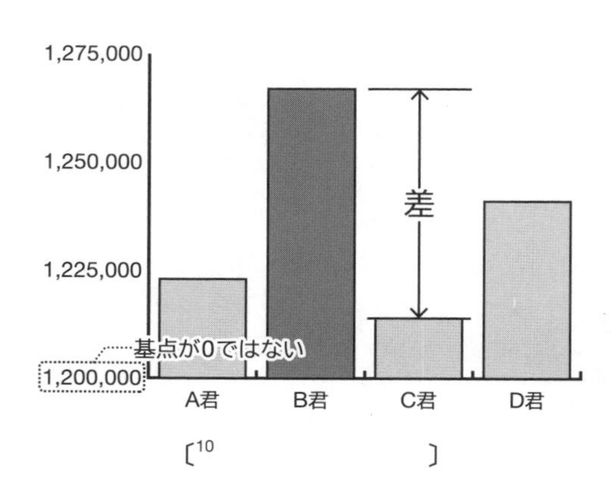


〔10　　　　　　〕

第14章

# ■ クロス集計とは

## クロス集計とは

**クロス集計**＝ 2つ以上のカテゴリ間でデータを比較するための集計方法

たとえば、アンケートで興味があるかどうかと、年齢層をそれぞれ聞いたとする
→通常の集計方法では、年齢層、興味の有無のそれぞれ合計しかわからない
→クロス集計をすると、年齢層と興味の有無をかけあわせて集計することができる

| | 興味がある | どちらでもない | 興味がない | 総計 |
|---|---|---|---|---|
| 中高生 | 57 | 24 | 14 | 95 |
| 若者 | 44 | 26 | 32 | 102 |
| 中年 | 32 | 32 | 24 | 88 |
| 高齢者 | 14 | 24 | 31 | 69 |
| 総計 | 133 | 106 | 101 | 340 |

### クロス集計のしくみ

左の表から、性別と文理別をかけあわせて集計すると、右の表のようになる

| 名前 | 性別 | 文理別 |
|---|---|---|
| 太郎 | 男性 | 文系 |
| 花子 | 女性 | 理系 |
| 聡美 | 女性 | 理系 |
| 健太 | 男性 | 文系 |
| 智子 | 女性 | 文系 |
| 亮介 | 男性 | 理系 |

| 性別 | 文系 | 理系 | 総計 |
|---|---|---|---|
| 女性 | 1 | 2 | 3 |
| 男性 | 2 | 1 | 3 |
| 総計 | 3 | 3 | 6 |

※2つの項目の値を見出しにし、それぞれの交わるところに件数や合計値などを入れる

第14章

# ■ クロス集計の方法

## ピボットテーブルの追加

※表計算アプリ上では「**ピボットテーブル**」と呼ばれる
※説明として右の表を例に説明していく

| 名前 | 性別 | 文理別 |
|---|---|---|
| 太郎 | 男性 | 文系 |
| 花子 | 女性 | 理系 |
| 聡美 | 女性 | 理系 |
| 健太 | 男性 | 文系 |
| 智子 | 女性 | 文系 |
| 亮介 | 男性 | 理系 |

### ピボットテーブルの作成

表選択中にメニューの「挿入→ピボットテーブル」
挿入先を「新しいシート」にして［作成］を押す

### ピボットテーブルエディタの使い方

列見出しを、「**行**」「**列**」「**値**」にドラッグ
「**値**」の集計方法を変更する

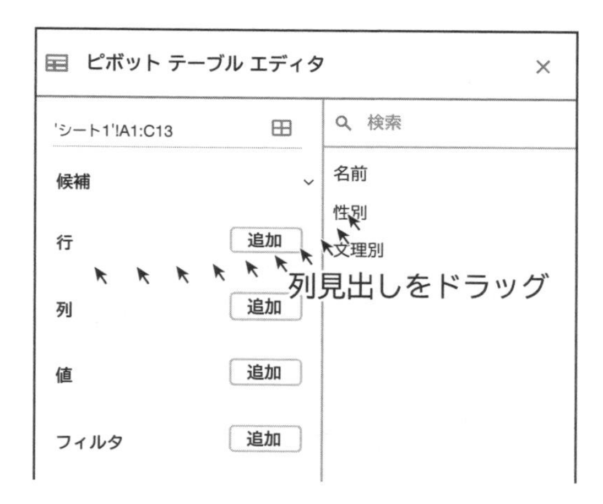


## クロス集計の方法

右のように設定をすると、次のように対応する

| 名前 | 性別 | 文理別 |
|---|---|---|
| 太郎 | 男性 | 文系 |
| 花子 | 女性 | 理系 |
| 聡美 | 女性 | 理系 |
| 健太 | 男性 | 文系 |
| 智子 | 女性 | 文系 |
| 亮介 | 男性 | 理系 |

| 文理別 | 文系 | 理系 | 総計 |
|---|---|---|---|
| 性別 | 名前（すべてをカウント） | | |
| 女性 | 1 | 2 | 3 |
| 男性 | 2 | 1 | 3 |
| 総計 | 3 | 3 | 6 |

# ワークシート

## 問題1　[14-1]クロス集計.xlsx

次のデータは、生徒それぞれの性別と文理の別を一覧にしたものです。

| 名前 | 性別 | 文理別 |
|---|---|---|
| 太郎 | 男性 | 文系 |
| 花子 | 女性 | 理系 |
| 聡美 | 女性 | 理系 |
| 健太 | 男性 | 文系 |
| 智子 | 女性 | 文系 |
| 美里 | 女性 | 文系 |
| 将輝 | 男性 | 理系 |
| 悠平 | 男性 | 理系 |
| 映子 | 女性 | 文系 |
| 勝久 | 男性 | 文系 |
| 美琴 | 女性 | 理系 |
| 亮介 | 男性 | 文系 |

①次のように設定し、理系の女性の人数を求めてください。

| | |
|---|---|
| 列 | 文理別 |
| 行 | 性別 |
| 値 | 名前（すべてをカウント） |

## 問題2

次のデータは、野球選手の所属チーム、利き手、ホームラン数を一覧にしたものです。

| 連番 | 選手 | チーム | 利き手 | HR |
|---|---|---|---|---|
| 1 | ひらの | チームD | 左 | 10 |
| 2 | かみかわ | チームD | 左 | 6 |
| 3 | うの | チームD | 右 | 32 |
| 4 | げいり | チームD | 右 | 34 |
| 5 | おおしま | チームD | 右 | 24 |
| 6 | かわまた | チームD | 左 | 10 |
| 7 | なかお | チームD | 右 | 12 |
| 8 | やすとも | チームD | 右 | 10 |
| 9 | まつもと | チームG | 左 | 4 |
| 10 | しのすか | チームG | 左 | 6 |
| 11 | くろまて | チームG | 左 | 36 |
| 12 | たつのり | チームG | 右 | 32 |
| 13 | よしむら | チームG | 左 | 22 |
| 14 | なかはた | チームG | 右 | 16 |
| 15 | こうの | チームG | 右 | 4 |
| 16 | やまくら | チームG | 右 | 10 |
| 17 | いしげ | チームL | 右 | 28 |
| 18 | かなもり | チームL | 左 | 8 |
| 19 | あきやま | チームL | 右 | 40 |
| 20 | きよはら | チームL | 右 | 32 |
| 21 | かたひら | チームL | 左 | 16 |
| 22 | たお | チームL | 左 | 14 |
| 23 | つじ | チームL | 右 | 6 |
| 24 | いとう | チームL | 右 | 12 |
| 25 | おおいし | チームB | 右 | 16 |
| 26 | まつなか | チームB | 左 | 22 |
| 27 | でひす | チームB | 右 | 36 |
| 28 | ぶうま | チームB | 右 | 38 |
| 29 | みのだ | チームB | 右 | 18 |
| 30 | やまもと | チームB | 左 | 20 |
| 31 | むらかみ | チームB | 右 | 20 |
| 32 | なしだ | チームB | 右 | 8 |

①次のように設定し、チームLのHR数の合計を求めてください。

| | |
|---|---|
| 列 | （何も設定せず） |
| 行 | チーム |
| 値 | HR（合計） |

②次のように設定し、チームLのHR数の平均を求めてください。

| | |
|---|---|
| 列 | （何も設定せず） |
| 行 | チーム |
| 値 | HR（平均値） |

③次のように設定し、チームDの左利き選手の数を答えてください。

| | |
|---|---|
| 列 | 利き手 |
| 行 | チーム |
| 値 | 選手（すべてカウント） |

④次のように設定し、チームDの左利き選手のHR数の合計を答えてください。

| | |
|---|---|
| 列 | 利き手 |
| 行 | チーム |
| 値 | HR（合計） |

**問題3**

下の表は、ある科目のテストの点数です。

| 番号 | 氏名 | 点数 |
|---|---|---|
| 1 | 野口悠子 | 71 |
| 2 | 本間純子 | 49 |
| 3 | 田村友香 | 62 |
| 4 | 小松忠司 | 75 |
| 5 | 今野英明 | 63 |
| 6 | 光安伸一郎 | 36 |
| 7 | 三好健太 | 57 |
| 8 | 吉野慎司 | 60 |
| 9 | 星野なおこ | 57 |
| 10 | 三木実 | 57 |
| 11 | 中島峻輔 | 34 |
| 12 | 高橋万里絵 | 93 |
| 13 | 岡田麗 | 75 |
| 14 | 永島昌英 | 91 |
| 15 | 三好義弘 | 85 |
| 16 | 北村和也 | 62 |
| 17 | 渡邊佐知子 | 29 |
| 18 | 長瀧亜里沙 | 54 |
| 19 | 大岩雅貴 | 47 |
| 20 | 坂井友人 | 55 |
| 21 | 小野亜佐子 | 53 |
| 22 | 吉田将太郎 | 49 |
| 23 | 米川秀俊 | 62 |
| 24 | 石井勝 | 62 |
| 25 | 朝倉久美子 | 54 |
| 26 | 内田洋子 | 47 |
| 27 | 野木理恵 | 60 |
| 28 | 千葉真歩 | 61 |
| 29 | 権藤直樹 | 55 |
| 30 | 田中弘文 | 72 |
| 31 | 馬場琢哉 | 62 |
| 32 | 鈴木欣也 | 78 |
| 33 | 松本麻記子 | 38 |
| 34 | 田渕将司 | 45 |
| 35 | 澤田郁子 | 54 |
| 36 | 中山賢 | 44 |
| 37 | 高瀬史生 | 66 |
| 38 | 村上洋子 | 85 |
| 39 | 織田洋佑 | 81 |

次の各統計値を求めてください。

①平均

②中央値

③最大値

④最小値

⑤STDEVP（標準偏差）

**問題4**

下の表は、ある科目のテストの点数です。

| 番号 | 氏名 | 点数 |
|---|---|---|
| 1 | 野口悠子 | 62 |
| 2 | 本間純子 | 59 |
| 3 | 田村友香 | 62 |
| 4 | 小松忠司 | 65 |
| 5 | 今野英明 | 62 |
| 6 | 光安伸一郎 | 56 |
| 7 | 三好健太 | 58 |
| 8 | 吉野慎司 | 60 |
| 9 | 星野なおこ | 56 |
| 10 | 三木実 | 56 |
| 11 | 中島峻輔 | 43 |
| 12 | 高橋万里絵 | 76 |
| 13 | 岡田麗 | 75 |
| 14 | 永島昌英 | 81 |
| 15 | 三好義弘 | 73 |
| 16 | 北村和也 | 72 |
| 17 | 渡邊佐知子 | 48 |
| 18 | 長瀧亜里沙 | 44 |
| 19 | 大岩雅貴 | 52 |
| 20 | 坂井友人 | 54 |
| 21 | 小野亜佐子 | 54 |
| 22 | 吉田将太郎 | 60 |
| 23 | 米川秀俊 | 64 |
| 24 | 石井勝 | 67 |
| 25 | 朝倉久美子 | 55 |
| 26 | 内田洋子 | 57 |
| 27 | 野木理恵 | 56 |
| 28 | 千葉真歩 | 62 |
| 29 | 権藤直樹 | 54 |
| 30 | 田中弘文 | 62 |
| 31 | 馬場琢哉 | 68 |
| 32 | 鈴木欣也 | 62 |
| 33 | 松本麻記子 | 58 |
| 34 | 田渕将司 | 45 |
| 35 | 澤田郁子 | 55 |
| 36 | 中山賢 | 43 |
| 37 | 高瀬史生 | 67 |
| 38 | 村上洋子 | 65 |
| 39 | 織田洋佑 | 72 |

次の各統計値を求めてください。

①平均

②中央値

③最大値

④最小値

⑤STDEVP（標準偏差）

※**列**、**行**ともに何も設定をせず、**値**にのみ設定をすることで統計値を求めることができる

**問題5**

次のデータは、ある期間の家計簿です。

| 支払日 | 支払先 | 支出科目 | 補助科目 | 金額 | 内容 |
|---|---|---|---|---|---|
| 03/02 | 山田スーパー | 01.主食費 | | 3564 | 野菜・卵・肉 |
| 03/04 | 口座振替 | 04.光熱水費 | 電気料金 | 3475 | 2月電気代 |
| 03/08 | 大阪劇場 | 08.娯楽費 | | 3150 | チケット代 |
| 03/10 | くらしの店 | 01.主食費 | | 2187 | 野菜・麺など |
| 03/14 | カカオストア | 02.副食費 | | 1890 | チョコレート |
| 03/16 | ドラッグストアー | 06.日用雑貨 | | 1577 | シャンプー・リンス |
| 03/19 | レストランABC | 09.交際費 | | 3500 | 同窓会 |
| 03/20 | 西百貨店 | 01.主食費 | | 2897 | すしなど |
| 03/20 | NTT | 05.通信費 | 固定電話 | 3890 | 1月電話代 |
| 03/22 | Jスーパー | 07.服飾費 | | 798 | Tシャツ |
| 03/24 | 西ガーデンズ | 03.外食費 | 昼食代 | 1572 | 昼食 |
| 03/26 | 口座振替 | 04.光熱水費 | 水道料金 | 6895 | 1・2月水道代 |
| 03/26 | 口座振替 | 04.光熱水費 | ガス料金 | 3114 | 1月ガス代 |
| 03/27 | クック　ママ | 03.外食費 | 昼食代 | 386 | 昼食 |
| 03/27 | コンビニ | 02.副食費 | | 254 | ジュース |
| 03/27 | 口座振替 | 05.通信費 | 携帯電話 | 8746 | 1月携帯代 |
| 04/01 | ブティック　ウエスト | 07.服飾費 | | 6090 | パジャマ・ガウン |
| 04/01 | 喫茶イチゴ | 09.交際費 | | 1890 | お見舞い |
| 04/02 | ドラッグストアー | 02.副食費 | | 246 | お茶・菓子 |
| 04/03 | 山田スーパー | 01.主食費 | | 2100 | ちらし寿司 |
| 04/04 | 口座振替 | 04.光熱水費 | 電気料金 | 2987 | 1月電気代 |
| 04/04 | 太田肉店 | 01.主食費 | | 3479 | ステーキなど |
| 04/07 | A百貨店 | 03.外食費 | 昼食代 | 493 | お弁当 |
| 04/10 | コンビニ | 03.外食費 | 昼食代 | 493 | 焼きそば |
| 04/11 | ドラッグストアー | 06.日用雑貨 | | 280 | 洗剤 |
| 04/14 | アイ眼科 | 10.医療費 | | 1080 | 定期健診 |
| 04/14 | 山田スーパー | 01.主食費 | | 3145 | 野菜・魚肉 |
| 04/20 | NTT | 05.通信費 | 固定電話 | 2480 | 2月電話代 |
| 04/21 | トラットリア・ミラノ | 03.外食費 | | 2500 | パスタコース |
| 04/25 | 太田肉店 | 01.主食費 | | 630 | コロッケ |
| 04/26 | 口座振替 | 04.光熱水費 | ガス料金 | 3114 | 2月ガス代 |
| 04/27 | くらしの店 | 01.主食費 | | 2874 | 野菜・魚肉など |
| 04/27 | 口座振替 | 05.通信費 | 携帯電話 | 8746 | 2月携帯代 |
| 04/29 | アイ眼科 | 10.医療費 | | 1890 | 目薬 |
| 04/30 | 西百貨店 | 07.服飾費 | | 12950 | ジャケット |

①支払日ごとの金額の合計額を集計し、最も金額の少なかった日と金額を求めてください。

②支払先ごとの金額の合計額を集計し、最も金額の多かった支払先とその金額を求めてください。

③支出科目ごとの金額の合計額を集計し、最も金額の多かった支出科目とその金額を求めてください。

※この問題では、**列**は何も設定しない

**問題6**

次のデータは、ある期間の各店舗における販売製品の数量と売上金額を表しています。

| No. | 日付 | 店舗 | 製品名 | 単価 | 数量 | 売上金額 |
|---|---|---|---|---|---|---|
| 1 | 04/01 | 東口店 | ハーブティー | 3150 | 150 | 472500 |
| 2 | 04/01 | 東口店 | チョコレート | 4200 | 100 | 420000 |
| 3 | 04/01 | 東口店 | クッキー | 3150 | 100 | 315000 |
| 4 | 04/01 | 東口店 | 有機ジャム | 5250 | 80 | 420000 |
| 5 | 04/01 | 西口店 | ハーブティー | 3150 | 150 | 472500 |
| 6 | 04/10 | 西口店 | 有機コーヒー | 5250 | 100 | 525000 |
| 7 | 04/10 | 西口店 | クッキー | 3150 | 150 | 472500 |
| 8 | 04/10 | 西口店 | ハーブティー | 3150 | 50 | 157500 |
| 9 | 04/10 | 南口店 | 有機コーヒー | 5250 | 82 | 430500 |
| 10 | 04/15 | 南口店 | 有機紅茶 | 4200 | 200 | 840000 |
| 11 | 04/15 | 南口店 | クッキー | 3150 | 100 | 315000 |
| 12 | 04/15 | 南口店 | ハーブティー | 3150 | 220 | 693000 |
| 13 | 04/16 | 西口店 | 有機ジャム | 5250 | 130 | 682500 |
| 14 | 04/16 | 南口店 | チョコレート | 4200 | 200 | 840000 |
| 15 | 04/16 | 南口店 | 有機ジャム | 5250 | 100 | 525000 |
| 16 | 04/16 | 西口店 | 有機紅茶 | 4200 | 130 | 546000 |
| 17 | 04/28 | 西口店 | チョコレート | 4200 | 120 | 504000 |
| 18 | 04/28 | 西口店 | クッキー | 3150 | 150 | 472500 |
| 19 | 05/01 | 西口店 | 有機紅茶 | 4200 | 80 | 336000 |
| 20 | 05/01 | 西口店 | 有機紅茶 | 4200 | 50 | 210000 |
| ... | ... | ... | ... | ... | ... | ... |

①売上の合計金額を日付と店舗ごとに集計し、5/13の東口店の売上金額を求めてください。

②日付と製品名ごとに製品の販売数量の合計を集計し、5/21に売れたチョコレートの販売個数を求めてください。

③店舗と製品名ごとに販売数量の合計を集計し、もっとも多くの数が売れた店舗と製品の組み合わせは何で、それはいくつであったかを求めてください。

**振り返り**

次の各観点が達成されていれば□を塗りつぶしましょう。

□データの種類と尺度の種類について、それぞれの意味を理解した

□クロス集計とはどのようなものかを理解することができた

□さまざまな観点でクロス集計を行なうことができた

今日の授業を受けて思ったこと、感じたこと、新たに学んだことなどを書いてください。

..............................

..............................

..............................

# 回帰分析

たくさんのデータが得られると、そこにどのような傾向があるかを読み取ることができます。ここでは、複数の項目にまたがる量的なデータから、どのような傾向を読み取ることができるのか、データの分析方法について学習します。

## ■ 回帰分析

### 相関関係

**相関関係**＝ 2つの変量の間の関係性

一方の変量が増加するにしたがってもう一方も増加する関係があるとき → **正の相関**
一方の変量が増加するにしたがってもう一方が減少する関係があるとき → **負の相関**

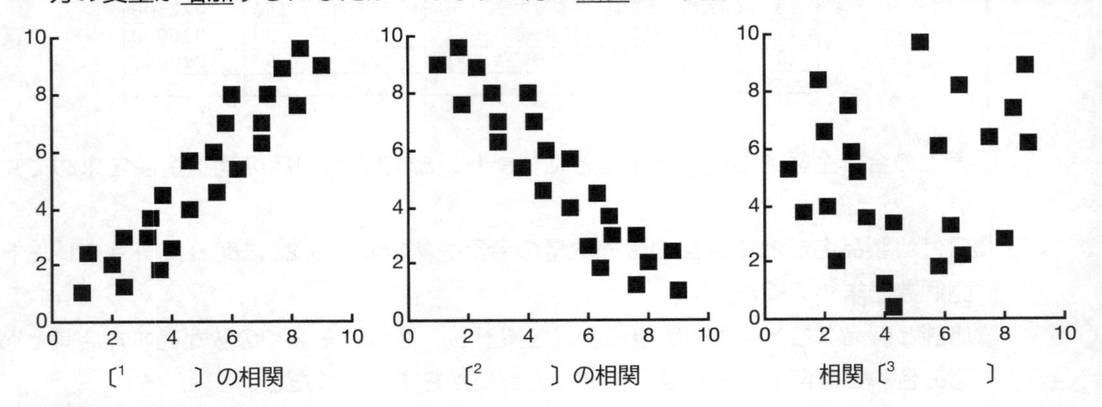


〔1　　　〕の相関　　〔2　　　〕の相関　　相関〔3　　　〕

**相関係数**

相関係数Rは、−1から1までのいずれかの値をとる
絶対値が1に近いほど相関が**強く**、0に近いほど相関が**弱い**

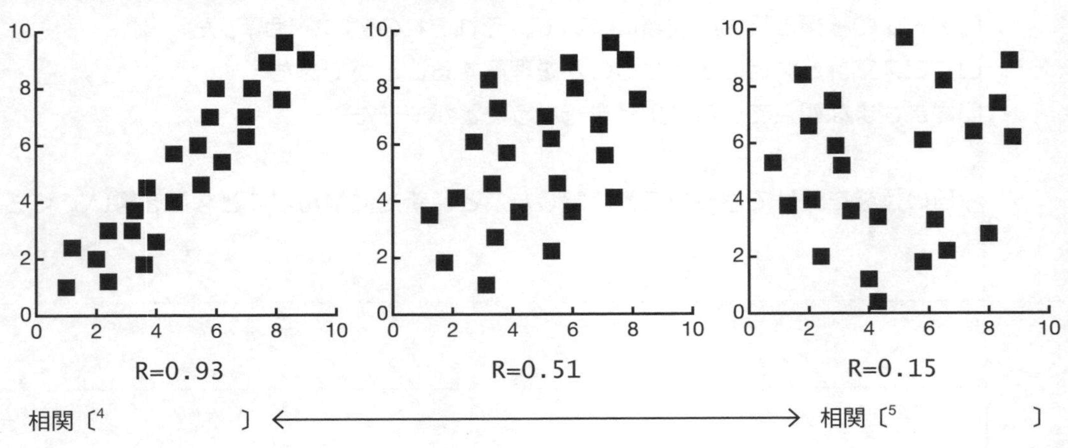


R=0.93　　R=0.51　　R=0.15

相関〔4　　　〕 ←――――→ 相関〔5　　　〕

# 回帰分析

**回帰分析**＝ 変量間の相関を表す最も適した線を作成し、数式化する分析手法

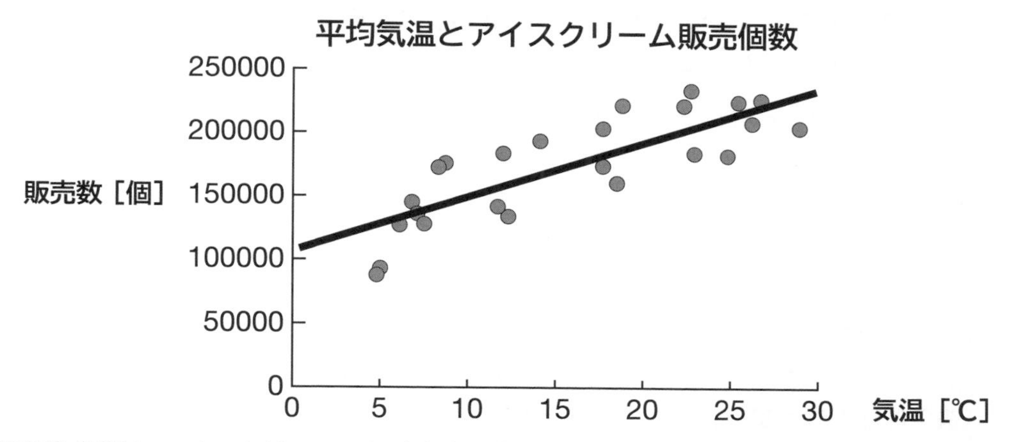


※平均気温とアイスクリームの販売個数の相関をグラフで示すと上記のようなグラフに

※このグラフ中の点が実測値、直線で示したものが**回帰直線**（理論値）

## 回帰直線

上のグラフの直線のように、各データの真ん中を通る直線を**回帰直線**という

→回帰直線を使うと、おおよその推測ができる（例：気温がもっと低くなったら　等）

回帰直線の方程式は、下のような式で表される

$$y=ax+b$$

※上のグラフの回帰直線の方程式は、次のように表される

$y=3433x+105165$

## 決定係数

回帰直線と実際の値がどれほど近いかの度合いを決定係数（$R^2$）という

決定係数は1に近いほど説明力が高く、0に近いほど説明力が低い

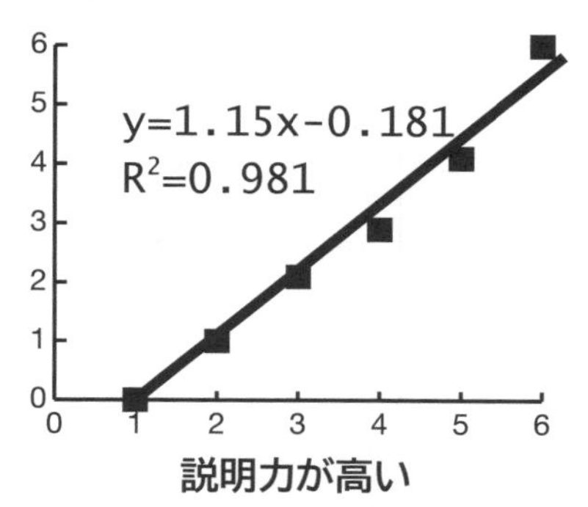


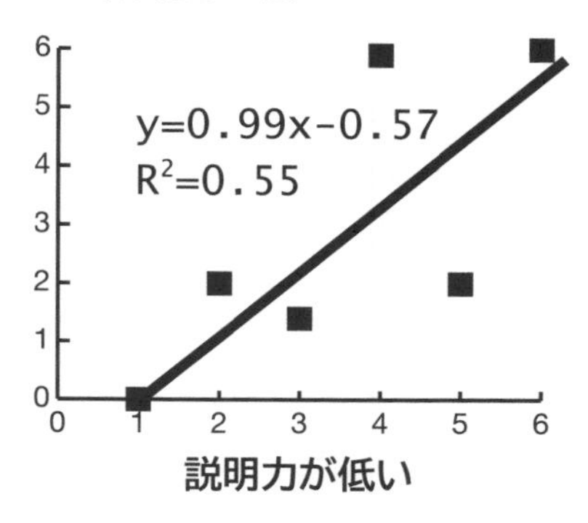


第14章

相関グラフの作成方法

相関グラフの作成方法

表の中にカーソルのある状態で「挿入→グラフ」を選ぶ

グラフエディタで、グラフの種類を**「散布図」**にする

[**X軸**] に横軸にしたい項目を、[**系列**] に縦軸にしたい項目を選ぶ

→複数系列がある場合は「⋮」から削除する

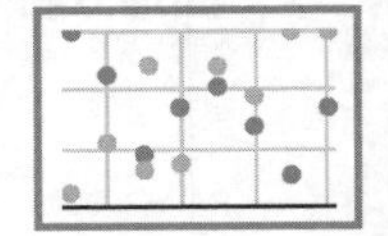

回帰直線の描画

グラフエディタの [**カスタマイズ**] を選ぶ

[**系列**] パネルを開ける

[**トレンドライン**] にチェックを入れると回帰直線が表示される

[**ラベル**] を「方程式」にすると回帰直線の方程式が表示される

[**決定係数を表示する**] にチェックを入れると、決定係数$R^2$の値が表示される

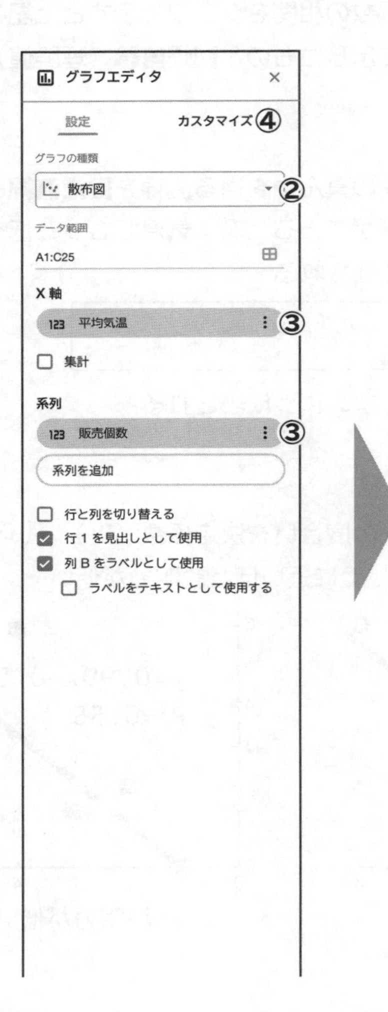


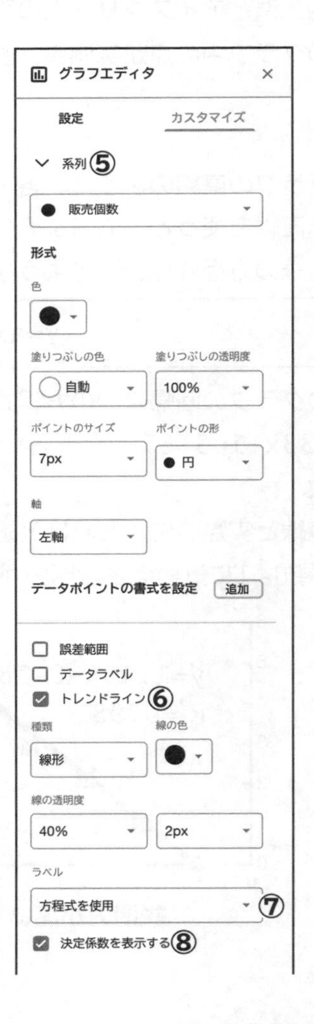

# ワークシート

問題1　[14-3]ワークシート

右のデータは、年月ごとの平均気温とアイスクリームの販売個数の一覧です。相関グラフを作成し、以下の問に答えてください。
相関関係はどうですか。

回帰直線を描き、回帰直線の方程式を求めてください。

回帰直線の決定係数$R^2$の値を求めてください。

ある月の平均気温が25.5℃と予想されるとき、その月のアイスクリームの販売個数はいくつくらいになると予想されますか。100の位を四捨五入し、1000個単位で答えてください。

| 年月 | 平均気温 | 販売個数 |
|---|---|---|
| 2017/01 | 5.0 | 93154 |
| 2017/02 | 6.8 | 145152 |
| 2017/03 | 8.7 | 175891 |
| 2017/04 | 14.1 | 193424 |
| 2017/05 | 18.8 | 221698 |
| 2017/06 | 22.3 | 221557 |
| 2017/07 | 25.4 | 224557 |
| 2017/08 | 26.2 | 207805 |
| 2017/09 | 22.9 | 183894 |
| 2017/10 | 17.7 | 173741 |
| 2017/11 | 12.3 | 133913 |
| 2017/12 | 7.1 | 135974 |
| 2018/01 | 4.8 | 87823 |
| 2018/02 | 6.1 | 126946 |
| 2018/03 | 8.3 | 172531 |
| 2018/04 | 12.0 | 183605 |
| 2018/05 | 17.7 | 203426 |
| 2018/06 | 22.7 | 233771 |
| 2018/07 | 26.7 | 226158 |
| 2018/08 | 28.9 | 204259 |
| 2018/09 | 24.8 | 182235 |
| 2018/10 | 18.5 | 160500 |
| 2018/11 | 11.7 | 141764 |
| 2018/12 | 7.5 | 127857 |

問題2

次のデータは、直近30日間の平均気温と肉まんの販売個数の一覧です。相関グラフを作成し、以下の問に答えてください。
相関関係はどうですか。

回帰直線を描き、回帰直線の方程式を求めてください。

回帰直線の決定係数$R^2$の値を求めてください。

予報では、2/15の最高気温が5.0℃になると予想されるとき、肉まんはおよそいくつ売れると予想されますか。小数点以下を四捨五入して整数で答えてください。

| 日付 | 最高気温 | 販売個数 |
|---|---|---|
| 1/16 | 4.2 | 102 |
| 1/17 | 4.7 | 88 |
| 1/18 | 5.5 | 86 |
| 1/19 | 6.8 | 86 |
| 1/20 | 7.7 | 70 |
| 1/21 | 8.6 | 69 |
| 1/22 | 9.4 | 68 |
| 1/23 | 9.6 | 73 |
| 1/24 | 8.7 | 79 |
| 1/25 | 7.4 | 81 |
| 1/26 | 5.7 | 91 |
| 1/27 | 4.8 | 91 |
| 1/28 | 4.2 | 105 |
| 1/29 | 4.5 | 92 |
| 1/30 | 5.1 | 82 |
| 1/31 | 6.0 | 79 |
| 2/1 | 7.5 | 74 |
| 2/2 | 8.7 | 75 |
| 2/3 | 9.7 | 68 |
| 2/4 | 10.3 | 74 |
| 2/5 | 9.2 | 80 |
| 2/6 | 8.1 | 79 |
| 2/7 | 6.0 | 89 |
| 2/8 | 4.9 | 93 |
| 2/9 | 6.5 | 84 |
| 2/10 | 4.2 | 94 |
| 2/11 | 9.6 | 75 |
| 2/12 | 5.3 | 95 |
| 2/13 | 6.4 | 89 |
| 2/14 | 4.3 | 91 |

**問題3**

賃貸物件の家賃が何によって決まっているかを調べるために、駅からの徒歩時間、広さ、築年数と家賃額を表にまとめました。

| 築年数(年) | 徒歩(分) | 広さ(㎡) | 家賃(円) |
|---|---|---|---|
| 2 | 25 | 24.63 | 66000 |
| 2 | 10 | 20 | 70000 |
| 0 | 10 | 21.63 | 65000 |
| 14 | 8 | 19.51 | 69000 |
| 3 | 12 | 21.11 | 66000 |
| 6 | 8 | 17.32 | 65000 |
| 10 | 8 | 25.8 | 75000 |
| 9 | 4 | 22.68 | 69500 |
| 12 | 10 | 28.13 | 76000 |
| 3 | 13 | 26.99 | 69000 |
| 10 | 9 | 21.9 | 65000 |
| 10 | 9 | 19.87 | 67000 |
| 9 | 11 | 25.34 | 66000 |
| 9 | 7 | 20.81 | 61000 |
| 9 | 6 | 22.68 | 69500 |
| 5 | 5 | 21.73 | 74000 |
| 12 | 9 | 22.35 | 70000 |
| 12 | 13 | 23.72 | 74000 |
| 4 | 13 | 20.38 | 62000 |
| 11 | 15 | 26.67 | 69000 |
| 12 | 12 | 25.78 | 75000 |
| 3 | 5 | 25.01 | 77000 |
| 3 | 6 | 27.75 | 78000 |
| 19 | 10 | 18.3 | 64000 |
| 11 | 17 | 19.87 | 68000 |
| 10 | 18 | 29.84 | 74500 |
| 11 | 18 | 20.81 | 68500 |
| 9 | 20 | 26.08 | 68500 |
| 22 | 14 | 26 | 63000 |
| 17 | 19 | 30.43 | 59500 |
| 2 | 22 | 27.84 | 74000 |
| 15 | 18 | 24.79 | 58000 |
| 6 | 25 | 27.9 | 71500 |
| 27 | 11 | 23.77 | 60000 |
| 17 | 25 | 25.63 | 60000 |
| 30 | 14 | 18.85 | 51000 |
| 30 | 18 | 15 | 47000 |
| 33 | 21 | 15.84 | 48000 |
| 3 | 9 | 24.46 | 71000 |
| 3 | 19 | 28.98 | 66000 |
| 0 | 10 | 19.18 | 65000 |
| 13 | 5 | 18.13 | 64000 |
| 9 | 10 | 28.13 | 78000 |
| 7 | 9 | 17.28 | 62000 |
| 15 | 10 | 28.5 | 72000 |
| 11 | 10 | 30.5 | 76000 |
| 12 | 8 | 18.37 | 60000 |
| 5 | 14 | 20.14 | 65000 |
| 14 | 6 | 30.25 | 75000 |
| 5 | 5 | 31.26 | 24000 |

①各観点ごとに相関グラフを作成してください。それぞれの相関関係はどうですか。

(1) 徒歩と家賃

(2) 築年数と家賃

(3) 広さと家賃

②最終行に書いてある物件の家賃額が、とある事情で他と比べて極端に低いため、正確に相関関係を分析することができません。最終行のデータを削除した上で、再度相関関係を考えてみてください。

(1) 徒歩と家賃

(2) 築年数と家賃

(3) 広さと家賃

③②の結果から、家賃を決定づけている要因は何であると考えられますか。

相関係数の目安

| 強い正の相関 | 正の相関 | 弱い正の相関 | 相関なし | 弱い負の相関 | 負の相関 | 強い負の相関 |
|---|---|---|---|---|---|---|

1.0　0.7　0.4　0.2　0　−0.2　−0.4　−0.7　−1.0

外れ値
外れ値

**外れ値**＝ 他のデータと比べてかけ離れている極端に大きい値、または小さい値

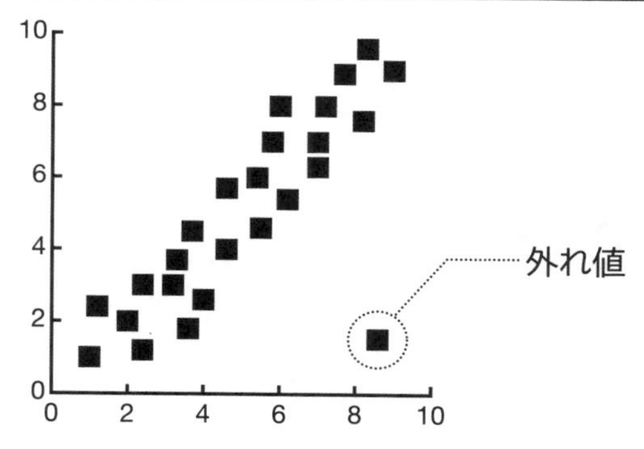


※外れ値が見つかった場合、目的に応じて除外したりデータを変換したりして分析する

異常値
外れ値の中で、測定ミスやデータ入力ミスなど、原因が明らかなものを**異常値**という
→異常値でない外れ値は、何らかの原因があるはず　→　安易に除外してはならない

振り返り
次の各観点が達成されていれば□を塗りつぶしましょう。
□相関関係の意味を理解し、相関グラフの意味を読み取ることができるようになった
□回帰直線の意味を理解し、回帰分析ができるようになった

今日の授業を受けて思ったこと、感じたこと、新たに学んだことなどを書いてください。

# データの分析

この章では、クロス集計、回帰分析など、量的データを分析する手法を学んできました。ここでは、学んだ手法を活かして、実際のデータをもとに仮説を立て、検証していきたいと思います。

## ■ 相関関係と因果関係

### 相関関係

**相関関係**＝ 二つの事柄が密接に関わりあい、一方が変化すれば他方も変化する関係

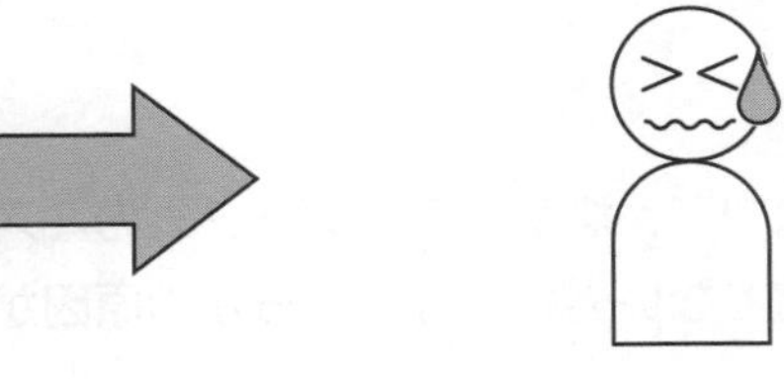

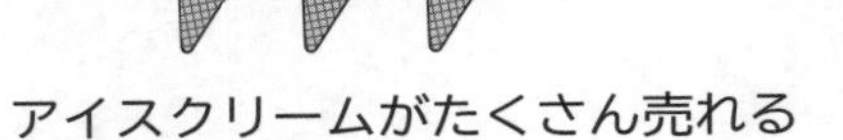

アイスクリームがたくさん売れる　　　　熱中症が増える

### 因果関係

**因果関係**＝ 二つの事柄のうち、一方が原因で、もう一方が結果となる関係

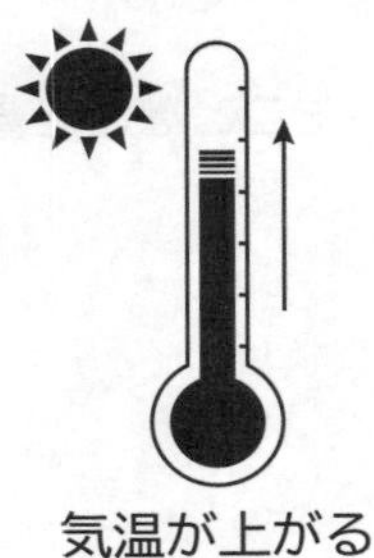

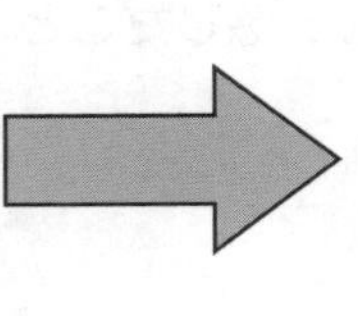

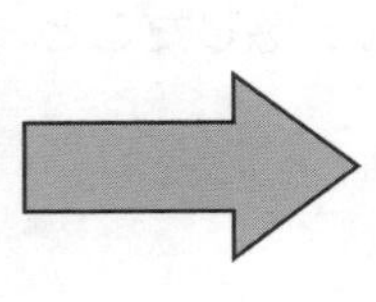

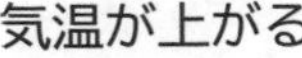

気温が上がる　　　　アイスクリームがたくさん売れる

# 疑似相関

**疑似相関**＝ 二つの事柄に因果関係がないのに、あるように見えること

※疑似相関には、見えない要因が隠されている場合がある

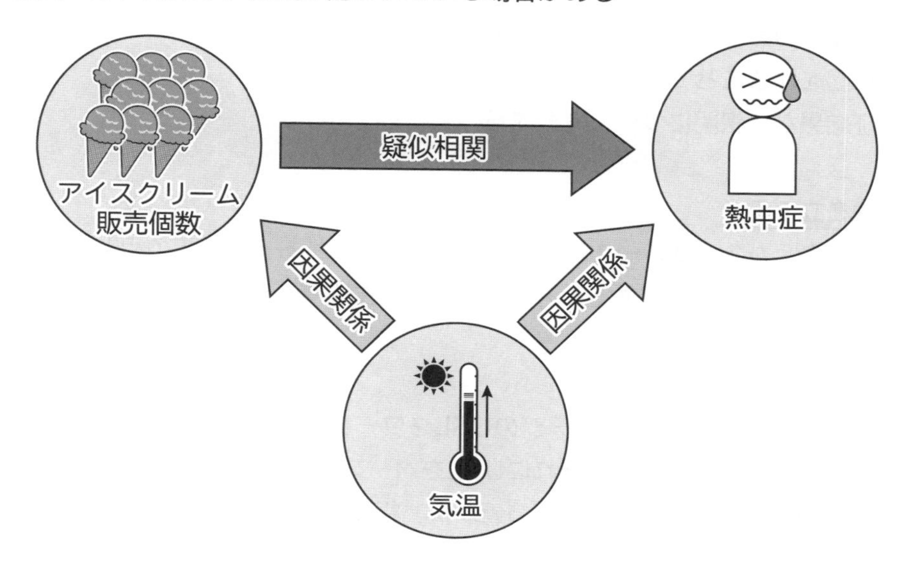


※アイスクリームを食べるから熱中症になるわけではない
　アイスクリームは気温の高い夏によく売れる → 熱中症も気温の高い夏に起こりやすい
　→この疑似相関の裏には、「気温」という第三の変数が隠されている

## 直線的ではない相関

次の散布図は、気温と消費電力の相関を表したもの
→直線的ではないが、曲線的な相関があることが読み取れる

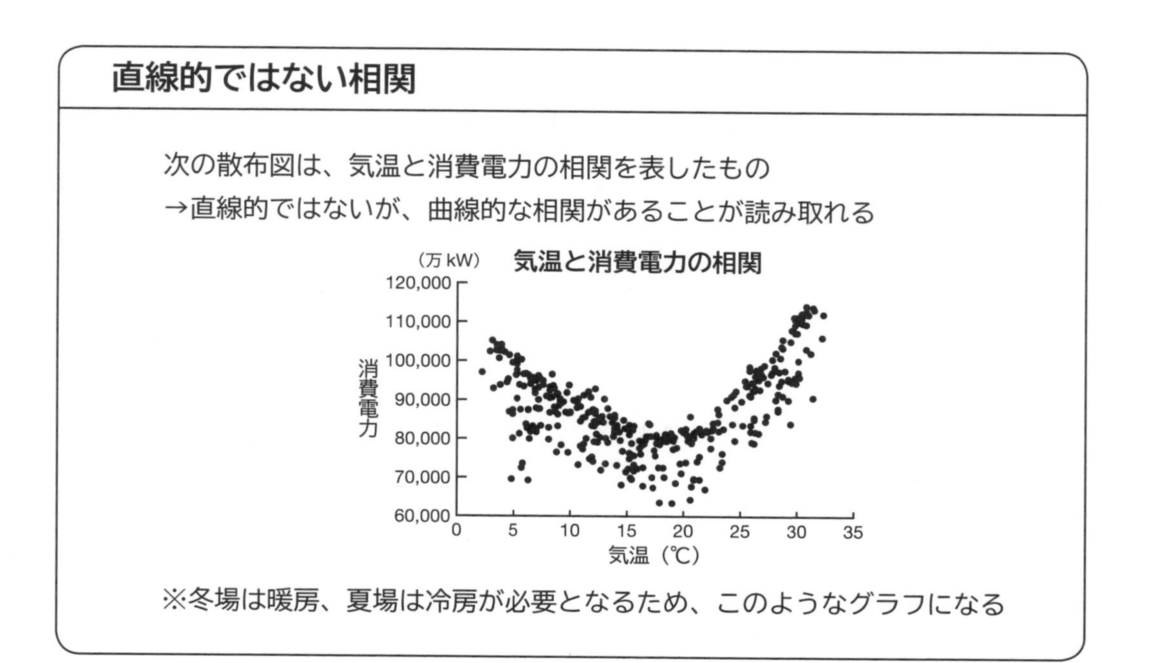


※冬場は暖房、夏場は冷房が必要となるため、このようなグラフになる

# ■ データの分析

**課題**

「都道府県別統計とランキングで見る県民性 - とどラン」のデータを使って取り組む
相関関係のありそうな2つのデータを見つけ、仮説を立てる
散布図を作ることでデータの相関関係を検証する
検証結果から相関について考察する

**①仮説を立てる**

自分が考えた2つのデータの間にどのような相関があるか（正の相関 or 負の相関）
なぜそのような相関があると考えたのかの理由を考える

**②検証する**

「とどラン」から見つけたページのURLをワークシートのB1セルにペーストする
[横軸]［縦軸］シートそれぞれにURLをペースト→［分析］シートにグラフが作られる
データの散布図や相関係数などの値から、相関関係を検証する

| 強い正の相関 | | 正の相関 | 弱い正の相関 | | 相関なし | 弱い負の相関 | | 負の相関 | 強い負の相関 | |
|---|---|---|---|---|---|---|---|---|---|---|
| 1.0 | 0.7 | | 0.4 | 0.2 | 0 | −0.2 | −0.4 | | −0.7 | −1.0 |

**③考察する**

検証結果から、相関関係があるかどうかを判定する
なぜそのような結果になったかについて考察する
※外れ値を削除した場合、そのことも考慮に入れること

## ワークシートの使い方

**データの用意**

[横軸]［縦軸］各シートのB1セルにURLをペースト→4行目以下にデータが表示される

**分析シートの使い方**

各データには単位が付いている→［単位］の欄に、データで使われている単位を入力
→データから単位が取り除かれ、計算で使える形式にしてくれる

データによっては総数なのか、人口100万人あたりなのかが重要になることがある
→どの列のデータを使うのか、列記号を［使う列］欄に入力

# レポートの作成

## レポートのアウトライン化

レポートには見出しレベルと本文のレベルにスタイルの設定がされている

→見出しと本文のレベルを保持してレポートを書くこと（見出しはいじらない）

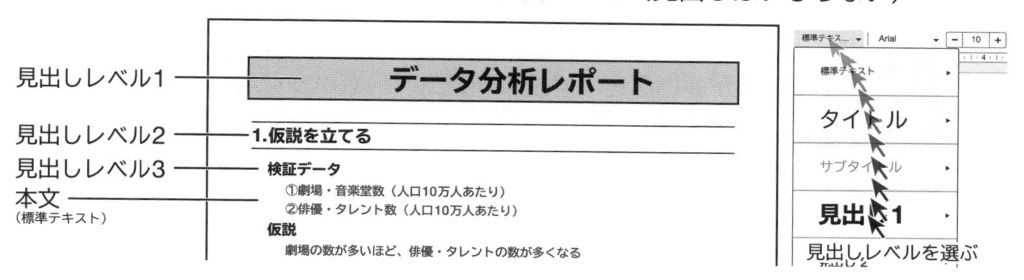


## グラフの貼り付け

グラフを画像としてダウンロードし、ダウンロードした画像をレポートに貼り付ける

①グラフをダウンロードするには、

→グラフ右上の⋮から「ダウンロード▶PNG画像（.png）」を選ぶ

②レポートに貼り付けるには、

→「挿入→画像→パソコンからアップロード」を選ぶ

→グラフのファイル（chart.png）を選び［開く］を押す

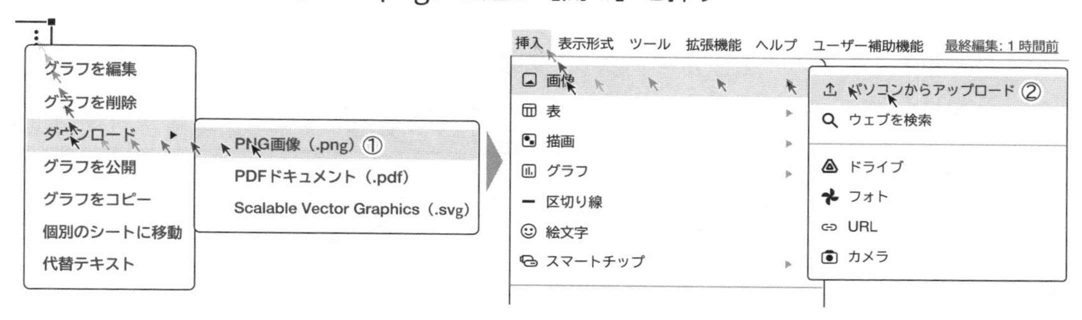


## PDFでのダウンロード

PDFでダウンロードしてPDFで提出する

メニューの「ファイル→ダウンロード→PDF ドキュメント（.pdf）」を選ぶ

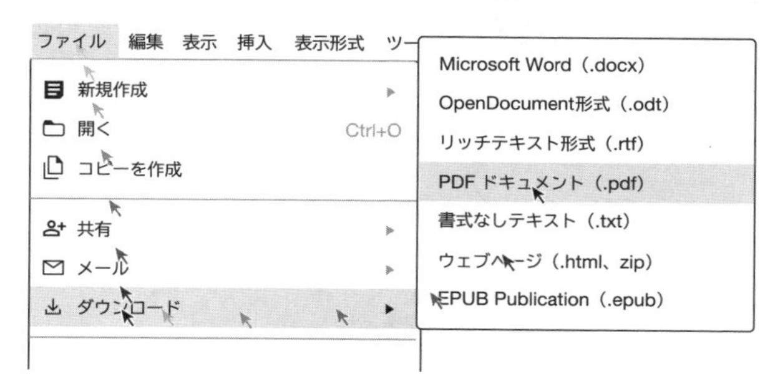

**取り組み例**

**検証データ**

| 劇場・音楽堂数（人口10万人あたり） | 俳優・タレント数（人口10万人あたり） |
|---|---|

**①仮説を立てる**

| 仮説 | 劇場の数が多いほど、俳優・タレントの数が多くなる |
|---|---|
| 理由 | 劇場が多いと、たくさんの舞台芸術に触れることができるため、俳優の数も増えると考えた。 |

**②検証する**

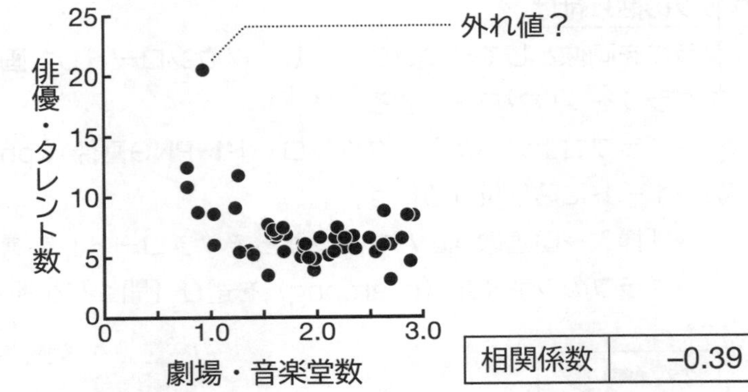


| 相関係数 | –0.39 |
|---|---|

| | 平均値 | 中央値 | 標準偏差 |
|---|---|---|---|
| 劇場・音楽堂数（人口10万人あたり） | 1.89 | 1.88 | 0.59 |
| 俳優・タレント数（人口10万人あたり） | 6.60 | 6.32 | 1.88 |

**③考察する**

| 相関 | 弱い負の相関がある |
|---|---|
| 考察 | 東京都の俳優・タレントの数が極端に多いので、そこを除外して考えた。<br>正の相関があると仮説を立てたが、実際には弱い負の相関となっていた。相関も弱いので、劇場の数が多いことと、俳優やタレントが多いことはあまり関係がないのかもしれない。 |

## 回帰直線の求め方

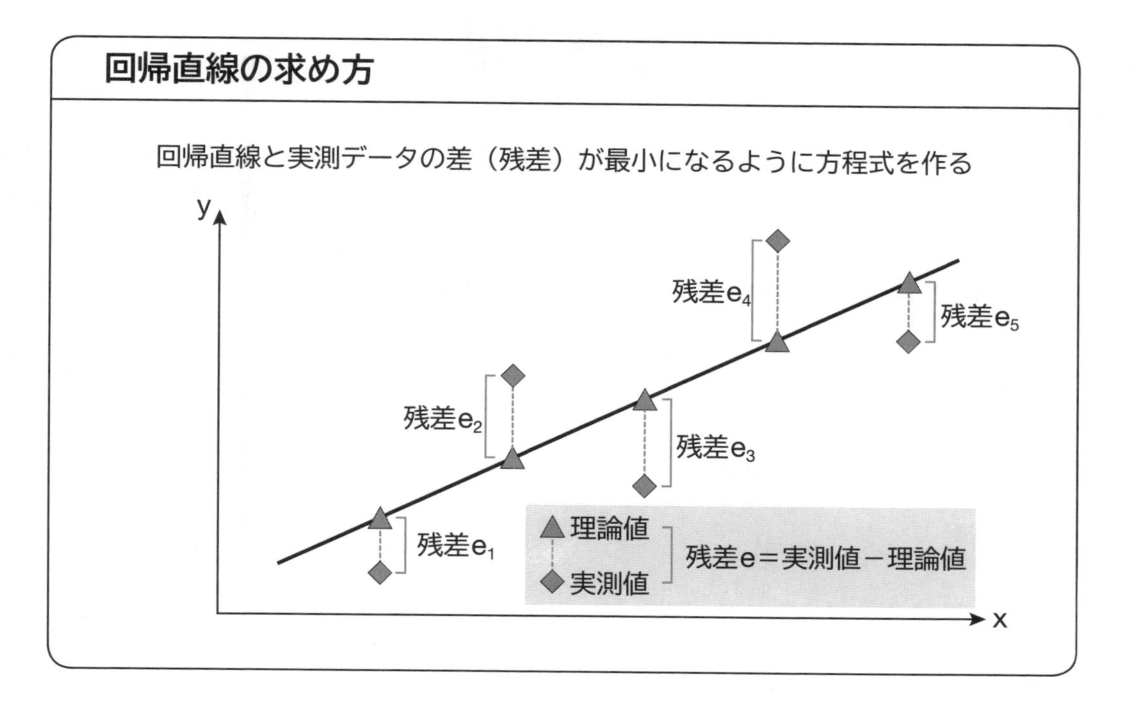


**振り返り**

次の各観点が達成されていれば□を塗りつぶしましょう。

□相関関係と因果関係の違いを理解した

□疑似相関について理解した

□データの相関関係を調べることができるようになった

□仮説、検証、考察の順でデータについて考えることができた

今日の授業を受けて思ったこと、感じたこと、新たに学んだことなどを書いてください。

# 章末問題

**[問題1]**

次のそれぞれのデータは、量的データ、質的データのどちらに分類されますか。質的データなら①、量的データなら②と答えてください。また、そのデータを扱う際に使用する尺度を下の選択肢から選び、記号で答えてください。

(1) 都道府県番号（例：滋賀県→25　京都府→26　大阪府→27）

| データの種類 | 尺度 |
| --- | --- |
| | |

(2) 気温（例：8℃）

| データの種類 | 尺度 |
| --- | --- |
| | |

(3) 順位（例：1位、2位、3位）

| データの種類 | 尺度 |
| --- | --- |
| | |

(4) 質量（例：10kg、50kg）

| データの種類 | 尺度 |
| --- | --- |
| | |

[選択肢]

**ア.** 比例尺度　**イ.** 間隔尺度　**ウ.** 順序尺度　**エ.** 名義尺度

**[問題2]**

次のデータは、直近10日間の最高気温と氷菓子「ジャリジャリ君」の販売個数の一覧です。「 第14章章末問題（問題2)」をQRコードからダウンロードしてグラフ等を作成し、各問に答えてください。

| 日付 | 最高気温 | 販売本数 |
| --- | --- | --- |
| 7/27 | 26 | 105 |
| 7/28 | 28 | 112 |
| 7/29 | 28 | 113 |
| 7/30 | 29 | 112 |
| 7/31 | 29 | 117 |
| 8/1 | 31 | 118 |
| 8/2 | 31 | 123 |
| 8/3 | 32 | 117 |
| 8/4 | 33 | 123 |
| 8/5 | 33 | 130 |

(1) 相関関係はどうですか。

(2) 回帰直線の方程式を書いてください。

(3) 回帰直線の決定係数$R^2$の値を書いてください。

(4) 8/6の最高気温が30℃、8/7の最高気温が27℃との予報が出されています。販売本数の予想本数を求めてください。小数点以下は四捨五入してください。

8/6：　　　個

8/7：　　　個

# コラム～ニコラス・ケイジと溺死者数

## ■ 相関関係と因果関係

### 相関関係とは

2つの量の間の関連性で、一方が変化すると他方も変化

例）数学の得点と物理の得点の相関を散布図で表現

→数学が高得点な人は物理の得点も高いという相関関係

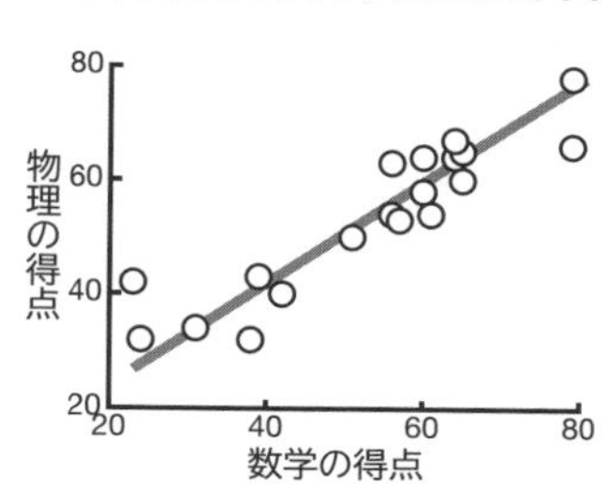


### 相関関係と因果関係

「数学ができるから物理ができる」とも、「物理ができるから数学ができる」ともいえない

→そもそも読解力や思考力が高いために両方ともに高得点が取れるかもしれない

→別の要因が原因になっている可能性もある

**相関関係があっても、必ずしも因果関係があるとは限らない**

## ■ 無関係なデータ同士でも無理矢理相関を見いだすと

「ニコラス・ケイジの映画出演数」と「水泳プールでの溺死者数」の相関

Tyler Vigenという人が無関係なデータ同士から無理矢理相関を見出すプロジェクトを実施

「ニコラス・ケイジの映画出演数」と「水泳プールでの溺死者数」を調べると下グラフに

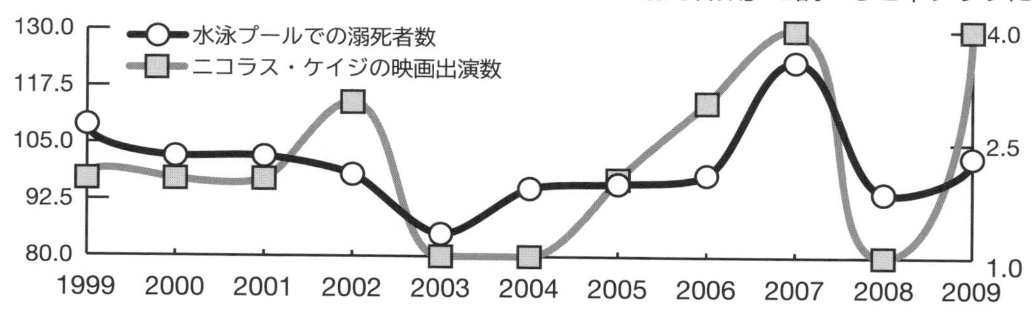


本当に、ニコラス・ケイジが映画に出演すると溺死者が増えるといえるのだろうか？

ニコラス・ケイジが映画に出演→乗員が死亡したヘリコプター事故が減少というデータも

→「http://www.tylervigen.com」にたくさんのデータが載っているので見てみよう

### 相関関係なのか、因果関係なのか

データで示されているから、相関関係があるからといって、簡単に結論づけてはいけない

すべての事象について、一つ一つ因果関係があるのかを検証していくことが求められる

**相関関係だけでものごとを判断することは危険である**

# 解答編

「情報1」

Contents

# 各章の解答

## ■ 2章の答え

### 情報とコミュニケーション

(2-2)
1 人のこころ
2 しらせる
3 思いや考えを人にしらせること
4 情報には必ず発信者の意図や主観が含まれている
5 報せられる相手が存在している
6 コミュニケーション

(2-3)
(1) ※解答例
6 否定的な意味
7 美味しくないと伝わった
(2) ※解答例
8 肯定的な意味
9 美味しいと伝わった
10 伝えたことを解釈（理解）するのはあくまでも「受け手」である

(2-4)
11 バーバル
12 ノンバーバル
13 ア　14 ウ、キ
15 イ、エ　16 オ、カ、ク

### ネット社会の特質

(2-7)
1 情報発信が手軽
2 伝播速度が速い
3 情報が残り続ける

(2-8)
4 発信者が想定していた受信者以外にも伝わる可能性がある
5 複製
6 残り続ける
7 不可能

(2-9)
8 ない
9 プライバシー保護
10 手軽
11 誹謗中傷
12 いじめ

(2-10)
13 こと
14 人によって異なる
15 残存性
16 複製性
17 伝播性

### メディアリテラシー

(2-11)
1～6は動画を見てあなたなりの考えを書いてください。

(2-12)
7 能力
8 情報を載せて運ぶもの（媒体）
9 メディア
10 変わる

(2-13)
11 発信者の意図
12 誰が
13 何のために
14 編集
15 編集
16 バイアス
17 偏っている
18 デマ
19 フェイクニュース
20 情報源
21 発信／更新日時
22 客観的事実
23 意見・推測
24 事実
25 ファクトチェック
26 比較

（2-14）
27　偏る
28　排除
29　ノイジーマイノリティ
30　サイレントマジョリティ

**（2-17）章末問題**

**問題1**
（1）残存性
（2）伝播性
（3）複製性

**問題2**
（1）○
（2）×
（3）×
（4）×
（5）○

**問題3**
情報を載せて運ぶもの

# ■ 3章の答え

## コミュニケーションと情報デザイン

（3-1）
1　伝えたことを解釈（理解）するのはあくまでも「受け手」である

（3-2）
2　アート
3　デザイン
4　設計
5　発信者
6　受け手

**問題**
（1）A
（2）D
（3）D
（4）A
（5）D

（3-3）
12　全てに共通の
13　誰にとっても
14　すべての人
15　特定の人
16　バリア
17　すべての人

（3-4）
18　使い勝手
19　同じように利用
20　直感的

（3-5）
21　アイコン
22　ピクトグラム
23　路線図

## 情報の構造化

（3-10）

**例題　解答例**

レベル1　レベル2　レベル3　レベル4

いろいろな公害
　人間活動がもたらした健康や環境への被害
　　公害への取り組み
　おもな公害
　　大気汚染
　　水質汚染
　　土壌汚染
　　地盤沈下

（3-11）

**問題　解答例**

レベル1　レベル2　レベル3　レベル4

国会のしくみと仕事
　国会の地位
　　国権の最高機関
　　国の唯一の立法機関
　　国民の代表機関
　国会の仕事
　　法律の制定
　　予算の議決
　　内閣総理大臣の指名
　　その他の仕事
　二院制（両院制）の意義と両院の特色
　　衆議院の特色
　　参議院の特色
　　両院協議会
　国会の種類
　　通常国会
　　臨時国会
　　特別国会
　　参議院の緊急集会
　法律ができるまで

(3-12)

課題や例題は動画を見て取り組んでください。

### 色彩と視認性

(3-26)

1 RGB
2 増加
3 白
4 加法混色
5 CMY
6 減少
7 黒
8 減法混色
9 色相
10 彩度
11 明度

(3-27)

12 明度差
13 視認性

(3-30)

実習2　明度

**(3-33) 章末問題**

動画を見て、あなたなりに作成してみてください。

## ■ 4章の答え

### 数値情報のグラフによる可視化

(4-1)

1 ビーフカレー
2 ざるそば

(4-2)

3 大小を比較
4 時間的な変化を表現
5 全体に対する割合を表現
6 大小を比較しつつ内訳の構成も表現
7 内訳の構成のみを表現

(4-7)

1 B君
2 C君
3 差が大きい印象
4 差がほとんどない印象

(4-8)

5 数値軸の取り方がちがう

**(4-13) 章末問題**

問題1　イ
問題2　ウ

## ■ 5章の答え

(5-4)

**要件定義・企画書**

**作例**

| 企画の名称 | 情報高校プログラミング講座 | |
|---|---|---|
| 企画の種類 | 公演・演奏・上映・講演・販売・参加型・展示会・祭り・旅行・その他 | |
| 企画内容 | 可能な限tttにどのような企画なのかを考えよう<br>・プログラミングの入門<br>・地域の人たちに自分達が学んだことを還元したい<br>・Processingで、画面表示からアルゴリズムの基本的な考え方まで<br>・可能なら、プログラミングでPDF文書を作れるようになるところまでやりたい | |
| 対象者 | 地域住民でプログラミングを入門からやってみたい人 | |
| 開催日程 | 7月27日（土） | |
| 開催場所 | 情報高校東館2階情報演習室 | |
| 参加費 | 無料 | |
| 配布方法 | 新聞折り込み、地域の町内会の回覧 | |
| 配色 | ベースカラー | 濃いめの青 |
| | メインカラー | 白 |
| | アクセントカラー | 黄 |
| アピールポイント | チラシでもっとも伝えるべきポイントは何か<br>・高校生が教えるという点<br>・プログラミングってよく聞くけど、何ができるの？<br>・プログラミングってやってみたいけど難しそう<br>・1から勉強したい人でも大丈夫 | |

**（5-8）**

1 情報
2 誰に
3 何を
4 場所
5 情報
6 整理
7 視線誘導
8 何を伝えたいのか

**（5-9）**

9 Z
10 N

**（5-10）**

11 近接
12 整列
13 反復
14 対比
15 グループ化
16 余白

**（5-11）**

17 揃える

**（5-12）**

18 繰り返し
19 1
20 1

**（5-13）**

21 ジャンプ率

**（5-25）章末問題**

問題1 イ
問題2 ウ
問題3 ア
問題4 ウ
問題5 ア

## ■ 6章の答え

**（6-1）**

1 人格を守る（こころを守る）
2 財産を守る（生活を守る）
3 創造と発展に貢献

**（6-2）**

4 産業財産権
5 著作権
6 特許権
7 実用新案権
8 意匠権
9 商標権

**（6-3）**

10 思想または感情を創作的に表現したもの
11 ○
12 ○
13 ×
14 ○
15 ○
16 ×
17 ×
18 ○
19 ○
20 ×
21 著作権
22 著作権者

**（6-4）**

23 産業
24 文化
25 特許庁
26 申請・登録
27 届出の必要なし
28 創作された時点
29 70

**（6-5）**

1 著作隣接権
2 著作者人格権
3 著作権
4 公表権
5 氏名表示権
6 同一性保持権

**（6-6）**

7 利用許諾
8 著作者
9 著作権者

10 できない
11 できる
12 70

(6-7)
13 複製権
14 公衆送信権
15 送信可能化権
16 頒布権
17 譲渡権
18 翻訳・翻案権

(6-8)
20 著作隣接権
21 実演家
22 レコード製作者

(6-9)
1 使用
2 利用
3 利用
4 利用
5 使用
6 利用
7 使用
8 利用
9 利用
10 利用

(6-10)
11 著作権者
12 利用許諾
13 私的使用
14 家庭内
15 図書館
16 1部
17 学校教育
18 授業
19 非営利
20 非営利・無料

(6-11)
21 不要
22 必然性
23 引用部分
24 主従関係
25 出所の明示
26 ×
27 ○
28 ○
29 ○
30 ×
31 ○
32 ○
33 ×
34 ○
35 ×

(6-13) 章末問題

**問題1**
(1) ウ
(2) オ
(3) キ
(4) ア
(5) カ
(6) イ
(7) エ
(8) ク

**問題2**
(1) ×
(2) ○
(3) ×
(4) ○
(5) ○
(6) ○
(7) ×
(8) ×

## ■ 7章の答え

(7-1)
1 ルータ
2 ISP
3 ネットワークのネットワーク

(7-2)
4 ルータ
5 通信回線
6 ISP

**(7-3)**

7 ISP
8 通信回線A
9 ルータ
10 異なるネットワーク同士を接続する役割
11 無線LANアクセスポイント
12 Wi-Fi
13 携帯電話回線網を通じて接続する
14 公衆無線LAN（Wi-Fi）を通じて接続する

**(7-4)**

15 共有
16 細かく分け

**(7-5)**

17 クライアント
18 サーバ
19 対等

**(7-6)**

20 S
21 C
22 S
23 P
24 C

**(7-7)**

1 プロトコル

**問題1**

2 ③

**(7-8)**

3 TCP/IP

**(7-9)**

4 IPアドレス
5 0
6 255

**問題2**

7 ×
8 ○
9 ×
10 ×
11 ×
12 ○
13 ルータ

**(7-10)**

14 ドメイン名
15 IPアドレス
16 ドメイン名
17 IPアドレス
18 IPアドレス
19 IPアドレス

**(7-11)**

20 URL
21 HTTP

**(7-13)**

1 機密性
2 完全性
3 可用性

**問題1**

4 I
5 C
6 A
7 C
8 A

**(7-14)**

9 個人認証
10 ユーザアカウント
11 ユーザID
12 パスワード
13 知識認証
14 生体認証
15 所有物認証

**(7-15)**

16 知識認証
17 所有物認証
18 ブラウザ
19 自動入力
20 個人認証

**(7-17)**

21 個人認証

**問題2**

| 読取 | 書込 |
|---|---|
| 22 ○ | 23 × |
| 24 ○ | 25 ○ |
| 26 ○ | 27 ○ |
| 28 ○ | 29 × |
| 30 × | 31 × |
| 32 ○ | 33 × |

**(7-19)**

1 不正アクセス禁止法
2 なりすまし
3 セキュリティホール
4 助長する
5 フィッシング詐欺

**問題1**

6 ○
7 ×
8 ○
9 ○
10 ×

**(7-21)**

11 共通鍵
12 共通鍵
13 公開鍵
14 秘密鍵

**(7-22)**

15 TLS
16 公開鍵暗号方式
17 HTTPS
18 共通鍵暗号方式
19 共通鍵

**(7-23)**

20 電子署名
21 電子証明書
22 秘密鍵
23 公開鍵

**(7-24)**

**問題2**

24 ×
25 ×
26 ○
27 ○
28 ×
29 ○

**(7-25)**

1 マルウェア
2 アクセス許可
3 権限（パーミッション）

**(7-26)**

4 アカウント
5 権限
6 アップデート
7 ウイルス対策ソフトウェア
8 利用条件

**(7-27)**

9 ファイアウォール

**(7-28)**

10 フィルタリング
11 青少年インターネット環境整備法

**(7-29)**

12 バックアップ
13 ミラーリング

**(7-30)**

14 フェイルソフト
15 フェイルセーフ
16 フールプルーフ

**問題**

17 イ
18 ア
19 ウ

## （7-31）章末問題

（1）名称：ドメイン名　国：日本

（2）

|  | 役割 | 名称 |  | 役割 | 名称 |
|---|---|---|---|---|---|
| A | イ | ルータ | B | ア | DNSサーバ |
| C | エ | ISP | D | ウ | Webサーバ |

（3）

① ウ
② イ
③ ア
④ エ

## （7-32）

**問題2**

（1）

1 イ
2 ア
3 ウ
4 ア
5 ウ
6 イ

（2）

名称　二要素認証
組み合わせ　ア　ウ

**問題3**

（1）

Ⓐ 共通鍵
Ⓑ 公開鍵

（2）TLS

（3）Ⓑ

# ■ 9章の答え

## （9-1）

1 2
2 4
3 8
4 数値

## （9-2）

11 今朝、時間通りに目を覚まし、朝食を食べず、遅刻はしなかった。
12 0
13 1
14 2進法
15 0
16 1
17 ビット
18 2
19 4
20 8
21 16

## （9-3）

22 11100100
23 01001110
24 00011110
25

26

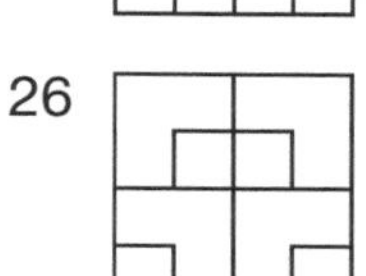

## （9-4）

27 ビット
28 8
29 $2^n$
30 8
31 256
32 10
33 1,024
34 16
35 65,536
36 24
37 16,677,216
38 32
39 4,294,967,296

**(9-5)**

40 3
41 D
42 D3
43 49
44 A0
45 FF
46 1バイト
47 1ビット
48 8ビット
49 1バイト
50 4バイト

**(9-6)**

51 4ビット
52 8ビット
53 1バイト
54 1バイト
55 6バイト
56 2
57 3
58 3
59 4
60 5
61 6

**(9-7)**

1 1バイト
2 54
3 68
4 65
5 20
6 71
7 75
8 69
9 63
10 6B

**(9-8)**

11 65536

**(9-9)**

12 1
13 3

**(9-10)**

16 ラスタ画像
17 ベクタ画像
18 RGB
19 赤
20 緑
21 青
22 8ビット

**(9-12)**

22 PCM
23 MIDI

**(9-13)**

1 ビット
2 バイト
3 1ビット
4 8ビット
5 1バイト
6 4バイト
7 1バイト
8 4バイト

**(9-14)**

9 1,073,741,824

**(9-15)**

10 3,600
11 6

**(9-16)**

12 180
13 10,800
14 10.8

**(9-17)**

15 圧縮
16 伸張
17 完全に復元できる
18 復元できない
19 圧縮後
20 圧縮前

**(9-18)**

21 25%
22 4.8MB

**(9-19)**

23　拡張子

**(9-20)**

24　コーデック

**(9-21)**

1　標本化
2　量子化
3　符号化

**(9-22)**

4　RGB
5　赤
6　緑
7　青
8　8ビット

**(9-23)**

13　画像が粗くガタガタに見える

**(9-25)**

14　明るくなる
15　暗くなる

**(9-26)**

16　明るくなる
17　暗くなる

**(9-29) 章末問題**

**問題1**

(1) 6D
(2) E3
(3) 18
(4) FF

**問題2**

(1) 40
(2) 5

**問題3**

(左から) Ｌａｋｅ (空白) Ｂｉｗａ

**問題4**

(1) 3600
(2) 27000

## ■ 9章EX1の答え

**(9EX1-1)**

1　10101
2　10110
3　10110
4　110100

**(9EX1-2)**

5　誤差

**(9EX1-4)**

| 出力 | |
|---|---|
| C | S |
| 6　0 | 7　0 |
| 8　0 | 9　1 |
| 10　0 | 11　1 |
| 12　1 | 13　0 |

**(9EX1-5)**

| 出力 | |
|---|---|
| C' | S |
| 14　0 | 15　0 |
| 16　0 | 17　1 |
| 18　0 | 19　1 |
| 20　1 | 21　0 |
| 22　0 | 23　1 |
| 24　1 | 25　0 |
| 26　1 | 27　0 |
| 28　1 | 29　1 |

# ■ 10章の答え

## (10-6)

### 課題　解答例

```
name = 入力("氏名を入力：",入力形式=文字列)
hobby = 入力("趣味を入力：",入力形式=文字列)
表示する("私の名前は",name,"で、趣味は",hobby,"です。")
```

## (10-10)

### 問題　解答例

```
math を参照する

関数 面積(hankei):
    menseki = hankei ** 2 * math.pi
    menseki を返す

atai = 入力("半径を入力：",入力形式=小数)
kotae = 面積(atai)
表示する("面積は",kotae)
```

## (10-16)

### 課題　解答例

```
r = 整数乱数(1,100)
もし r >= 95 ならば:
    character = "ドラゴン（大当たり）"
そうでなくもし r >= 70 ならば:
    character = "グリフォン（当たり）"
そうでなくもし r >= 30 ならば:
    character = "ゴブリン（普通）"
そうでなければ:
    character = "スライム（外れ）"
表示する(r,character)
```

## (10-20)

### 課題　解答例

```
x = 0
i を 1 から 100 まで 1 ずつ増やしながら繰り返す:
    もし i % 15 == 0 ならば:
        x = "FizzBuzz"
    そうでなくもし i % 5 == 0 ならば:
        x = "Buzz"
    そうでなくもし i % 3 == 0 ならば:
        x = "Fizz"
    そうでなければ:
        x = i
    表示する(x)
```

## (10-23)

### 課題　解答例

```
yourP = 5
enemyP = 3

yourP > 0 and enemyP > 0 の間繰り返す:
    you = 入力("1～3を入力：",入力形式=整数)
    cpu = 整数乱数(1,3)
    もし you == cpu ならば:
        表示する("あなたの攻撃！")
        enemyP -= 1
    そうでなければ:
        表示する("敵の攻撃！")
        yourP -= 1

もし yourP > 0 ならば:
    表示する("あなたは勝ちました")
そうでなければ:
    表示する("あなたは負けました")
```

## (10-25)

27

## (10-28)

### 総合課題　解答例

```
ekimei = ["近江八幡", "安土", "能登川", "稲枝", "河瀬", "南彦根", "彦根", "米原", "篠原", "野洲", "守山", "栗東", "草津"]
jikan = [0, 3, 7, 10, 14, 17, 20, 26, 3, 7, 11, 13, 17]

ikisaki = 入力("駅名を入力：",入力形式=文字列)
i = 0

ekimei の要素 eki について繰り返す:
    もし ikisaki == eki ならば:
        ループ終了
    i += 1

もし i < 要素数(ekimei) ならば:
    表示する(ikisaki,"駅まで",jikan[i],"分で到着します")
そうでなければ:
    表示する(ikisaki,"駅は草津～米原の駅名ではありません")
```

## (10-29) 章末問題

(1) 20
(2) (x=) 20 (y=) 10
(3) 3
(4) NG
(5) 10

## ■ 11章の答え

### (11-1)

1 物理モデル
2 論理モデル

### (11-2)

3 y = 500t + x
4 貯金額 = 前月の貯金額 + 500

**例題1**

```
chokin = 1000
tsukigoto = 500

tsuki を 1 から 24 まで 1 ずつ増やしながら繰り返す:
    chokin = chokin + tsukigoto
    表示する(tsuki," ヶ月後の貯金は",chokin,"円")
```

### (11-3)

5 100
6 20
7 0.8
8 次の残量 = 現在の残量*残留率

### (11-4)

```
シミュレーションの手順

zanryou = 100
rate = 0.8
kouka = 20
jikan = 0

zanryou >= kouka の間繰り返す:
    zanryou = zanryou * rate
    jikan += 1
    表示する(jikan,"時間後の残量は",zanryou)

表示する(jikan,"時間後に効果が切れる")
```

### (11-5)

1 27

### (11-7)

| 相対度数 | 累積相対度数 |
|---|---|
| 2 4 | 8 4 |
| 3 8 | 9 12 |
| 4 16 | 10 28 |
| 5 24 | 11 52 |
| 6 32 | 12 84 |
| 7 16 | 13 100 |

**問題　解答例**

```
ruiseki = [4, 12, 52, 84, 100]          //累積相対度数を配列に格納
nissuu = 10                             //調べたい日数を入れる
kosuu = 0
//合計販売個数を数える変数

関数 販売個数():
    x = 整数乱数(1,100)
    もし x <= ruiseki[0] ならば:
        n = 0
    そうでなくもし x <= ruiseki[1] ならば:
        n = 1
    そうでなくもし x <= ruiseki[2] ならば:
        n = 2
    そうでなくもし x <= ruiseki[3] ならば:
        n = 3
    そうでなくもし x <= ruiseki[4] ならば:
        n = 4
    そうでなければ:
        n = 5
    nを返す

i を 1 から nissuu まで 1 ずつ増やしながら繰り返す:
    uretakazu = 販売個数()       //販売個数()からの返り値を変数に記録
    kosuu += uretakazu                  //個数を加算する
    表示する(i,"日目に売れた数は",uretakazu,"個")

表示する(nisuu,"日間で売れた数は全部で",kosuu,"個")
```

## （11-10）

### プログラム　解答例

```
最小到着時間 = 1
最大到着時間 = 75
最小対応時間 = 30
最大対応時間 = 60
前到着 = 0
前終了 = 0
客数 = 10
最大待ち時間 = 0
待ちなし人数 = 0

表示する("番号\t到着時刻\t開始時刻\t窓口時間\t終了
時刻\t待ち時間")

客番号 を 1 から 客数 まで 1 ずつ増やしながら繰り返す:
    到着間隔 = 整数乱数(最小到着時間,最大到着時間)
    窓口時間 = 整数乱数(最小対応時間,最大対応時間)
    次到着 = 前到着 + 到着間隔
    もし 次到着 > 前終了 ならば:
        次開始 = 次到着
    そうでなければ:
        次開始 = 前終了
    次終了 = 次開始 + 窓口時間
    待ち時間 = 次開始 - 次到着
     表示する(客番号,"\t",次到着,"\t",次開始,"\
t",窓口時間,"\t",
次終了,"\t",待ち時間)
    もし 最大待ち時間 < 待ち時間 ならば:
        最大待ち時間 = 待ち時間
    もし 待ち時間 == 0 ならば:
        待ちなし人数 += 1
    前到着 = 次到着
    前終了 = 次終了

表示する("最大待ち時間は",最大待ち時間)
表示する("待ち時間0の人は",待ちなし人数)
```

## （11-11）

### 実験1　参考プログラム

```
最小到着時間 = 1
最大到着時間 = 75
最小対応時間 = 30
最大対応時間 = 60
前到着 = 0
前終了 = 0
客数 = 10
最大待ち時間 = 0
待ちなし人数 = 0

表示する("番号\t到着時刻\t開始時刻\t窓口時間\t終了
時刻\t待ち時間")

客番号 を 1 から 客数 まで 1 ずつ増やしながら繰り返す:
    到着間隔 = 整数乱数(最小到着時間,最大到着時間)
    窓口時間 = 整数乱数(最小対応時間,最大対応時間)
    次到着 = 前到着 + 到着間隔
    もし 次到着 > 前終了 ならば:
        次開始 = 次到着
    そうでなければ:
        次開始 = 前終了
    次終了 = 次開始 + 窓口時間
    待ち時間 = 次開始 - 次到着
     表示する(客番号,"\t",次到着,"\t",次開始,"\
t",窓口時間,"\t",
次終了,"\t",待ち時間)
    もし 最大待ち時間 < 待ち時間 ならば:
        最大待ち時間 = 待ち時間
    もし 待ち時間 == 0 ならば:
        待ちなし人数 += 1
    前到着 = 次到着
    前終了 = 次終了

表示する("最大待ち時間は",最大待ち時間)
表示する("待ち時間0の人は",待ちなし人数)
```

## （11-13）章末問題

**問題1**

suiryou = suiryou + henkaryou

**問題2**

| 相対度数 | 累積相対度数 |
|---|---|
| 0.025 | 0.025 |
| 0.075 | 0.100 |
| 0.175 | 0.275 |
| 0.225 | 0.500 |
| 0.300 | 0.800 |
| 0.200 | 1.000 |

**問題3**

Tue

# ■ 12章付録の答え

## （12付-9）

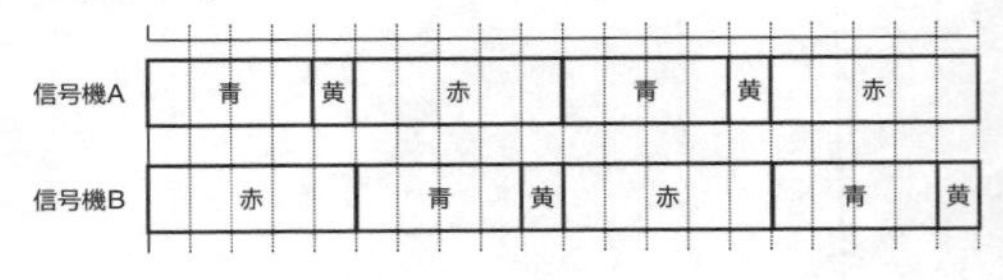

### (12付-10)

**考えてみよう2**

RESETボタンを押すタイミングを完全にピッタリ合わせることは不可能であるため、
片方が赤になる前にもう一方が青になってしまう瞬間が生まれてしまう

### (12付-11)

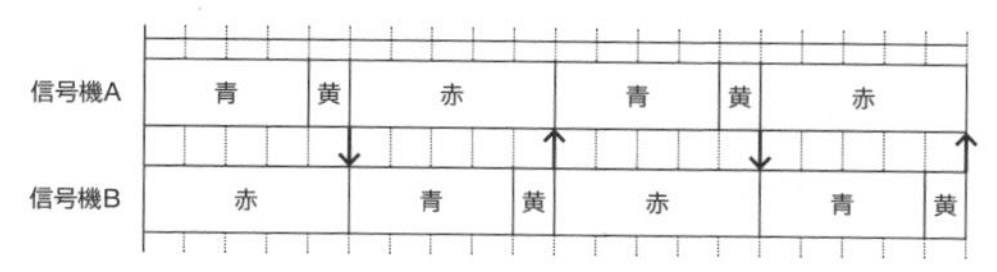


### (12付-13) 章末問題

(1) ア
(2) イ
(3) エ

## ■ 13章の答え

### (13-1)

1 個人を特定できる情報
2 組み合わせる
3 氏名
4 住所
5 性別
6 生年月日

### (13-2)

**7 解答例**

| 最寄り駅 | 出身中学校 | 所属クラブ |
|---|---|---|
| 趣味 | 特技 | 嗜好 |
| 参加したイベント | 飼っているペット | 購入した物品 |
| お昼ご飯 | 身体的な特徴 | 顔写真 |

8 民間部門
9 義務
10 利用目的

### (13-3)

11 コントロール
12 個人情報
13 サービス・商品など

### (13-4)

14 コントロール

### (13-5)

15 肖像権
16 パブリシティ権
17 顧客吸引力

### (13-7)

**考えてみよう1**

| 売れた商品 | 買った人の情報 | 売れた日時 |
|---|---|---|

### (13-8)

**考えてみよう2**

①

| この店舗ではどのような商品がよく売れているか |
|---|
| この店舗ではどのような時間帯にどのような商品がよく売れているか |
| この店舗ではどのような年齢層にどのような商品が人気であるか |

②

| どの時間帯にどの商品をいくつ仕入れるか |
|---|
| 年齢層や性別による嗜好の流行から、新しい商品を開発する |

### (13-9)

**考えてみよう3**

①

| 購入した商品 | 購入した日時 | 購入した店舗 |
|---|---|---|

②

よく購入する商品やよく利用する店舗の広告やクーポンを提供（ポイントを付与）する

③

リピーターやファンを獲得することができる

## (13-10)

### 考えてみよう4

①

Ⓐ
注文する人も少なく
繰り返し注文もされない

Ⓑ
一度試してはみるものの
満足度が高くはない

Ⓒ
試した人は多くないが
注文した人の満足度高い

Ⓓ
注文する人も多く
満足度は高い

② Ⓐ

③ Ⓓ

④ リピート率を上げるために、品質を改善する

⑤ トライアル率を上げるために、商品PRを強化する

## (13-11)

1 行動履歴
2 個人が特定
3 費用対効果が高い
4 プライバシー

## (13-12)

5 匿名加工情報

## (13-14)

1 データ
2 情報
3 属性
4 表
5 レコード
6 フィールド
7 客名
8 年齢
9 品名
10 メーカー

### 演習1

11 選手名
12 所属チーム
13 守備
14 背番号
15 打率

## (13-15)

16 多
17 1

### 演習2

18 総務部
19 営業部
20 開発部
21 総務部
22 開発部
23 社員ID
24 部門コード

### 演習3

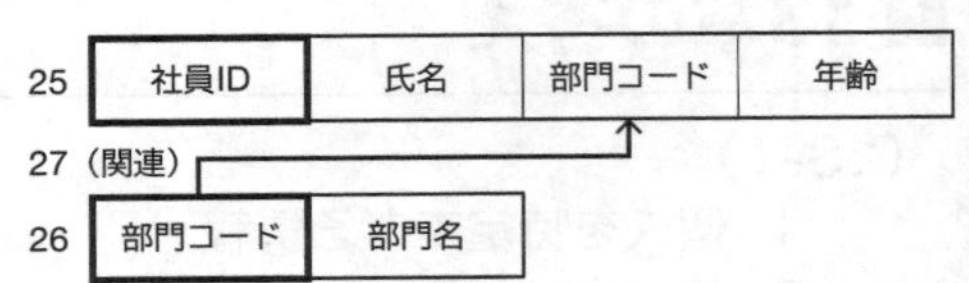


## (13-16)

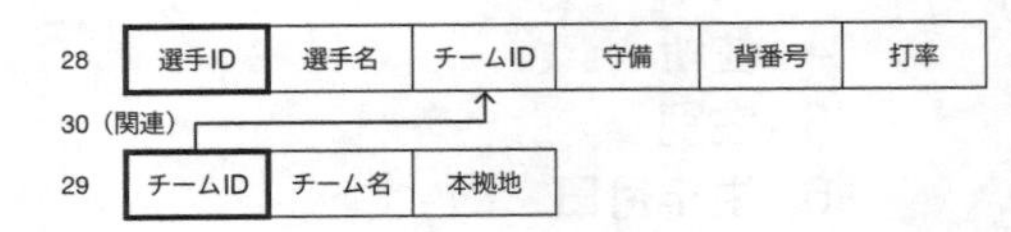


### 設問2

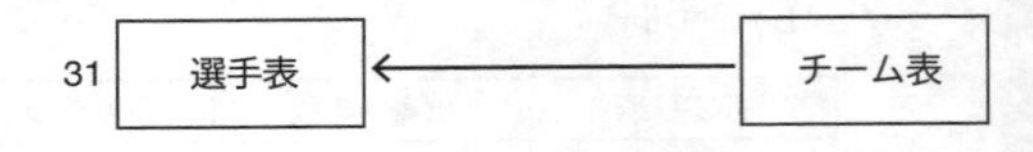


## (13-17)

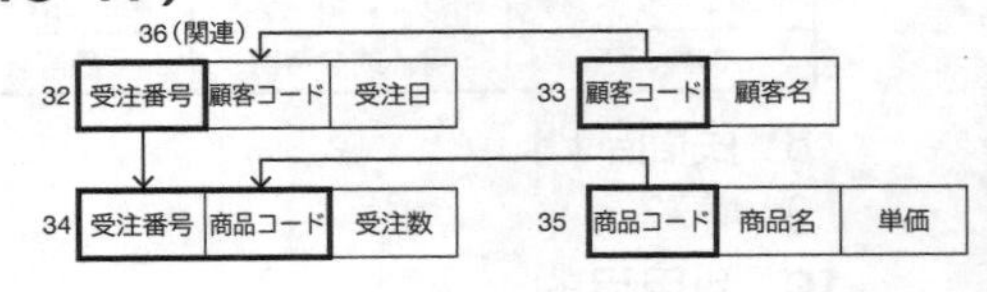


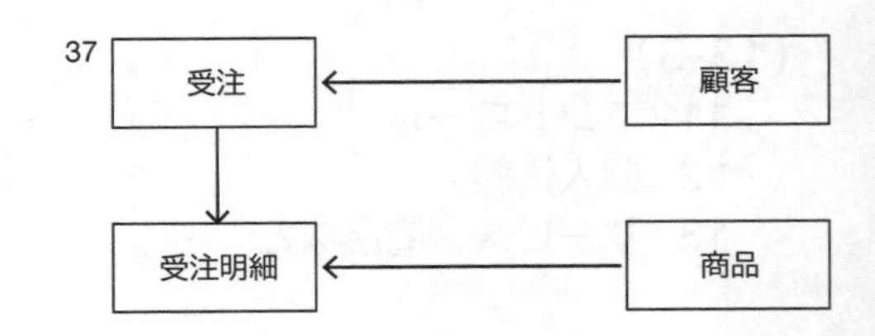

## (13-18)

38

| 顧客名 |
|---|
| 海山商事 |
| 川島電気 |
| |

39

| 商品名 | 受注数（合計） |
|---|---|
| テレビA | 15 |
| テレビB | 4 |

40

| 顧客名 |
|---|
| 山中商会 |
| 海山商事 |
| |

41

| 商品名 | 受注数（合計） |
|---|---|
| テレビB | 4 |
| ステレオB | 10 |
| テレビA | 2 |

42

| 商品名 | 単価 | 受注数 | 単価×受注数 |
|---|---|---|---|
| テレビA | 85,000 | 3 | 255,000 |
| レコーダーB | 25,000 | 2 | 50,000 |
| ステレオA | 50,000 | 8 | 400,000 |

43　705,000

## (13-25)

**問題1**

（1）子ども
（2）ジュース

## (13-26)

**問題2**

（1）15
（2）33
（3）7

## (13-27)

**問題3**

（1）5400
（2）4/5朝 1250
（3）朝
（4）熟年 男

## (13-30)

1　シート2
2　シート1
3　セルが結合されているため、データがレコード（行）として認識できないから
4　データとデザインの分離

## (13-31)

5　同じデータであるべきところが微妙に異なる文字になっている
6　同じデータが複数回出てくる場合
7　一事実一箇所の原則
8　正規化

## (13-32)

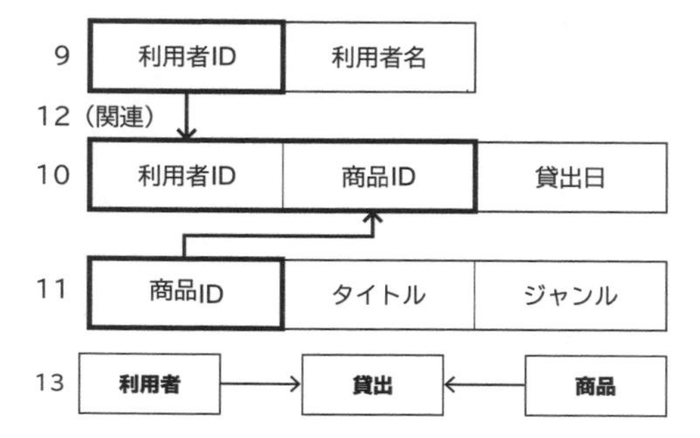

### （13-33）章末問題

（1）文化祭実行委員

（2）

（3）

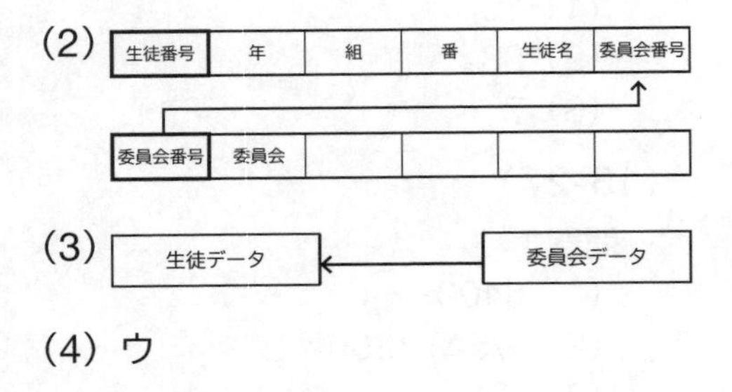


（4）ウ

## ■ 14章の答え

### （14-1）

1 ア　ウ　エ　キ
2 イ　オ　カ　ク　ケ

### （14-2）

3 比例尺度
4 間隔尺度
5 順序尺度
6 名義尺度
7 量的データ
8 質的データ
9 比例尺度
10 間隔尺度

### （14-5）

**問題1**

① 3

**問題2**

① 156
② 19.5
③ 3
④ 26

### （14-6）

**問題3**

① 60
② 60
③ 93
④ 29
⑤ 15.05374985

**問題4**

① 60
② 60
③ 81
④ 43
⑤ 8.970035589

### （14-7）

問題5

① 04/02246
② 口座振替　37077
③ 05.通信費　23862

### （14-8）

① 766500
② 510
③ 南口店　有機紅茶　1210

### （14-9）

1 正
2 負
3 なし
4 強い
5 弱い

### （14-12）

**問題1　解答例**

正の相関がある
y=4344x+105165
$R^2$=0.676
215,000個

**問題2　解答例**

負の相関がある
y=−4.29x+113
$R^2$=0.748
92個

## （14-13）

**解答例**

①

（1）なし
（2）弱い負の相関
（3）弱い正の相関

②

（1）弱い負の相関
（2）負の相関
（3）正の相関

③

広さと築年数

## （14-21）章末問題

**問題1**

（1）①　エ
（2）②　イ
（3）①　ウ
（4）②　ア

**問題2**

（1）正の相関がある
（2）y = 2.7 x + 36
（3）0.8064
（4）（8/6：）117
（8/7：）109

# 索引

# 索引

# 探索のアルゴリズム

ここまでで、アルゴリズムを考える上で必要な3つの要素（逐次処理、条件分岐、繰り返し）について学習しました。すべてのプログラムはこの3つの要素の組み合わせで表すことができます。ここでは、情報を探し出す（探索）アルゴリズムを考えてみましょう。

## ■ 探索

### 探索とは

**探索**＝ たくさんのデータの中から欲しいデータを見つけ出すこと

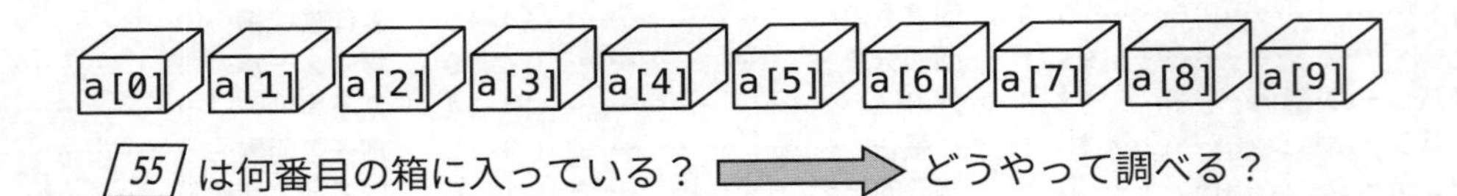


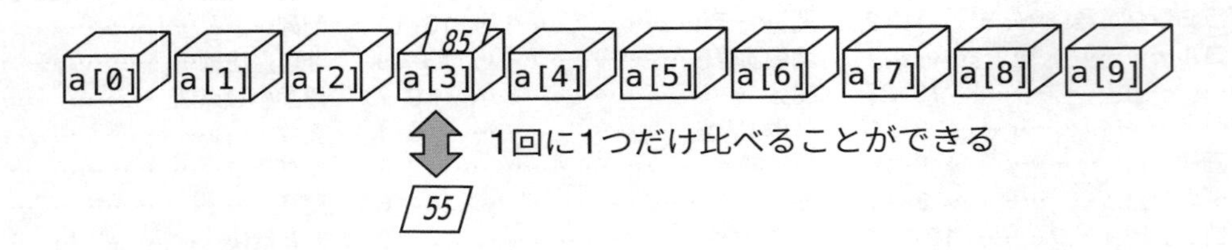


### 日本中で起きている悲劇～プログラミングを学ぶ意味

エンジニアもプログラマも、依頼者の業務内容のことはわからない

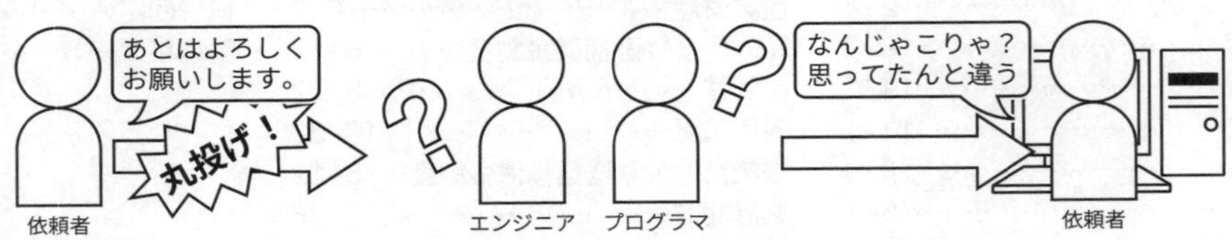


依頼する側が情報システムの開発について知ることが大事

ちょっとした情報活用による問題解決なら、自分たちで作ることも

→プログラミングを学ぶことで仕事の幅が広がる

# 線形探索

**線形探索**＝ 端から順にしらみつぶしに見つけ出す探索法

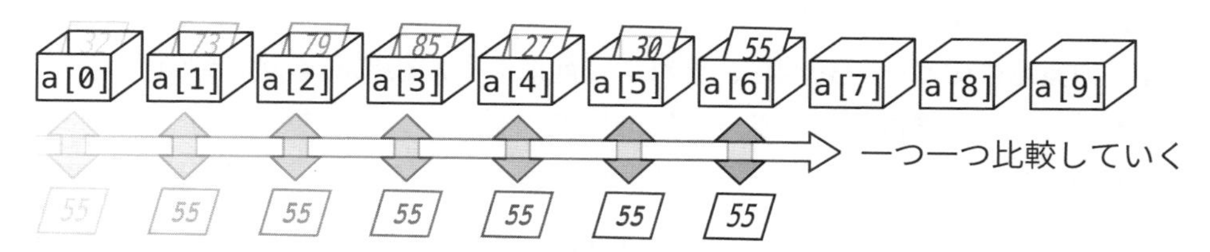


※しらみつぶしに見つけていくので、何度も繰り返せばそのうちに見つけることができる

## アルゴリズム

①②～③を繰り返す
②配列n番目a[n]と探したい数sが等しいなら「発見」と表示する
③nに1を足す

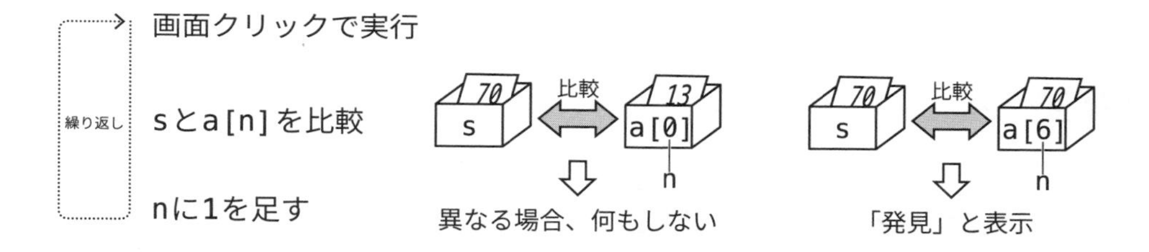


**実験1**

10-26ページ例題3で生成した配列から、目的の数値を探し出すプログラムを作成する
何回の比較で発見されたかも表示されるようにする

```
 8
 9 n = 0                                  nは比較回数
10 s = a[random.randint(0,9)]             sは探す数
11
12 while a:                               配列aを前から順に繰り返す
13     if s == a[n]:                      sとa[n]が一致するかを判定
14         print(n+1,"回目で",s,"を発見")  「発見」を表示
15         break                          繰り返しを抜ける
16     n += 1                             nに1を加える
```

10回実行し、何回目で発見されたかを記録しよう。平均の回数を求めてください。

| 実行回目 | 1 | 2 | 3 | 4 | 5 | 6 | 7 | 8 | 9 | 10 | 平均 |
|---|---|---|---|---|---|---|---|---|---|---|---|
| 発見回 | | | | | | | | | | | |

## 二分探索

**二分探索**＝ 検索する間隔を半分に分割しながらデータを見つけ出す探索方法

辞書から目的の語を探し出す場合を考える
辞書の真ん中のページを開き、それより前にあるか後にあるかを判断
→そこから前または後ろのページには目的の語はないことがわかる→半分に絞れる
→その半分の更に真ん中のページを開き半分に絞っていく→これを繰り返すことで探索

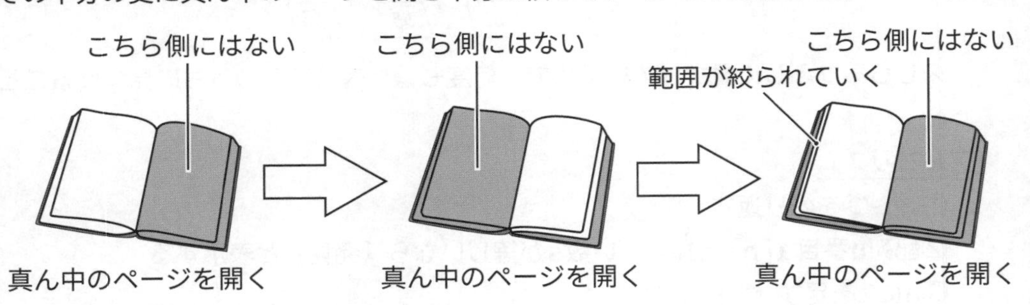


※二分探索は、データが昇順または降順に並んでいなければできない

### アルゴリズム

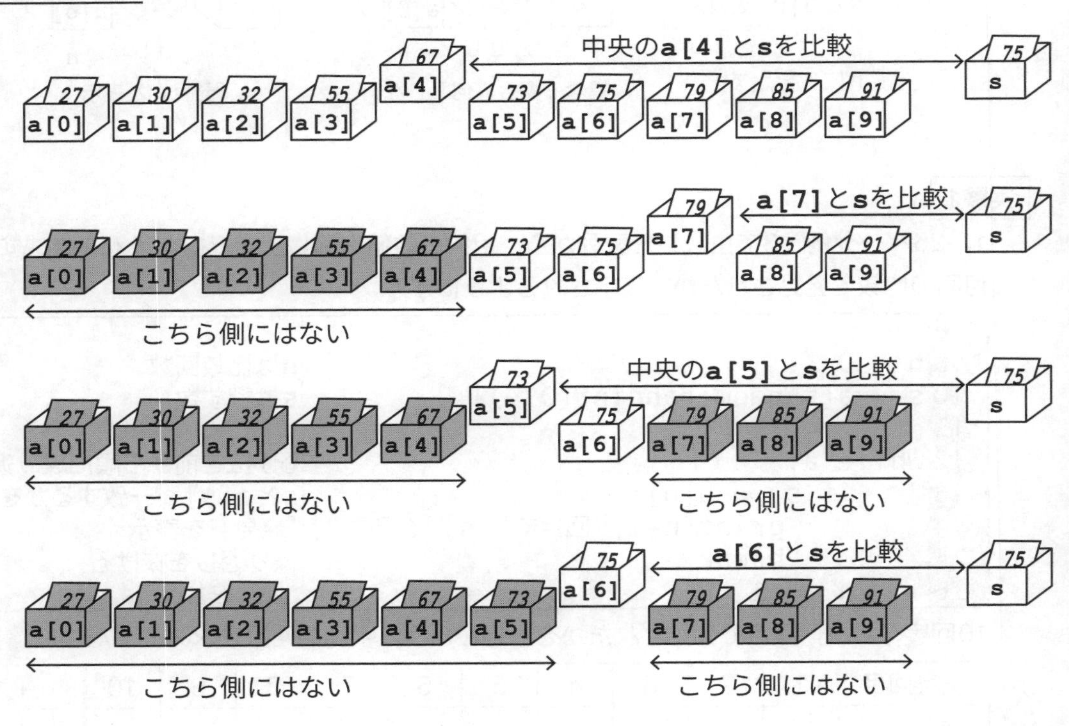

**実験2**

[実験1] のプログラムを改良し、二分探索のプログラムを作成する

```
 7 a.sort()
 8 print(a)
 9
10 n = 0                                  nは比較回数
11 s = a[random.randint(0,9)]             sは探す数
12 r = 9                                  rは探索の右側
13 l = 0                                  lは探索の左側
14
15 while l <= r:                          左<=右である間繰り返す
16     n += 1                             回数nに1を加える
17     m = int((l + r)/2)                 mは範囲の中央
18     if a[m] == s:                      m番目と探す数sが一致？
19         print(n,"回目で",s,"を発見")    「発見」と表示
20         break                          繰り返しを抜ける
21     elif a[m] < s:
22         l = m + 1
23     else:
24         u = m - 1
```

10回実行し、何回目で発見されたかを記録しよう。平均の回数を求めてください。

| 実行回目 | 1 | 2 | 3 | 4 | 5 | 6 | 7 | 8 | 9 | 10 | 平均 |
|---|---|---|---|---|---|---|---|---|---|---|---|
| 発見回 | | | | | | | | | | | |

この結果から、線形探索と二分探索は、どちらの方が効率がよいことがわかりますか？

**振り返り**

次の各観点が達成されていれば□を塗りつぶしましょう。

□配列の考え方を理解することができた

□線形探索、二分探索のアルゴリズムを理解した

□アルゴリズムによって処理の効率が変わることを実感した

今日の授業を受けて思ったこと、感じたこと、新たに学んだことなどを書いてください。

# 再帰関数

**再帰関数**＝ 関数の中で自分自身の呼び出しが含まれているもの

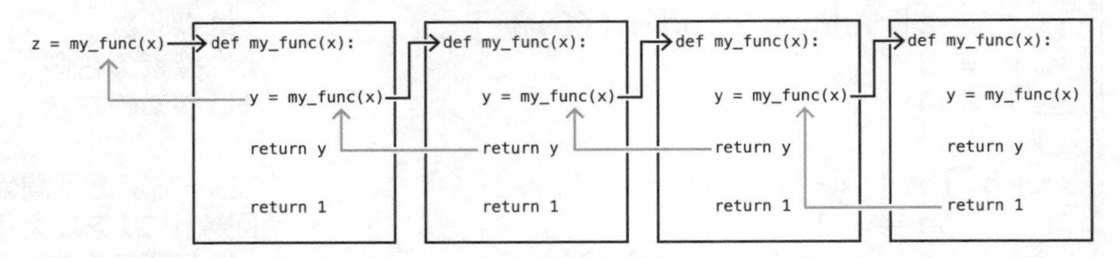


※必ず終了条件が必要　→　終了条件がなければ無限ループに陥る

## 再帰関数を使わない場合

1からnまでの整数を足し合わせるプログラムは、次のようになる

```
def sum(n):
    s = 0
    for i in range(1, n + 1):
        s += 1
    return s

x = sum(100)
print("1から100までの和は",x)
```

## 再帰関数を使った場合

1からnまでの整数を足し合わせるプログラムは、次のようになる

```
def sum(n):
    if n < 1:
        return n
    return n + sum(n - 1)

x = sum(100)
print("1から100までの和は",x)
```

nを1減らして
同じ関数を再度実行

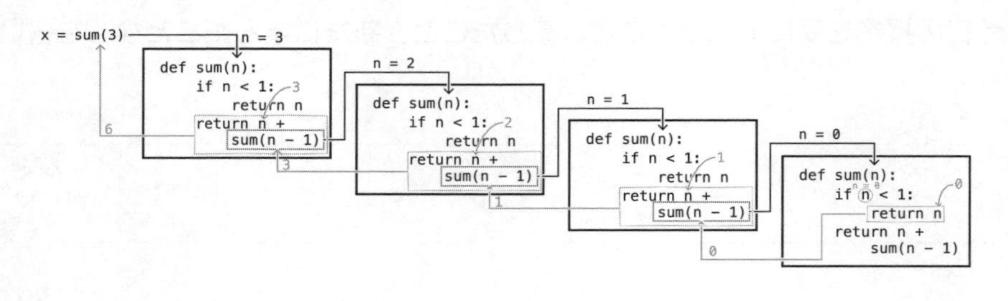

# 著者紹介

**長谷川 友彦（はせがわ ともひこ）**

近江兄弟社高等学校情報科・理科教員。1977年大阪府生まれ。立命館大学理工学部数学物理学科卒。

大学卒業後、NGOの活動に携わりながら、活動報告等をするためのWebサイトの制作や、インターネットを介した世界中の人たちとの交流を通して、独学で「情報」の世界を学ぶようになった。同時に、携帯電話の爆発的普及の中で、若者たちのコミュニケーションのあり方が大きく変化し、危機感も持つようにもなった。

これらのことをきっかけに、ちょうど2003年度より全国の高等学校で教科「情報」が新設されることを知り、情報教育に興味を持つようになる。

2002年度に近江兄弟社高等学校に理科教員として赴任後、現職教員等講習会にて教科「情報」の免許を取得。

2003年度より教科「情報」を担当するようになった。

全国で教科「情報」が始まるも、教科「情報」が軽視されたり、パソコン操作スキルを身に付ける教科であると誤解されたりといった現状が全国各地で見られた。

この現状を何とかしたい、全国の教科「情報」の授業を底上げしたい、どこの学校でも取り組めるようなスタンダードな授業を実践し、広げていきたいと、全国高等学校情報教育研究会をはじめとして、様々な場で授業実践の発信を行なってきた。

特に、「情報デザイン」分野、「データベース」分野では、現在の「情報I」におけるスタンダードな授業内容を提起してきた。

情報教育だけでなく、理科教育、演劇教育にも力を入れている。特に演劇教育においては、毎年生徒たちと一緒に観客を感動に導く演劇脚本の創作を行っている。

近年では、滋賀県を中心に全国各地に情報モラルや人権、子育てに関する講演活動も行っている。

**CQゼミシリーズ**
**長谷川先生の日本一わかりやすい**
# 「情報Ⅰ」ワークブック

2024年5月1日 初版発行


著　者　長谷川 友彦
発行人　櫻田 洋一
発行所　CQ出版株式会社
東京都文京区千石4-29-14（〒112-8619）
電話　販売　03-5395-2141
　　　編集　03-5395-2122

編集担当　及川 真弓 / 野村 英樹

デザイン・DTP　原田奈美
印刷・製本　三共グラフィック株式会社
乱丁・落丁本はご面倒でも小社宛お送りください. 送料小社負担にてお取り替えいたします.
定価は表紙に表示してあります.
ISBN978-4-7898-5107-7
Printed in Japan